JN261983

Basic
Molecular
Biology

ベーシック
分子生物学

米﨑哲朗・升方久夫・金澤 浩 著

化学同人

■ **図版データ提供サービス** ■

本書を教科書採用いただいた先生には，本書中の図版データを進呈します．お問合せは小社営業部まで．
　　　　　　　TEL　075-352-3373
　　　　　E-mail　eigyou@kagakudojin.co.jp

── はじめに ──

　小関治男氏らによる『生命科学のコンセプト 分子生物学』（化学同人）は優れた教科書であり，著者の一人である筆者は，大阪大学理学部において長年に渡る講義でその教科書を活用させていただいた．筆者が京都大学理学部に在職していた10年間，小関研究室との合同セミナーに参加していたので小関氏とは間近に接することができ，彼の研究者としての懐の深さを学ばせていただいた．小関氏は「自学自習を助ける詳しい教科書はすでに刊行されている．大学の講義というものは，本来は教師がそれぞれ自分の立場や前提などを表明し，そのうえに立って思考の仕方や自分の考え方を述べるものであって，個別的な知識は各自が自学自習すればよいであろう」との考えを述べておられる．筆者もこの考えに共鳴したので，『生命科学のコンセプト　分子生物学』を長い間活用させていただいたのであった．

　しかし時が経つにつれ，この教科書を補うための多くの個別的知識を伝えざるを得なくなっていった．その理由は生命科学知識の爆発的な増大である．『生命科学のコンセプト 分子生物学』が刊行された1996年当時に比べ，現在は分子レベルの現象と仕組みに対する理解が格段に深まった．その結果，かつては漠然と認識されていた生命活動の複雑さや巧妙さが，具体的かつ精密に理解できるようになってきた．そのため「講義で扱う内容はこのくらいに留めておいて，残りの個別的な知識は各自が自学自習すればよい」とできる状況ではなくなったのである．基礎知識をしっかり身につけることが重要なのはいつの時代でも同じであるが，理解すべき到達点がより深くなった現在においては，自ら学ぶためのスタート地点をそれに合わせて進ませておかねばならない．また，分子生物学に基づいた生命科学の基礎分野はいうに及ばず，医学，薬学，農学，工学などの応用分野も目覚ましく発展してきた．その結果，基礎分野と応用分野との境界が不鮮明となり，今や相互に貢献しあうようになっている．特に応用分野の研究者の基礎分野への貢献は今後ますます高まっていくことが期待されるので，応用分野に新しく参入する若い人のためにも時代にあった教科書を提供できればと思っている．

　このような観点を見据えたうえで，本書は生命科学の中枢をなす「遺伝子」を主題としている．大阪大学理学部で長らく「遺伝子」の科目を担当して教壇に立ってきた3名がそれぞれの得意な領域を分担して，さまざま工夫を凝らしながら，講義で伝えたい基礎知識を編集するという方針のもとに執筆した．知識は理解と同等ではなく，理解を助けるものである．生命科学は発展を極めているように見えても，知識の背後に未知の海が存在することを意識したときに，生命へのさらなる理解が促される．3名の執筆者はそれぞれの分野で研究者として未知の海を常に意識してきた．その意識が思考の仕方や考え方を育んできた源泉であり，本書ではそれが全体の底流となって，各章でとりあげる知識の意義付けや関連付けが行われている．

本書はセントラルドグマを中心とする遺伝システムの解説が柱になっている．それに加えて，遺伝子工学やタンパク質の局在化など，遺伝子からのアプローチによって発展している現代生命科学の諸分野を扱った章も含めることができたので，遺伝子を理解するための基礎として十分に役立つ教科書になったと自負している．大学での講義では，学部2〜3年生を対象とした半年〜1年半の講義の教材として役立つことを期待している．

　本書の企画から刊行まで予想外に長期間を費やすことになった．その間，化学同人編集部の大林史彦氏には並々ならぬお世話になった．著者を代表して深く感謝の意を表したい．

　2014年10月

著者を代表して　米﨑　哲朗

ベーシック分子生物学

目　次

1章　分子生物学の誕生―DNA 時代の始まり― ………………………………… 1

- 1-1　メンデル以前の考え方　　　1
- 1-2　メンデルと遺伝子　　　2
- 1-3　モーガンと染色体と遺伝子　　　3
- 1-4　グリフィスとアベリーの形質転換　　　7
- 1-5　ハーシーとチェイスの遺伝物質　　　8
- 1-6　ファージ・バクテリアと DNA 時代の幕開け　　　9

2章　DNA と遺伝子概念 ………………………………………………………………… 11

- 2-1　DNA の構造　　　11
- 2-2　遺伝子の代謝支配　　　14
- 2-3　一遺伝子一酵素説　　　15
- 2-4　遺伝子の相補性　　　16
- 2-5　DNA と遺伝子の構造　　　19

3章　遺伝システムと生命 ……………………………………………………………… 23

- 3-1　遺伝子と生物　　　23
  - 3-1-1　個体が誕生するまで　　　23
  - 3-1-2　遺伝子は成長後も必要　　　24
- 3-2　遺伝子と生命活動　　　26
  - 3-2-1　タンパク質の寿命　　　26
  - 3-2-2　タンパク質の立体構造　　　26
  - 3-2-3　タンパク質の更新と遺伝子　　　27
  - 3-2-4　ヒートショックと遺伝子　　　27
- 3-3　遺伝子情報は RNA が伝達しているのか　　　28
- 3-4　遺伝暗号　　　31
- 3-5　セントラル・ドグマ　　　33

4章　遺伝子発現の第一段階―転写― ………………………………………………… 35

- 4-1　RNA ポリメラーゼ　　　35
  - 4-1-1　大腸菌 RNA ポリメラーゼの構造　　　35
  - 4-1-2　原核生物と真核生物の違い　　　38
- 4-2　転写プロモーターとその認識　　　39
  - 4-2-1　原核生物の転写プロモーター　　　39
  - 4-2-2　真核生物の転写プロモーター　　　40
- 4-3　転写開始　　　41
  - 4-3-1　原核生物の転写開始　　　41
  - 4-3-2　真核生物の転写開始　　　43
- 4-4　転写伸長　　　45
  - 4-4-1　コア酵素の動き　　　45
  - 4-4-2　コア酵素とともに働くタンパク質　　　46
- 4-5　転写ターミネーター　　　47
  - 4-5-1　ρ因子非依存性ターミネーター　　　47
  - 4-5-2　ρ因子依存性ターミネーター　　　47
  - 4-5-3　真核生物の転写終結　　　48

5章　転写調節 …… 49

- 5-1　RNAポリメラーゼによる調節　49
  - 5-1-1　rRNAの例　49
  - 5-1-2　ppGppの例　51
  - 5-1-3　ポージングの例　51
- 5-2　転写因子による調節　51
- 5-3　正の調節　53
  - 5-3-1　大腸菌のCrpタンパク質の例　53
  - 5-3-2　真核生物の例　53
- 5-4　負の調節　55
- 5-5　転写調節の実際　55
  - 5-5-1　乳糖オペロンの調節　56
  - 5-5-2　SOS応答　57
  - 5-5-3　λファージの戦略　58

6章　遺伝子発現の第二段階—翻訳— …… 61

- 6-1　tRNA　61
- 6-2　アミノアシルtRNA合成酵素　65
- 6-3　リボソーム　66
  - 6-3-1　リボソームの役割　66
  - 6-3-2　リボソームの構造　66
  - 6-3-3　rRNAの構造と機能　68
- 6-4　翻訳開始　70
  - 6-4-1　原核生物の場合　70
  - 6-4-2　真核生物の場合　72
  - 6-4-3　その他の仕組み　72
- 6-5　ペプチド鎖伸長　73
  - 6-5-1　三つのサイトの役割と仕組み　73
  - 6-5-2　翻訳にかかわるエネルギー　75
- 6-6　翻訳終結　75
  - 6-6-1　翻訳終結の仕組み　75
  - 6-6-2　ストップコドンの変異体　76

7章　翻訳調節および翻訳と転写の相互作用 …… 77

- 7-1　リボソームによる調節　77
  - 7-1-1　フレームシフト　78
  - 7-1-2　ストップコドンの読み超し　79
  - 7-1-3　ホッピング　79
  - 7-1-4　真核生物の場合　79
  - 7-1-5　リボソームにもいろいろある　80
- 7-2　調節因子による調節　80
  - 7-2-1　正の調節　80
  - 7-2-2　負の調節　82
- 7-3　翻訳と転写の共役による調節　84
- 7-4　リボソーム，細胞質からの転写調節シグナル　86

8章　RNAプロセシング …… 89

- 8-1　rRNAとtRNAの成熟　89
- 8-2　塩基とヌクレオシドの修飾　92
- 8-3　スプライシング　93
  - 8-3-1　トランス型スプライシングとシス型スプライシング　94
  - 8-3-2　コンセンサス配列　95
  - 8-3-3　スプライシングの仕組み　95
  - 8-3-4　選択的スプライシング　97
- 8-4　RNAエディティング　98

9章　遺伝子発現のファインチューニング ... **101**

- 9-1 mRNA 分解の意義　*101*
  - 9-1-1 なぜ常に分解しているのか　*101*
  - 9-1-2 mRNA 分解が発現を制御する　*102*
- 9-2 mRNA 分解機構　*103*
  - 9-2-1 5′→3′エキソリボヌクレアーゼによる分解機構　*103*
  - 9-2-2 エンドリボヌクレアーゼによる分解機構　*104*
  - 9-2-3 3′→5′エキソリボヌクレアーゼによる分解機構　*106*
  - 9-2-4 ストリンジェント応答による分解機構　*106*
- 9-3 リボソームを救済する tmRNA　*107*
  - 9-3-1 原核生物の救済機構　*107*
  - 9-3-2 真核生物の救済機構　*108*
- 9-4 RNA による調節　*109*
  - 9-4-1 6S RNA による調節　*109*
  - 9-4-2 アンチセンス RNA による調節機構　*110*
- 9-5 リボスイッチ　*113*

10章　遺伝情報の複製―DNA 複製― ... **117**

- 10-1 複製の基本様式　*117*
- 10-2 DNA 複製の基本反応　*118*
- 10-3 Okazaki フラグメント合成　*119*
- 10-4 複製フォークで働くタンパク質　*121*
- 10-5 真核生物の複製装置　*123*
- 10-6 レプリコン説と複製開始反応　*124*
- 10-7 原核生物の複製開始とその制御　*125*
- 10-8 真核生物の複製開始点　*128*
- 10-9 細胞周期による複製開始の制御　*129*

11章　遺伝情報の維持―DNA 修復― ... **131**

- 11-1 突然変異　*131*
- 11-2 複製途中の間違いを直す校正機能　*132*
- 11-3 DNA の修復機構　*133*
- 11-4 ミスマッチ（誤対合）修復　*134*
- 11-5 ヌクレオチド除去修復(NER)　*135*
- 11-6 塩基除去修復(BER)　*137*
- 11-7 組換えによる二重鎖切断の修復　*138*
- 11-8 損傷乗り越え DNA 合成　*139*

12章　遺伝情報の可変性―DNA 組換えと突然変異― ... **141**

- 12-1 相同組換え反応　*141*
  - 12-1-1 相同組換えの仕組み①：ホリデイ構造モデル　*141*
  - 12-1-2 相同組換えの仕組み②：二重鎖切断モデル　*142*
- 12-2 減数分裂期組換え　*144*
- 12-3 部位特異的組換え　*145*
  - 12-3-1 ラムダファージ DNA の宿主 DNA への組込み　*145*
  - 12-3-2 体細胞での免疫グロブリン遺伝子領域組換え　*145*
- 12-4 トランスポゾン　*147*
  - 12-4-1 トランスポゾンの発見　*147*
  - 12-4-2 DNA トランスポゾン　*147*
  - 12-4-3 レトロトランスポゾン　*148*
  - 12-4-4 トランスポゾンはなぜ大量に存在するのか　*151*

13章　細胞の成り立ち—原核生物と真核生物— 153

- 13-1　原始細胞　*153*
- 13-2　細胞膜の役割と構造　*154*
- 13-3　原核生物と真核生物　*155*
- 13-4　原核細胞の構造　*156*
- 13-5　真核細胞は細胞核をもつ　*157*
- 13-6　ミトコンドリアと葉緑体の共生説　*158*
- 13-7　真核生物のゲノム　*159*

14章　細胞の膜構造と機能 161

- 14-1　生体膜の働き　*161*
- 14-2　生体膜の構造　*163*
  - 14-2-1　生体膜の基本的な構造　*163*
  - 14-2-2　リポソーム　*164*
  - 14-2-3　膜タンパク質　*164*
- 14-3　細胞膜を介する物質の輸送　*165*
  - 14-3-1　受動輸送とチャネル　*165*
  - 14-3-2　能動輸送　*167*
- 14-4　細胞膜とシグナルの伝達　*168*
  - 14-4-1　イオン輸送チャネル型受容体　*169*
  - 14-4-2　タンパク質リン酸化酵素型　*170*
  - 14-4-3　Gタンパク質結合型　*170*

15章　膜系細胞小器官とその役割 173

- 15-1　さまざまな細胞小器官とその役割　*173*
  - 15-1-1　ミトコンドリアとATP合成の仕組み　*173*
  - 15-1-2　リソソーム　*179*
  - 15-1-3　小胞体　*180*
  - 15-1-4　ゴルジ体　*180*
  - 15-1-5　ペルオキシソーム　*181*
- 15-2　局在化のシグナル配列　*181*
  - 15-2-1　シグナル配列の発見　*181*
  - 15-2-2　シグナル配列とタンパク質工学　*182*
- 15-3　シグナル配列と局在化機構　*182*
  - 15-3-1　細胞外へ分泌されるタンパク質　*183*
  - 15-3-2　核に移動するタンパク質　*184*
- 15-4　細胞内小胞輸送　*185*
  - 15-4-1　エキソサイトーシスと小胞輸送の流れ　*185*
  - 15-4-2　小胞輸送にかかわるタンパク質とSNARE仮説　*186*
  - 15-4-3　エンドサイトーシス　*187*

16章　染色体 189

- 16-1　ヌクレオソームを形成するヒストン　*189*
- 16-2　ヒストンテールは多様な修飾を受ける　*191*
- 16-3　ユークロマチンとヘテロクロマチン　*192*
  - 16-3-1　クロマチンとエピジェネティック　*192*
  - 16-3-2　ヘテロクロマチンとユークロマチンの化学構造の違い　*193*
  - 16-3-3　エピジェネティックは受け継がれる　*193*
- 16-4　ヘテロクロマチン形成にRNA干渉が関与する　*194*
- 16-5　セントロメアの構造と機能　*195*
- 16-6　セントロメアの本質はエピジェネティックである　*198*
- 16-7　テロメア　*199*

17章　細胞周期とチェックポイント　……………………………………… 201

- 17-1　細胞周期の概念の発見　*201*
- 17-2　分裂期(M期)　*202*
- 17-3　細胞周期を進行させる因子の発見　*203*
- 17-4　CDKの活性制御　*205*
- 17-5　細胞周期の制御　*207*
  - 17-5-1　転写調節による細胞周期制御　*207*
  - 17-5-2　タンパク質分解による細胞周期制御　*207*
- 17-6　細胞周期のチェックポイント　*209*
  - 17-6-1　チェックポイントの概念　*209*
  - 17-6-2　チェックポイントの発見　*209*
  - 17-6-3　G2/Mチェックポイント　*210*
  - 17-6-4　G1チェックポイント　*212*
  - 17-6-5　スピンドルチェックポイント　*213*
- 17-7　チェックポイント制御の破綻　*214*

18章　がんとアポトーシス　……………………………………………… 215

- 18-1　がんとはどのような病気か　*215*
- 18-2　オンコジーン　*216*
- 18-3　がん抑制遺伝子　*217*
- 18-4　発がんに至る多段階の異常　*218*
  - 18-4-1　修復機能の低下による変異発生　*219*
  - 18-4-2　染色体再編　*219*
  - 18-4-3　がん化の本質：多段階の異常による無限細胞増殖　*220*
- 18-5　アポトーシス　*220*

19章　遺伝子操作の背景　………………………………………………… 223

- 19-1　遺伝子操作の概略　*223*
- 19-2　制限酵素　*225*
  - 19-2-1　制限酵素の発見　*225*
  - 19-2-2　対になって働くメチル化酵素と制限酵素　*226*
  - 19-2-3　制限酵素の特性　*227*
  - 19-2-4　制限酵素の応用　*228*
  - 19-2-5　DNAリガーゼの発見　*228*
  - 19-2-6　リガーゼの応用と工夫　*229*
- 19-3　ベクターの種類とその性質　*230*
  - 19-3-1　プラスミドベクター　*230*
  - 19-3-2　ウイルスベクター　*232*
  - 19-3-3　レトロウイルスベクター　*232*

20章　遺伝子のクローニングと遺伝子工学　…………………………… 233

- 20-1　遺伝子のクローニングの方法　*233*
  - 20-1-1　有機合成による方法　*234*
  - 20-1-2　遺伝子ライブラリーを用いる方法　*235*
  - 20-1-3　組換え体DNAを化学的，物理的に細胞内へ導入　*237*
  - 20-1-4　遺伝子のクローニング　*238*
  - 20-1-5　PCR法と遺伝子のクローニング　*242*
- 20-2　塩基配列決定法　*243*
  - 20-2-1　化学法　*243*
  - 20-2-2　酵素法　*244*
- 20-3　遺伝子発現の機能領域の決定　*246*
  - 20-3-1　遺伝子部分の同定　*246*
  - 20-3-2　制御因子部分の同定　*247*

21章　遺伝子工学の応用 ... 249

- 21-1　遺伝子欠損による細胞機能の解析　250
- 21-2　遺伝子機能を失った生物個体の創出　251
  - 21-2-1　ノックアウトマウスの作成方法　251
  - 21-2-2　遺伝子をノックアウトした結果　252
  - 21-2-2　ノックアウトマウス作成における工夫　253
- 21-3　遺伝子の人工導入による高等生物個体の研究　254
  - 21-3-1　遺伝子トラップ法　254
- 21-4　遺伝子の異常と病気　255
  - 21-4-1　遺伝病　255
  - 21-4-2　がんと遺伝子　257
- 21-5　ゲノム多型と疾患・DNA鑑定　258
  - 21-5-1　ポジショナルクローニング　259
  - 21-5-2　遺伝子診断とPCR法　259
  - 21-5-3　DNA鑑定　260

22章　バイオインフォマティクス ... 261

- 22-1　バイオインフォマティクスとは　261
  - 22-1-1　バイオインフォマティクスの誕生と発展　261
  - 22-1-2　配列データベース　262
- 22-2　DNAの情報ライブラリー作成とアノテーション　263
  - 22-2-1　ショットガン法　263
  - 22-2-2　cDNAライブラリーの活用　263
  - 22-2-3　アノテーション　264
- 22-3　配列アラインメント　265
  - 22-3-1　配列アラインメントとは　265
  - 22-3-2　アミノ酸配列のアラインメント　265
- 22-4　ゲノムを用いた系統樹作成　267
  - 22-4-1　配列アラインメントによる系統樹の推定　267
  - 22-4-2　rRNAの塩基配列に基づく系統分類　268
- 22-5　ゲノムの比較解析　269
- 22-6　タンパク質の構造予測と機能ドメイン検索　269

索引 ... 271

1章 分子生物学の誕生
—DNA時代の始まり—

この章で学ぶこと

種や個体としての特徴が親から子へ伝わることは古くから知られていたが，有史以来その現象に合理的な説明を与えることはできなかった．しかし19世紀後半にメンデルが実証主義を導入し，遺伝は科学の俎上にあげられた．さらに20世紀に入り，細胞に対する理解の深まりとあいまったモーガンらによる染色体説の証明，生化学の発達に支えられた染色体の成分分析，アベリーやハーシーとチェイスによるDNAが遺伝物質であることの証明，ワトソンとクリックによるDNA構造の解明，デルブリュックらによるファージ研究の推進などが行われた．これが分子生物学という学問分野の始まりである．

1-1 メンデル以前の考え方

　遺伝はきわめて身近な問題であるため，太古の昔から，人類にとって大きな関心事だったに違いない．そして，その法則を初めて科学的に構築したのが，高校の教科書などで広く紹介されているメンデルである．彼は生物学の歴史に不朽の名を残した．彼の業績の高さはいうまでもないが，その正当性を理解するためにはメンデル以前の遺伝に対する考え方を知る必要がある．本節では，メンデルの法則が導かれるまで，遺伝がどのように考えられていたのかについて見てみよう．

　生物種としての特徴や個体としての特徴が親から子へ伝わることは古くから認識されていた．またこの事実を利用して，家畜や穀物を人間の好むように選別して改良していく「育種」も古くから試みられていた．この現象—遺伝—の背後にある仕組みについて説明を試みた，歴史上最古の記録はヒポクラテスによるものである．彼の説によれば，体の全ての部位からそれぞれの形質を伝える生殖質が子に渡され，それが融合して子の形質が決められる．後にアリストテレスは，生殖質が与えるのは形質そのものではなく，形質を作り出す能力であると主張した．すなわち，アリストテレスは遺伝子の概念を提案した最初の人物である．

　彼らの説は，親から子へ特徴が確実に伝わることを素朴に説明すると

Biography

▶ G. J. メンデル
1822～1884，オーストリア帝国の司祭．エンドウ豆の交配実験により「メンデルの法則」と呼ばれる遺伝法則を明らかにした．しかし，生存中はこの業績はほとんど評価されず，1900年に複数の科学者が再発見するまで埋もれたままであった．

Biography

▶ **ヒポクラテス**
B.C. 460〜377頃，古代ギリシャの医師．原始的な呪術ではなく，科学的な観点から医療を行った最初の人物とされる．医師のあるべき姿を説いた「ヒポクラテスの誓い」でも有名．

▶ **アリストテレス**
B.C. 384〜322，古代ギリシャの哲学者．ソクラテスの孫弟子，プラトンの弟子であり，歴史上最大の哲学者ともいわれる．彼の構築した自然科学観は，中世まで権威を保った．マケドニアのアレクサンダー大王の家庭教師でもあった．

いう点で，多少は修正されつつ，受け入れられた．実際，ガレン（131〜201）の記述によれば，1世紀頃のローマ時代の人々はこの生殖質説に基づいて穀物や畜産に関する問題の解決を試みたようである．また，オーガスチン（345〜430）は生殖質説を旧約聖書の創世記に書かれたキリスト教義に組み込こもうとした．

古代ギリシャ人の生殖説は紀元前4世紀〜紀元後19世紀まで，2000年以上の長きに渡って受け継がれることになった．生殖説は素朴であるがゆえに受け入れやすいが，経験的事実を十分に説明できるほどの具体性は欠いている．したがって，親の生殖質がどのように子の特徴を決めるのかという仕組みについては新たに考察する必要があった．その仕組みに関して19世紀まで支配的であった考え方は融合説である．たとえば，子の身長はしばしば両親の中間の高さを示すことから，両親の生殖質が混ざり合った結果，子には両親の中間の性質が与えられるという考え方である．しかし，経験的事実は必ずしもその考えに当てはまらない場合も多い．たとえば同じ両親から生まれた場合でも，母親に似る子がいれば父親に似る子もいる．さらに，子に伝わった特徴が祖父または祖母譲りの場合もある．このようなケースバイケースといえる事態がなぜ生じるのかについては，融合説ではうまく説明することができず，2000年以上もミステリーのままであった．おそらく各時代に多くの人が新たな説明を試みたであろうが，思弁に頼って経験的事実を反芻するだけでは新たな可能性を思いつくことは不可能であったに違いない．

1-2 メンデルと遺伝子

メンデルは遺伝現象の背後に潜むルールを探り当てるため，過去に誰もとらなかったアプローチをとった．それは10年という時間をかけて行った，綿密な実験に基づく実証的方法である．さらに，メンデルはいくつもの場面で天才的な洞察力を発揮している．たとえば実験を開始する前から遺伝法則を承知しており，そのうえで計画をたてたように思える．また，エンドウの掛け合わせ実験に用いたさまざまな変異体は彼自身が自家受粉させることにより作り上げた純粋な系統であり，これらの純系がなければ実験は成り立たなかった．さらに，対立遺伝子に対する洞察は明快であり，現代の人々がイメージする遺伝子となんら変わりない．

メンデルは多数の掛け合わせ実験を行い，膨大な数の子孫を定量的に分析した．さらに，その結果を統計的に解釈することにより到達した結論は，既存の考えとは全く異なる独自のものであった．重要な点は，遺伝的形質を決定する因子（遺伝子）は粒子状（細かく分割されにくいことを意味する）であること，両親からそれぞれ一つずつを受けついでいるため対になって

one point
対立遺伝子
対立因子ともいう．ある形質について異なる現れ方がある場合，それらを対立形質と呼び，対立形質を決定する遺伝子を対立遺伝子と呼ぶ．正常な遺伝子と突然変異した遺伝子は対立遺伝子である．また，血液型を決定するA，B，O型遺伝子も対立遺伝子である．

いること，配偶子の形成にあたっては対のうち一つのみが渡されること，配偶子が接合したときに決定因子は再び対となること，対立する遺伝子の決定する形質には優性劣性の関係が生じる場合があること，である．いい換えれば，メンデルの実験結果を解釈するには，遺伝子数の変動や優劣の関係を同時に仮定しなければならなかった．

メンデルの論文は 1866 年に発表されたにもかかわらず，彼の業績が認められたのは 34 年も経った 1900 年のことである．メンデルが提唱した概念のいずれもが突出した考え方であったこと，細胞に対する理解が不十分でありメンデルの説を裏づけるような知識がなかったこと，メンデルの論文を掲載したのは著名な雑誌でなかったこと，有力な学者の支持を得られなかったこと，メンデルの取り上げたことがその当時の遺伝学の流行ではなかったこと，などが原因と考えられている．

20 世紀に入って，遺伝学はメンデルが組み立てた概念に基づき，細胞生物学の発展や分子生物学の発展とともに歩を進めてきた．すなわち，メンデルの敷いたレールの上を走ってきたのである．

1-3　モーガンと染色体と遺伝子

メンデルの遺伝法則が受け入れられるようになるや否や，重要な問題が提起された．動物も植物も本を正せば，たった 1 個の細胞（受精卵）から出発して個体となる．つまり，両親から受け継いだ遺伝子は配偶子（卵子，精子）や受精卵などの細胞に付随しているはずである．それでは，メンデルの仮想した因子―遺伝子―の実体は細胞の中の何なのか．

19 世紀末から 20 世紀初頭にかけて，細胞分裂と染色体の関係や，配偶子形成に伴う減数分裂において染色体数が半減することが理解されるようになっていた（図 1.1）．染色体説は，染色体に遺伝子が収められていると考えるとメンデルの説とつじつまが合うことから提唱された．並行して同時期に，性染色体が発見されており，染色体説はより勢いを得たと思われる．しかし，複雑きわまりない細胞を少しでもよく理解しようと手当り次第に染色剤をふりかけた結果，たまたま染色体が発見されたにすぎない．細胞について構造も成分も詳細が不明である以上，染色体が遺伝子を含んでいる実体であるのか，あるいは染色体とメンデルの説との一致は単なる偶然であるのか，当時の知識ではいずれの考え方を否定することも肯定することもできなかった．

モーガンはもともとメンデルの法則に懐疑的であったうえに，染色体説にも反対の立場をとっていた．しかし彼と彼の弟子たちは，ショウジョウバエを用いて突然変異体が示す形質に関して多くの実験を重ねていくうちに，メンデルの法則の正しさと染色体説を信じるようになった．さらに

Biography

▶ T. H. モーガン
1866～1945，アメリカの遺伝学者．本文で示した研究により，1933 年にノーベル生理学・医学賞を受賞した．ショウジョウバエがモデル生物としていまでも研究に用いられているのも彼の功績の一つである．

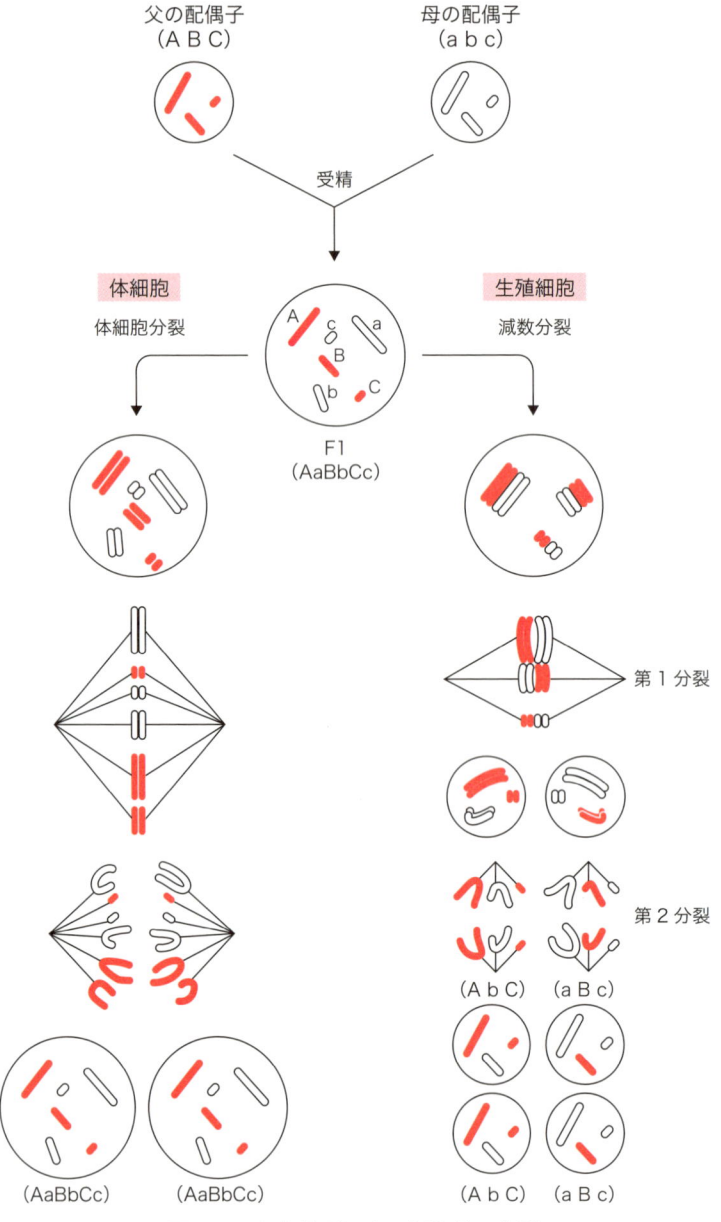

図 1.1 有糸分裂による細胞核の分裂
減数分裂における染色体は図の組合せの他に，自由配分によって ABC と abc，ABc と abC，aBC と Abc などの組合せも同頻度で形成される

　1911〜1929 年の間の精力的な研究により，遺伝子は染色体上にビーズのように並んでいるという考えを確かなものにしていった．
　このモーガンの研究で重要な点は，眼の色の伴性遺伝の観察であった．当時，ショウジョウバエの雌は X 染色体を対でもち，雄は X 染色体と Y 染色体を一つずつもつことが知られていた．ショウジョウバエの眼の色は

赤であるが，突然変異体として白眼をもつものがいる．赤または白眼をもつ雄雌を掛け合わせると，子の眼の色は規則正しく性と関係していた．たとえば，白眼の雌と赤眼の雄を掛け合わせると，産まれてくる子の雄は全て白眼となり雌は全て赤眼となる．この例を含め，可能な組合せから得られた結果は，赤眼が白眼に対して優性であることと眼の色を決める遺伝子がX染色体上にあることを仮定すると，全てうまく説明できる．

さらに，モーガンらは遺伝子の連鎖を追求することで染色体説を発展させた．メンデルの法則のうち独立の法則は，二つの異なる形質は互いに独立に子孫に伝えられることを示すもので，たとえばメンデルが掛け合わせ実験に用いたエンドウの種子に関する二つの形質〔種皮の色（黄または緑）と形（丸またはしわあり）〕は独立した遺伝が成立している．すなわち，F2での形質の分離比は黄：緑も丸：しわもそれぞれ3：1であり，しかも両方の形質が組み合わさったものの分離比が丸・黄：丸・緑：しわ・黄：しわ・緑＝9：3：3：1となる（図1.2）．しかしメンデルの遺伝法則が広く受け入れるようになって遺伝の研究が進むにつれて，形質の組合せによっては期待される分離比とならないことが多く報告されるようになってきたために，独立の法則の信憑性が問題となっていた．モーガンらは研究室に集められた多くの突然変異体の間で掛け合わせを行った結果，分離比が期待値からずれる理由は，実験で組み合わせた遺伝子が同じ染色体に含

> **one point**
> **分離比**
> 遺伝子型はどの対立遺伝子をもつのかを表し，各対立遺伝子により決定される形質を表現型と呼ぶ．異なる表現型（あるいは遺伝型）をもつ親の掛け合わせによって誕生した子について，各表現型（あるいは遺伝型）をもつ個体数の比を分離比と呼ぶ．

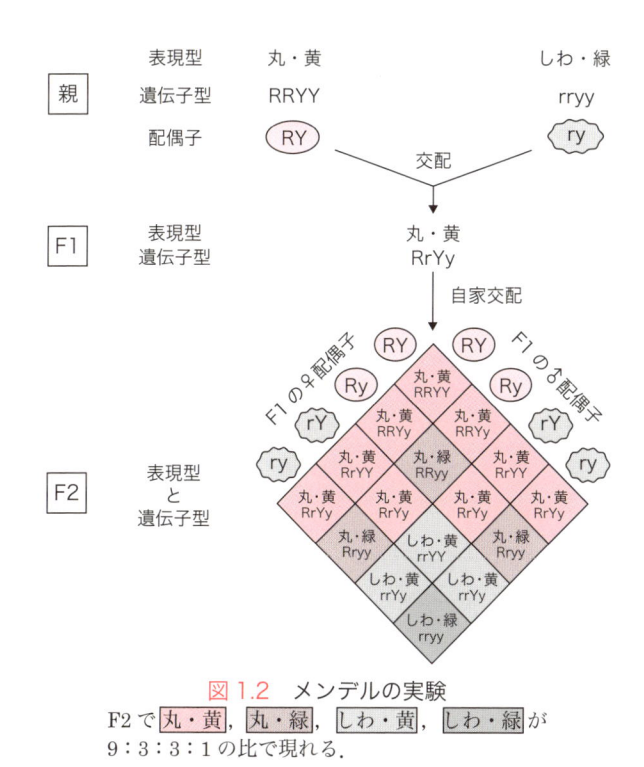

図1.2 メンデルの実験
F2で 丸・黄, 丸・緑, しわ・黄, しわ・緑 が 9：3：3：1の比で現れる．

まれているため互いに連鎖しているせいであると考えた．つまり，同じ染色体に含まれている複数の遺伝子は染色体が渡されるときに一括して渡されることになるので，それぞれが決定する形質は互いに独立に子孫に伝えられることはできない，という考えである．ただし，同じ染色体に含まれる遺伝子であっても完全な連鎖を示す訳ではなく，お互いの位置関係に依存してある程度の頻度で分離する．その原因は，両親から受け継いだ染色体を子に渡す前に，部分を交換する現象―遺伝的組換え―にある．

遺伝的組換えは，両親から受け継いだ遺伝子のセットを一部交換することにより新しい遺伝子セットを作り出して子に渡す仕組みである．この仕組みの一環として染色体では交叉が起きる（図1.3）．図1.3から想像できるように，同じ染色体上にある二つの遺伝子はその間の距離が長いほど交換されやすく，連鎖しにくくなる．一方，距離が短いほど連鎖しやすい．すなわち，連鎖の程度は遺伝子間の距離を反映することになる．メンデルが実験に取り上げた遺伝子の組合せはたまたま異なる染色体に含まれていたり，同一染色体上にあっても連鎖の程度がきわめて低かったので，独立の法則を導くような実験結果となったのである．

連鎖の程度は組換え体の出現頻度と逆比例の関係にある．異なる染色体上の遺伝子は互いに独立して遺伝する．つまり，両親から受け継いだ相同な染色体の一つを他の染色体とどのように組み合わせて子に渡すことになるのかはランダムに決まる．そのため，それぞれ異なる染色体に含まれる二つの遺伝子については組換え頻度は50%となる．逆に，50%以下の組換え頻度を示す（つまり連鎖が認められる）二つの遺伝子は同じ染色体に存在することになる．また連鎖が認められたとしても，組換え頻度が高ければ二つの遺伝子は遠く離れており，低ければ近接していることになる．

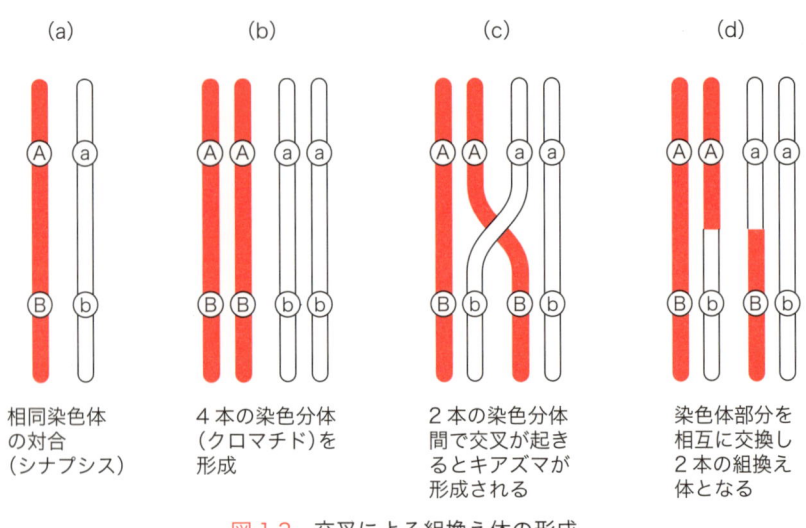

(a) 相同染色体の対合（シナプシス）
(b) 4本の染色分体（クロマチド）を形成
(c) 2本の染色分体間で交叉が起きるとキアズマが形成される
(d) 染色体部分を相互に交換し2本の組換え体となる

図1.3 交叉による組換え体の形成
A, a および B, b はそれぞれ対立遺伝子を示す（減数分裂については図1.1参照）．

モーガンらはこのような考えに基づいて，連鎖を示す関係にある遺伝子群（連鎖群）はショウジョウバエの細胞学的観察から明らかになっている染色体数と一致することを指摘することによって，彼らの考えが正しいことを示した．さらに，それぞれの染色体上に一次元的に並ぶ遺伝子の相対的位置を表した遺伝子連鎖地図を作成することに成功した．遺伝子連鎖地図は二つの遺伝子間の関係を積み重ねて作成したものであるが，いったんできあがると，これまでに試されたことのない遺伝子の組合せの組換え頻度を理論的に予測できる道を開いた．すなわち，彼ら以外の誰でもが実験的に得た結果と遺伝子連鎖地図から予測した理論値とを比較することにより，自分の考えの正しさを検証できるようになったのである．その結果，モーガンらが築いた染色体と遺伝子に関する説は繰り返し確かめられて不動のものとなった．

1-4　グリフィスとアベリーの形質転換

20世紀前半の遺伝学は，モーガンらの功績に基づいて大きく発展した．研究者はさまざまな生物について突然変異体を分離して対立遺伝子を手に入れることにより，多数の遺伝子を発見し，それらを染色体上に位置づけることに成功していった．その結果，遺伝子や染色体は実在のものとして認められるようになったが，染色体とはいったいどのようなものなのか，またその中に含まれている遺伝子の実体とは何なのか，については謎のままであった．

20世紀の初めには，染色体を細胞から分離精製することに成功し，その成分分析からほぼ同量のタンパク質とDNAでできていることが明らかとなった．では，どちらが遺伝子の実体なのだろうか．不思議に思えるかもしれないが，当時はタンパク質が圧倒的に有利な候補であった．その理由は，タンパク質とDNAに対する化学的知識の違いである．タンパク質は20種類のアミノ酸からなること，アミノ酸が直鎖状に重合して作られる高分子であることが知られていた．したがって，20種類のアミノ酸がどのような順番で並ぶのかによって，作られるタンパク質の分子には無数の多様性が与えられる．一方，DNAに対する理解は非常に不十分であった．構成成分として4種類の異なる塩基をもつヌクレオチドからなることは明らかとなっていたものの，4種類の塩基の割合がほぼ同じであることから，DNAは4種類のヌクレオチドが1個ずつつながった分子あるいは4種類のヌクレオチドが同量で規則的な順序に並んだものであると考えられていた．当時，ショウジョウバエは数百〜千の遺伝子をもつと考えられていたので，DNAのように単純な物質では遺伝子の情報を収められるはずがなく，多様な分子種が存在するタンパク質こそ遺伝子の実体であると考

えられたのである．また，生命活動に必須の酵素がタンパク質であることや1935年に結晶化されたタバコモザイクウイルスも大部分がタンパク質からなることも示されており，タンパク質にますます注目が集まっていた．

DNAが遺伝子の実体であることを最初に示したのはアベリーの実験（1944年）である．アベリーよりも前に，1928年にグリフィスが形質転換という現象を発見した．ネズミに感染する肺炎双球菌には異なるタイプ（病原性をもつS型菌と無害のR型菌）がある．グリフィスが死んだS型菌と生きているR型菌を同時にネズミに注射したところ，ネズミは発病し体内からは生きたS型菌が多量に発見された．このことは，R型菌がS型菌に変化，すなわち形質転換したことを示す（グリフィスの実験）．後に，死んだS型菌の細胞抽出物と生きたR型菌を混ぜると形質転換が起きることが示されたため，その抽出物に存在する形質変化の原因物質，すなわち遺伝物質の正体が問題となっていた．

アベリーらはこの問題を解明するため，まずS型菌の細胞抽出物に含まれる多糖類を消化しても形質転換が起きることを確認した．次に，タンパク質を消化するためタンパク質分解酵素で処理した．このタンパク質を取り除かれたS型菌の抽出物をR型菌に与えても形質転換が起きた．同様に，RNA分解酵素処理によりRNAを消化しても形質転換が起きた．一方，DNA分解酵素で処理したS型菌の抽出物をR型菌に与えたところ，形質転換は起きなかった（図1.4）．この結果は，遺伝子の本体はDNAであり，タンパク質ではないことを示している．

1-5　ハーシーとチェイスの遺伝物質

アベリーの発見にもかかわらず，タンパク質が遺伝子の実体であるという先入観はなかなか払拭されなかった．また，当時の実験技術精度が高くなかったことにつけ込んだ批判がいつまでも残った．このような中途半端な状況に終止符を打ったのがハーシーとチェイスの有名な実験（1952年）である．

彼らは，大腸菌に感染するT2ファージがタンパク質とDNAからなるという事実に基づいて，放射性同位元素の^{35}S（タンパク質を標識）と^{32}P（DNAを標識）を取り込ませたファージを調製した．そして，そのファージを大腸菌に感染させたところ，^{32}Pのみが大腸菌体内に入ること，それによって子ファージが生産されることを見出した．つまり，ファージの形を作り上げるのに必要なタンパク質を生産することや，子ファージに分配するDNAを複製することなど，T2ファージが増殖するのに必要な情報は全てDNAに含まれているのである．アベリーの実験が下地となり，また前節で述べたようにきわめて乏しかったDNAに対する理解も進んでき

Biography

▶ O. アベリー
1877～1955，アメリカの医師．ニューヨークのコロンビア大学で医学を学んだ．分子生物学の創始者の一人ともいえる研究者．

▶ F. グリフィス
1879～1941，イギリスの医師．本文に示したグリフィスの実験は，遺伝が化学的な現象であることを示した．分子遺伝学の始まりといえるだろう．

Biography

▶ A. D. ハーシー
1908～1997．アメリカのミシガン州生まれの微生物・遺伝学者．1969年にノーベル生理学・医学賞を受賞．本文に示したハーシーとチェイスの実験は，コールド・スプリング・ハーバー研究所で行われた．

▶ M. C. チェイス
1927～2003．アメリカのオハイオ州生まれの遺伝学者．同州のウースター大学出身．

(a) 生きているR型菌 / 煮沸によって殺されたS型菌の残骸 / 形質転換 / 生きたS型菌

(b) 形質転換が起きる ← 多糖類分解酵素によって多糖類を消化 / 形質転換が起きる ← タンパク質分解酵素によってタンパク質を消化 / 形質転換が起きる ← RNA分解酵素によってRNAを消化 / 形質転換が起きない ← DNA分解酵素によってDNAを消化 / 煮沸によって殺されたS型菌

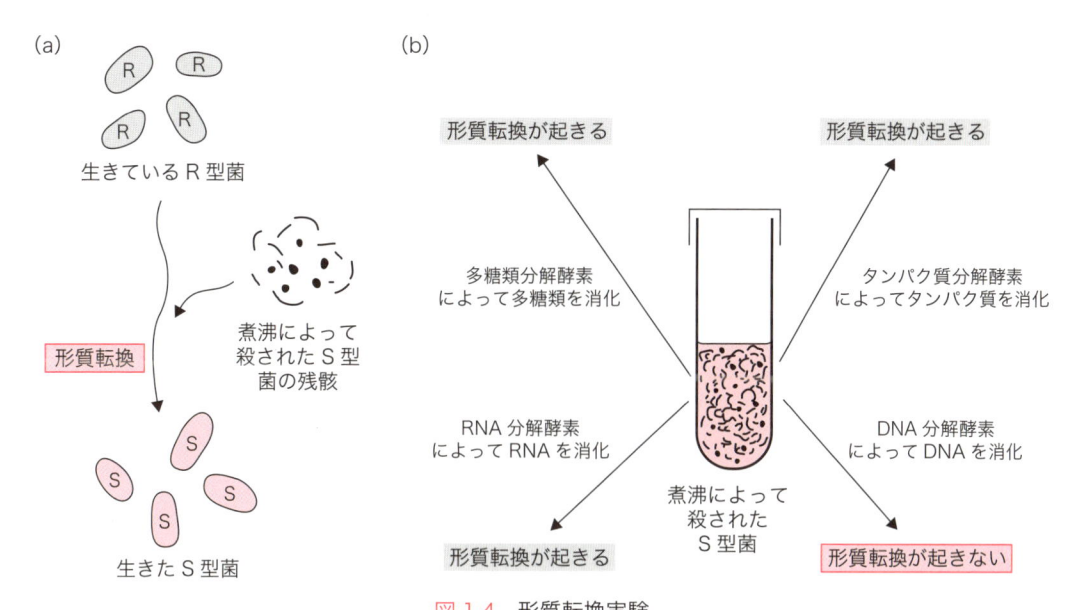

図 1.4　形質転換実験
(a) グリフィスが発見した形質転換．(b) アベリーらによる実験．

たことから，ハーシーとチェイスの実験はむしろ歓迎されたように見える．

こうして「DNAが遺伝物質である」ことはおおむね受け入れられた．一部の研究者は，特殊な生物学的存在であるファージについてはDNAが遺伝物質であることを認めるが，われわれヒトのような生き物が同じだという証拠はない，として抵抗した．しかし翌年の1953年にワトソンとクリックが二重らせん構造を発見するに及んで，DNAが遺伝子を含む実体であることに疑いを向けるものはいなくなった．

1-6　ファージ・バクテリアとDNA時代の幕開け

　ワトソンとクリックは1953年に，フランクリンが集めたDNAのX線解析データを元に，DNAの二重らせん構造を発見した．当時，遺伝子にはまだ多くの謎があったが，DNAの二重らせん構造はこれらの謎が必ず解けることを力強く予感させるものであった．

　実際，DNAの構造が明らかになってから遺伝子の理解は爆発的に進展することになったが，そこではファージとバクテリアが大きな役割を果たした．メンデルが用いたエンドウマメ（一年草）やモーガンが用いたショウジョウバエ（世代時間は1週間）に比べ，ファージやバクテリアの世代時間はたいへん短い（1時間とかからない）ため遺伝実験の結果を短時間で知ることができる．また，エンドウマメやショウジョウバエなど有性生殖で増える生き物は両親から受け継いだ遺伝子を対にしてもっており，正常な遺伝子の示す対立形質は多くの場合に優性であるために，一つの遺伝子が

Biography

▶ J. ワトソン
1928〜，アメリカのイリノイ州生まれの分子生物学者．クリック，ウィルキンスとともに，1962年にノーベル生理学・医学賞を受賞した．

▶ F. クリック
1916〜2004，イギリスの分子生物学，物理学者．ワトソン，ウィルキンスとともに，1962年にノーベル生理学・医学賞を受賞した．元々物理学専攻であったが第二次世界大戦による学業の中断をきっかけに，戦後は生物学に転向した．

正常であれば他方の遺伝子が突然変異していてもその効果は直接現れない．一方，ファージやバクテリアは無性生殖で増殖し，各遺伝子を一つしかもたないため，突然変異の効果は直接現れるので解析が容易である．

　このファージやバクテリアをモデル生物として広めたのがデルブリュックであった．1930年に物理学で博士号を取得したばかりのデルブリュックは，ノーベル物理学賞を受賞したボーアやシュレーディンガーの影響を受けて，生物学への転向を決意した．遺伝子の安定性と遺伝学のもつ代数的な性格が量子力学に親近性をもつように思われたためである．さらにデルブリュックは，生物学を物理学の厳密な目で研究するためにふさわしい材料を探し続けていた．彼がカリフォルニア工科大学のエリスの研究室でファージに遭遇したとき，ためらうことなくファージ研究に参加させてもらえるよう頼んだ．ファージは物理学的厳密さを満たす実験が可能であり，これこそが探し求めていた研究材料であることを確信したのである．

　彼の研究にはそれまでの生物学には見られなかった数値的(定量的)厳密性が伴っていたため，実験結果の解釈や結論も明快であった．それゆえ他の生物学者の関心をひくことになり，彼の元には多くの研究者が集まった．デルブリュックは集まった研究者らとともにファージ・グループを作り，ファージ研究を推進した．その結果として，生物学の新しい分野，すなわち分子生物学が始まったのである．前節で述べたハーシーもこのグループの一員であった．後に，ファージの宿主として用いられていた大腸菌について，高等生物に似た有性生殖が発見されたために，遺伝子地図の作成が可能となった．これをきっかけに大腸菌の研究も盛んになっていった．1950〜70年代にはファージとバクテリアを用いた研究は隆盛を極め，次々と新たな重大な発見があった．現代の分子生物学の基盤はこのときに築かれた．

この章で学んだこと——
- 遺伝の哲学
- 実証科学としての遺伝学
- 染色体と遺伝子の関係
- 遺伝子とDNAの関係

2章 DNA と遺伝子概念

> **この章で学ぶこと**
>
> 遺伝子の発現や複製などの機能を考えるとき，DNA の構造は重要な要素である．特に，高分子である DNA 鎖が示す方向性は遺伝子の理解に必須である．
> 　遺伝子は細胞の代謝を支配するという認識から始まり，一遺伝子一酵素説へと進むことによって，遺伝子はタンパク質合成の情報をもつことが理解されるようになった．また，遺伝子組換えや相補性といった生物学的方法論を駆使することで，DNA とその中に収納されている遺伝子との物理的関係が明らかになり，遺伝子は DNA 分子の限られた領域に二次元的に広がって存在することがわかった．

2-1　DNA の構造

　DNA はデオキシリボヌクレオチドを構成素材とする高分子化合物である．デオキシリボヌクレオチドには異なる四つの種類があるが，小さな三つの成分—リン酸，デオキシリボース（糖の一種），塩基—を 1 個ずつ含んでいるという点では共通している（図 2.1 a）．デオキシリボヌクレオチドの種類の違いは塩基成分の違いから生じており，4 種類の塩基はそれぞれアデニン，チミン，グアニン，シトシン，と名づけられている．これらはしばしば A, T, G, C と略記される．アデニンとグアニンは六員環と五員環が融合した構造をもち，プリンと総称される．一方，シトシンとチミンは六員環のみからなり，ピリミジンと総称される．

　DNA はデオキシリボヌクレオチドがリン酸部分とデオキシリボース部分で互いにつながって長い直鎖を形成したものであり（図 2.2），一般に数千〜億のデオキシリボヌクレオチドがつながっている．リン酸とデオキシリボースが交互に並ぶことによって作られた鎖（図中の赤色で示す）から塩基が突き出している．DNA は方向性をもち，以下に記す理由から両端を $5'$ 末端と $3'$ 末端と呼んでいる．図 2.1 (b) に示したように，デオキシリボヌクレオチドを構成する塩基部分の骨格原子には整数番号を，デオキシリボース部分の骨格原子にはダッシュつき番号を割り当てるのが慣例となっ

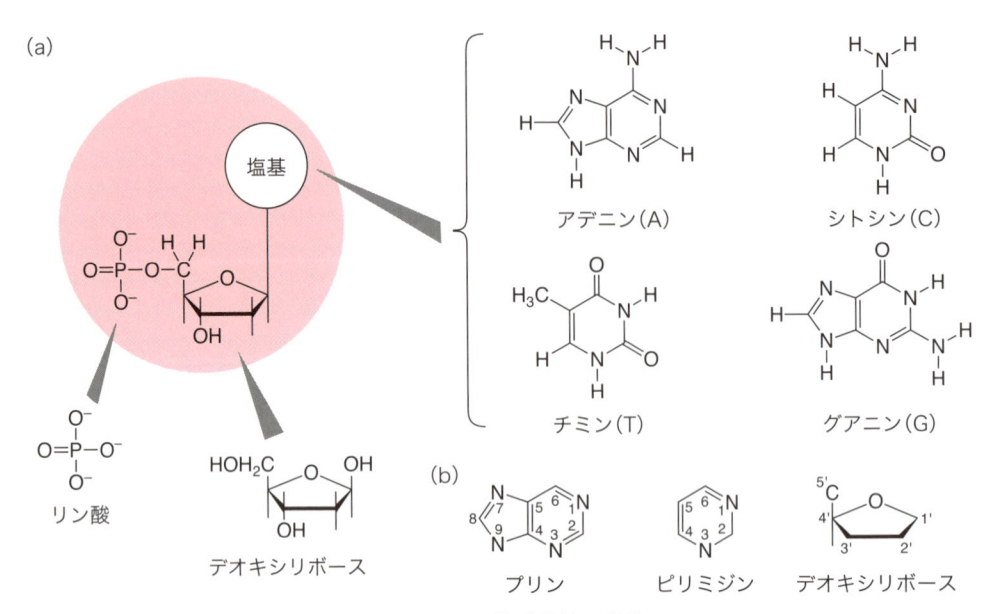

図2.1　DNA 構成単位の構造
(a) デオキシリボヌクレオチドの構造．(b)塩基とデオキシリボースの骨格となる原子への番号割当．

ている．図2.2で示すように，あるデオキシリボヌクレオチドはデオキシリボースの5′に位置するリン酸を介して左側のデオキシリボヌクレオチドとつながっており，右側のデオキシリボヌクレオチドとはデオキシリボースの3′とつながっている．つまり各デオキシリボヌクレオチドは

−〔リン酸−5′(デオキシリボース)3′〕−〔リン酸−5′(デオキシリボース)3′〕−

という向きに連なって長い鎖を作っている．このことから，図2.2の例では左側を5′末端側，右側を3′末端側と呼んでいる．遺伝子を理解するうえで，DNA鎖の方向性は非常に重要な要素である．

図2.2　DNA の構造
デオキシリボヌクレオチドが直鎖状に連なったDNAは方向性をもつ．リン酸とデオキシリボースは鎖の骨格をなす．

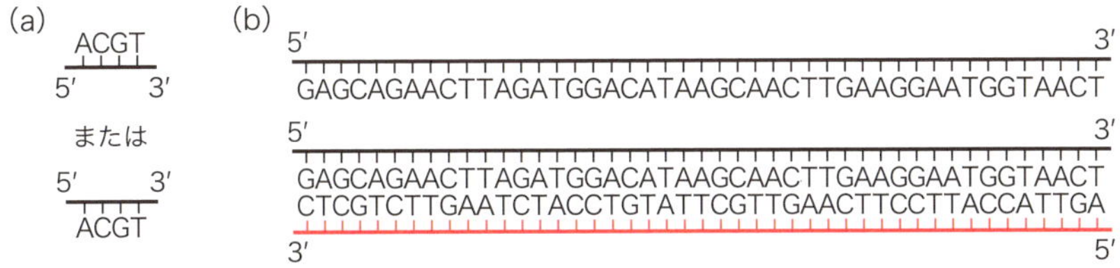

図2.3 DNA分子の簡略化表記

(a) 簡略化したDNA分子の表記法．(b) 1本鎖と二重鎖の表記．より簡略化するときには塩基配列のみを表記する．

数多くのデオキシリボヌクレオチドがつながったものは化学的にDNAである．しかし，生物が細胞内にもつDNAはさらなる構造的特徴が備わっている．図2.2に記したDNAは，簡略化して図2.3(a)の上側のように表記できる．A, C, G, Tはそれぞれアデニン，シトシン，グアニン，チミンを表し，これらの塩基がリン酸-デオキシリボースが交互につながった鎖の骨格を横棒で表す．また，5'と3'は鎖の方向性を表す．鎖は自由に回転できるので下側のようにも表記できる．

図2.3(b)の上側はデオキシリボヌクレオチドの数を増やして表記したものであるが，細胞内のDNAはこのような1本の鎖として存在するのではなく，下側に記すように逆の方向性をもった鎖がペアとなった二重鎖として存在している．細胞内のpHはほぼ中性なので，DNA鎖の骨格をなすリン酸は負にイオン化している（図2.2参照）．そのため，同じ負の電荷をもったDNAの鎖どうしは電気的に反発しあうので近くに並ぶことはできないはずである．にもかかわらず細胞内のDNAは，二つの鎖から向かい合って突き出ている塩基が，あるルールを満たすことによって二重鎖を形成している．そのルールとは，一方がAならば他方はT，一方がCならば他方はG，というようにA-TとC-Gが必ず向かい合うことである．A-TとC-Gが向かい合うとき，塩基の間には水素結合（図2.4）が形成さ

one point
タンパク質も方向をもつ

DNAと同様，アミノ酸が直鎖状に連なってポリペプチドあるいはタンパク質を作るとき，この分子には方向性が生じる．そのために両端をN末端とC末端と呼んで方向性を表す．

one point
水素結合

共有結合やイオン結合より弱い結合であり，温度の影響を受けやすい．そのため塩基対合においては，37℃では連続した10塩基以上の対合がなければ安定しない．

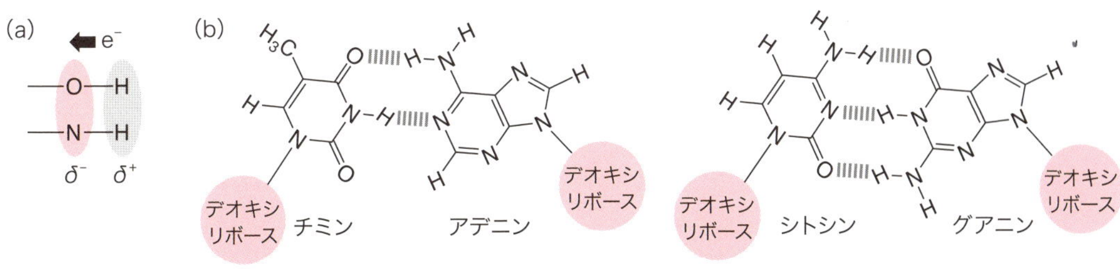

図2.4 水素結合と塩基対合

塩基対合は水素結合によって行われる．水素結合は原子間の距離が重要な条件である．チミン-アデニンとシトシン-グアニンの間では水素結合を形成するのに適した約2Åの距離でHとOまたはNが配置される．(a)水素結合．OあるいはN原子は電気陰性度が大きいため，共有結合で結びついたH原子との間で共有する電子を自分のほうに引っ張る傾向にある．そのため，H原子は電気的に弱い陽性(δ^+)を帯びる．一方，OやN原子は弱い陰性(δ^-)を帯びる．弱い陽性(δ^+)を帯びた水素は周囲のOやNなど陰性な原子との間で静電的な力を引き起こして結合する．この結合を水素結合と呼ぶ．(b)塩基間の水素結合．水素結合は⫶⫶⫶⫶⫶⫶で示す．

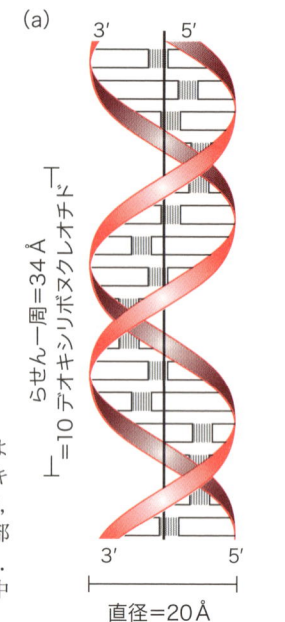

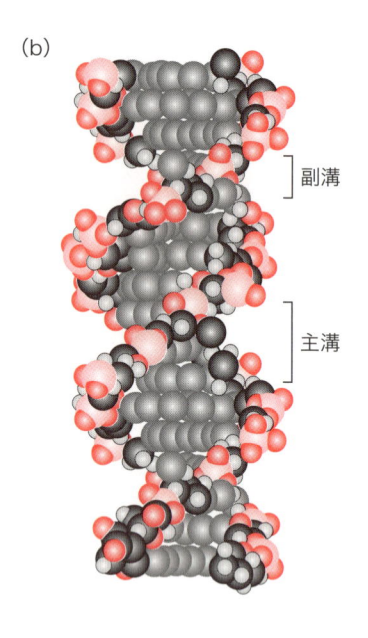

図 2.5 DNA の二重らせん構造
(a) 各塩基はらせん軸に対して直交するように配置している。■：リン酸・デオキシリボースによる鎖の骨格，□：塩基，|||||：水素結合．(b) 分子模型．らせん内部は塩基を構成する原子で満たされている．○：水素，●：酸素，●：炭素，●：塩基中の炭素と窒素，●：リン．

図中：らせん一周＝34Å＝10 デオキシリボヌクレオチド、直径＝20Å、副溝、主溝

れる．水素結合の力により，主鎖どうしの反発に抗して2本の鎖をつなぎ止めることが可能となる（さらに，細胞内では Mg^{2+} などがリン酸の負イオンを中和することで，二重鎖はより安定化されている）．二重鎖 DNA は，単に2本の DNA 鎖が平行に並んでいるのではなく，2本の DNA 鎖が互いに巻き付くように二重らせん構造をとっている（図2.5）．らせん構造は，A–T と C–G が水素結合を作る際に向かい合った二つの塩基の位置関係が定められること，鎖に沿って隣り合った塩基は円盤を積み重ねるように配置すること（塩基の骨格部分は疎水性であるので，周りに存在する水分子との接触面積を小さくしようとするため）などが原因となって安定な形として二重らせんが形成される．

1953年にワトソンとクリックによって明らかにされた DNA の二重らせん構造は，DNA の複製，組換え，遺伝子発現の仕組みを理解するための基礎としてきわめて重要な要素である．しかし，これらの仕組みを解説する前に，遺伝子の具体的な役割や DNA と遺伝子の構造的関係を把握しておかねばならない．

Biography
▶ A. E. ギャロッド
1857〜1936，イギリスのロンドン生まれの医師，化学者．医学の前には自然地理学や天文学も学び，首席で卒業する秀才であった．ナイト叙任者 (Sir) である．

2-2 遺伝子の代謝支配

遺伝子の役割について，20世紀前半に大きな発見があった．ギャロッドはアルカプトン尿症など尿に本来含まれないはずの物質が含まれる病気の原因は，代謝異常であることをつきとめた．さらに家系調査から，この代謝異常はメンデルの法則に述べられている劣性の対立形質であると結

論した．このことからギャロッドは「遺伝子は代謝を支配する」という説を1923年に発表した．

　遺伝子の異常（突然変異）により形質に問題が生じるという関係は，遺伝型と表現型との関係を表している．遺伝型とはどのような遺伝子をもっているのかを指し，表現型はその遺伝子により形質がどのように現れるのかを指す．この関係はよく意識され，現象としては正しく理解されてきたが，原因（遺伝子型）と結果（表現型）の因果関係は科学的に説明することができず，漠然としていた[*1]．ギャロッドの説は，研究可能な代謝（生化学反応）と遺伝子との因果関係を初めて指摘したのであり，遺伝子が果たす役割を解き明かすためのきっかけとなった．

2-3　一遺伝子一酵素説

　代謝，すなわち生化学反応は，酵素により触媒される．したがって，代謝の異常は酵素活性の異常を表す．よってギャロッドの説は「遺伝子は酵素を支配する」といい換えることができる．ビードルとテータムは，遺伝子が酵素を支配することを証明するため，アカパンカビを用いて次のような実験を行った．

　アカパンカビは何種類かの無機塩類とブドウ糖を与えれば増殖できる．すなわち，無機塩類とブドウ糖を出発材料として，細胞が増えるために必要なタンパク質やDNAを合成できる．このことは，タンパク質の合成に必要な素材である20種類のアミノ酸を，アカパンカビが全て自前で合成できることを意味する．

　図2.6にアルギニンの合成経路を示す．アミノ酸の一つであるグルタミンが合成できれば，次にそれを材料としてアルギニンを作り出すことができる．この反応過程には4種類の酵素がかかわっている．もし遺伝子が酵素を支配するのであれば，これら4種類の酵素を支配する遺伝子の存在が予想される．そのような遺伝子が存在することは，その遺伝子の突然変異体が手に入ることによって確認できる．

　そこで，ビードルとテータムはこれら突然変異体の分離を試みた．上述のように通常のアカパンカビ（野生株）はアミノ酸を与えなくても自ら作り出して増殖できる．アルギニン合成にかかわる遺伝子が突然変異したために酵素活性を失ってしまった変異株は，アルギニンを合成できない．このような変異株は無機塩類とブドウ糖だけでは増殖できないが，アルギニンも与えれば野生株同様に増殖できる．このようにして多数のアルギニン要求性突然変異株を分離してそれぞれについて調べると，アルギニン合成にかかわる4種類の酵素のいずれかの活性を失っていることが明らかとなった．重要なことは，4種類の酵素それぞれについて，活性を失った変異株

one point
アルカプトン尿症

黒尿症ともいう．アルカプトンはチロシンやフェニルアラニンといった芳香族アミノ酸を消化する過程で生じる分解中間体である．正常人の体内ではアルカプトンはさらに分解されるため蓄積することはないが，アルカプトン尿症の患者では分解することができず尿に混ざって排泄される．排泄された尿中に含まれるアルカプトンは空気に触れて酸化されると黒変することから黒尿症と呼ばれる．

[*1] たとえば，メンデルの用いたエンドウマメには背を高くする遺伝子の存在が知られているが，その遺伝子はいったい何をどうしているのか，そしてその結果としてどのようにして個体の背が高くなるのか，という理由や仕組みについては不明であった．

グルタミン＋CO_2＋ATP
↓ カルバモイル-リン酸合成酵素
カルバモイル-リン酸
↓
オルニチン
↓ オルニチンカルバモイル基転移酵素
シトルリン
↓ アルギノコハク酸合成酵素
アルギノコハク酸
↓ アルギノコハク酸加水分解酵素
アルギニン

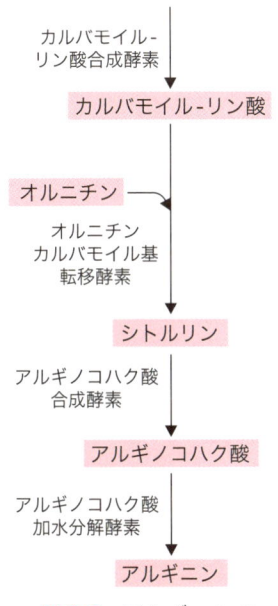

図2.6　アルギニンの合成経路

Biography

▶ G. W. ビードル
1903～1989，アメリカのネブラスカ州生まれの遺伝学者．農家になるつもりだったが，高校の先生の薦めで科学の道に進んだ．1958 年にテータム，レダーバーグとともにノーベル生理学・医学賞受賞．

▶ E. L. テータム
1909～1975，アメリカのコロラド州生まれの遺伝学者．父も薬学の研究者だった．1958 年にビードル，レダーバーグとともにノーベル生理学・医学賞受賞．

one point
さまざまなタンパク質
タンパク質には，細胞の特殊構造やウイルスの形を保つために存在する構造タンパク質，アクチンとミオシンのように化学エネルギーを力学的エネルギーに変換するモータータンパク質，牛乳に含まれるカゼインのように栄養を与えるために存在する貯蔵タンパク質，免疫グロブリンのように体に侵入する微生物から身を守るために存在する防御タンパク質，ヘモグロビンのように物質を運ぶために存在する輸送タンパク質，取り巻くさまざまな状況変化に応じて細胞の機能を変化させるために存在する調節タンパク質など，代謝とは異なる働きをもつものが存在している．

*2　ビードルとテータムら自身によって明らかにされたこの事実もすでに一遺伝子一酵素説の例外となっている．

が分離されたこと，つまり 4 種類の酵素活性全てについて，支配する遺伝子の存在が確認できたことである．ビードルとテータムはアルギニン合成にかかわる酵素を支配する遺伝子のみならず，ピリミジン（シトシンやチミンなど）の合成にかかわる酵素を支配する遺伝子の存在も確認した．彼らは，このように代謝にかかわる多くの遺伝子についてそれを支配する遺伝子の存在を確認できることから，1941 年に一遺伝子一酵素説を発表した．

一遺伝子一酵素説は，遺伝子の役割を初めて具体的に示したことにより，遺伝子を理解するうえできわめて重要な進歩をもたらした．しかし，さらに研究が進み理解が深まるにつれて，一遺伝子一酵素説は一般的な説とはいえなくなってしまった．酵素はタンパク質のグループの一つにすぎない．タンパク質には代謝とは異なる働きをもつものもあり，遺伝子は酵素を含む全てのタンパク質を支配している．後に詳述するように，遺伝子は，アミノ酸をどのような順番で何個つなげてタンパク質を作り出すか，という情報をもつ．したがって現代においては，一遺伝子一酵素説は一遺伝子一タンパク質といい換えるほうがより正しいであろう．

しかし，研究の進歩がもたらした事実をさらに付け加えると，一遺伝子一タンパク質も変更されるべきである．後の章で述べるように，翻訳に必要な rRNA，tRNA などもやはり遺伝子によって作り出されるが，作られたものはタンパク質ではなく RNA である．このような遺伝子は RNA 遺伝子と呼ばれる．最近の研究から，RNA 遺伝子は数多く発見されている．最もよく研究されている大腸菌の例を挙げると，全 4600 遺伝子のうち 150 を超す RNA 遺伝子が発見されている（他の遺伝子はタンパク質を支配している）．ヒトがもつ遺伝子についても 1～2% は RNA 遺伝子であると推定されている．

2-4　遺伝子の相補性

前節に記したアカパンカビのアルギニン要求株の例では，アルギニンの合成にかかわる 4 種類酵素のそれぞれについて活性を失った突然変異株が分離されたこと，突然変異株はいずれかの酵素の活性を失っていたことを述べたが，このことから 4 種類の酵素を支配する遺伝子は四つであると結論できるだろうか．答えは否である．図 2.6 の最初の反応を触媒する酵素カルバモイル-リン酸合成酵素（CPS）の活性には二つの遺伝子が必要であることが明らかとなっている[*2]．ある酵素の活性（表現型）に複数の遺伝子が必要かどうか（遺伝型）は相補性テストによって簡単に割り出すことができる．

ヒトのように有性生殖で増える生き物は両親それぞれから遺伝子を含む染色体を受け取るため，同じ役割をもつ遺伝子は対にしてもつことになる

(メンデルの法則参照).それに対して,アカパンカビは減数分裂して形成された胞子から発芽して増殖することができる(半数体での増殖).この場合は,遺伝子を対としてもたない.しかし,条件が整えば異なるアカパンカビの細胞どうしが融合し,元の細胞からもち込んだ遺伝子を対にしてもちながら増殖できる(二倍体での増殖).

アルギニンの合成ができない変異株 No. 1 と No. 2 をそれぞれ半数体で増殖させた後に,それらを融合させて二倍体にさせたときにはアルギニンの合成はやはりできないままだろうか.答えは変異株の組合せによって違ってくる(図 2.7).変異株 No. 1 で失われているのがアルギノコハク酸加水分解酵素(ASH)の活性であり,変異株 No. 2 で失われているのがアルギノコハク酸合成酵素(ASS)の活性である場合を考えよう.No. 1 は活性をもった ASH を作り出す遺伝子が変異しているが,活性をもった ASS を作り出す遺伝子はもっている.一方,No. 2 は活性をもった ASS を作り出す遺伝子は変異しているが,活性をもった ASH を作る遺伝子はもっている.したがって,No. 1 と 2 の融合した二倍体では,No. 1 からもち込まれた活性ある ASS を作る遺伝子と No. 2 からもち込まれた活性ある ASH を作る遺伝子が存在している.アルギニンの合成に必要な他の遺伝子は No. 1 にも No. 2 にも存在しているため,二倍体ではアルギニンの合成に必要な酵素活性は全て揃うことになる.すなわち,アルギニンの合成は可能となる.このとき,No. 1 と No. 2 の変異体には相補性があるという.

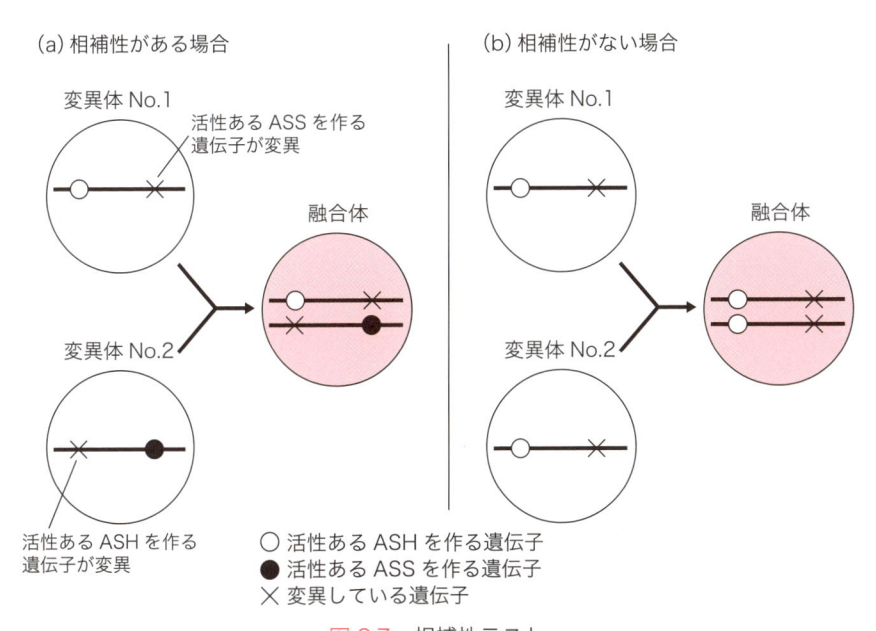

図 2.7 相補性テスト
アルギニン合成できない 2 種類の変異体から作らせた融合体のアルギニン合成能を調べることにより,それぞれの変異体が欠損している遺伝子が同じ(b)か異なる(a)かを判定できる.

一方，No. 1 と No. 2 ともに活性ある ASS を作る遺伝子が変異しているなら，それらが二倍体になってもアルギニン合成はできないので，相補性はない．

このように，二つの突然変異体について相補性の有無を調べることにより，これらの変異体で突然変異している遺伝子が同じか異なるかを明らかにできる．これを相補性テストと呼ぶ．この項の最初に触れた例，CPS の活性には 2 種類のタンパク質が必要である．これら 2 種類のタンパク質はそれぞれ単独では CPS 活性を示せないが，これらのタンパク質が会合すると CPS 活性をもつ（このとき，2 種類のタンパク質を CPS のサブユニットと呼ぶ）．この例のような場合，CPS 活性に二つの遺伝子が必要であることは以下の相補性テストによって示される．CPS の活性を失った数多くの変異体について相補性テストをすると，相補性がある場合とない場合の両方が認められる．その結果を整理すると，これらの変異体は二つのグループに分かれる．一つ目のグループに属する変異体と二つ目のグループに属する変異体から，それぞれ一つずつ選び出して相補性を調べると，「相補性あり」となる．一方，同じグループに属する二つの変異体について相補性を調べると「相補性なし」となる．

相補性テストは生物が示す機能に必要な遺伝子の種類(数)を調べるのに有効な方法である．遺伝子を研究するための方法がきわめて限られていた時代，たとえば大腸菌に感染するバクテリオファージの初期の研究では，相補性テストはパワフルな解析方法としておおいに役立った．1960 年代の半ばにアンバー変異体と呼ばれる新しいタイプの突然変異体が T4 ファージで発見された．この変異体は大腸菌の CR63 株では増殖できるが普通の大腸菌では増殖できない[*3]．この事実を利用して，数多くのアンバー変異体を分離した．そして，それらのうち 2 種類の変異体を普通の大腸菌に同時に感染(混合感染)させた後に増殖が起きるかどうかを見ることによって，相補性のありなしを調べることができる(図 2.9 参照)．すなわち，用いた 2 種類の変異体が同じ遺伝子に変異をもっているなら，混合感染させても単独感染と同様に増殖は起きない(相補性なし)．もし，2 種類の変異体が異なる遺伝子に変異をもっているなら，それぞれ他方が正常な遺伝子をもっているため，混合感染では増殖が可能になる(相補性あり)．このようにして相補性テストを行うと，変異体は 60 のグループに分かれた．すなわち，同一グループ内の変異体の間に相補性はないが，異なるグループに属する変異体の間では相補性がある．このことから，T4 ファージが増殖するのに必須な遺伝子は 60 個あることがわかった．

ここでいう「必須」は，いかなる状況にあるにせよ T4 の増殖に欠かせないという意味である．後に研究が進むにつれ，増殖に必須とはいえないが子ファージの生産率を高めるための遺伝子，感染したときの大腸菌の状態

*3 大腸菌 CR63 株はサプレッサーと呼ばれる変異した tRNA をもっている．一方，アンバー変異体はある遺伝子の途中にナンセンスコドンが生じたために正常な長さのタンパク質を作れなくなった変異である．このような変異遺伝子であってもサプレッサー tRNA をもつ CR63 株の細胞中では正常な長さをもったタンパク質の合成が可能となる(図 2.11 と第 6 章参照)．

に応じて必要となる遺伝子，活性を失いにくい丈夫な子ファージを作るための遺伝子など，T4 ファージの増殖戦略に役立つような遺伝子などが多く発見されており，最終的に T4 ファージの遺伝子総数は 300 個であることが判明した．

2-5　DNA と遺伝子の構造

前節で述べたように，相補性テストから T4 ファージは少なくとも 60 個の遺伝子をもつことが明らかとなった．一方，T4 ファージのもつ DNA は一分子しかないことがわかった．このことから，DNA 分子は多数の遺伝子を収納できることがわかる．では，遺伝子は DNA の中にどのように収められているのだろうか．

DNA 分子における遺伝子の配置や遺伝子の微細構造に関して，ファージの研究は多くの知見をもたらした．1 本の DNA 分子の上に配置されている遺伝子の相対位置を記した図は遺伝子地図と呼ばれる．図 2.8 は T4 ファージの増殖に必須な 70 個の遺伝子が DNA の上にどのように配置されているのかを示した図である．遺伝子の相対位置は，遺伝的組換え率の測定から割り出すことができる．増殖に必須な遺伝子 A のアンバー変異体と B のアンバー変異体を同時に大腸菌に感染させると，それぞれの変異体の DNA は大腸菌内で複製されて分子の数は増えていく[*4]．増えた A 変異体 DNA と B 変異体 DNA の一部のものは組換えによって DNA の部分交換をすることがある（図 2.9）．二つの DNA 分子について，鎖に沿った塩基の配列がよく似ているときに，これらの DNA には相同性があると呼ぶ．DNA 組換えは，相同な DNA 分子の間でお互いを交換する現象で

[*4] 通常，DNA の分子は子ファージを 200 個ほど生産するのに必要な量に達する．

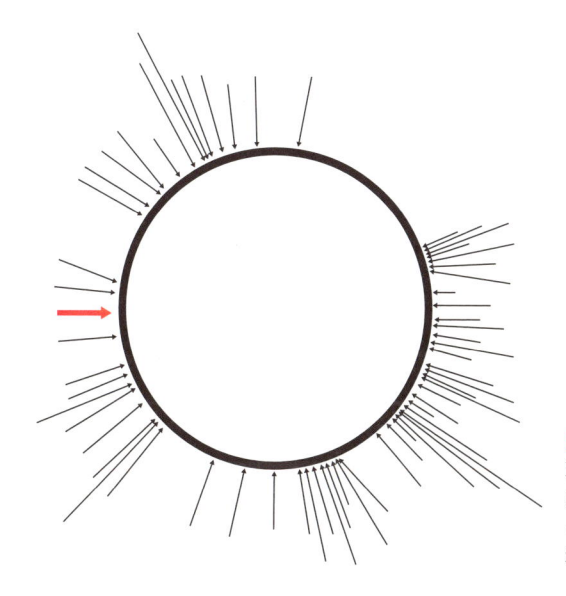

図 2.8　T4 ファージの遺伝子地図
環状の太い線は T4 ファージの DNA を表す．黒い矢印の示す位置にこのファージが増殖するのに必須な遺伝子が存在することを示す．赤い矢印は rII 遺伝子の位置を示す．

遺伝子 A の変異体

遺伝子 B の変異体

大腸菌へのファージの吸着

DNA の注入

DNA の複製

一部の DNA 分子の間で交換が起きる．その結果，1 の分子では遺伝子 A も B も変異し，2 の分子はどちらも正常な遺伝子をもつことになる．

生産された子ファージの多くは，親と同じく遺伝子 A または B の変異体であるが，少数の組換え体として野生型(赤)と遺伝子A,Bの両方の変異体(茶)が含まれる．

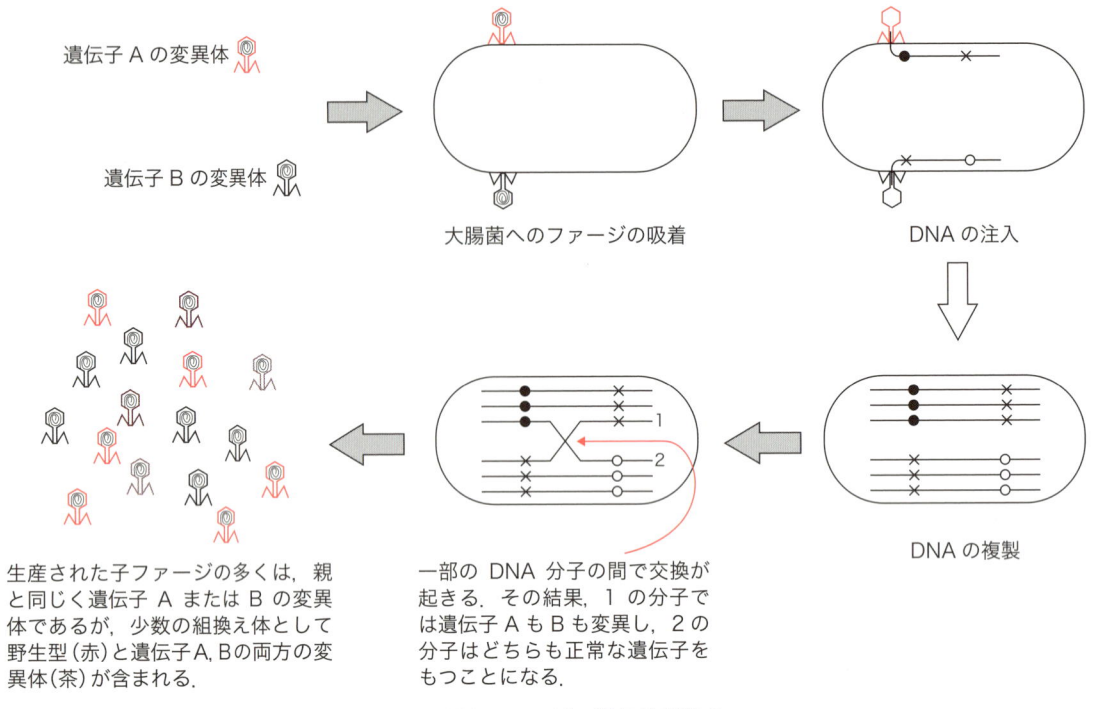

図 2.9　T4 ファージの遺伝的組換え

あり，多くの生物に見られる．DNA が組み換わったことにより，図中に示した 1 の DNA に含まれる遺伝子 A と B はともに変異しているが，2 の DNA に含まれる遺伝子 A と B はともに正常なものとなる（したがって，2 の DNA 分子をもった子ファージは突然変異体でなく野生型となる）．子ファージの多くは親と同じく遺伝子 A または B 変異体である．それらに混じって遺伝的に組み換わった野生型と，遺伝子 A, B 両方の変異体(AB 変異体) が生産されることになる．野生型ファージは普通の大腸菌で増殖できるが，A 変異体，B 変異体，AB 変異体は増殖できない．このことを利用して，子ファージの全数に対する野生型ファージの数の割合を測ることにより，組換え率を割り出せる．相同な DNA 分子の間でお互いを交換するチャンスは DNA 上に並ぶ二つの遺伝子の間の距離に正比例するので，組換え率は遺伝子間の距離を反映する．

　遺伝子 A の変異体と B の変異体との組合せ，B と C の組合せ，A と C の組合せ，のそれぞれについて組換え率を測定すれば遺伝子 A, B, C が並ぶ順番と相対的な距離が明らかになる．たとえば，A–B が 10%，B–C が 4%，A–C が 6% なら，順番は A–C–B（または B–C–A）となり，A–C の距離は C–B の距離より 1.5 倍長いことがわかる．図 2.8 は 70 個の遺伝子(の変異体)について，さまざまな組合せで組換え率を測定した結果を総合して得られたものである．

組換え率によって測定できる距離は，正確には遺伝子と遺伝子の距離ではなく突然変異部位と突然変異部位の距離である．バクテリアやファージの実験系は高感度に解析できるので，組換えを利用して遺伝子をさらに詳細に調べることができる．T4 ファージの変異体の中に，大腸菌 K12 株の特殊な菌〔K12(λ)〕では増殖できないという性質をもった rII と呼ばれるものがある．当時，この性質を与える原因となる遺伝子は一つであると考えられていた（図 2.8 参照）．ベンザーは多数の rII 遺伝子変異体を分離し，これらの変異体について相補性テストを行うと二つのグループに分かれることを見出した．一つの遺伝子と考えられていた rII は，実は二つの遺伝子からなることがわかったのである．ベンザーは歴史的経緯を保存するために，後から発見された二つの遺伝子のような本当の機能的単位としての遺伝子をシストロンと呼ぶことを提案し，それぞれを A シストロン，B シストロン[*5] と名づけた．

ベンザーはこれら多数の変異体について組換え率を測定した．この実験で得られる組換え率は遺伝子間の組換えに比べて距離が短いため低い値となるが，T4 ファージの実験では 100 万に 1 個の組換え体でも鋭敏に検出できるので，0.01％ の組換え率の差異も有意な違いとなる．図 2.10 に示したように，同じ遺伝子の変異体であっても変異の部位はさまざまに異なることがわかり，そのことから最初は点として認識されていた遺伝子が T4 DNA 上に広がりをもっていることが明白となった．

遺伝子が DNA 上に二次元的な広がりをもって存在していることと，遺伝子が作るタンパク質との関連はどのようになるのだろうか．T4 ファージを用いた実験はこれにも明白に答えた．T4 ファージの遺伝子 23 について，多数のアンバー変異体を分離した後，遺伝的組換え率を測定することによって，それらの変異部位の相対的位置を明らかにした．次に，それぞれの変異体の遺伝子 23 が作ったタンパク質を分離してアミノ酸配列を分析したところ図 2.11 に示す結果となった（各変異体には互いを区別するために H11 や C137 といった名前がついている）．この結果からいえることは，作り出されたタンパク質の長さとアンバー変異の部位には厳密な対

Biography

▶ S. ベンザー
1921～2007，アメリカのニューヨーク生まれの物理学，遺伝学者．ブルックリン大学では物理学を学び，学位取得後も半導体の研究などをしていたが，その後に生物学へとシフトした．

[*5] 現在では，A シストロンは $rIIA$ 遺伝子，B シストロンは $rIIB$ 遺伝子と呼ぶのが一般的である．シストロンという言葉自体は一般的には利用されなくなったが，1 分子の mRNA にタンパク質をコードする領域が一つしかないときはモノシストロニック mRNA，複数存在するときはポリシストロニック mRNA と呼ぶように，現在でも名残をとどめている．

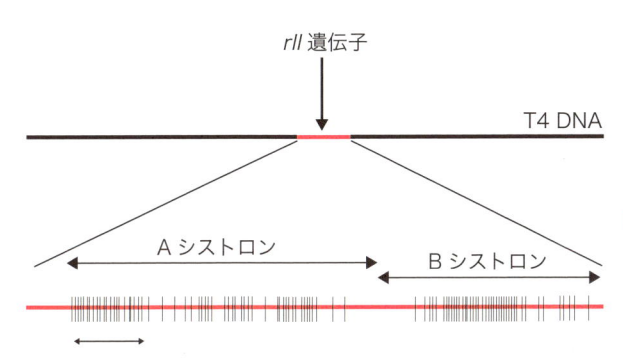

図 2.10　遺伝子の微細構造とシストロン
多数の rII 変異体について組換え率から求めたそれぞれの突然変異部位の相対位置を示したもの．縦線は個々の突然変異部位を表す．ちなみに，左下の矢印で示した距離間での組換え率は 1％ である．

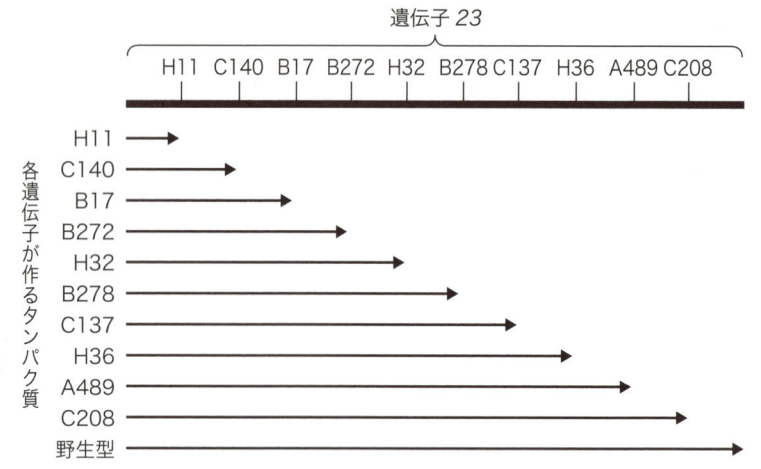

図 2.11 アンバー変異部位とタンパク質の長さの相関
矢印はタンパク質の長さを表す．矢印の左側はN末端を表し，全てのタンパク質でN末端側アミノ酸配列は同じであった．右側はC末端を表す．

応関係があるということである．しかも，変異体が作る短いタンパク質でもN末側は正常であり，短くなったのはC末側であることがわかる．このことから，タンパク質を作る情報はN末側から始まりC末側に向かっていること，アンバー突然変異は変異部位に相当する箇所からC末側に対応する情報を消滅させると考えられる．すなわち，遺伝子はタンパク質を作る過程で情報をN末側からC末側に向かって発信する，あるいは情報の読み取りがN末側からC末側に向かうことを強く示唆している．

　DNA分子について，遺伝子の二次元的広がりに対応するものはデオキシリボヌクレオチドの並びしかあり得ない．しかし遺伝子は数多くあり，なおかつ固有の役割をもたねばならない．このような特異性はどのように担われているのだろうか．リン酸やデオキシリボースは交互に規則正しく並んでいるので該当しないように思われる．結論として，塩基の並び方，つまり塩基配列以外に遺伝子の特異性を担えるものはあり得ないことになる．このことは第4章以降に解説する遺伝子発現の分子機構で詳細に取り扱う．

この章で学んだこと──
- DNAの構造
- 遺伝子と代謝
- 一酵素一遺伝子説
- 遺伝的組換え
- 相補性
- 遺伝子の構造

3章 遺伝システムと生命

> **この章で学ぶこと**
>
> 遺伝子は種や個性といった遺伝的形質を親から子へ伝えるだけでなく，生命活動そのものにも必須である．なぜなら，寿命をもつタンパク質や寿命をもつ細胞を更新することは生命維持に必須であり，この更新には遺伝子の情報が必要だからである．
>
> 遺伝子の情報は塩基配列に納められており，その情報は RNA に写し取られる（転写）．RNA では三つの連続した塩基を単位としたコドンが特定のアミノ酸を指定する．このコドンを読み取ることにより，どのようなアミノ酸をどのような順番でつなげるのかが決定される（翻訳）．この一連の遺伝子情報の流れをセントラル・ドグマと呼ぶ．

3-1 遺伝子と生物

3-1-1 個体が誕生するまで

遺伝子とは形質の源であり，親から子へ受け継がれることによって，生物種としての特徴や個体差としての特性を伝える．このように，遺伝子は世代を超えて特徴を伝達するものとして認識されてきた．では，遺伝子は新しい世代が誕生するときに特徴を出すように指示するだけであり，それ以外の時期には必要ないのだろうか．答えは否である．むしろ，遺伝子は生物の存在にとって根源的であり，遺伝子がなければ正常な生命活動を行うことはできない．この節では生命活動を支える遺伝子の役割について概観する．

有性生殖によって増える生き物は，どの個体も受精卵という1個の細胞から生命が始まる．その細胞が分裂して数を増やすことにより多細胞生物としての個体が発生してくる．ヒトの体は約60兆の細胞からなる．1個の細胞からスタートしてこれだけ多くなるのはとてつもなくたいへんな作業に見えるが，実はそれほど難しいことではない．1個の細胞が分裂して2個に増えるという細胞分裂を50回足らず繰り返せば，軽く60兆を超える．

しかし分裂により元と同じ細胞が増えるだけなら，できあがったものは

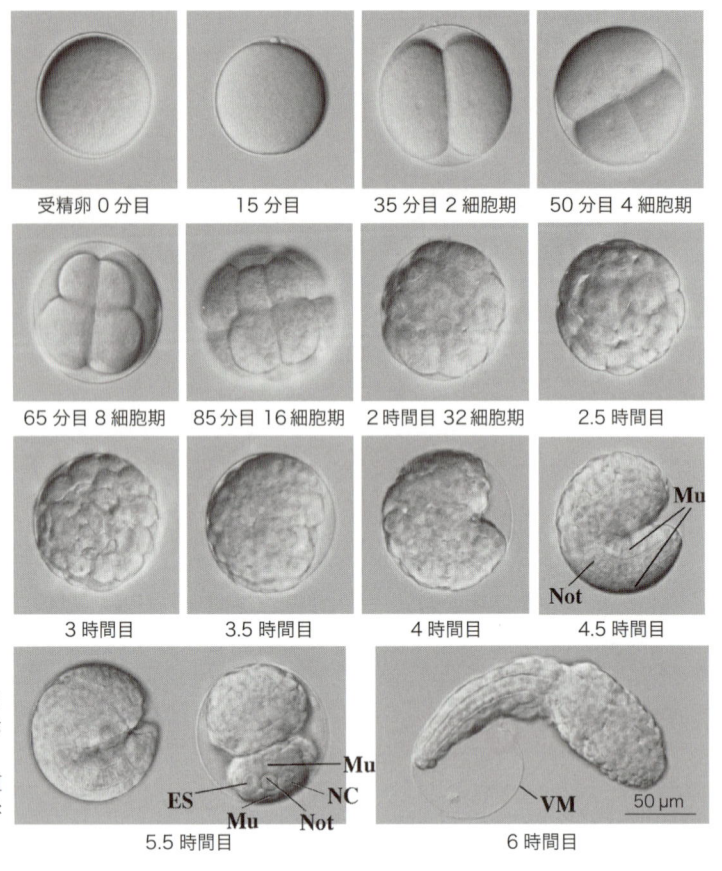

図 3.1　オタマボヤの発生過程
観察しやすいオタマボヤの受精卵を13 ℃で発生させたときの様子を示した．Mu は尾の筋肉，Not は脊索，ES は内胚葉索，NC は神経索，VM は卵膜を表す（大阪大学大学院理学研究科 西田宏記博士提供）．

ただの60兆個の細胞のかたまりに過ぎない．動物の発生過程を観察すると，最初は受精卵が分裂して数が増えるだけに見えるが，すぐに細胞のかたまりの中に非対称性や特徴的な構造が現れ始め，さらに細胞数が増えていくうちにいつのまにかオタマジャクシのような形になる（図3.1）．さらに時間が経過すると，高等な動物では目や鼻，手や足といった外観的な特徴が現れる．構成する細胞は互いに異なった形態・性質をもつようになり，神経細胞，筋細胞，肝細胞などといった特徴的かつ多種多様な細胞が現れてくる（細胞分化）．そして，発生のプロセスが首尾よく進んだ結果として，それぞれの種に特有な形質を備えた生き物が誕生する．このような発生プロセスとそれに伴う細胞分化は遺伝子の支配下にあり，種に特異的なパターンを示す．

■ **one point**
細胞の分化
元の細胞に比べてより特殊化した細胞に変化することを指す．

3-1-2　遺伝子は成長後も必要

誕生した動物はある程度成長を続けた後に成熟するが，遺伝子はその後も継続して必要である．われわれの体では常に一部の細胞が死に，それを補うために細胞が増殖する．たとえば皮膚の表面は角質化した細胞の死骸

で覆われているが，その下には角質化しつつある細胞が控えており，さらにその下には生きた細胞が並んでいる．角質化した細胞あるいは角質化しつつある細胞の層は，生きた細胞を物理的刺激から守るために不可欠である．しかし角質化した細胞は皮膚から毎日はがれ落ちるため，下側の生きた細胞は分裂して細胞数を増やし，増えた細胞を角質化に向かわせることで皮膚を補強する．

　このような細胞更新は個体内のさまざまな組織で行われており，滞りが生じると機能障害や病気などの原因となる．細胞が分裂する過程のうち，最も重要なのはDNAを倍に増やす作業である（DNA複製）．第10章で後述するように，DNA複製は多くの反応が協調することによって達成される複雑な作業であるうえに，分裂によって生み出される新しい細胞に遺伝子の正確な情報を確実に渡すためにさまざまな仕組みが補強されている．これら全ての過程が遺伝子の支配下にあり，厳密に制御されている．

　細胞更新が起きない場合，すなわち細胞が分裂することなく現状を維持することによって生存を維持するという場合でも，やはり遺伝子は必要不可欠である．細胞が生存する限り，細胞内では活発な化学反応が要求される．たとえば，第11章で後述するようにDNAはさまざまな損傷を受けており，そのまま放置すれば突然変異が誘発される．細胞では，突然変異を未然に防ぐために常にDNAの状態がチェックされており，異常があれば正常に戻す仕組みが働いている．この仕組みを働かせるには，細胞はエネルギーを使わなければならない．エネルギーを得るために，細胞は取り込んだ栄養物を分解して代謝する．この例が示すように，細胞を構成している物質は，安定と考えられているDNAでさえ，現状を維持するために絶えまない活動が必要である．

　生き物がもつ遺伝子の種類はとても多いことが知られている．大腸菌や出芽酵母のように小さくて簡単な，細胞が1個だけの生き物でさえ，それぞれ4300あるいは6600の遺伝子をもつことが知られている．一方，われわれヒトについては2〜3万と推定されている．生命活動は遺伝子なくして成り立たないことを述べたが，一方で生き物がもつ全ての遺伝子がいつも必要とされているわけではない．前項で述べた発生プログラムでは，それぞれの時点で必要となる遺伝子は変わっていくことが知られている．また，細胞はさまざまな環境の変化にうまく応答して細胞の体制を適切に整えなければ生存が脅かされる．次節で述べるように，細胞が高温にさらされるような場合には，きわめて迅速な応答が求められる．このような応答を可能にするのも遺伝子であり，そのための遺伝子が数多く知られている．環境変化に応答する遺伝子は非常事態を乗り切るために働く遺伝子であり，普段は眠っているが環境の変化とともにすみやかに発現することが知られている．

one point
細胞更新
細胞再生とも呼ばれる．細胞更新の速度は組織や臓器によって大きく異なる．表皮，角膜，消化器系上皮などは頻繁に更新されるが，結合組織などはゆっくりと更新される．一方，神経細胞や心筋細胞は一生涯更新されることはない．

one point
遺伝子の数
塩基配列が決定されると，遺伝子数を推定できる．高等生物ではシロイヌナズナは26,000，イネは32,000，ヒトやマウスやニワトリでは22,000〜23,000と報告されている．しかし，これらの数はタンパク質をコードしている遺伝子を数えたもので，第9章に解説する機能的RNAをコードする遺伝子については実数がまだよくわかっておらず，遺伝子数の推定からは除かれている．

3-2 遺伝子と生命活動

3-2-1 タンパク質の寿命

生存に必要な活動はほとんど全てタンパク質の機能によって推進されている．したがって，細胞内にどのような機能をもったタンパク質がどの程度の量だけ存在しているかは，生存を管理するうえで重要である．一方，個々のタンパク質は固有の寿命をもっており，寿命が尽きると分解されてアミノ酸に還元される．寿命はタンパク質の種類により著しく異なり，短いものでは数分，長いものでは数カ月に及ぶ．

タンパク質の寿命がどのように決められているのかはいまだに解明されていないが，二つの異なった現象が背後にあると考えられている．一つ目は，言葉通りタンパク質自身の寿命が尽きる場合である（後述）．二つ目は，細胞側の事情により寿命を奪われる場合である[*1]．この項では前者の場合について考察する．

[*1] たとえば細胞内構造を刻々と変化させて細胞分裂に備えるようなときには，特定のタンパク質を正しいタイミングで分解して細胞から除去する必要がある．

3-2-2 タンパク質の立体構造

タンパク質はアミノ酸が一次元に配列した高分子であるが，実際には複雑に折り畳まれて特有の三次元的構造（立体構造）をとっている．立体構造はタンパク質の機能に直結しており，アミノ酸の種類や数がいくら正しく並んでいたとしても立体構造が正しくなければ機能は発揮できない（図3.2）．ところが，機能を発揮するのにふさわしい立体構造を作りあげて，なおかつそれを維持するのはたいへん難しい．

タンパク質の立体構造は，アミノ酸残基どうしや周りに存在する水分子

(a) ヒトのヘモグロビンβ鎖のアミノ酸配列（一次構造）

(N末端)
Val -His -Leu -Thr -Pro -Glu -Glu -Lys -Ser -Ala -Val -Thr -
-Ala -Leu -Trp -Gly -Lys -Val -Asn -Val -Asp -Glu -Val -Gly -
-Gly -Glu -Ala -Leu -Gly -Arg -Leu -Leu -Val -Val -Tyr -Pro -
-Trp -Thr -Gln -Arg -Phe -Phe -Glu -Ser -Phe -Gly -Asp -Leu -
-Ser -Thr -Pro -Asp -Ala -Val -Met -Gly -Asn -Pro -Lys -Val -
-Lys -Ala -His -Gly -Lys -Lys -Val -Leu -Gly -Ala -Phe -Ser -
-Asp -Gly -Leu -Ala -His -Leu -Asp -Asn -Leu -Lys -Gly -Thr -
-Phe -Ala -Thr -Leu -Ser -Glu -Leu -His -Cys -Asp -Lys -Leu -
-His -Val -Asp -Pro -Glu -Asn -Phe -Arg -Leu -Leu -Gly -Asn -
-Val -Leu -Val -Cys -Val -Leu -Ala -His -His -Phe -Gly -Lys -
-Gln -Phe -Thr -Pro -Pro -Val -Gln -Ala -Ala -Tyr -Gln -Gln -
-Lys -Val -Ala -Gly -Val -Ala -Asp -Ala -Leu -Ala -His -Lys -
-Tyr -His
(C末端)

(b) β鎖の立体構造

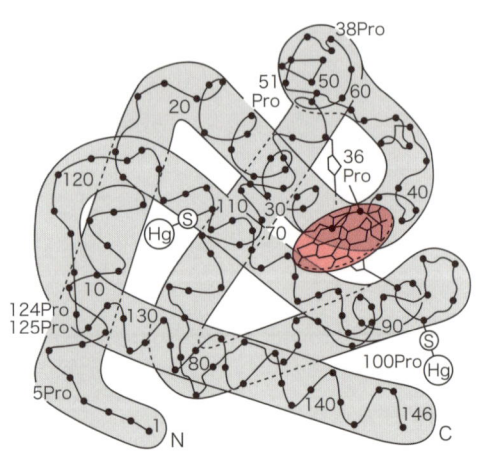

図3.2 タンパク質の構造
タンパク質の構造を取りあげるとき，アミノ酸配列のみを考慮する場合と，機能を発揮する構造である立体構造を考慮する場合がある．

との物理化学的相互作用（ファン・デル・ワールス力や水素結合やイオン結合や疎水結合）が原動力となって作られる．これらの力はいずれも弱く，しかもどのアミノ酸残基がどれと相互作用するのかについて無数の可能性があるために，作られ得る立体構造の自由度は天文学的に大きい．細胞内では，その中のただ一つの立体構造が選択されており，それが機能を発揮するのにふさわしい構造なのである．その構造は微妙なバランスのうえに成り立っており，ちょっとしたことで変性する（他の構造に変わってしまう）ことが知られている．

3-2-3　タンパク質の更新と遺伝子

　一方，生命活動は激しい熱運動の世界で成立している．熱運動が全くないのは絶対温度が零度のときである．われわれの体温は約37℃なので，絶対温度では約310度である．この温度では，弱い結合力によって支えられているタンパク質の立体構造を維持するのは難しい．すなわち，細胞内に存在するタンパク質は構造を破壊する力である熱運動に常にさらされている．立体構造が破壊された（変性した）タンパク質は，もう一度正しい構造をとるために分子シャペロンと呼ばれるタンパク質複合体装置の力を借りるか，あるいはそれが無理ならタンパク質分解酵素により壊される．

　このように，細胞内では多かれ少なかれ常にタンパク質が破壊されている．機能をもったタンパク質が減ると生命活動の効率が下がるので，細胞は失われたタンパク質を補充して現状を維持しなければならない（タンパク質の更新）．このタンパク質更新のためには，そのタンパク質を作り出す遺伝子の情報が必要となる．前章で述べたように遺伝子はタンパク質を作り出す情報をもっている．つまり，生命活動を維持するためには遺伝子が必要なのである．

3-2-4　ヒートショックと遺伝子

　上に述べたことは，同じことを少し大げさにしたやり方，すなわちヒートショックでよく理解できる．細胞の曝されている温度が37℃から42℃に上昇すると，たった5℃の上昇だがタンパク質が変性するペースは一気に高まる．そのため，細胞はこれまで以上に分子シャペロンやタンパク質分解酵素を必要とする．しかも，短時間でこれらを増やさなければならない．なぜなら，立体構造が壊れたタンパク質は他の正常なタンパク質にべたべたくっつき，自分が機能を失っているだけでなく他の正常なタンパク質の機能も奪うためである．したがって，多量の変性タンパク質を放置することは細胞自らの命取りになる．通常，ヒートショックを受けた細胞は遺伝子の情報に基づいてすみやかに分子シャペロンやタンパク質分解酵素を作り出して難を免れることが知られている（ヒートショック応答）．

---

one point

分子シャペロン

他のタンパク質が正しく折り畳まれるのを助けるタンパク質の総称．単に，シャペロンあるいはタンパク質シャペロンともいう．多くのシャペロンは熱ショックタンパク質（Hsp, heat shock protein の略）として発現される．細胞内のタンパク質の折り畳みが熱によって乱された（変性）ときに，そのタンパク質の折り畳みを正す．

one point
ヒートショック応答

大腸菌では，ヒートショック応答にかかわる遺伝子は σ^{32} をもつ RNA ポリメラーゼのホロ酵素によって転写される（表4.1参照）．通常このシグマ因子は細胞内にないが，ヒートショックによって現れる．それには，二つ仕組みがある．一つは σ^{32} の mRNA が高温下で翻訳されやすい構造をとっていることである（第7章参照）．もう一つは σ^{32} がプロテアーゼにより分解されやすいことである．通常の温度下で合成された σ^{32} はプロテアーゼの作用により分解されるが，高温下では変性したタンパク質が増えるためプロテアーゼはそれらの分解にとられてしまう．そのため，σ^{32} はプロテアーゼの標的になりにくくなる．

タンパク質更新においては，失われていくタンパク質と同じものを補充する必要があるので，そのタンパク質を作り出す特定の遺伝子が役割を果たす．遺伝子が役割を果たすとは，すなわちその遺伝子が発現することを意味する．ある遺伝子がもつ情報に基づいて，実際にタンパク質（RNA 遺伝子の場合は RNA）を作り出すことが遺伝子の発現である．

正しい発生プログラムを遂行するには，数多くの遺伝子から適切な遺伝子を適切なタイミングで発現させなければならない．細胞更新も現状維持も基本的に同じことがいえる．したがって，生命活動は遺伝子によって支配されており，この支配を成立させているのは遺伝システム〔遺伝子の構成，遺伝子発現様式，あるいは遺伝（inheritance）様式の総称〕である．

遺伝システムは複雑かつ巧妙であり，その全容解明が現代生物学の大きな課題となっている．遺伝システムはそれぞれの生物に特有であり，生物種の多さに見合った多様性がある．しかし，地球上の全ての生物は共通の祖先から由来したと考えられており，基本的な部分で，全ての生物に共通な仕組みも知られている．本書は遺伝システムの基礎を解説することを目的とするので，次節以降では共通性の高いものを取りあげる．

3-3　遺伝子情報は RNA が伝達しているのか

原核生物は細胞内に仕切をもたないので，遺伝子を含む DNA の存在する場と遺伝子発現によってタンパク質を作る場は同じである．しかし，真核生物では DNA は核膜によって仕切られた核の内側に存在する．一方，タンパク質を合成する場は核の外側，すなわち細胞質である．このことから，核内にある遺伝子の情報を基にして細胞質でタンパク質を作るために，遺伝子の情報を細胞質に伝える役目をもつものが存在すると予測されていた．この伝達役にふさわしいものとして，1950年代には RNA が注目されるようになった．

RNA は DNA とほぼ同時期に発見された，なおかつ DNA にとてもよく似た物質である．DNA と同じように糖と塩基とリン酸が一つずつ結合した化合物（RNA の場合はリボヌクレオチドと呼ぶ）を構成素材とする高分子である．化学的に DNA と異なっている点は，① 糖がデオキシリボースではなくリボースであること，② 塩基のチミンがない代わりにウラシルがあること，である（図3.3）．細胞内では，一般に DNA が二重らせんで存在するのに対して，RNA は1本鎖で存在する．

RNA が遺伝子情報の伝達役と目されたのは以下の理由による．2-5節で述べたように，遺伝子の情報を担うことができるのは DNA の塩基配列であろう．チミンがウラシルに置き換わっている点が異なるが RNA にも4種の塩基からなる配列が存在するので，チミンをウラシルに置き換える

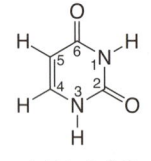

図3.3　RNA を構成するウラシルとリボース
ウラシルの5位はチミンと異なりメチル基が結合していないが，チミンと同様にアデニンと水素結合を作ることができる．リボースの2'には OH が結合している．

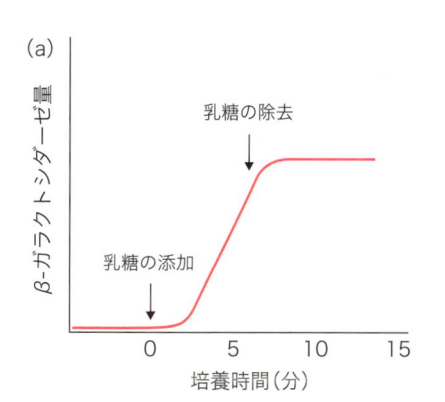

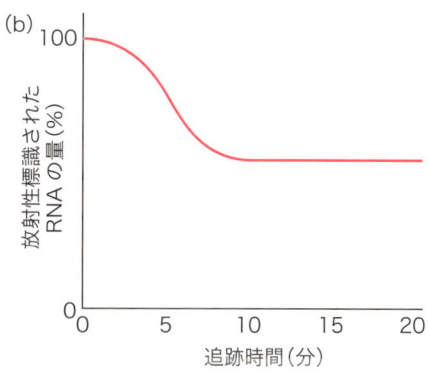

図3.4 遺伝子情報の伝達
(a) β-ガラクトシダーゼの誘導．通常，細胞は必要なものを作り，不必要なものは作らない．大腸菌の培養液に乳糖を与えると，それを利用するために必要な酵素群（β-ガラクトシダーゼなど）がただちに細胞内で蓄積してくるが，乳糖を除去すると蓄積は速やかに止まる．
(b) RNAの代謝．大腸菌の培養液に^{3}Hで標識したウラシルを与えると，菌体内で合成されつつあるRNAに取り込まれるので，新しく合成されたRNAは放射性標識される．その後，標識されたRNAが大腸菌内で分解されずに残っている量を追跡した．グラフは残存量を時間に対して示したものである．半分弱のRNAは速やかに分解されて消失することがわかる．このRNAはmRNAに相当する．残りのRNAは安定であり，rRNAやtRNAに相当する．

ようにしてDNAの塩基配列をRNAの塩基配列に写し取ることによって伝達役として働き得る．また，役割を果たした後は情報がいつまでも残らないこと，すなわちすぐに消滅することが必要である（図3.4a）．一方，RNAには，合成された後にきわめて早い時期に分解されるものもあることが実験的に示されている（図3.4b）ので，伝達役としてふさわしい物質であるように思われた．

大腸菌は常に自分に必要なタンパク質の合成を行っている．しかし，大腸菌にT2ファージやT4ファージが感染すると，それまで行われていた大腸菌タンパク質の合成はただちに停止して，代わりにファージのタンパク質を合成するようになる．1961年にスピーゲルマンらは，T2ファージが感染した大腸菌内にはT2ファージDNAの塩基配列を写し取ったRNAが作られていることを雑種分子形成法（ハイブリダイゼーション法）によって示した．この方法は，あるRNAの塩基配列とDNAの塩基配列との間に相補性（連続した多数の塩基についてAとT（またはU），CとGが向かい合えるような配列になっていること）があるかどうかを調べる方法である（図3.5）．彼らはT2ファージが感染した後に大腸菌内で合成されるRNAを抽出して，変性したT2ファージDNAと混ぜて再生させると，RNA・DNA雑種分子が形成されることを見出した（図3.6）．同じRNAを用いても，組み合わせるDNAをT2ファージDNAではなく大腸菌DNAや異なるファージであるT5のDNAに代えたときには，雑種分子は形成されなかった．これらのことから，T2ファージのタンパク質を合成するときには，それと並行してT2ファージDNAの塩基配列を保存

Biography

▶ S. スピーゲルマン
1914〜1983，アメリカのニューヨーク生まれの分子生物学者．ハイブリダイゼーション法は，彼が確立した手法である．春名（元大阪大学教授）とスピーゲルマンは，RNAをゲノムとしてもつQβファージの感染菌から，RNA複製する酵素であるRNAレプリカーゼの単離に成功した．この酵素は，鋳型となるQβファージRNAとRNA合成基質である4種類のリボヌクレオチドとともに混ぜると，QβファージRNAの複製を効率よく推進する．これは，初めて試験管内で遺伝子の複製に成功した例である．後にスピーゲルマンらは，この反応で得た産物を一部とりRNA複製反応を継続させたところ，4500ヌクレオチド長のQβRNAが218ヌクレオチドの短いRNAに変化した．この短いRNAは試験管内で非常に速く複製されるため，スピーゲルマンのモンスターと呼ばれた．

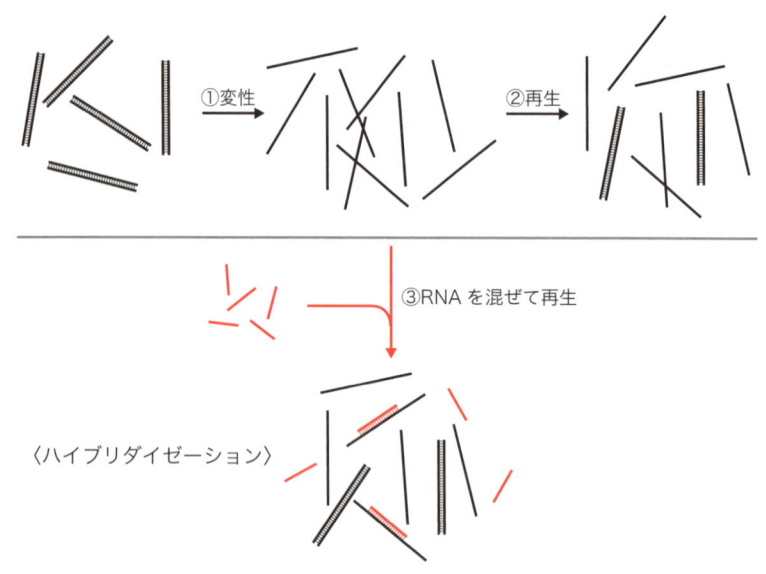

図 3.5　スピーゲルマンのハイブリダイゼーション法
① DNA の変性：水溶液中で二重らせん DNA を高温（一般に 90 ℃ 以上）にさらすと，一瞬にして水素結合が壊れて鎖は 1 本ずつばらばらになる．② DNA の再生：変性させるほど高くはないが適当に高い温度（たとえば 60 ℃）で保温するか，あるいはゆっくりと（たとえば 1 分あたり 1 ℃のペースで）90 ℃ 以上の温度から室温まで冷ましていくと，その間に鎖どうしの衝突が何度も繰り返される．相補的な塩基配列どうしでの衝突が起きると，向かい合う塩基の間に水素結合が形成されて，二つの鎖はジッパーを閉じるようにぴったりと並んで再び二重らせんを形成する．③ ハイブリダイゼーション：DNA と RNA の塩基間で水素結合を形成するときには，DNA 側の A に対して RNA 側の U（ウラシル）が対合する．

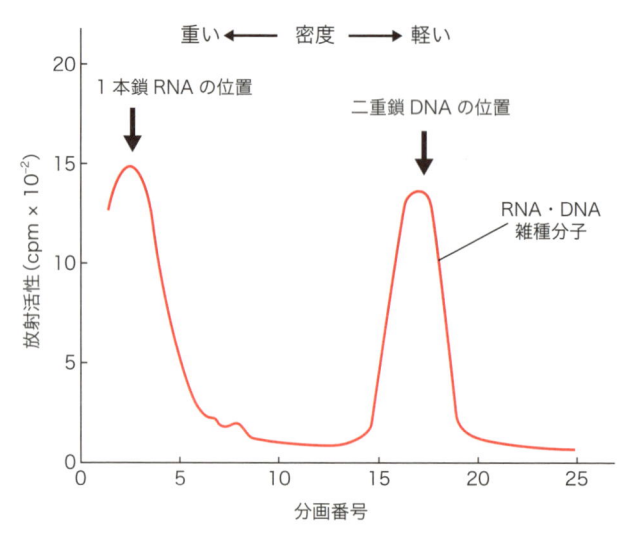

図 3.6　RNA・DNA 雑種分子の検出
T2 ファージが感染した後に大腸菌内で合成された RNA を ^{32}P で標識し，抽出精製した．この RNA を熱で変性させた T2 ファージの DNA と混ぜて再生させた後に，CsCl 密度勾配平衡遠心法で解析した結果を示す．1 本鎖の RNA より密度の低い二重鎖 DNA に近い密度をもった RNA が検出できる．これは RNA 鎖と DNA 鎖によって形成された二重らせん（雑種分子）が存在するためである．

したRNAが合成されていることが明らかとなった．

3-4 遺伝暗号

　DNAの塩基配列を写し取るようにしてRNAが作られ，遺伝子の情報を伝達する役割をもつとしたとき，RNAと遺伝子の指令するタンパク質とは直接的に関連づけられるのだろうか，あるいはRNAとタンパク質の間にはさらに別の情報伝達役が介在するのだろうか．ブレナーらは1961年に，感染した大腸菌内で作られたT4ファージのRNAは細胞内小器官であるリボソーム（詳しくは6-3節参照）に直接結合することを見出した（この実験では同時に，T4ファージRNAは代謝的に不安定であり，消失する速度が速いことも示された）．当時，アミノ酸を結合してタンパク質を合成する反応はリボソームで行われることが明らかになっていたので，ブレナーらの発見はRNAの情報がタンパク質を合成するのに直接使われることを示すものであった．それでは，RNAの塩基配列とタンパク質のアミノ酸配列はどのように対応づけられるのだろうか．

　試験管に高密度で大腸菌を入れておき，超音波処理などで細胞を取り囲む細胞壁や細胞膜を破壊した後にそれらの残骸を取り除くと，細胞内容物だけが濃厚な液として残る．これが無細胞抽出液と呼ばれるもので，細胞内で起きることを研究するうえでとても便利なものである．細胞内で起きる反応に必要なものは基本的に全て無細胞抽出液に含まれており，タンパク質を合成する活性ももっている．この無細胞抽出液にRNAを入れると，そのRNAの塩基配列に依存したアミノ酸配列をもつタンパク質が合成される．この実験系を用いて，1960年代には多くの研究者がRNAの塩基配列とタンパク質のアミノ酸配列を対応づけるルールの解明に取り組んだ．

　先鞭をつけたのはニーレンバーグらである．彼らは無細胞抽出液中に含まれるDNAをDNA分解酵素で消化することによってRNAが新たにDNAから写し取られることがないようにした．そのうえで，人工的に合成したpolyU（塩基としてウラシルのみをもつRNA）を加えてタンパク質を合成させたところ，フェニルアラニンのみが結合したポリペプチドが作られた．同様にpolyCを加えるとプロリンのみが結合したポリペプチドが，polyAを加えるとリシンのみが結合したポリペプチドが作られた．

　このことから，確かに塩基配列がアミノ酸配列を指定していることがわかり，次のように考察できる．もし一つの塩基に一つのアミノ酸が対応するなら，4種類の塩基で4種類のアミノ酸しか対応させることができない．アミノ酸は20種類存在するので明らかに不足である．もし，二つの連続した塩基の並びに一つのアミノ酸が対応するなら，方向性も考慮して5′

Biography

▶ S. ブレナー
1927年，南アフリカのジャーミストン生まれのイギリス人．南アフリカの大学で学位を取得した後，1952年にオックスフォード大学に移った．ホルビッツ，サルストンとともに2002年にノーベル生理学・医学賞受賞．現在はアメリカで活動しており，沖縄科学技術大学院大学の設立にもかかわった．

Biography

▶ M. W. ニーレンバーグ
1927～2010，アメリカのニューヨーク生まれの遺伝学，分子生物学者．本文に示した研究は，NIH（National Institutes of Health）で行われた．ホリー，コラナとともに1968年にノーベル生理学・医学賞受賞．

Biography

▶ S. オチョア

1905～1993，スペインのルアルカ生まれのアメリカ人．スペインの神経学者カハールの考えに刺激を受けて生化学に興味をもった．スペインの大学で学んだ後，1941年にアメリカに移住．アメリカの国籍は1956年に取得した．A. コーンバーグとともに1959年にノーベル生理学・医学賞受賞．

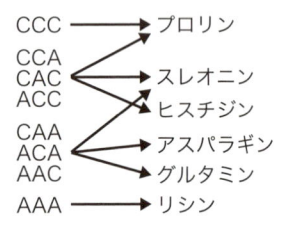

```
CCC ─────→ プロリン
CCA ┐    ┌
CAC ┼────→ スレオニン
ACC ┘    └→ ヒスチジン
CAA ┐    ┌
ACA ┼────→ アスパラギン
AAC ┘    └→ グルタミン
AAA ─────→ リシン
```

図 3.7 オチョアの実験
poly(C_5A) 中の塩基に C と A が出現する確率はそれぞれ 5/6 と 1/6 であるから，三つの連続した塩基配列として CCC が出現する確率は 57.9％，CCA と CAC と ACC はそれぞれ 11.6％，CAA と ACA と AAC はそれぞれ 2.3％，AAA は 0.4％となる．一方，合成されたポリペプチドに含まれていたアミノ酸の種類と含まれていた割合はプロリン 69％，スレオニン 14％，ヒスチジン 12％，アスパラギン 2％，グルタミン 2％，リシン 1％であった．プロリンが CCC と CCA, CAC, ACC のいずれかの一つによって指定されているとすれば 57.9 + 11.6 = 69.5 となり，実際の含量 69％とかなりよく一致する．同様に，poly(C_5A) 中に現れる三つの塩基配列全てについて出現確率とアミノ酸の含量がうまく対応する．

側の塩基4通り×3′側の塩基4通り＝16通りとなり16種類のアミノ酸に対応できるがそれでも不足である．もし，三つの連続した塩基に一つのアミノ酸が対応するなら，塩基配列の種類は64通りとなるので20種類のアミノ酸を対応させるのに十分となる．もちろん四つ以上の塩基でもよいが，20種類のアミノ酸に対しては多すぎる．よって，三つの連続した塩基に一つのアミノ酸を対応させるのが最も合理的なやり方に思われる．

もしこのやり方が事実とすれば，ニーレンバーグらの実験結果から，5′-UUU はフェニルアラニン，5′-CCC はプロリン，5′-AAA はリシンに対応することになる．では，実際に三つの連続した塩基が一つのアミノ酸に対応していることを，どのようにすれば確認できるだろうか．当時は，現代のように自由に塩基配列を指定して RNA を合成する技術がなかったので研究方法も限られていたが，工夫を凝らすことで答えが得られた．この時代に可能であった RNA の合成方法は，オチョアが発見したポリヌクレオチドフォスフォリラーゼを利用するものである．この酵素はリボヌクレオチドを基質として RNA を合成する活性をもつ．塩基としてシトシンをもつリボヌクレオチドを5，アデニンをもつリボヌクレオチドを1の割合で混ぜて与えると，シトシンとアデニンが5：1の割合でランダムに配列される poly(C_5A) が合成される．この RNA を無細胞抽出液に加えたときに合成されるポリペプチドのアミノ酸含量を分析したところ，三つの連続した塩基が一つのアミノ酸に対応するという考えによく合う結果が得られた（図 3.7）．この実験を端緒とし，さらに数多くの実験を積み重ねることによって，三つの連続した塩基とアミノ酸の対応およびその全容が解明されたのである．

三つの連続した塩基とアミノ酸の対応は遺伝暗号と呼ばれ，三つの連続した塩基はコドンまたはトリプレットと呼ばれる．解明されたコドンとアミノ酸の対応関係は表 3.1 に示す遺伝暗号表にまとめた．64 種類あるコドンのうち，UAA，UAG，UGA の三つには対応するアミノ酸がない．これらは第6章で述べるようにタンパク質を合成する仕組みの中で特別な意味をもっており，ストップコドンまたはナンセンスコドンと呼ばれる．残る61種類のコドンは20種類のアミノ酸のいずれか一つに対応する．メチオニンとトリプトファンを除けば，複数のコドンが1種類のアミノ酸に対応している．これを遺伝暗号の縮重と呼び，縮重の程度はアミノ酸がタンパク質の素材として使用される頻度の高さとほぼ正比例している．これまでに調べられた限り，繊毛虫や緑藻類の核内にある遺伝子情報や一部の生物のミトコンドリア内にある遺伝子情報について小さな変化が認められるが，基本的に表 3.1 の遺伝暗号表は全ての生物に普遍的である．この事実は，地球上の全ての生物が共通の祖先から派生してきたという仮説の有力な根拠となっている．

表 3.1　遺伝暗号表

第1	第2				第3
	U	C	A	G	
U	Phe	Ser	Tyr	Cys	U
	Phe	Ser	Tyr	Cys	C
	Leu	Ser	*	*	A
	Leu	Ser	*	Trp	G
C	Leu	Pro	His	Arg	U
	Leu	Pro	His	Arg	C
	Leu	Pro	Gln	Arg	A
	Leu	Pro	Gln	Arg	G
A	Ile	Thr	Asn	Ser	U
	Ile	Thr	Asn	Ser	C
	Ile	Thr	Lys	Arg	A
	Met	Thr	Lys	Arg	G
G	Val	Ala	Asp	Gly	U
	Val	Ala	Asp	Gly	C
	Val	Ala	Glu	Gly	A
	Val	Ala	Glu	Gly	G

第1，第2，第3はコドン中で5′側に位置する塩基，中央の塩基，3′側に位置する塩基を表す．それぞれのアミノ酸は3文字表記法で表した．＊はどのアミノ酸にも対応しないコドンであり，ストップコドンまたはナンセンスコドンと呼ばれる．

3-5　セントラル・ドグマ

　DNAの塩基配列を写し取ることによって遺伝子の情報がRNAに渡され，RNAの塩基配列をアミノ酸に対応させることによってタンパク質が作られるという構図が見えてきた．この構図，すなわち遺伝子情報の流れはセントラル・ドグマと呼ばれる（図3.8）．このDNA→RNA→タンパク質という流れは，DNA→DNA（すなわちDNA複製）とともに遺伝システムの根幹をなす．遺伝暗号表が基本的に全生物に普遍的であるように，セントラル・ドグマも基本的に全ての生物に普遍的である[*2]．このセントラル・ドグマに則って全ての遺伝子は発現する．

　DNAの塩基配列を写し取ったRNAは遺伝子情報の伝達係としての特別な使命をもつため，mRNA（mはmessengerの略）と呼ばれる．

　遺伝子発現の第一段階であるDNAの塩基配列をRNAに写し取る過程

[*2] 特殊な例として，一部のウイルスがもつ逆転写酵素によってRNAからDNAへと逆に流れる場合が知られている．

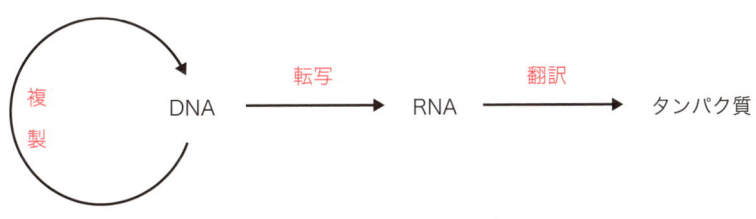

図 3.8　セントラル・ドグマ

> **one point**
> **mRNA 以外の RNA**
> 少数派である RNA 遺伝子の場合は，DNA の塩基配列を写し取った RNA がタンパク質の合成には使われず，その RNA 自身が細胞に必要なさまざまな機能をもつ．これらは mRNA とは呼ばれず，ノンコーディング RNA と総称される．ノンコーディング RNA は第 6 章以降で詳しく紹介するように rRNA, tRNA, tmRNA など独自の名前で呼ばれている．

は転写（transcription）と呼ばれる．第二段階である mRNA の塩基配列に基づいてタンパク質を作る過程は翻訳（translation）と呼ばれる．遺伝子が実際にどのくらいのタンパク質を作るのか，つまり発現レベルを調べてみると，多量に作るものと少量しか作らないものの間に，極端な場合は 1000 倍以上の開きがある．また多数の遺伝子について，発現レベルは固定されておらず，発現するときもあれば発現しないときもあることが知られている．

これらのことは，遺伝子の発現は一様ではなく，むしろ遺伝子の事情に応じてそれらの発現が調節されていることを示す．実際に遺伝子の発現は，転写と翻訳のいずれにおいても調節されている．また，一般に mRNA は寿命が短いが，遺伝子の種類が異なれば対応する mRNA の寿命にも差がある．mRNA の寿命は翻訳で作られるタンパク質の生産量に直結するので，mRNA の寿命を調節することでも遺伝子発現レベルは変化する．

遺伝子の発現を調節することは，細胞にとってよい状態を作り出すうえ重要な要素である．しかし，遺伝子はそれぞれ果たす役割が異なるので，必要に応じて遺伝子ごとに調節しなければならないだろう．したがって，遺伝子の発現を調節するために多様な仕組みがあると予想される．ここに述べた転写・翻訳・mRNA 分解の過程だけでなく，遺伝子発現を調節するために，細胞は想像を超えた多彩な仕組みをもつことが徐々に明らかになりつつある．次章以降では，転写・翻訳・mRNA 分解の一般的な仕組みを解説し，さらにそれらの仕組みを調節する機構についても代表的な例を紹介する．

> **この章で学んだこと──**
> - 生命の設計図としての遺伝子
> - 生命維持のための遺伝子
> - 転写
> - 翻訳
> - セントラル・ドグマ

4章 遺伝子発現の第一段階
―転　写―

> **この章で学ぶこと**
>
> RNAポリメラーゼは，リボヌクレオシド三リン酸を基質として鋳型となるDNAの塩基配列を保存したRNAを合成する酵素である．原核生物は1種類，真核生物は3種類のRNAポリメラーゼをもつ．いずれも多数のサブユニットから構成されているが，中心となるサブユニットは保存されている．RNAポリメラーゼはDNA中の転写プロモーターを認識した後に鋳型DNA二重鎖の開裂を行い，RNA合成を開始する．また，決まったやり方でRNA合成を終結する．RNAポリメラーゼの振る舞いは複雑であり，転写開始，伸張，終結において，それぞれに特有な構造変化を伴ったり，他の因子と相互作用したりする．

4-1　RNAポリメラーゼ

4-1-1　大腸菌RNAポリメラーゼの構造

　DNAの塩基配列をRNAに写し取る作業である転写はRNAポリメラーゼと呼ぶ酵素によって行われる．この酵素は図4.1に示すように，リボヌクレオシド三リン酸を基質として，端のリン酸二つ（ピロリン酸）を取り除いてRNAの3′末端に付加する反応を触媒する．この反応を繰り返すことによりRNAの鎖は5′→3′方向に延びる．この反応には鋳型としてのDNAが必要である．RNAポリメラーゼはDNAに結合した後，2本鎖のうちの一方の鎖に対して，水素結合による対合が可能な塩基をもったリボヌクレオチドを結合していく．その結果，鋳型となるDNA鎖側の配列にあるA, T, C, Gに対して，RNA側のU, A, G, Cが向かい合った配列（相補的な配列）が作られる．転写はDNA上の定まった位置（転写プロモーター）から開始して，定まった位置（転写ターミネーター）で終了するように制御されている（図4.2）．制御は，直接的あるいは間接的に，DNAの塩基配列がRNAポリメラーゼに情報を送ることで行われる．

　原核生物を代表する大腸菌のRNAポリメラーゼの活性は，細胞抽出液中で簡単に検出できる．この活性を指標にすれば，カラムクロマトグラフィー操作を2～3回行うと，他のタンパク質の混入が認められないよ

---

one point
カラムクロマトグラフィー
タンパク質はアミノ酸組成の違いによって荷電状態や親水性（または疎水性）が異なってくる．このような異なる物理化学的性質によってタンパク質をふるい分ける装置．

図4.1 RNAの転写

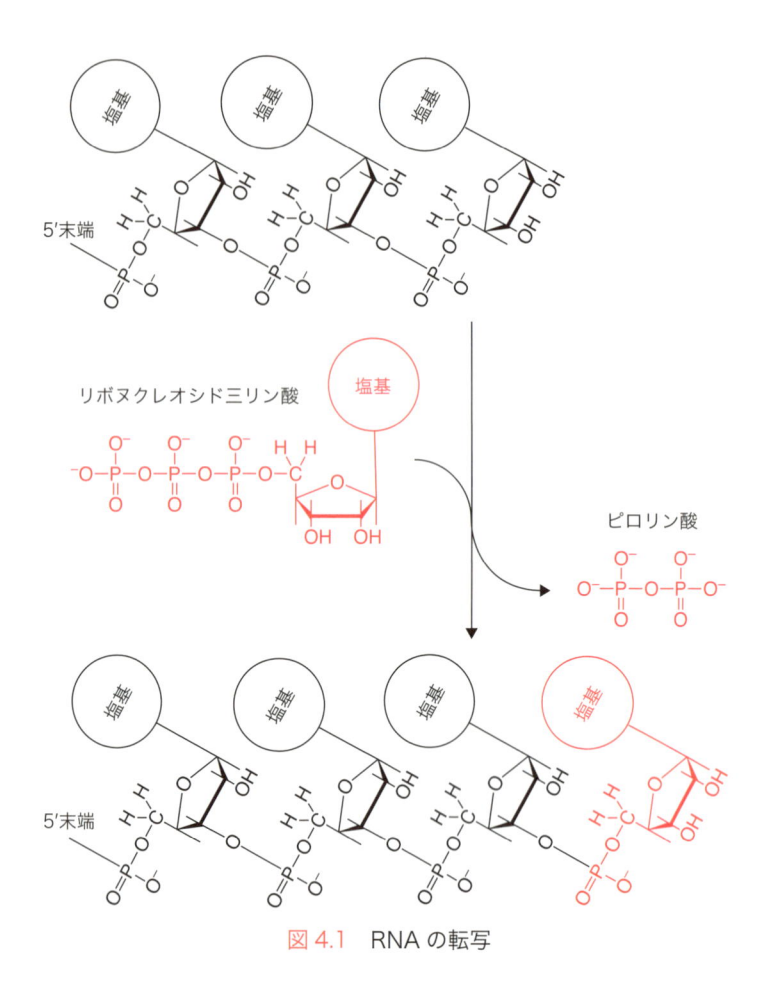

うな純度の高いRNAポリメラーゼ標本を調製できる．そのため，この酵素の分子構造，DNAとの相互作用，転写機構，などが詳細に調べられてきた．

大腸菌のRNAポリメラーゼは平均的な酵素がもつ分子量（40,000 = 40 kDa）と比べてはるかに大きく（〜 450 kDa），電子顕微鏡で観察可能

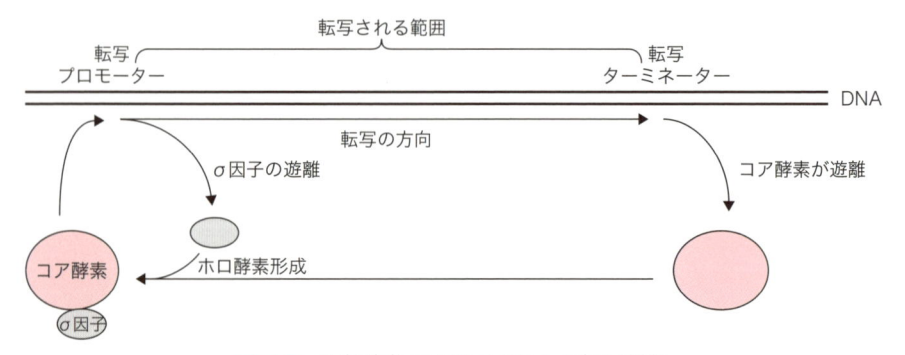

図4.2 原核生物におけるRNAの転写制御

表4.1 大腸菌RNAポリメラーゼを構成するサブユニット

サブユニット		遺伝子	分子量(kDa)	機能
α		rpoA	36	ββ'の集合,プロモーターとの結合,転写調節因子との相互作用
β		rpoB	151	DNAとの結合,リボヌクレオチドの結合,RNA合成,リファンピシンの標的,二重鎖DNAの開裂
β'		rpoC	155	DNAとの結合,RNA合成,σ因子との結合,二重鎖DNAの開裂,開鎖複合体の安定化,RNA合成反応に必須なMg^{2+}イオンの結合,DNAトポイソメラーゼIとの結合
ω		rpoZ	10	コア酵素を形成するとき,β'に結合してサブユニットの集合を促進する
σ	σ^{19}	fecI	19	クエン酸鉄(III)輸送遺伝子群の転写
	σ^{24}	rpoE	24	高熱ショックなどによる細胞外膜ストレスに応答する遺伝子群の転写
	σ^{28}	fliA	28	鞭毛形成にかかわる遺伝子群の転写
	σ^{32}	rpoH	32	熱ショックに対応する遺伝子群の転写
	σ^{38}	rpoS	38	静止期に発現する遺伝子群,さまざまなストレスに応答する遺伝子群の転写
	σ^{54}	rpoN	54	窒素同化作用遺伝子群の転写
	σ^{70}	rpoD	70	増殖期に発現する遺伝子群のほとんどすべてを転写

である.RNAポリメラーゼは遺伝子の情報を読み取るだけでなく,細胞のおかれた状況に応じて遺伝子の発現を調節するさまざまな仕組みにも対応する能力を兼ね備えている.そのため,この酵素は多様かつ複雑な振る舞いをする.そのような振る舞いを可能にするような多くの要素を盛り込む必要から大きくなってしまったのであろう.

RNAポリメラーゼは,4種類5分子のタンパク質(αサブユニット2分子,βサブユニット1分子,β'サブユニット1分子)が会合したコア酵素($α_2ββ'$)とコア酵素にσ因子が結合したホロ酵素($α_2ββ'σ$)の形態をとる(表4.1).それぞれのサブユニットを作り出す遺伝子はrpo(RNA polymerase)という共通名に大文字アルファベットを付け加えた名称が与えられているが,RNAポリメラーゼにかかわることがわかっていない時点で遺伝子名がつけられたものにはこのルールがあてはまらない.

RNAポリメラーゼのコア酵素では,まずαサブユニットが二量体を形成し,それにβが結合する.次にβ'が結合することによってコア酵素が完成する.コア酵素は構造的に柔軟であるらしくσ因子との結合やDNAとの結合によって形が変わる.これらのサブユニットは転写に関係したそれぞれ独自の役割をもっており,いずれが欠けても転写反応は起こらなくなる.表4.1に記したようにRNAを合成する役割にはβとβ'の両方が関与している.βとβ'が結合することによって両者の部分が接触あるいは近接し,そうして形成された構造がRNAを合成する活性を示すと推察される.結核症やハンセン病の治療に用いられる抗生剤のリファンピシンは,βサブユニットに結合してRNA合成活性を阻害することが知られている.

one point
ωサブユニット
実際にはコア酵素にωサブユニット1分子が含まれているが,このサブユニットは転写の反応に直接関与しないので通常はあえて無視している.

4-1-2 原核生物と真核生物の違い

　生物の世界を大きく二分する原核生物と真核生物は，共通した仕組みをもつ一方で，それぞれの固有の事情に応じた特徴ももつ．RNA ポリメラーゼについても事情は同じである．原核生物においては1種類の RNA ポリメラーゼが全ての遺伝子を転写するのに対して，真核生物は3種類の RNA ポリメラーゼをもっている．真核生物では遺伝子がタンパク質を作り出す遺伝子であるのか RNA 遺伝子であるのかにより，さらに RNA 遺伝子は長い RNA 分子を作り出すのか短い RNA 分子を作り出すのかによって，三つのカテゴリーに分けられている．

　これら三つのカテゴリーに分類された遺伝子の転写を RNA ポリメラーゼ I，II，III と名づけられた酵素が分担している．リボソーム RNA を作る遺伝子は RNA ポリメラーゼ I が，タンパク質を作る遺伝子は RNA ポリメラーゼ II が，短い分子を作る RNA 遺伝子は RNA ポリメラーゼ III が担当している（表 4.2）．したがって，RNA ポリメラーゼ II の転写によって合成された RNA のみが（直接に，あるいは第 8 章で述べるスプライシングなどの加工を経て）mRNA として働く．これらの RNA ポリメラーゼは三つとも 10 種類以上のサブユニットからなるが，いずれも原核生物の RNA ポリメラーゼを構成するサブユニット α，β，β′ と似たサブユニットを含んでいる．残りのサブユニットについては3種類の RNA ポリメラーゼに共通したものと，それぞれに特有なものに分かれる．

　真核生物 RNA ポリメラーゼを構成するサブユニットの個々の役割についてはあまりよくわかっていないが，数の多さは転写の反応が原核生物以上に複雑であることを示唆している．この複雑さは，転写の際に鋳型として参照する DNA の存在様式が原核生物と真核生物で異なることに由来しているのかもしれない．すなわち，原核生物の DNA は基本的にむき出しになっており，RNA ポリメラーゼは自由に DNA に結合できる状態になっている．一方，真核生物の DNA にはヌクレオソームと呼ばれるタンパク質複合体や他のタンパク質が結合している（第 16 章参照）．したがって，RNA ポリメラーゼは DNA に結合するために，あるいは DNA を鋳型として塩基配列を読み取っていくために，DNA に結合している他のタンパ

表 4.2　真核生物の RNA ポリメラーゼ

種　類	機　能
RNA ポリメラーゼ I	リボソーム RNA（rRNA）のうち，28S，18S および 5.8S rRNA を転写
RNA ポリメラーゼ II	タンパク質を作る遺伝子，miRNA とほとんどの snRNA の転写
RNA ポリメラーゼ III	転移 RNA（tRNA），5S rRNA，snoRNA，U6 RNA（snRNA の一種）の転写

RNA ポリメラーゼ I によって rRNA が転写される細胞核内部位は核小体と呼ばれる．miRNA：遺伝子発現を調節する短い RNA 種（第 9 章参照）．snRNA：スプライシングに必要な短い RNA 種（第 8 章参照）．snoRNA：rRNA を成熟させるのに必要な短い RNA（第 8 章参照）．

ク質との相互作用が必要となるであろう．そのために，原核生物のRNAポリメラーゼには備わっていない役割を果たすサブユニットが必要となっていると考えられる．

原核生物RNAポリメラーゼの阻害剤であるリファンピシンは真核生物のRNAポリメラーゼには効力を示さない．代わりに，α-アマニチンという毒キノコから採取された薬剤はRNAポリメラーゼIIによる転写反応を強く阻害する．一方，IIIはα-アマニチンに対して感受性を示さず，Iは中間の感受性を示すことがわかっているので，3種類のRNAポリメラーゼの活性はα-アマニチンによって見分けることができる．

4-2　転写プロモーターとその認識

4-2-1　原核生物の転写プロモーター

大腸菌RNAポリメラーゼのコア酵素はDNAの塩基配列に特別な好みを示さず，どんな配列のDNAにも結合できる．しかし，転写を開始することはできない．σ因子が結合してホロ酵素になると，DNAに結合した後，DNA上を移動する．移動して転写プロモーターと呼ばれる特異的な塩基配列にいきつくと，その場所に強く結合し，その部位から転写を開始できるようになる．

プロモーターを認識する鍵であるσ因子には多くの種類があり，それぞれのσ因子と結合したホロ酵素は異なる配列をもつプロモーターから転写を開始できるようになる．いい換えると，それぞれのσ因子に対応するプロモーターがあり，全ての遺伝子はいずれかのプロモーターから転写される．原核生物はσ因子を使い分けることによって，さまざまな状況に応じて必要となる遺伝子を転写するのである．

大腸菌には7種類のσ因子がある（表4.1，4.3）．そのうちの$σ^{54}$を除く6種類にはアミノ酸配列に類似性が認められており，同じ起源から派生したものと考えられている．大腸菌は増殖期と分裂を停止した静止期とでは細胞の形態や機能に明瞭な違いがあり，それぞれが特有な分化型となっている．たとえば，増殖期には細長い桿菌であるが，静止期には球菌となっている．また，各種ストレスに対しては増殖期より静止期のほうが抵抗性が強い．細胞膜の成分やDNAの存在様式も異なることが知られている．それぞれの分化型では発現する遺伝子が異なっており，増殖期には細胞を増やすために必要な遺伝子が発現するのに対して，静止期には細胞を保護するための遺伝子が発現している．増殖期に発現する遺伝子の転写には$σ^{70}$が使われ，一方，静止期に発現する遺伝子の転写には$σ^{38}$が使われる．また，$σ^{38}$は増殖期にある細胞が被ったストレスを乗り越えるために必要な遺伝子を転写するのにも利用される．他のσ因子は，特殊なカテゴリー

表 4.3 転写プロモーターの配列

σ因子の種類	ホロ酵素が認識する転写プロモーターの塩基配列					
	−35 配列	間隔 (bp)	−10 配列	その他の特徴	細胞に存在する分子数	転写する遺伝子の数
σ^{70}	TTGACA	16〜18	TATAAT		600	3800
σ^{54}	CTGGNA	6	TTGCA	N は不特定な塩基	〜50	177
σ^{38}	?	?	CTATACT	−10 と転写開始点までの間は AT に富んだ配列が続く	200 (増殖期), 600 (静止期)	400 ?
σ^{32}	CCCTTGAA	13〜15	CCCGATNT	N は不特定な塩基	〜50	75
σ^{28}	CTAAA	15	GCCGATAA		〜20	13
σ^{24}	GAACTT	12〜19	TCTGA		<5	24
σ^{19}	?	?	TCCTTT		<5	5 ?

に属する遺伝子を専門に転写するのに利用される．

転写の仕組みを理解するためには1個の塩基（あるいはヌクレオチド）の違いも重要である．そこで，転写によって合成されるRNAの5′末端にあるヌクレオチドを+1，その3′側にある次のヌクレオチドを+2と，ヌクレオチドごとに番号を割り当て，それに対応するDNA鎖のヌクレオチドにも同じ番号を割り当てる．+1から逆に遡っていく場合は−つきの番号（−1，−2，…）を割り振ることによりプロモーターやその周辺のDNA構造を記載するのが慣例となっている．原核生物のRNAポリメラーゼが認識するプロモーターは−35あたりにある配列と，−10あたりにある配列からなっている例が多い．すなわち，2種類の保存された塩基配列とそれを挟む間隔が重要な要素となっている（表4.3）．

胞子を形成することが知られている枯草菌は少なくとも17種のσ因子をもっており，そのうち5種類が胞子形成時に発現する遺伝子の転写にかかわっている．栄養状態が悪くなったときには増殖を停止し，胞子を作り出す過程に入る．このときには刻々と遺伝子を切り替えて，胞子を形成するための遺伝子発現させる．その際，利用されるσ因子も次々と変化する．

4-2-2 真核生物の転写プロモーター

真核生物のRNAポリメラーゼもコア酵素だけでは転写を開始できない．原核生物のσ因子に相当するものとして，真核生物ではTBPが知られている．TBPはTATA-binding proteinの略であり，名の通りTATA配列に結合するタンパク質である．RNAポリメラーゼⅠ〜Ⅲの全てが転写のためにTBPを必要とする．しかし，単純に真核生物のTBPが原核生物のσ因子に対応するということではない．TBPは単独で機能することはなくTAF (TBP-associated factor) と呼ばれる他の多数のタンパク質と複合体を形成したうえで機能する．どのようなタンパク質と複合体を作るかによってRNAポリメラーゼⅠ〜Ⅲのどの転写を助けるのかが変

one point

枯草菌

枯れた草の表面から分離されることが多いため，この名前がつけられた．土壌の中だけでなく空気中に飛散することもある細菌(空中雑菌)の一種で，胞子を作ることによって熱や消毒薬などに対する抵抗性を示す．

わってくる．

　これら TBP を中心として，RNA ポリメラーゼのプロモーター認識を助けて転写を可能にするタンパク因子を基本転写因子と呼んでいる．σ因子に多様性があるように TBP にも多様性があるらしく，TBP に似た数種類のタンパク質（TRF，TBP-related factor）が発見されている．それに対応して RNA ポリメラーゼ II が転写する遺伝子のうちで，実際に TRF を必要とするものが発見されている．

　RNA ポリメラーゼ I と III が転写を始めるためのプロモーターは，原核生物の場合と同様にそれぞれが認識する特異的な配列からなっている．RNA ポリメラーゼ II が認識するプロモーターについては TATA が特徴的な配列として見出されている．図 4.3 に RNA ポリメラーゼ II が基本転写因子の助けを借りてプロモーターに結合するまでの過程を示した．RNA ポリメラーゼ II は TATA 配列をもたないプロモーターも認識することが知られている．この場合は，上述の TAF がプロモーターの周辺に存在する配列を認識して結合することで TBP をプロモーターに配置させる．

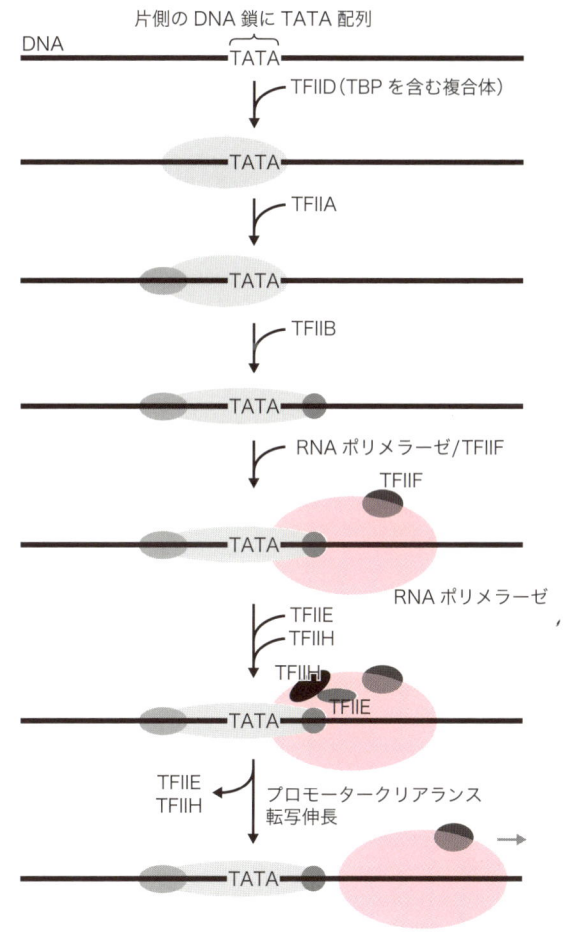

図 4.3　真核生物 RNA ポリメラーゼ II の転写開始

4-3　転写開始

4-3-1　原核生物の転写開始

　プロモーターに結合した RNA ポリメラーゼの振る舞いについては，σ^{70} を含むホロ酵素についてよく調べられている．まず RNA ポリメラーゼはプロモーターとその周辺を含む 75 bp 以上の長さに渡る領域と接触する．次に RNA ポリメラーゼは結合しているプロモーター領域内の $-12 \sim -10$ から $+2$ にかけて二重らせんを巻き戻し，塩基間に形成されている水素結合を断ち切って 2 本の鎖に解離させる（二重鎖の開裂）．RNA ポリメラーゼが DNA に結合している部位を特定することや，二重鎖開裂部位を特定することは典型的な分子レベル解析である（方法の概略を図 4.4 に示す）．二重鎖の開裂が起きるか否かは転写反応にとって決定的な違いであるので，これらを区別するために，プロモーターに RNA ポリメラーゼコア酵素が結合しているが二重鎖がまだ開裂していないものを閉鎖複合体，二重

one point
塩基対の長さを表す単位
bp は base pair の略で，日本語では「塩基対」．二重鎖 DNA の長さを塩基数で表すための単位．

(a) RNA ポリメラーゼ結合部位の道程

ステップ 1：制限酵素による切断によって，転写プロモーターを含む短い DNA 断片を調製．一方の鎖の末端を放射線標識（★）する．

ステップ 2：RNA ポリメラーゼを加えて複合体を形成させる．

切れ目は複合体ごとにランダムな位置に入る．

ステップ 3：1本鎖に切れ目を入れる酵素（DNase I）を作用させる．

ステップ 4：RNA ポリメラーゼと DNase I を取り除く．ランダムな位置に切れ目をもった DNA 分子多数の集団となる．

ステップ 5：加熱処理により二重らせんを解離させて 1 本鎖にする．

ステップ 6：電気泳動によって放射標識された1本鎖DNAの長さの分布を調べる．RNAポリメラーゼを添加した試料と無添加試料を比較．

RNA ポリメラーゼを
添加　　無添加

RNA ポリメラーゼが結合している部位は DNase I による切断を免れるので対応するところにバンドは出現しない．

(b) 二重鎖開裂の有無と開裂部位の同定

KMnO₄ などの塩基修飾剤で処理

二重らせん中の塩基はらせんの内部に収納されているので塩基修飾を受けない．

二重らせんが開裂している部位の塩基のみ修飾される．

RNA ポリメラーゼを取り除いた後に，塩基修飾された部位の同定を行う．

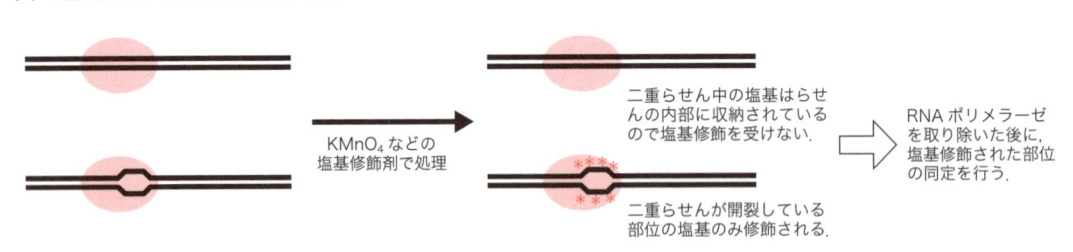

図 4.4 RNA ポリメラーゼと DNA の相互作用解析

鎖が開裂したものを開鎖複合体と呼ぶ．

　続いて RNA ポリメラーゼは，2 本の鎖のうちでプロモーター配列との関係において定まった一方の鎖の配列を参照しながら，相補的な配列をもつ RNA 鎖を合成し始める（図 4.5）．RNA 鎖の合成を始めることは RNA ポリメラーゼにとっても簡単ではないらしく，プロモーターの近傍で 7〜12 個のリボヌクレオチドを結合した RNA の鎖を合成しては，それを捨ててもう一度最初から合成し直すということを何度も繰り返す．この試行錯誤を行っている（ように見える）間に，RNA ポリメラーゼは徐々に調子を上げていくらしく，ついに何百〜何千というヌクレオチドを含む長

図4.5 転写開始機構

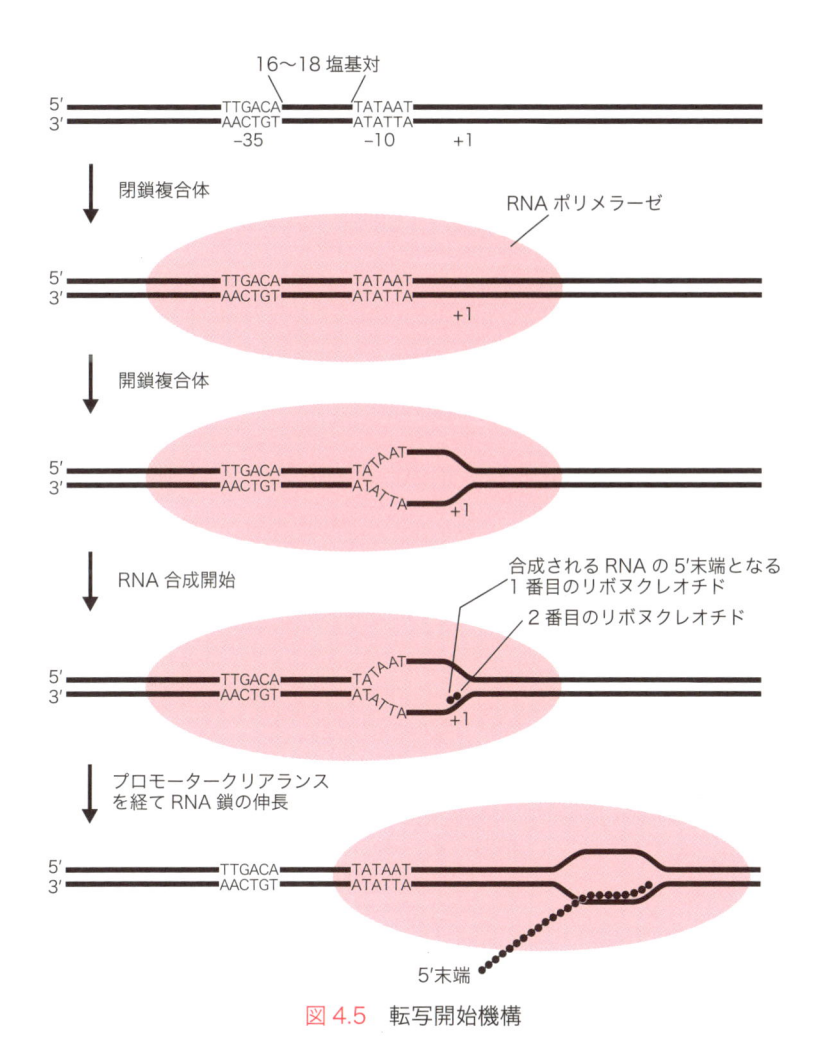

いRNA分子の合成に進む．この過程をプロモータークリアランスと呼ぶ．プロモータークリアランスによってRNAポリメラーゼはプロモーターから離れるとともにσ因子が解離してコア酵素になる（図4.2参照）．

4-3-2 真核生物の転写開始

真核生物のRNAポリメラーゼもプロモータークリアランスを行い，転写が開始するとプロモーターへの結合を助けた基本転写因子と解離し，コア酵素のみでRNA合成を行う．RNAポリメラーゼⅡが合成するRNAはタンパク質合成のための情報をもっており，遺伝子発現の次のステップである翻訳に向かう．一方，RNAポリメラーゼⅠやⅢが合成したRNAは翻訳には向かわない．したがって，RNAポリメラーゼⅡが合成したRNAとⅠやⅢが合成したRNAには何らかの区別があるはずである．実際に，RNAポリメラーゼⅡが合成したRNAの5'末端にはキャップというマー

one point
キャップ構造
7位がメチル化されたグアニン（m^7G）という特殊な塩基をもつリボヌクレオチドが，転写されたRNAの5'→3'方向性とは逆の方向性をもって結合したものをキャップ構造と呼ぶ．

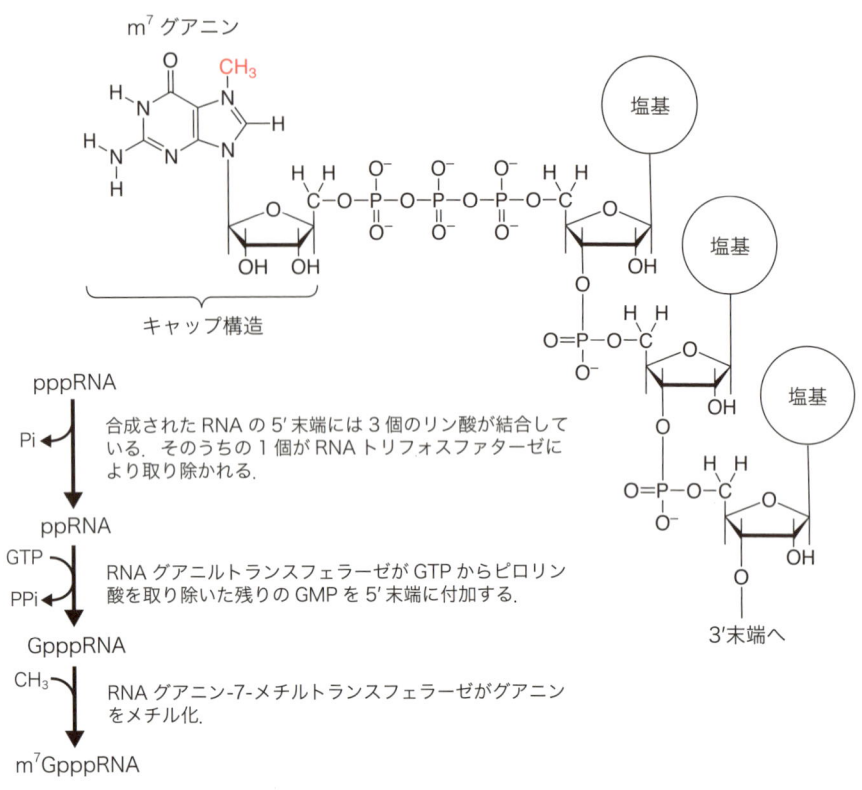

図 4.6 RNA ポリメラーゼ II によって転写された RNA の 5′ 端キャップ形成

クが施されている（図 4.6）．RNA ポリメラーゼ II にはキャップ構造を作る酵素が結合しており，プロモータークリアランスを終えた RNA ポリメラーゼが RNA 鎖を延ばし始めるとただちに 5′ 端にキャップ構造を形成する．

キャップ形成の酵素と同じように，転写中の RNA に作用してイントロンの除去（スプライシング，第 8 章）に働くスプライセオソームや RNA の切断（4-5 節）にかかわる酵素は RNA ポリメラーゼ II に結合している．これらの酵素は RNA ポリメラーゼ II の CTD（carboxy-terminal domain）と呼ばれる部位に結合している．CTD は最も大きいサブユニット（原核生物 RNA ポリメラーゼの β′ サブユニットと類似したサブユニット）の C 末側にあり，アミノ酸の一文字表記で YSPTSPS 配列の繰り返しが特徴的である．ほ乳類の RNA ポリメラーゼ II では 52 回，酵母では 26 回の繰り返しがある．繰り返し配列の中にある S（セリン）と T（トレオニン）はリン酸化を受ける部位となっており，これらのリン酸化により RNA ポリメラーゼ II の活性が調節される．

4-4 転写伸長

4-4-1 コア酵素の動き

σ因子が離脱した後は，コア酵素によってRNA鎖の合成が進む．転写伸長（合成中のRNA鎖を伸ばす反応）では，RNAポリメラーゼは30〜40塩基分の範囲でDNAに結合しており，その中の18塩基分の二重鎖が開裂している．合成中のRNAは開裂した領域の8〜10塩基と水素結合で対合している．

RNA鎖を伸ばしていくにつれ，RNAポリメラーゼは進行方向に向かって二重らせんをほどき，後ろでは開裂させていたDNA鎖を元の二重らせんに戻していく（図4.5）．RNA鎖を合成する速度は1秒あたり50塩基であるが，実際にはさまざまな要因によりこの速度は0.1〜2倍までの範囲で変化することが知られている．極端な場合，RNA合成をいったん停止した後，20〜30分を経て再開することもある．このようなポージング（pausing，休止）は，合成されたばかりのRNAがヘアピン構造（図4.7）をとった直後に起こりやすい．

RNA鎖を伸ばしていく過程において，ヌクレオチドを一つずつ付加していく単調な作業を繰り返しながらRNAポリメラーゼは前進していくように思われるが，いつもそうとは限らないらしい．明瞭な現象として，

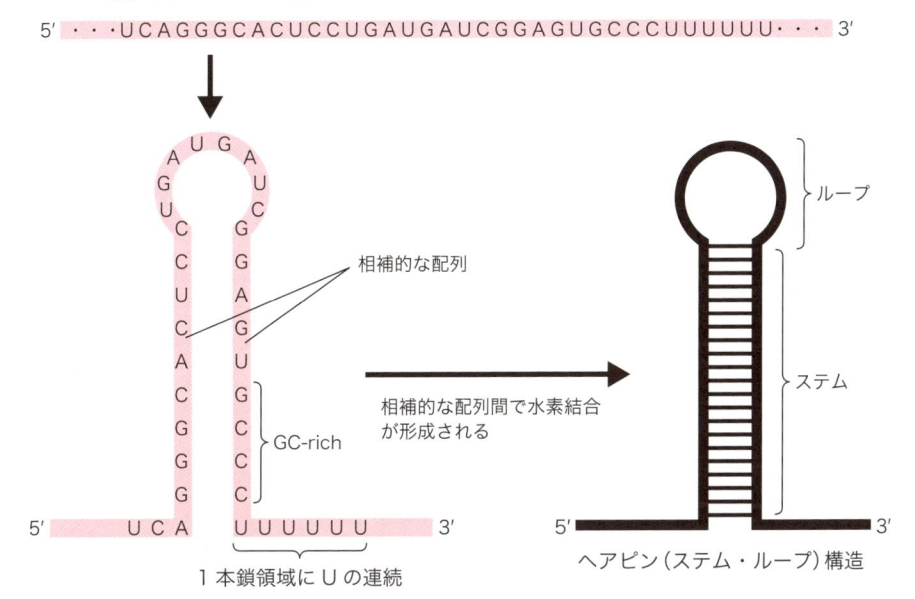

図4.7 ヘアピン構造
ヘアピン構造の内で，ステムにGCに富んだ領域が存在し，なおかつステムの3′側にUが四つ以上連続すると転写ターミネーターとなる．

DNAの塩基配列次第でRNAポリメラーゼがシャクトリムシ運動することが知られている．すなわち，前進方向に向かってRNAポリメラーゼの先端部は停止しているのに，後端部は8～9塩基分前に進む．結果としてRNAポリメラーゼは縮むことになるが，この収縮の間にRNA鎖は8～9塩基分伸ばされる．その後，RNAポリメラーゼの後端部は停止しているのに先端部は8～9塩基分前に進む．すなわち，RNAポリメラーゼは再び伸びる．RNAポリメラーゼがこのような収縮と伸長を繰り返すことにより，8～9塩基を単位としてRNA合成が進む．ポージングの部位や転写の終了点（次項参照）に到達したときにも，RNAポリメラーゼはシャクトリムシに似た動きをすることが知られている．

4-4-2　コア酵素とともに働くタンパク質

　転写中のコア酵素にはさまざまなタンパク質が結合する．DNAトポイソメラーゼ I はDNAの二重らせんのピッチ（旋回率）が下がることによって生じる負のねじれ（negative super coiling）を解消する働きをもつ酵素である．二重らせんをほどきながらRNAポリメラーゼが進行するにつれて，前方では二重らせんのピッチが高まるため正のねじれが生じやすくなる一方，後方ではピッチが下がって負のねじれが生じやすくなる．前方でも後方でも，それぞれたまったねじれを取り除くためにトポイソメラーゼが機能するが，DNAトポイソメラーゼ I はRNAポリメラーゼと直接結合して，たまってきた負のねじれを効率よく取り除くようである．また，NusGなどのタンパク質がコア酵素に結合することにより，転写の伸長速度が上昇することが認められている．

　RNAポリメラーゼが鋳型DNA鎖の塩基と相補的な塩基をもつリボヌクレオチドを選んでRNA鎖の3′端に付加することが伸張反応の基本である．しかし，ときには相補的でない塩基をもったリボヌクレオチドを誤って付加してしまうことがある．転写の反応にはこのような間違いを正す機構（校正機能）が備わっている．鋳型DNAの塩基と付加した塩基とが相補的でない，すなわちミスマッチを起こしたとき，RNAポリメラーゼは前に進むのをやめていったん後ろに戻る．GreAというタンパク質はRNAポリメラーゼに結合しており，RNAポリメラーゼがこのようにバックすると，さらにGreBというタンパク質が入り込んでくる．そして，GreAとBはRNA鎖のミスマッチを起こしている3′末端の近くでRNA鎖を切断して，問題の箇所を取り除く．RNAポリメラーゼはこの間，DNAや合成中のRNAと結合したまま待機しており，GreAとBの作業が終わると転写伸長を続行する．真核生物のRNAポリメラーゼにもGreA，Bと同じ働きをするタンパク質が発見されている．

4-5 転写ターミネーター

4-5-1 ρ因子非依存性ターミネーター

　原核生物のRNAポリメラーゼは2通りの方法で転写を終結する．一つ目は，固有の転写ターミネーターによる終結である．この場合は，後述するρ因子を必要としないので，ρ因子非依存性ターミネーターとも呼ばれる．前節で，合成されたばかりのRNAがヘアピン構造をとると転写のポージングが起こりやすくなることを述べたが，この現象と転写ターミネーターによる終了とは類似した現象である．どちらもヘアピン構造によって転写を停止させるが，いったん休止した後に転写を再開するのがポージングであり，再開させることなくRNAポリメラーゼがDNAから遊離してしまうのが転写終結である．

　したがって，転写終結を誘導するヘアピン構造にはポージングを誘導するヘアピン以上の情報が含まれていることになる．固有の転写ターミネーターとして機能するにはヘアピン構造に加えて，ステム構造内にGCに富んだ領域が存在すること，ステムに続いてUが四つ以上連続する，という条件が必要である（図4.7）．実際には，ヘアピン構造の安定さ，GC領域の長さ，Uクラスターの長さなどの違いにより，RNAポリメラーゼが転写を終結する確率は2～90％とさまざまに変わり得る．NusAというタンパク質は，σ因子を離脱させて転写伸長をし始めたRNAポリメラーゼに結合して，転写終結を補助する．このことで終結の確率はほぼ100％になる．

4-5-2 ρ因子依存性ターミネーター

　転写終結のもう一つの方法は，ρ因子依存性ターミネーターによるものである．ρ因子は46 kDaのタンパク質であるが，機能するときは6分子が集合してドーナツ状の構造をとる．ρ因子はRNAポリメラーゼが合成したRNAの配列にCが豊富な領域が存在するとその場所に結合し，ドーナツの穴にRNAを通すようにしてRNA分子上を移動していく（移動のために必要なエネルギーはATPの加水分解によって得る）．移動の方向は$5'→3'$であり，RNAを合成しているRNAポリメラーゼを追いかけることになる．実際に転写の終結が起きるのは，RNAポリメラーゼのポージングが起きたときである．後ろから移動してきたρ因子が追いついて，合成してきたRNAを遊離させるようRNAポリメラーゼに働きかけて転写を終結させる．この場合は，上述のNusA以外にNusBやNusGといったタンパク質が転写終結を補助する．

---

one point

NusAタンパク質

転写を開始したRNAポリメラーゼからσ因子が解離するのに代わって，NusAは転写伸張しているRNAポリメラーゼのコア酵素に結合する．転写終結した後にNusAはコア酵素から解離する．

4-5-3　真核生物の転写終結

　真核生物では3種類のRNAポリメラーゼがそれぞれに特有な方法で転写を終結する．RNAポリメラーゼⅠの転写ターミネーターは特異的な配列をもっており，この配列に結合するReb1pタンパク質に依存して転写終結する．RNAポリメラーゼⅢの転写ターミネーターは，鋳型となっていないほうのDNA配列について，GとCに富んだ領域の直後に4～5個のTが連続したものである．

　RNAポリメラーゼⅡについては転写ターミネーターに相当する特別なDNA配列は発見されておらず，きわめてユニークな方法で転写終結すると考えられている．転写伸長中のRNAポリメラーゼⅡの後ろ側にはCPSF（Cleavage and Polyadenylation Specificity Factor）とCstF（Cleavage Stimulation Factor）が結合している．RNAポリメラーゼⅡが合成したRNA中にポリA化シグナルと呼ばれる5'-AAUAAAの配列が現れると，CPSFとCstFは新生鎖のRNAに移動する．そしてCPSFがAAUAAA配列に結合し，CstFはその3'側に続く近傍にあるGUあるいはUに富んだ領域に結合する．さらに，PAP（ポリAポリメラーゼ）もCPSFやCstFが結合している傍に結合する．CPSFやCstFは協力してAAUAAA配列の3'方向に約35ヌクレオチド離れた部位を切断する．すぐさまPAPが切断点の3'側に塩基としてAをもったヌクレオチドのみを付加していく．すなわち，ポリAの鎖がつながる．付加されるAの数は生物により異なっており，高等生物では200個以上，下等生物では100個以下である．

　結果として，RNAポリメラーゼⅡが転写したRNAは5'側はキャップ構造（4-3節参照）で，3'側はここで述べたポリAでマークされることになる．これらのマークはいずれも翻訳に重要な働きをもつことが知られている（第8, 9章参照）．RNAの切断そのものはRNAポリメラーゼⅡの転写伸張に影響しないが，転写終結のきっかけとなる．切断されたRNAの5'末端にエキソヌクレアーゼ（第9章参照）が結合し，RNAポリメラーゼⅡを追いかけるように合成中のRNAを消化していく．そして，エキソヌクレアーゼがRNAポリメラーゼⅡに追いついたときに転写は終結する．

この章で学んだこと──
- RNAポリメラーゼ
- 転写プロモーター
- 転写開始
- 転写伸張
- 転写終結

5章 転写調節

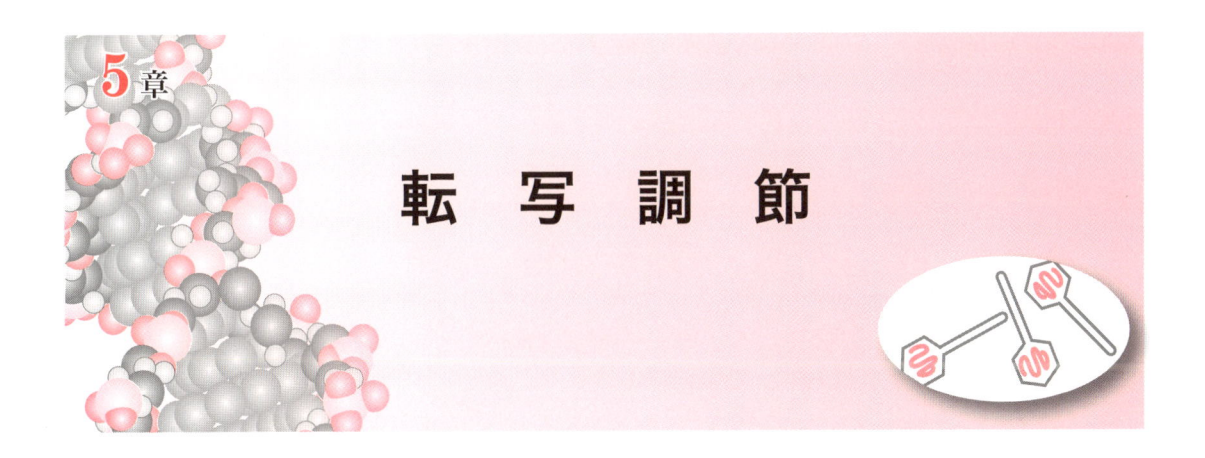

この章で学ぶこと

転写活性を調節する仕組みには，RNAポリメラーゼの活性が直接調節される場合と，転写因子が転写開始を調節する場合が知られている．転写因子が転写を促進する場合を正の調節と呼び，転写因子が転写を抑制する場合は負の調節と呼ぶ．さらに転写因子も，リン酸化，特異的なリガンドとの結合，他のタンパク質との結合などにより調節されることが多い．

　転写は，ATPに代表される高エネルギー化合物（リボヌクレオシド三リン酸）を数多く必要とする．遺伝子発現において転写の次のステップである翻訳では，さらに多くのリボヌクレオシド三リン酸を消費する．つまり，遺伝子の発現には多大なエネルギー消費が伴う．そのため，不要な遺伝子は発現しないのが望ましい．また，必要な遺伝子を発現させるにしても多量のmRNA分子やタンパク質分子を不必要に合成することは避けるべきであろう．

　このように遺伝子発現のON・OFF制御や，遺伝子産物をどの程度の量まで合成するのかは，細胞の活性維持にとってきわめて重要な要素である．このような観点から生物を眺めてみると，合理的な遺伝子発現を行うためにさまざまな工夫，すなわち遺伝子発現調節をしていることがわかる．

　遺伝子の発現を調節するうえで直接的かつ効果的な方法は，その遺伝子からどの程度の数のmRNA分子を作り出すかという調節，すなわち転写の調節である．しかしひと口に転写調節といっても，多様な方法がある．本章では，まずRNAポリメラーゼ自身が示す三つの調節作用について解説し，次にRNAポリメラーゼによる転写を間接的に調節する例について解説する．

5-1　RNAポリメラーゼによる調節

5-1-1　rRNAの例

　RNAポリメラーゼは，プロモーター周辺の塩基配列と相互作用するこ

one point
rRNA

翻訳において mRNA のコドンが指定するアミノ酸を結合してタンパク質を合成する働きをもつのはリボソームである．リボソームは 3 ～ 4 種類の RNA 分子と 50 種類を超すタンパク質分子が会合した巨大な複合体である．リボソームに含まれる RNA は mRNA と区別して rRNA と呼ばれる．

とによって転写を調節することが知られている．その見事な例は rRNA の転写に見られる．原核生物は栄養条件がよければ活発に細胞分裂を繰り返す．大腸菌の場合は最短で 30 分に一度の割合で細胞分裂することができる．細胞分裂により 1 個の細胞が 2 個に増えるので，大腸菌はたった 30 分の間に細胞を構成する分子を 2 倍に増やさなければならない．

大腸菌の細胞を構成する分子のうちで最も多いのは翻訳にかかわるものである．翻訳で中心的な役割を果たすのはリボソームであり，リボソームには rRNA が含まれている（第 6 章参照）．そのため，活発な分裂を繰り返している大腸菌で最も活発に転写されているのは rRNA である．しかし一つの遺伝子を転写するだけでは，どんなに活発に転写したとしても合成するペースが細胞分裂速度の要求に追いつかないため，大腸菌は七つの rRNA 遺伝子を同時に転写することよって合成量を稼いでいる．一方，栄養条件が悪ければ細胞分裂速度は遅くなるので，それほど活発に rRNA を転写する必要はなくなる．

栄養条件（あるいは細胞分裂速度）と rRNA 遺伝子を転写する活性をリンクさせているのは他ならぬ RNA ポリメラーゼ自身である．七つの rRNA 遺伝子の転写は A または G から開始することが知られている．面白いことに，rRNA の転写を A から開始する場合は他の遺伝子を転写するのに比べて高濃度の ATP を必要とする．また，G から開始する場合は

(a) rrnD 5'-AATAC**TTGTGC**AAAAAATTGGGA<u>TCCC**TATAAT**GCGCCTCC</u>GTTGAG-3'
*
rrnB 5'-TCCTC**TTGTCA**GGCCGGAATAACT<u>CCC**TATAAT**GCGCCACC</u>ACTGAC-3'
↓*
T

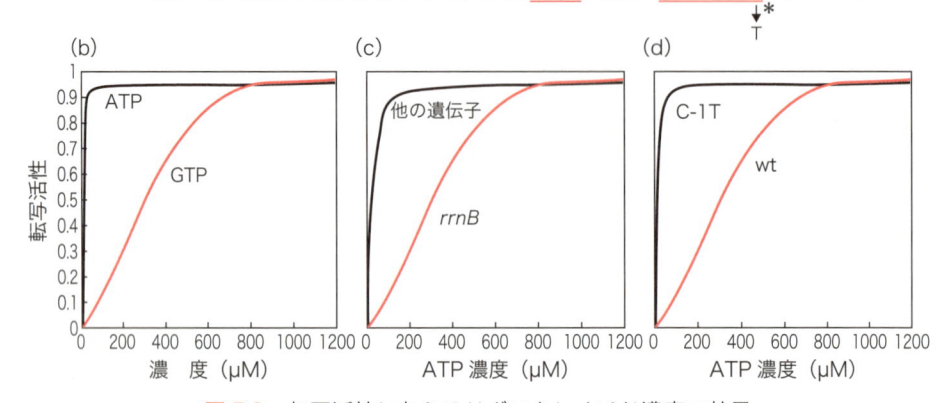

図 5.1　転写活性に与えるリボヌクレオチド濃度の効果
(a) 二つの rRNA 遺伝子の転写プロモーター塩基配列．-35 と -10 の配列を太字で，全ての rRNA 遺伝子の転写プロモーター領域に保存されている配列をアンダーラインで示した．転写開始点（+1）は*で示す．矢印は C から T への塩基置換を表す（実験 d 参照）．(b)～(d) 精製した RNA ポリメラーゼによる転写反応．反応に必要な 4 種類のリボヌクレオチドのうち，3 種類については過剰に加えておき，残る 1 種類については横軸に示すように濃度を変化させて反応させた．(b) rrnD の転写時に ATP または GTP を変化させたときの活性，(c) rrnB と他の遺伝子の転写活性に与える ATP 濃度の効果，(d) rRNA 遺伝子のプロモーター領域に保存されている配列の改変が与える転写活性への影響．改変したものは C-1T（a 参照）で，元のものは wt で表す．

高濃度の GTP を必要とする（図 5.1）．すなわち，栄養条件がよく細胞内に高濃度の ATP，GTP が存在するときにのみ七つの rRNA 遺伝子全ての転写が活発となる．逆にこれらの濃度が低いときには，たとえ他の遺伝子の転写活性が変わらなくても，rRNA を転写する活性は低くなる．ここに見られる調節作用は転写プロモーター周辺の塩基配列を変えることで消失することが知られているが，その詳細な理由は不明である．

5-1-2　ppGpp の例

　RNA ポリメラーゼ自身が調節作用を示す二つ目の例は ppGpp に対する反応に見られる．ppGpp は塩基として G，そして 5' 側と 3' 側の両方にリン酸を二つずつもつ特殊なリボヌクレオチドである．ppGpp はアミノ酸飢餓に対するストリンジェント応答（第 7 章参照）やさまざまなストレスによって生産が誘導される物質であり，RNA ポリメラーゼに結合して立体構造に影響を与える．その結果，多くの遺伝子について RNA ポリメラーゼの転写活性が低下してしまう．それと対照的に，アミノ酸飢餓やストレスの解消に必要な遺伝子の転写活性は促進される．すなわち，細胞の危機を少しでも早く回避するための仕組みが働くのである．

one point
ppGpp
タンパク質合成の基質であるアミノ酸が枯渇すると翻訳は停滞する．このように翻訳を進められなくなったリボソームでは，アミノ酸が豊富なときには起こらない異常が生じる．その異常が引き金となって ppGpp が合成される．アラーモンとも呼ばれる（第 7 章参照）．

5-1-3　ポージングの例

　三つ目の例はポージングである．一般的にポージングは転写された RNA がヘアピン構造を作るときに起こりやすい（4-4 節参照）が，ここで述べるポージングは鋳型となる DNA の塩基配列が原因となる．λ ファージの pR' と呼ばれるプロモーター（図 5.7 参照）から転写が開始した場合，16 〜 17 ヌクレオチドの長さの RNA を合成したところで RNA ポリメラーゼは転写プロモーターに似た配列に遭遇して転写はポージングしてしまう．λ ファージの増殖に必要な Q 遺伝子の発現が進んで Q タンパク質が十分に溜まると，RNA ポリメラーゼがポージングしている DNA の部位に結合してポージングを解除する．このことにより，λ ファージの増殖過程で次の段階に進むのに必要な遺伝子の発現が可能となる．

5-2　転写因子による調節

　前節で述べたような転写プロモーターを含む DNA 塩基配列と RNA ポリメラーゼの相互作用を通した転写調節の例はあまり多く発見されていない．むしろ，第三の存在である転写因子による調節が一般的である．転写因子は多数発見されており，それぞれが一つまたは複数の遺伝子の転写を調節する．さらに転写因子の活性はリン酸化の有無，特異的な低分子物質（リガンド）との結合の有無，他のタンパク質との結合の有無，などによ

one point
リガンド
特定の受容体に特異的に結合する物質を指す．結合は，受容体の定まった部位とリガンドの間の高い親和性によって行われる．

| 要因 | あり | なし |

図 5.2 転写因子を介した転写調節

（図の説明：要因あり→転写因子の活性ON→遺伝子の転写ON、要因なし→転写因子の活性OFF→遺伝子の転写OFF）

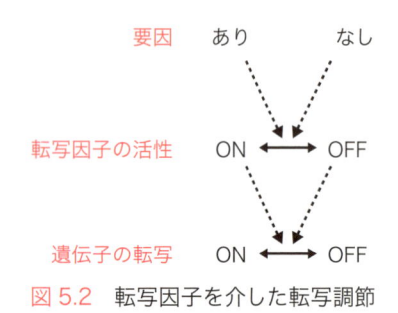

り調節されることが多い．転写因子の活性に影響するものとして，温度，光，浸透圧，pH，栄養，ホルモンなどのシグナル誘導物質，さまざまな化学物質，などが知られている．これらはいずれも，細胞の生理状態にかかわるものである．転写因子による調節は，転写因子自身の活性調節が上位の仕組みとして転写を支配できるので，細胞内外のさまざまな状況にあわせた転写調節が可能となる（図 5.2）．

転写調節には正の調節と負の調節が知られている．正の調節は転写因子が転写を促進する場合を指し，負の調節は転写因子が転写を抑制する場合を指す．正の調節の背景にある基本の仕組みは，転写プロモーターの構造的不備または RNA ポリメラーゼの機能的欠陥である．転写プロモーターの構造的不備としては，以下の 2 タイプが知られている．

一つ目は，転写プロモーターの構造がひずんでいる場合である．原核生物の転写プロモーターでは−35 配列と−10 配列の間隔が重要である（4-2 節参照）．この間隔は両配列間の距離だけではなく，約 10 ヌクレオチドで一周する二重らせん上において互いの配列がどのような角度で配置しているのかにも影響する．距離と配置が適切な場合に，RNA ポリメラーゼは転写プロモーターを認識できる．大腸菌 merT 遺伝子[*1]の転写プロモーターは−35 配列と−10 配列の間がやや長く 19 ヌクレオチド離れているため，転写プロモーターとして認識されない．この領域には MerR タンパク質という調節因子が結合しているが，通常は不活性型となっているため転写を助けることはない．しかし，水銀が細胞中に存在すると MerR は水銀と結合して立体構造を変えて活性型となる．このときは，MerR が結合している領域で二重らせんの巻き方が通常よりもきつくなり，−35 配列と−10 配列の間隔が狭まるとともに両配列の成す角度がちょうどよくなるため，RNA ポリメラーゼが転写プロモーターを認識できるようになる．もう一つの例は，転写プロモーターの塩基配列が不良な場合で，これについては次節で述べる．

RNA ポリメラーゼの機能的欠陥が正の調節を可能にしている例としては，大腸菌の窒素同化作用遺伝子群を転写する RNA ポリメラーゼ（σ^{54} を含むホロ酵素，表 4.1 参照）に見られる．他の σ 因子をもつ場合と異なり，σ^{54} をもつ RNA ポリメラーゼは転写プロモーターに結合しても自力で閉鎖複合体から開鎖複合体に移行できない．転写因子である NtrC タンパク質が窒素欠乏状態に応じてリン酸化されると活性型に変わり，RNA ポリメラーゼを補助することによって開鎖複合体への移行が可能となる．

[*1] 遺伝子名は小文字で表記し，その遺伝子がコードするタンパク質名は最初を大文字とする決まりがある．

one point
窒素同化作用遺伝子
アンモニウムイオンや硝酸イオンなどの無機窒素を取り込んで，アミノ酸などの有機物に変化させる過程を窒素同化作用と呼ぶ．窒素同化作用遺伝子として代表的なのはグルタミン酸 + NH_3 + ATP → グルタミン + ADP + Pi の反応を触媒するグルタミン合成酵素の遺伝子である．

5-3 正の調節

5-3-1 大腸菌の Crp タンパク質の例

正の転写調節の一般的な仕組みは，特定の遺伝子の転写プロモーターへ RNA ポリメラーゼの呼び込みを促進することである．たとえば，通常は転写プロモーターとして働きにくいような配列を転写プロモーターとして十分に機能させる仕組みといえる．大腸菌でよく知られている例は Crp タンパク質による乳糖オペロンの転写調節である．

乳糖を栄養として細胞内に取り込み，消化して利用するためには三つの遺伝子（*lacZ*, *lacY*, *lacA*）が必要である．これらの遺伝子は大腸菌の DNA 中で隣接しており，転写プロモーターは *lacZ* の前に一つ，転写ターミネーターは *lacY* の後ろに一つ存在するだけである（図 5.3 a）．したがって，これら三つの遺伝子は同じ mRNA 分子にまとめて転写される．これらの遺伝子は誘導的であり，乳糖が存在するときはすみやかに転写されて発現するが，乳糖がなくなるとただちに発現をやめる（図 3.4 参照）．

このように複数の遺伝子をまとめて調節する場合は，この調節単位をオペロンと呼ぶ．乳糖オペロンは σ^{70} をもつ RNA ポリメラーゼにより転写されるが，その転写プロモーターは典型的な配列と比べて三つの塩基が異なっている（図 5.3 b）ために，プロモーターとしての活性は著しく低い．調節因子である Crp は 2 分子が結合した二量体を形成しており，それぞれの Crp 分子が cAMP（図 5.3 c）と結合すると立体構造が変化して不活性型から活性型に変わる．lac 転写プロモーターの上流側に位置する Crp 結合部位（図 5.3 d）は Crp の結合できる配列が対称的に配置しており 2 分子の Crp が結合できる．さらに Crp は RNA ポリメラーゼとの親和性をもっており，DNA に結合した Crp はすぐ隣，すなわち転写プロモーターに RNA ポリメラーゼを呼び込むことで転写を 100 倍促進する．

5-3-2 真核生物の例

真核生物では転写因子による正の調節が一般的である．真核生物の DNA にはヌクレオソームと呼ばれるタンパク質複合体や他のタンパク質が結合しており（第 16 章参照），通常は転写プロモーターと RNA ポリメラーゼが直接相互作用することを妨げている．転写を開始するためには転写プロモーターの領域からヌクレオソームをはずして RNA ポリメラーゼが結合できるようにしなければならない．

その過程は複雑であり，転写開始までに介在する因子は数多く存在する．たとえば，エンハンサーと呼ばれる特別な配列は転写を促進する効果をもつことが知られている．エンハンサーにはその配列を認識して結合する特異的な因子があり，さらにこの因子には転写メディエーターと呼ばれるタ

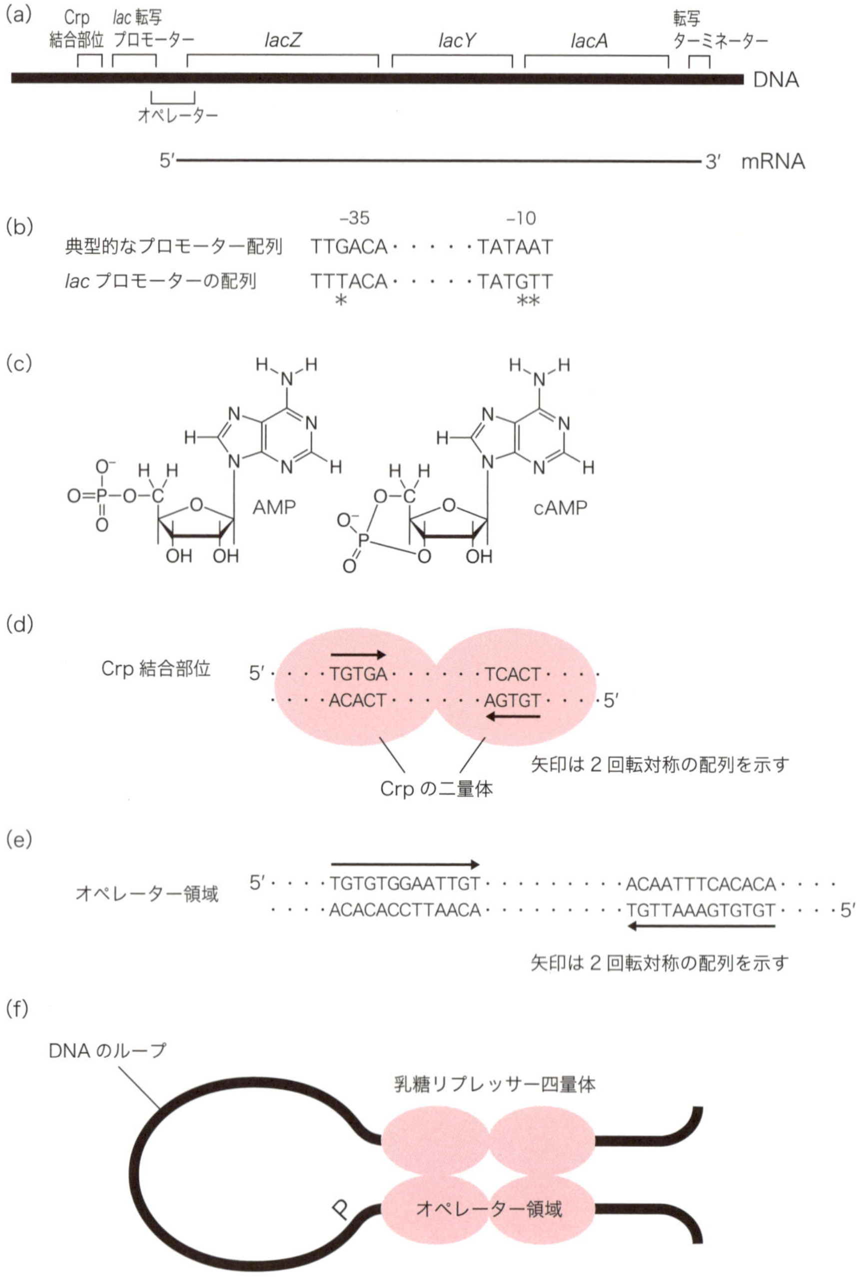

(a)

```
Crp    lac転写
結合部位 プロモーター    lacZ        lacY      lacA     転写
                                                      ターミネーター
━━━━━━━━━━━━━━━━━━━━━━━━━━━━━━━━━━━━━━━━━━━━━━ DNA
          オペレーター

       5'━━━━━━━━━━━━━━━━━━━━━━━━━━━3'  mRNA
```

(b)

	-35	-10
典型的なプロモーター配列	TTGACA	‥‥ TATAAT
lac プロモーターの配列	TTTACA	‥‥ TATGTT
	*	**

(c) AMP, cAMP の構造式

(d) Crp 結合部位

```
5'‥‥TGTGA‥‥‥TCACT‥‥
   ‥‥ACACT‥‥‥AGTGT‥‥5'
```
Crp の二量体　矢印は2回転対称の配列を示す

(e) オペレーター領域

```
5'‥‥TGTGTGGAATTGT‥‥‥‥ACAATTTCACACA‥‥
   ‥‥ACACACCTTAACA‥‥‥‥TGTTAAAGTGTGT‥‥5'
```
矢印は2回転対称の配列を示す

(f) DNA のループ／乳糖リプレッサー四量体／オペレーター領域／P

図 5.3 乳糖オペロンの転写調節

(a) 乳糖オペロンの構造．(b) 乳糖オペロン転写プロモーター（lac プロモーター）の塩基配列．(c) cAMP の構造．ATP からリン酸が二つ取り除かれると AMP となる．cAMP は AMP のリン酸が 3' の炭素原子ともエステル結合を作ることによって環状化したものである．アデニル酸シクラーゼという酵素が ATP を基質として cAMP を生産する．(d) Crp 結合部位の塩基配列．(e) オペレーターの塩基配列．(f) 乳糖リプレッサーと DNA の結合．P は転写プロモーター．

ンパク質複合体が結合する．転写メディエーターにはヌクレオソームの構成成分であるヒストンをアセチル化する酵素が含まれている．ヒストンがアセチル化されるとマイナス荷電のために DNA 中のリン酸基のマイナス荷電と反発するのでヌクレオソームは DNA からはずれやすくなる．さらに転写メディエーターは基本転写因子に対する親和性を利用して近傍に基本転写因子（図 4.5 参照）を呼び込むようになる．その結果，転写は活性化される．

one point
ヌクレオソーム
真核生物のクロマチンを構成する基本的単位である．ヌクレオソームは，4 種類のヒストンそれぞれ 2 分子からなる複合体に 150 bp 弱の短い二重鎖 DNA が巻き付いた構造をとる．二つのヌクレオソームをつなぐ 80 bp ほどの DNA はリンカー DNA と呼ばれる．

5-4 負の調節

　原核生物では正の調節と同様に負の調節がよく発達している．一般的には，特定の遺伝子について RNA ポリメラーゼが転写プロモーターに結合するのを物理的に妨げる仕組みである．前節で取り上げた乳糖オペロンにも負の調節が見られる．*lac* 転写プロモーターと *lacZ* の間にはオペレーターがある（図 5.3）が，この領域は乳糖リプレッサーというタンパク質が結合する部位である．乳糖リプレッサーは四量体を形成していて，オペレーターには乳糖リプレッサーが結合できる配列が対称的に配置しており（図 5.3 e），この領域に 2 分子が結合できる．残り二つの乳糖リプレッサー分子は少し離れた場所にあるやはり対称的な配列に結合することにより四つの乳糖リプレッサー分子の全てが特異的な配列を認識して結合できるようになり，乳糖リプレッサーが結合する 2 カ所の部位に挟まれた DNA はループとして飛び出す（図 5.3 f）．

　このように四つのサブユニットが全て DNA に結合するときにもっとも強い結合力を発揮し，すぐそばにある転写プロモーターから RNA ポリメラーゼが転写するのを抑制する．乳糖リプレッサーは乳糖（実際には乳糖の派生物であるアロ乳糖）と結合する能力をもち，結合すると立体構造が変化する．この変化により乳糖リプレッサーはオペレーターに結合していた活性型から不活性型に変わる．その結果，乳糖リプレッサーは DNA 結合能を失いオペレーターから解離する．

　真核生物の場合は前項で述べた転写メディエーターの構成因子としてヒストンをアセチル化する酵素が含まれており，これが作用すると正の調節となることを述べた．一方，転写メディエーターは反対の作用をもつヒストンの脱アセチル化酵素も含んでおり，これが作用すると負の調節となる．

one point
オペレーター
オペレーターは転写を調節する因子が結合する DNA 上の特定領域を指す．リプレッサーは RNA ポリメラーゼが転写するのを妨害する働きをもっており，オペレーターに結合したり離脱することによって転写を調節する．

5-5 転写調節の実際

　転写の正負の調節により，個々の遺伝子の調節を初め，それに連動したさまざまな細胞内プロセスがダイナミックに制御されている．本節では，

大腸菌で解明されている例を解説する．

5-5-1 乳糖オペロンの調節

前節，前々節で取り上げたように，乳糖オペロンは正の調節と負の調節がともに作用する系である．では，実際の乳糖オペロンの発現はどのようになっているのであろうか．図5.4は大腸菌の培養を示したものである．大腸菌は一定時間ごとに細胞分裂して2倍に増えるので，培養時間に対する細胞数の増加は指数関数となる．したがって，細胞数は対数表示するのが慣例となっている．ここで用いた培地には利用できる炭素源として二種類（ブドウ糖と乳糖）が含まれている．

図の中ほどには際立った増殖の停滞が認められる．いずれかの糖1種類のみを与えたときはこのような停滞期は認められないので，2種類を混合したことに特有な現象である．この停滞期を挟んだ前後で乳糖オペロンの発現は全く異なっており，停滞前は転写がOFF，停滞後はONとなっている．これと並行して，停滞前には大腸菌はブドウ糖のみを利用し，乳糖は無視している．その結果，ブドウ糖を消費し尽くすにつれて増殖の停滞期に入る．そしてその後，乳糖を初めて利用して増殖を再開する．

乳糖オペロンの活発な転写には二つの条件が満たされなければならない．一つ目はCrp-cAMPによる正の調節，二つ目は乳糖リプレッサーのオペレーターからの解離である（図5.3）．ブドウ糖が十分に存在するとき，cAMP合成を触媒するアデニル酸シクラーゼの活性は抑制されるためcAMPの細胞内濃度は低い．したがって，Crpによる正の調節は作用できないので，大腸菌が利用するのはもっぱらブドウ糖のみとなる（停滞期前）．ブドウ糖が消費されるとアデニル酸シクラーゼ活性の抑制は解けてcAMPを合成するようになり，正の調節が働くようになる．一方，乳糖が存在すると *lacZ* が作り出すβ-ガラクトシダーゼは乳糖に作用してアロ乳糖を生成し，乳糖リプレッサーがアロ乳糖と結合することによりオペレーターから解離する．これらのことにより，乳糖オペロンの転写は全開となり，乳糖を利用して大腸菌は活発に分裂増殖する（停滞期後）．

乳糖オペロンの転写に必要な二つの条件がともに満たされていないとき（たとえばブドウ糖は存在するが乳糖は存在していないとき）は転写がOFFとなっている．しかし，これは転写が全く起こらないことを意味しているのではない．転写が全開したときに作られるβ-ガラクトシダーゼの量は細胞あたり5000分子ほどである．転写がOFFに見えるときでもごくわずかながら転写は起こっており，その結果β-ガラクトシダーゼは細

---

one point

cAMP

細菌の場合は飢餓のシグナルとして働くが，真核生物の場合はタンパク質リン酸化酵素（タンパク質キナーゼ）の活性化を通して多様な作用をもつ．粘菌細胞では集合のシグナルとして，高等動物ではアドレナリンなどホルモンの作用において細胞内シグナル伝達のセカンドメッセンジャーとして働く．

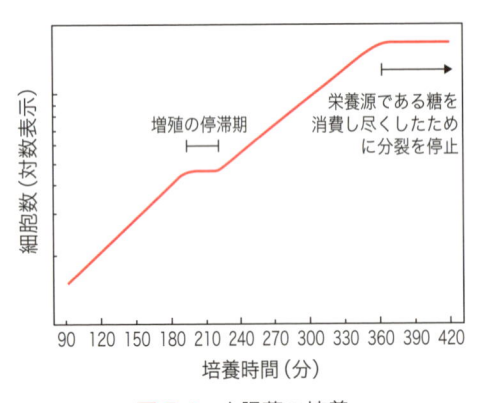

図5.4 大腸菌の培養

1 L あたり 0.5 g のブドウ糖と 1.5 g の乳糖を含む MOPS 培地での大腸菌の増殖．培養は 37 ℃で行った．

胞あたり5分子ほど存在している．このことは重要な意味をもつ．もし乳糖オペロンの転写が全く起こっていなければ，ブドウ糖が枯渇した後に乳糖に遭遇してもそれを利用するすべがなくなってしまうのである．乳糖を初め，ほとんどの化合物はそれ自身単独で細胞膜を通過できない．$lacY$によって作られる乳糖透過酵素（乳糖を細胞に取り込む働きをする）が1分子もなければ，細胞は乳糖を取り込むことができない．仮に，乳糖が細胞に入ってきたとしてもβ-ガラクトシダーゼが1分子もなければ，アロ乳糖が生産されないためリプレッサーは転写を抑制し続けることになる．

転写がOFFであってもごくわずかの割合で転写が起きるのはリプレッサーとオペレーターの結合が寿命をもつことに由来する．親和性に基づいた結合は共有結合と違って，互いが熱運動する間にはずれる．リプレッサーとオペレーターの結合は半減期が約15分である．つまり，結合してから15分経つと50％，30分経てば75％の割合でリプレッサーがオペレーターから解離する．解離したリプレッサーはすぐさまオペレーターに結合しなおすが，解離と再結合の短い時間の間にRNAポリメラーゼが転写を行うチャンスが生じる．そのため，全開時に比べて0.1％という低いレベルではあるが，転写は起こる．その結果，数分子のタンパク質分子が細胞内に存在する．

5-5-2　SOS応答

DNAに損傷が生じた場合，放置すれば塩基配列の変化（突然変異）をもたらす可能性が高まる．また，DNAの損傷はDNA複製にとって障害となるため，複製を遅延させる．したがって，細胞はDNAの損傷を放置せずただちに修復する（第11章参照）．そのため，修復に働く遺伝子を常に発現させている．

しかし，損傷の修復が間に合わない場合には，塩基配列を正確に保存しながらDNAを複製する任務をもつDNAポリメラーゼは損傷に遭遇してしまい，その場所で複製活動が停滞する．紫外線の照射などにより損傷箇所が多くなると，細胞はDNA複製や細胞分裂を一時的に停止して，DNA修復に必要な遺伝子発現を強力に進めて修復機能を向上させる．すなわち，大腸菌ではDNA複製や細胞分裂の停止を引き起こす遺伝子やDNA修復に必要な遺伝子など多数の遺伝子が発現する．これらの遺伝子の転写はDNA損傷によって誘導されることが知られており，この応答機構はSOS（緊急信号）応答と呼ばれている．

SOS応答時に発現が誘導される遺伝子は，転写プロモーターの下流に二量体になったLexAタンパク質が結合する部位（SOS box；対称的な配列からなる）をもっており，普段はLexAがこの部位に結合することによって転写を抑制している（図5.5）．DNA損傷が生じると，損傷部位を

含む領域は複製が滞るので1本鎖となってしまう．RecAというタンパク質は1本鎖DNAに結合することによって活性化する．一方，LexAは自分の分子内のある特定部位に存在するペプチド結合を自己触媒的に切断する活性をもっているが，通常はこの活性が隠されている．活性化されたRecAがLexAに結合すると，LexAはペプチド結合切断能を発揮できる構造に変化して，ペプチド結合を切断して断片化する．断片化することによってLexAは活性を失い，boxAに結合することが可能なLexA分子数は減っていく．

SOS boxの配列は遺伝子ごとに少しずつ異なるため，LexAが結合する親和性も異なる．断片化によりLexA分子数が減っていくと，親和性の低いSOS boxをもつ遺伝子の転写がまず解除される．*recA*と*lexA*（それぞれRecAとLexAを作る遺伝子）を初め，DNA修復酵素の遺伝子である*uvrA*，*uvrB*，*uvrD*は最初に転写抑制が解除される遺伝子である．*lexA*と*recA*が最初に発現誘導されるグループに入っているのは合理的である．それぞれの遺伝子は，乳糖オペロンと同じように通常は低いレベルで発現しているが，DNA損傷の組換え修復を強力に推進するためにRecAを多量に補給する必要がある．一方，LexAは断片化してなくなっていくので，損傷が修復されて1本鎖がなくなったときにはすみやかにSOS boxをもつ遺伝子の転写を抑制できるよう準備しておく必要がある．

損傷が多いためLexAの断片化が進み，活性をもつLexA分子の数がさらに減ると，親和性の高いSOS boxをもつ遺伝子の転写も抑制が解除される．この遺伝子グループには細胞分裂を停止させる遺伝子やDNA損傷を乗り越えて複製する特殊なDNAポリメラーゼ（第11章参照）の遺伝子が含まれる．*uvrA*，*uvrB*，*uvrD*が作る酵素による除去修復（第11章参照）やRecAによる組換え修復では，DNAの塩基配列が変わらないように元通りに修復される．一方，ここで紹介した特殊なDNAポリメラーゼが発現すると，突然変異が生じるのを犠牲としてDNA複製を続行できるようになる．紫外線や多くの化学変異原によって突然変異が生じるのはこの特殊なDNAポリメラーゼが原因である．突然変異という代償を払っても，DNAの複製を優先して生存を図る生存戦略と考えられる．

5-5-3 λファージの戦略

大腸菌に感染するλファージは異なる運命（溶菌過程と溶原化）をとることができる（図5.6）．溶菌過程は，宿主の細胞を子ファージ生産の工場として利用し，できるだけ短時間でより多くの子ファージを生産する過程である．一方，ファージがもつ遺伝子の多く（ファージDNAを複製するのに必要な遺伝子やファージの粒子体構造を構築するタンパク質を作

図5.5 DNA損傷によるSOS応答遺伝子の転写誘導

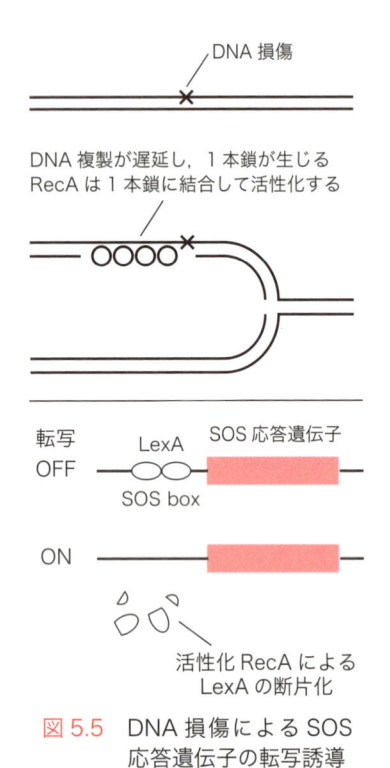

one point
RecA

Recはrecombination（組換え，厳密にはDNAの相同組換え）の略称で，RecA，RecB，RecCといった名前のタンパク質がDNA相同組換えに働く．なかでもRecAは相同組換えの反応において中心的な役割をもつとともにLexAのペプチド結合切断の活性化因子としても働く．

DNA損傷の組換え修復
DNA損傷はしばしばDNA複製を停滞させる．細胞内に損傷部位周辺の配列をもつ正常な別のDNA分子が存在するとき，正常な分子を鋳型として用いることにより複製の停滞を乗り越える仕組み．

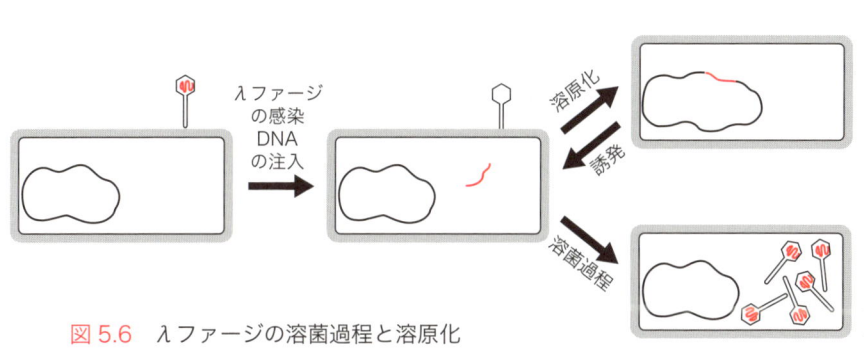

5-5 転写調節の実際

図5.6 λファージの溶菌過程と溶原化

λDNA は大腸菌 DNA に組み込まれてプロファージとなる．プロファージは大腸菌の分裂とともに複製される．プロファージは宿主ゲノムがダメージを受けたときなどに切り出されてウイルスとして増殖し始め細胞外へ出ていくことがある（誘発, induction）．

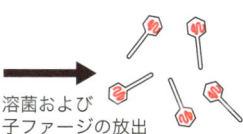

り出す遺伝子など）を発現させないようにしたまま，ファージのDNAを大腸菌のDNAに組み込ませるのが溶原化である．溶原化状態のλファージDNAはプロファージと呼ばれる．プロファージをもつ大腸菌は，もたない大腸菌と同じように分裂増殖できる．プロファージは大腸菌DNAの一部となっているので，大腸菌のDNA複製により倍加し，細胞分裂によって生じた娘細胞に分配されることによって増えていく．

λファージDNAが大腸菌に注入されると，pRとpLと呼ばれる転写プロモーターから転写が始まる（図5.7）．pRから転写される cro 遺伝子とpLから転写される N 遺伝子の後ろにはそれぞれρ因子依存性ターミネーター tR1 と tL1 が存在するため，最初はこれら二つの遺伝子のみが発現してCro タンパク質とN タンパク質が合成される（第1ステージ）．NはtR1とtL1での転写終結を無効にするアンチターミネーターとして働くので，Nの蓄積により転写は cro と N を超えて下流に進めるようになる．これによって，pRからはDNA複製に必要な遺伝子 O と P，pLからはλファージDNAを大腸菌DNAに組み込むために必要な遺伝子 int，が発現する．したがって，この時点までは溶菌と溶原化のどちらにも向かえる体制作りをしていることになる（第2ステージ）．

■ **one point**
λファージ
溶菌過程しかもたないものをビルレントファージ，溶菌過程と溶原化の両方の運命をとり得るものをテンペレートファージと呼ぶ．テンペレートファージの中で最もよく調べられたのがλファージである．48.5 kbのDNAをゲノムとしてもち，約60個の遺伝子をもつが，溶原化したときに発現するのはそのうち cI, rexA, rexB の三つに過ぎない．

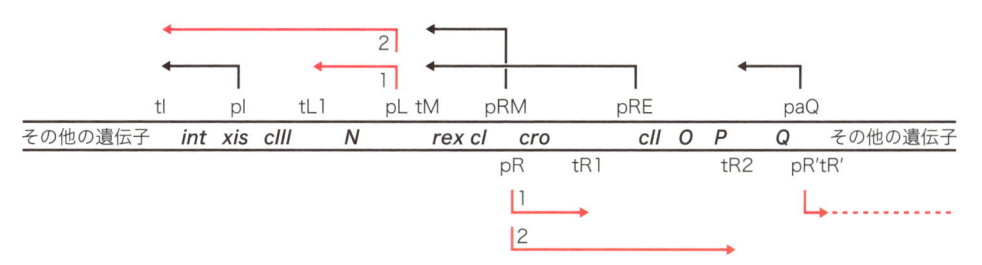

図5.7 λファージ感染初期の転写調節

λファージの遺伝子地図のうち，感染初期に発現する調節作用をもつ遺伝子領域を示す．プロモーターはpで始まる記号で，転写ターミネーターはtで始まる記号で表す．遺伝子名の上段にあるプロモーターからの転写は左向き，下段のプロモーターからの転写は右向きに進む．感染直後にpLとpRから1の転写が起こり，Nタンパク質が蓄積すると2の転写が起きる．残りのプロモーターからの転写については本文参照．

第2ステージで発現するCIIタンパク質はpRE, pI, paQからの転写を正に調節する．その結果，*cI*遺伝子が発現し始める．また，pIからλファージDNAを大腸菌DNAに組み込ませるのに必要な*int*遺伝子の発現が強化される．paQからは*Q*遺伝子の発現を抑制するアンチセンスRNA（第9章参照）が転写される（Qタンパク質はpR'から開始する転写がtR'でポージングするのを解除する；5-1節参照．tR'でのポージングが解除されると溶菌に必要な遺伝子の転写が行われる）．CIタンパク質はpRとpLからの転写を抑制するリプレッサーとして負の調節に働くと同時にpRMからの転写を正に調節する働きももつ．CIによる調節が支配的になると増殖に必要なほとんどの遺伝子は発現せず，発現するのは*cI*（と*rex*）のみとなり，溶原化状態となる．したがって，CIIは溶原化を成立させるのに鍵となるタンパク質である．一方，Croは自己調節作用をもっており，多量に合成されるとpRからの転写を負に調節するリプレッサーとして働き，結果として*cII*の発現を抑制する．CroはpRMからの転写も負に調節する．さらに，pREから開始した転写が*cro*遺伝子の領域を超えて*cI*遺伝子の転写に進むのを阻止するので，Croによる調節が支配的になるとCIの発現は抑えられる．

　λファージが感染したときに，大部分は溶菌過程に入るが，低い割合（通常は1000分の1）ながら溶原化に向かうものが出る．上述のように，Croは*cI*遺伝子の発現を抑えるので溶原化を阻止する機能をもつ．一方，CIIは溶菌に必要な遺伝子の発現を阻止することと*cI*遺伝子の発現を促進する機能をもつ．したがって，溶菌過程と溶原化の相反する二つの過程のどちらが選択されるのかは，CroとCIIの作用のどちらが相手に勝るのかによって決められる．このように，二つの過程を選択する仕組みは転写調節に負うところが大きい[*1]．

　λプロファージは大腸菌がSOS応答する事態に陥ったときに誘発され，溶菌過程に移行する．CIはLexAとよく似た構造と機能をもつタンパク質で，活性化したRecAの作用により自ら断片化して活性を失うため，溶原化状態は維持されなくなる．

[*1] FtsH (HflB) プロテアーゼも選択肢に影響力をもつことでも知られている．CIIはFtsH (HflB) プロテアーゼによって分解される．このプロテアーゼは大腸菌の生理状態がよいと活性が高く，CIIの分解が活発になる．したがって，溶菌過程に入りやすくなる．逆に，生理状態がよくないとFtsHの活性は低くなるため溶原化が促進される．

この章で学んだこと──
- RNAポリメラーゼの活性調節
- 転写因子による調節
- 正の調節と負の調節
- 乳糖オペロンの調節
- SOS応答
- λファージの運命

6章 遺伝子発現の第二段階
—翻 訳—

この章で学ぶこと

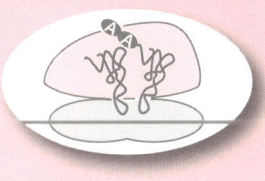

翻訳はきわめて複雑な反応であり，数多くの因子が協力して行う．tRNAはコドンとアミノ酸の対応を担っている．基本的にはコドンの数だけtRNAの種類が必要であるが，実際にはコドン－アンチコドンの揺らぎを利用することによってtRNAの種類は少なく抑えられている．タンパク合成の主体はRNAとタンパク質の巨大な複合体であるリボソームが担っている．しかし実際には翻訳開始，ペプチド鎖伸張，翻訳終結のそれぞれの段階において特有のタンパク質因子の手助けが必要である．原核生物と真核生物とでは，リボソームに対してmRNA上の翻訳開始部位を指示する仕組みは異なるが，ペプチド鎖伸張および翻訳終結の仕組みはとてもよく似ている．

6-1 tRNA

　転写は，RNAポリメラーゼとDNAあるいはRNAとの相互作用に基づいた複雑な反応である．しかし，この反応の本質であるDNAの塩基配列をRNAの塩基配列に写し取る過程での原理は，デオキシリボヌクレオチドとリボヌクレオチドの塩基間に形成される水素結合に基づいている．したがって，DNA→RNAという異なる物質への情報伝達であるとはいえ，類似した物質間の共通した性質に依存して情報の対応を実現するものである．そういう意味において，転写は翻訳に比べると単純な反応といえる．

　一方，翻訳はRNAの塩基配列をきわめて異なる物質であるアミノ酸の配列に対応させなければならない．さらに，リボヌクレオチドの塩基とアミノ酸との間に直接の対応は成立しないので，対応づけには介在者が必要となる．

　この塩基とアミノ酸を対応づける介在者がtRNAである．tRNAには多く種類があるが，いずれもtRNA遺伝子を転写することによって作られた80〜100ヌクレオチドの長さをもつRNAである．塩基配列や長さはtRNAごとに異なっているが，全てのtRNAには共通した特徴がある．分子内は塩基間水素結合によって形成される二次構造に富んでおり，その内部に四つの独立した構造〔受容ステムと三つのアーム（ステム＋ループ）〕

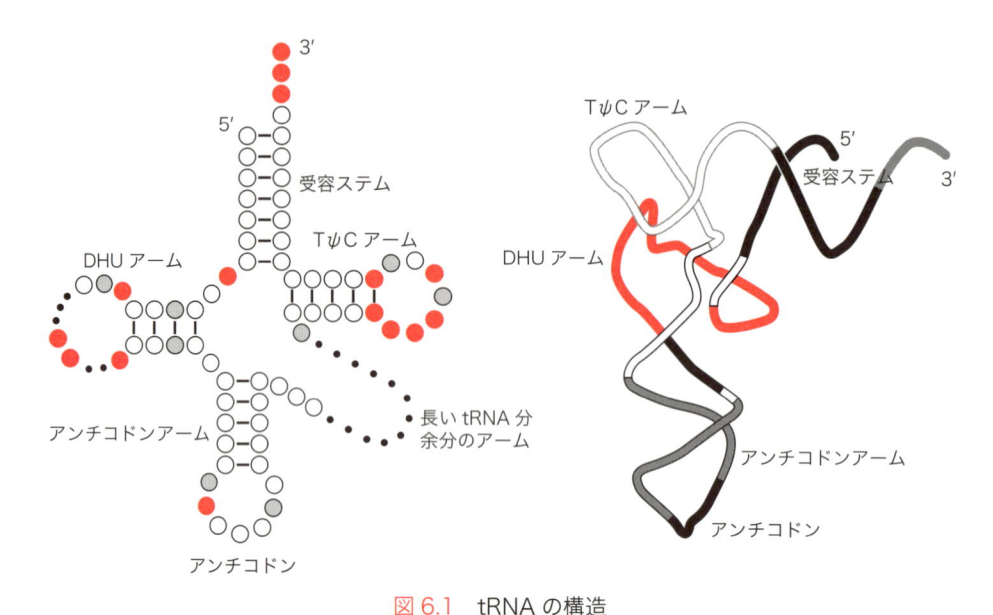

図 6.1　tRNA の構造
○：tRNA 分子間で異なった塩基をもつヌクレオチド，●：すべての tRNA に共通の塩基をもつヌクレオチド，◉：共通性の高いヌクレオチド，－：水素結合，D, ψ, H：修飾塩基．

をもつ．これらのステムやアームは tRNA 分子としてのアイデンティティを与えるものでる．さらに，折り畳まれてできる分子全体の立体構造は L 字の型をしている（図 6.1）．

　翻訳において重要な働きをするのは，受容ステムとアンチコドンアームの先端に位置するアンチコドンである．受容ステムは決まった種類のアミノ酸を共有結合によって運ぶ役割をもつ．アンチコドンは，並んだ三つのヌクレオチドの塩基配列が mRNA 中のコドンの塩基配列と相補的であるかどうか，すなわち対合できるかどうかを試すことによってコドンを認識する．このように tRNA は特定のコドンを認識できるアンチコドンをもち，特定のアミノ酸を運ぶことができる．この tRNA が多種類存在することによって，表 3.1 に示した遺伝暗号表が成立する．

　アミノ酸が対応したコドン（すなわちナンセンスコドンを除いたもの）は 61 種類ある．したがって，遺伝暗号表を成立させるためには 61 種類の tRNA が必要になると予想できる．しかし，実際には 61 より少ない種類の tRNA でまかなわれている．たとえば，大腸菌は 47 種類の tRNA で 61 種類のコドンにアミノ酸を正確に対応させている．また，生き物によってはもっと少ない tRNA 種でまかなうものもある．このようなことが可能なのは，必ずしもコドンとアンチコドンが 1：1 対応しているのではないからである．つまり，一つの tRNA が複数のコドン（ただし同じアミノ酸を指定するコドン）を認識できる場合がある．このような場合に見られるコドン-アンチコドンの対合を揺らぎ対合と呼ぶ．遺伝暗号の縮

表6.1 アンチコドン／コドン間で揺らぎ対合可能な塩基

アンチコドン1番目の塩基	コドン3番目の塩基
G	U, C
U	A, C, G, U
2-チオU	A, G
HX	A, C, U

HX：ヒポキサンチン（Aの誘導体）．

重（第3章参照）は特定のアミノ酸に対応するコドンが複数あることを示すが，縮重がある場合は関与するtRNAに揺らぎ対合が起こりやすい．また，tRNAは転写によって作られた後に塩基の修飾が起こる（第8章参照）．揺らぎ対合はコドンの3番目の塩基と対合するアンチコドンの1番目の塩基が修飾されている場合や，アンチコドンに隣接する塩基の影響がある場合に起こりやすい（表6.1）．また，DNA分子ではG-Tの対合は見られないが，G-UはRNAに特有な対合としてしばしば形成される（ちなみに，揺らぎ対合を徹底的に利用した場合には，最小限32種類のtRNAで61種類のコドンを正しく認識できると予測されている）．tRNAは分子種が多いため，互いに区別するためにより詳細な表記が必要である．たとえば，セリン（Ser）を運ぶtRNAはtRNA^{ser}と表記し，さらにコドンの縮重に対して複数種のtRNA^{ser}が存在する場合にはtRNA$_I^{ser}$やtRNA$_{II}^{ser}$というように右下にローマ数字を添えて区別する．また，実際にアミノ酸を結合したtRNAはser-tRNA$_I^{ser}$と表記する．

大腸菌の47種類のtRNAは，その数より多い86個のtRNA遺伝子から作り出される．すなわち，いくつかのtRNAには遺伝子が複数存在する．一つの遺伝子だけから作られるtRNAと複数の遺伝子から作られるtRNAは，それらの必要量の違いを反映していると考えられる．大腸菌の全遺伝子の塩基配列は解明されているので，タンパク質を作る遺伝子についてどのようなコドンがどの程度出現するのかについての統計，すなわち使用頻度を調べることができる．実際にそれぞれのコドンがどの程度使用されるのかはそれぞれの遺伝子の発現度合いを考慮しなければ割り出すことができない．しかも，細胞の状態（分化や生理条件）によって発現する遺伝子は変わるので，実際の使用頻度は一定しない．したがって，コドン使用頻度は実際の使用状況を直接表すものではないが高い相関性を示すのでよく用いられる．たとえばロイシンを指定するコドンは6種類あるが，大腸菌ではCUGはUUGよりも使用頻度が4倍高い．一方，CUGに対するアンチコドンCAGをもつtRNAを作り出す遺伝子は4個あるのに対して，UUGに対するアンチコドンCAAをもつtRNAを作り出す遺伝子は1個だけである．このことから使用頻度の高いtRNAに対しては遺伝子を多く用意していると考えられる．

one point
塩基の修飾
tRNAに含まれる約10%の塩基は通常とは異なる塩基であり，10種類以上確認されている．細胞の全RNAに含まれる塩基と比べて修飾された塩基は少ないため，微量塩基とも呼ばれる．

表 6.2　大腸菌におけるアミノ酸コドンの出現頻度

アミノ酸	コドン	使用頻度（1000分率）	アミノ酸使用頻度（％）	ある培養条件下の大腸菌総タンパク質中に見られるアミノ酸の出現頻度（％）	アミノ酸	コドン	使用頻度（1000分率）	アミノ酸使用頻度（％）	ある培養条件下の大腸菌総タンパク質中に見られるアミノ酸の出現頻度（％）
Arg	AGA	2	5.53	6.5	Thr	ACA	6.9	5.39	5.8
	AGG	1.1				ACC	23.6		
	CGA	3.5				ACG	14.5		
	CGC	22.2				ACU	8.9		
	CGG	5.4			Val	GUA	10.9	7.1	7.5
	CGU	21.1				GUC	15.4		
Leu	CUA	3.9	10.7	7.9		GUG	26.4		
	CUC	11.2				GUU	18.3		
	CUG	53.3			Ile	AUA	4.2	6	6.1
	CUU	11				AUC	25.3		
	UUA	13.9				AUU	30.5		
	UUG	13.7			Asn	AAC	21.6	3.92	3.5
Ser	AGC	16.1	5.78	6.3		AAU	17.6		
	AGU	8.7			Asp	GAC	19.2	5.15	5.2
	UCA	7.1				GAU	32.3		
	UCC	8.6			Cys	UGC	6.4	1.15	1.1
	UCG	8.9				UGU	5.1		
	UCU	8.4			Gln	CAA	15.4	4.45	4.2
Ala	GCA	20.2	9.52	11.1		CAG	29.1		
	GCC	25.7			Glu	GAA	39.8	5.78	5.5
	GCG	34				GAG	18		
	GCU	15.3			His	CAC	9.8	2.28	2.5
Gly	GGA	7.9	7.38	7.2		CAU	13		
	GGC	29.9			Lys	AAA	33.7	4.4	6.4
	GGG	11.1				AAG	10.3		
	GGU	24.9			Phe	UUC	16.6	3.89	3.6
Pro	CCA	8.5	4.44	3.5		UUU	22.3		
	CCC	5.5			Tyr	UAC	12.3	2.84	2.6
	CCG	23.4				UAU	16.1		
	CCU	7			Met	AUG	27.9	2.79	2.2
					Trp	UGG	15.3	1.53	1.2

コドン利用頻度については http://gib.genes.nig.ac.jp/single/index.php?spid=Ecol_K12_W3110 参照.

　表6.2にあるように，大腸菌で最も出現頻度が高いのは上述のCUGであり，全体の5.33％を占める．このCUGに対するアンチコドンをもつtRNAは存在量が多い．一方，最も出現頻度が低いのはアルギニンのAGGであり，わずか0.11％にすぎない．このように出現頻度の低いコドンはレアコドンと呼ばれ，レアコドンに対するアンチコドンをもつtRNAは存在量が少ない．このようにさまざまなアンチコドンをもつtRNAの存在量はそれぞれに異なっている．このことは6-5節で述べるペプチド鎖伸長の過程が一様の速度では進まないことを意味する．

6-2　アミノアシル tRNA 合成酵素

　遺伝暗号表を成り立たせるために不可欠なコドンとアミノ酸の正確な対応は，アミノアシル tRNA 合成酵素がそれぞれの tRNA 分子が担うべき特定のアミノ酸を正確に選択して結合することによって維持されている．多くの生物は 20 種類のアミノ酸に対応して 20 種類の合成酵素をもっている．たとえば，合成酵素のうちの一つであるセリル tRNA 合成酵素はセリンを tRNA^{Ser} に結合させ，Ser-tRNA^{Ser} を合成する酵素である．

　tRNA のアミノアシル化反応は 2 段階からなっており，まずアミノ酸が ATP によって活性化されてアミノアシル（H_2N-RCH-CO-）AMP となり，次にアミノアシル AMP の AMP が除去されるとともにアミノ基が tRNA の 3′ 末端に移される．大腸菌ではロイシンを指定するコドンは 6 種類あるが，これらのコドンにロイシンを対応させる tRNA は揺らぎ対合を利用して 5 種類でまかなっている．大腸菌内でロイシンを tRNA に結合するアミノアシル tRNA 合成酵素（ロイシル tRNA 合成酵素）は，47 種類ある tRNA のうち，ロイシンのコドンに対応する 5 種類の tRNA のみにロイシンを結合し，他の tRNA に結合することはない．他のアミノ酸を結合するアミノアシル tRNA 合成酵素についても事情は全く同じである．このことから，アミノアシル tRNA 合成酵素は数多く存在する tRNA の中から自分が基質とする tRNA のみを選び出さなければならない．この仕組み（基質認識機構）に関しては十分に解明されていないが，酵素は L

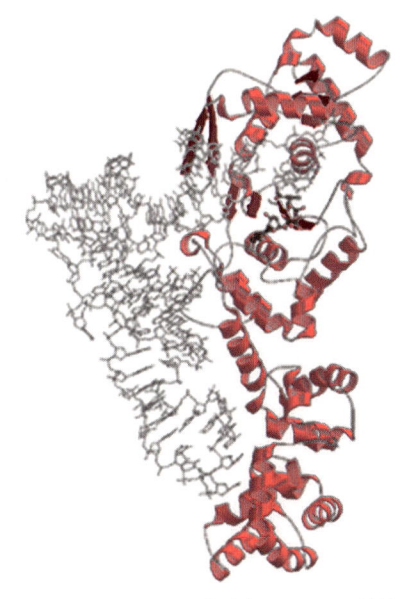

図 6.2　グルタミル tRNA 合成酵素と tRNA が結合した構造
灰色が tRNA 分子の主鎖，赤色が酵素のポリペプチド鎖を示す．

字形をした tRNA 分子の側面に結合することにより正しい基質かどうかを見分けているようである（図 6.2）.

6-3 リボソーム

6-3-1 リボソームの役割

　コドンとアミノ酸を対応づけるのが tRNA の役割である．一方，コドンに対応づけられたアミノ酸を tRNA から受け取って連結して，遺伝子情報が指定するアミノ酸配列をもったタンパク質を合成するのはリボソームの役割である．リボソームは RNA とタンパク質が集合した複合体であり，電子顕微鏡で細胞内粒子として観察できるほど大きい．全体の3分の2を RNA が占め，残りの3分の1をタンパク質が占めている．

　一般に RNA とタンパク質の複合体はリボヌクレオタンパク質（RNP）と呼ばれており，リボソームはその代表である．巨大であるため，あるいは特有の密度をもつため，リボソームは超遠心法によって簡単に他の細胞成分から分離できる．リボソームは二つのサブユニット（図 6.3）からなっており，翻訳に従事するときはこの二つが会合し，翻訳に従事していないときは解離している．

6-3-2 リボソームの構造

　リボソームには tRNA が結合する部位が3カ所あり，それぞれ A サイト，P サイト，E サイトと呼ばれる．A サイトと P サイトはリボソームの二つのサブユニットが会合したときに形成される間隙空間である．A サイトにはコドンに対応するアミノ酸を運んできた tRNA が入り，P サイトに

one point
A, P, E の名前の由来
A は acceptor site（受容体部位），P は peptidyl site（ペプチジル部位），E は exit site（出口部位）の頭文字である．

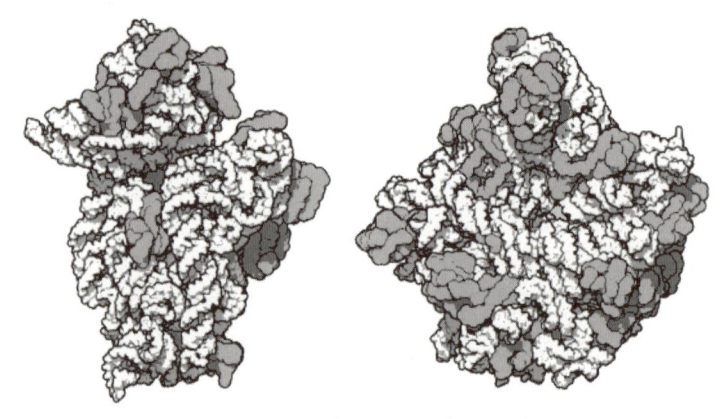

図 6.3　リボソームサブユニット
(左) 高熱細菌 30S リボソームサブユニット，(右) 高度好塩古細菌 50S リボソームサブユニットの原子構造．いずれも RNA は白いひも状，タンパク質は灰色の不定形な構造で表す．http://en.wikipedia.org/wiki/Ribosome より転載．

表6.3 リボソームの構成

リボソーム の種類	サブユニット サイズ	含まれる rRNA サイズ（ヌクレオチド長）	構成タンパク質 の種類
原核生物 サイズ　70S 質量　2.5×10^6 Da	30S 50S	16S (1542) 5S (120), 23S (2904)	21 31
真核生物 サイズ　80S 質量　4.2×10^6 Da	40S 60S	18S (1874) 5S (120), 5.8S (160), 28S (4718)	33 49

Sは遠心機内で発生する高重力を受けて粒子が沈降する速度の単位．S値が大きいほど粒子のサイズが大きいことを表す．

はこれまでに連結されてきたペプチド鎖を結合している tRNA（後述）が入る．E サイトは運んできたアミノ酸を渡してしまった tRNA がリボソームから出ていくときに一時滞在する場所である．

　原核生物と真核生物ではリボソームの大きさと構成成分が少し異なる（表6.3）が機能的には同じである．生命活動の担い手であるタンパク質を合成するリボソームは生命活動の根源にかかわる．現在の生物の祖先となった始原細胞が地球上に誕生して以来，全ての生命の連続性はリボソームによって実現してきたといっても過言ではない．このように生命の本質にかかわるリボソームの中核は RNA である．そのため，リボソームRNA（rRNA）の塩基配列は保存性が高く，きわめて関係の遠い生物の間でも塩基配列が比較できる．ただし，本質的な機能にかかわらない領域の塩基配列は変化することもあり，この変化に基づいて生物系統を分類することもできる．

　大腸菌リボソームの30S サブユニットは1分子の16S rRNA を含み，50S サブユニットはそれぞれ1分子の23S rRNA と5S rRNA を含んでいる．翻訳の過程は複雑であるが，基本的には酵素反応と同じようにタンパク質によって触媒されると考えられていた．それゆえ，翻訳はリボソームを構成するタンパク質によって触媒されるのであって，rRNA はこれらのタンパク質が結合する足場を提供しているにすぎないと思われていた．しかし，リボソームの結晶構造解析や変異した rRNA の解析から，アミノ酸を結合する（ペプチジル基転移反応）ための活性中心は 23S rRNA にあることが明らかとなってきた．実際，ペプチジル基転移反応は 23S rRNA がなければ起きない．このことから，23S rRNA は酵素のような活性をもつ RNA，すなわちリボザイムであると考えられている．

　23S rRNA と同じ 50S サブユニットに含まれる 5S rRNA は，23S rRNA が活性のある構造へと折り畳まれてペプチジル基転移反応の活性中心となるための構造を形成するのに関与すると考えられている．一方，30S サブユニットの 16S rRNA には mRNA に結合して翻訳の開始に重要

■ **one point**
S の意味
Sは沈降係数の単位であり，この方法を開発したスウェーデンの化学者 T. スヴェドベリ（1926年ノーベル化学賞を受賞）にちなんで命名された．沈降係数は粒子が沈む速さを表しており，粒子の大きさや質量を反映している．通常は遠心力により発生した高重力下で遠心管の中を底に向かって移動する速度を測定することで得られる．

リボザイム
酵素のように触媒機能をもったRNAを指す．リボ酵素ともよばれる．T. R. チェックと S. アルトマンによって発見された．両者はこの功績により，1989年にノーベル化学賞を受賞した．

な働きをする部位や，mRNA のコドンと tRNA のアンチコドンの対合を検証する部位がある．これらのことから，翻訳反応の中心は rRNA であり，リボソームを構成するタンパク質は rRNA の立体構造を適切に保つことによって rRNA の働きを強化するために存在すると考えられるようになってきた．

6-3-3　rRNA の構造と機能

　提唱されている大腸菌の 16S rRNA の二次構造モデルを図 6.4 に示す．現在では結晶の X 線回折像を初め，さまざまな方法でタンパク質の構造を明らかにし，その構造に基づいて機能を理解することが可能となってきた．しかし，RNP ではなく純粋な RNA にしたものは，その構造を明らかにすることは現在でも困難である．さらに，16S や 23S rRNA のように大きな分子となればなお難しい．

　そこで，rRNA については独自のやり方での研究が行われてきた．rRNA は翻訳にかかわるさまざまな機能をもっているが，どの部分がどの機能をもつのかを調べるために，特定の塩基を置換した突然変異体 rRNA を合成する．この突然変異体 rRNA とリボソームを構成するタンパク質を混ぜ合わせるとリボソームを再構成できる．さらに，翻訳に必要なさまざまな因子とリボソームを加えれば試験管内で翻訳を行わせることができる．そこで，この反応系に上述の突然変異体 rRNA を含むリボソームを加えた場合に，翻訳がどのような異常を示すかを調べれば rRNA の変異した部位がどのような機能にかかわるのかが明らかとなる．

　生命活動の根幹をなすのが rRNA であることを考えると，突然変異した rRNA をもつ生物は存在しないように思われる．しかし，rRNA の特殊事情を巧妙に利用して突然変異体を得ることはできる．分裂増殖速度が速い細胞では，短時間でリボソームを 2 倍に増やさなければならない．原核生物では一つの rRNA 遺伝子を転写して rRNA を作るのでは需要に追いつかないため，rRNA 遺伝子を複数もっている．大腸菌はそれぞれ 5S，16S，23S の rRNA を作る遺伝子を 7 セットもっており，七つの遺伝子それぞれは全て同じ配列をもつ 5S，16S，23S rRNA を作ることが知られている．したがって，どれか一つの rRNA 遺伝子が変異したとしても大腸菌は致死とはならないため，変異体として分離できる．

　変異体を効率よく選り分ける方法として，特別な遺伝子（レポーター遺伝子）を用意する．たとえば，抗生物質のクロラムフェニコールに耐性を与える遺伝子を用意して，翻訳の開始に必要な塩基配列（6-4 節参照）を改変しておく．改変により，この遺伝子は mRNA が作られても，通常の大腸菌では翻訳されないようにしておくのである．ある一つの rRNA 遺伝子が突然変異したために，作られた rRNA のある部位が本来と異なる

■　**one point**

レポーター遺伝子

ある遺伝子の発現の有無や発現レベルの確認を容易にするために用いられる．レポーターとしてよく用いられるのは緑色蛍光タンパク質（GFP）や β ガラクトシダーゼである．これらのタンパク質を，実験対象遺伝子の発現調節領域と結合することによって利用する．

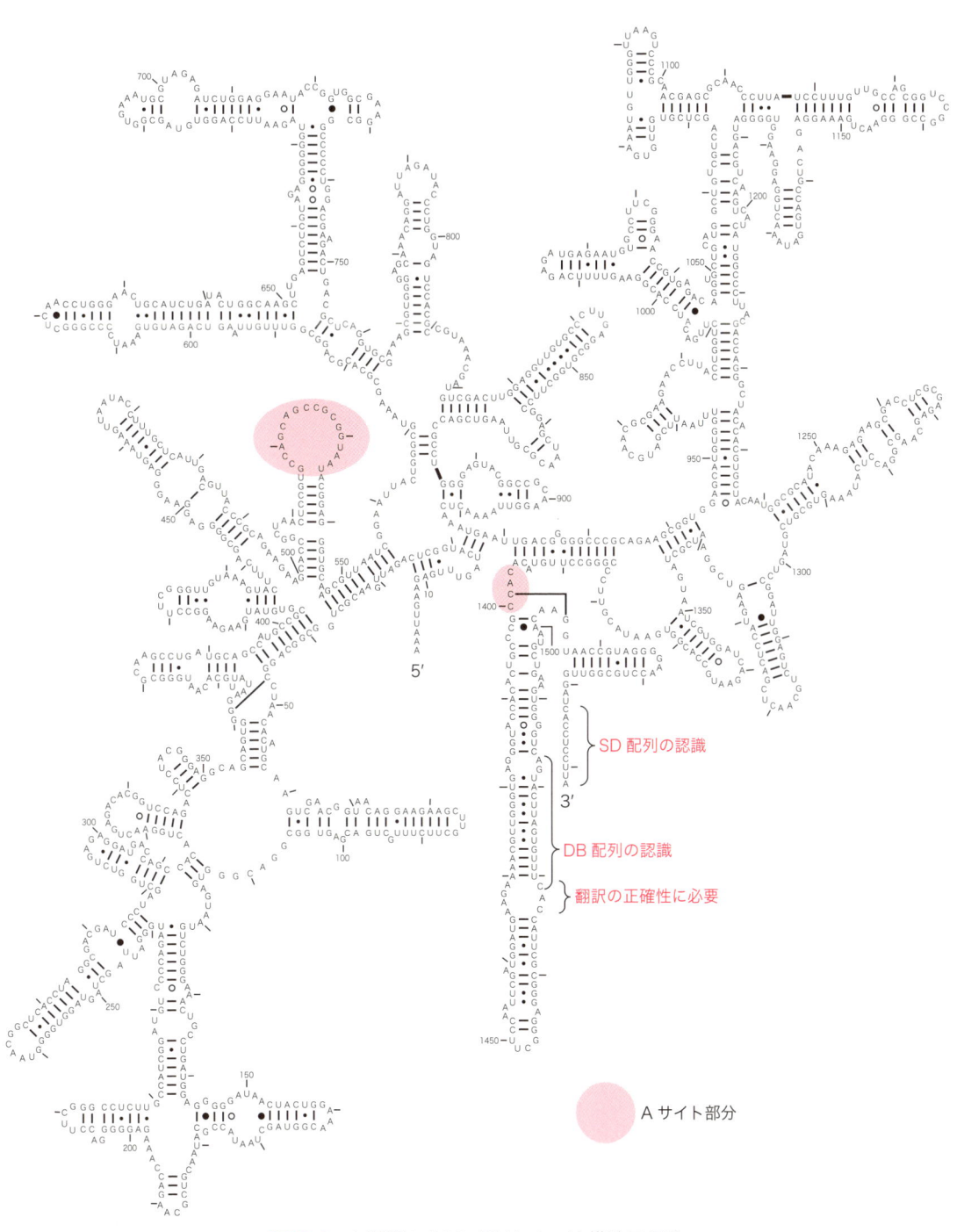

図 6.4 大腸菌の 16S rRNA の二次構造モデル

塩基配列をもつようになると，この rRNA をもつリボソームはレポーター遺伝子の mRNA を翻訳できるようになる場合がある．このような場合，通常の大腸菌はクロラムフェニコール存在下では増殖できないが，変異大

腸菌はクロラムフェニコール耐性となるため増殖可能である．したがって，突然変異体のみを選び出すことができる．レポーター遺伝子 mRNA の翻訳開始を不能にした塩基配列の変化に対して，それを認識する rRNA 側の対応する部位が変化することによって再び翻訳開始が可能になるのである．

6-4 翻訳開始

原核生物も真核生物も，翻訳はメチオニンを指定するコドン AUG から開始する．リボソームは AUG にメチオニンを対応させた後に，3′ 側に存在する次の 3 塩基分，すなわち 1 コドンを読み取ってそれに対応するアミノ酸をメチオニンに結合する．このように，読み取ったコドンの 3′ 側に隣接するコドンを新たに読み取って対応するアミノ酸を結合するという作業を繰り返しながら，ストップコドンまできたときに翻訳を終える．最初のメチオニンは作られたタンパク質の N 末端となり，結合された最後のアミノ酸は C 末端となる．

平均的なタンパク質として分子量 40 kDa のものを想定した場合，結合されるアミノ酸数は 350 個程度であり，この情報を担う mRNA の長さは約 1000 ヌクレオチド長となる．4 種類の塩基が同じ割合で出現するとして確率計算すると，AUG という配列は平均的な mRNA 中には 16 カ所存在することになる．これらの中で翻訳の開始に利用される AUG は決まっているので，その特別な AUG を選び出す方法がなければならない．原核生物と真核生物ではこの方法が異なっているので，それぞれについて述べる．

6-4-1 原核生物の場合

原核生物では翻訳開始に使われる AUG は，5′ 側の近くにある特別な配列によってマークされている．この配列は SD（Shine-Dalgarno）配列と呼ばれており，16S rRNA の 3′ 末端にある 10 ヌクレオチドの塩基配列のうち，4 塩基以上に渡って相補的となる配列を指す（図 6.5）．この SD 配列から 7 塩基前後離れた 3′ 側に AUG が存在するときに，この AUG から翻訳が開始する．SD 配列＋翻訳開始コドン（AUG）がセットとなったときに翻訳開始シグナルとして機能するのである．

このシグナルを含む領域は RBS（リボソーム結合部位）と呼ばれる．図 6.6 (a) に，翻訳開始複合体形成までの素反応を表す．これらの素反応はリボソームの 30S サブユニットのみによって行われ，mRNA との相互作用を助けるための因子が必要である．これらは翻訳開始因子（initiation factor）と呼ばれ，IF1, 2, 3 が知られている．30S サブユニットが認識

■ **one point**
翻訳開始因子
翻訳開始因子はリボソームの小さいサブユニットと相互作用あるいは結合して翻訳開始を助けるタンパク質因子を指す．原核生物では IF1～3 が，真核生物では eIF1～6 が同定されている．

6-4 翻訳開始

遺伝子						翻訳開始コドン				
R17A	GAU	UCC	<u>UAG GAG GUU</u>	UGA	CCU	**AUG**	CGA	GCU	UUU	AGU
QβA	UCA	CUG	AGU AUA <u>AGA GGA</u>	CAU		**AUG**	CCU	AAA	UUA	CCG
R17 coat	CC	UCA	ACC <u>GGG GUU</u> 　　　＊	UGA	AGC	**AUG**	GCU	UCU	AAC	UUU
MS2 coat	CC	UCA	ACC <u>GAG GUU</u>	UGA	AGC	**AUG**	GCU	UCC	AAC	UUU
Qβ replicase	AG	UAA	CUA <u>AGG AUG</u>	AAA	UGC	**AUG**	UCU	AAG	ACA	G
araB	UUU	UUU	GGA UGG <u>AGU</u>	GAA	ACG	**AUG**	GCG	AUU	GCA	AUU
trpA	GAA	AGC	ACG <u>AGG</u> GGA	AAU	CUG	**AUG**	GAA	CGC	UAC	GAA
lacZ	AAU	UUC	ACA <u>CAG GAA</u>	ACA	GCU	**AUG**	ACC	AUG	AUU	ACG
16S rRNA 3′ 末端			HO AUUCCUCCACUAG……5′							

図 6.5　さまざまな mRNA の翻訳開始領域
下線部は SD 配列を示す．

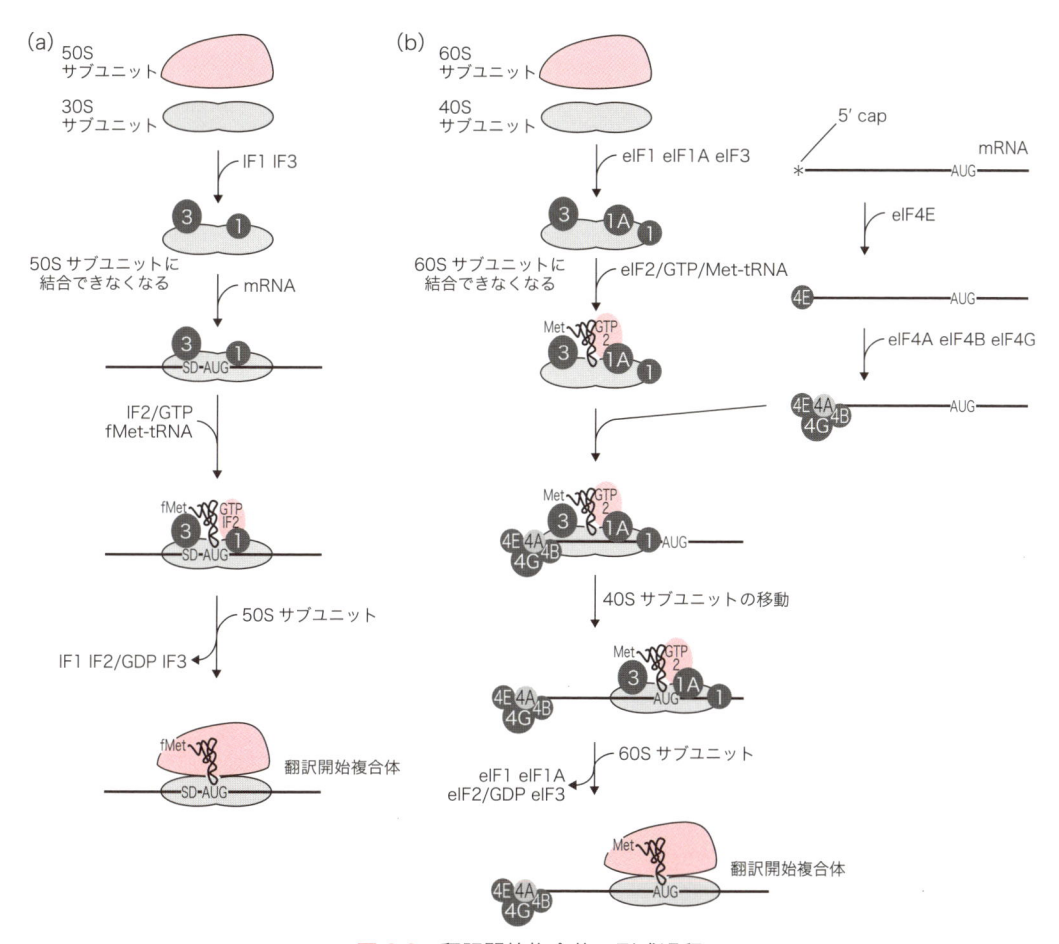

図 6.6　翻訳開始複合体の形成過程
(a) 原核生物の場合．(b) 真核生物の場合．

した開始コドンに対して，IF1 と 2 の補助によってホルミル化メチオニル tRNA（fMet-tRNA，後述）が正しく位置取りすると 50S サブユニットが結合して完全なリボソームが形成される．

　原核生物では開始コドンの AUG とそれ以外の AUG には異なった tRNA が対応する．すなわち，遺伝暗号表に一つしかない AUG コドンに対して 2 種類の tRNA が用意されている．開始コドンには $tRNA_f^{met}$ が，通常の AUG には $tRNA_m^{met}$ が使われる．どちらの tRNA もメチオニンを結合するが，$tRNA_f^{met}$ に結合されたメチオニンにはホルミル基が転移されてホルミル化メチオニンとなる．このように修飾メチオニンを結合した fMet-tRNA のみが翻訳開始に使われる．したがって，合成されるタンパク質の N 末端は fMet である．しかし，翻訳開始直後にホルミル基は取り除かれて通常のメチオニンとなるので，合成されたタンパク質にはホルミル基は残らない．

6-4-2　真核生物の場合

　真核生物における開始コドンとなる AUG の選別方法は，原核生物よりも一見単純に見える．真核生物の mRNA は 5′ 末端がキャップ構造でマークされている（4-3 節参照）．キャップに結合する翻訳開始因子によりリボソームの 40S サブユニットが呼び込まれた後，40S サブユニットは mRNA の 3′ 側へ移動していく．その間，連続した三つの塩基の配列を検証していき，最初に現れた AUG を翻訳開始コドンとして選び，開始複合体を作る．真核生物の翻訳開始因子（eIF，e は eukaryotic の略）には原核生物とよく似たものに加えて真核生物特有の素反応に必要なものがあるために種類が多くなっている（図 6.6 b）．

6-4-3　その他の仕組み

　上述の仕組みは翻訳開始複合体を作る標準的なプロセスではあるが唯一ではない．原核生物にも真核生物にも，異なる翻訳開始機構の例が知られている．原核生物の場合は，開始コドンとなる AUG の 5′ 側に存在する SD の代わりに，3′ 側に DB（downstream box）と呼ばれる配列が存在すれば翻訳を開始できる．DB もやはり 16S rRNA の一部（5′ 末端から数えたヌクレオチド番号 1469〜1483 の 15 塩基，図 6.4 参照）と相補的な配列である．

　真核生物の場合は，ショウジョウバエの形態形成に必要な遺伝子の mRNA，picornavirus や poliovirus などのウイルスの mRNA を翻訳するときに見られる．開始コドンとなる AUG の 5′ 側に IRES（internal ribosome entry site）と呼ばれるリボソームと相互作用する配列が存在すると，mRNA の 5′ 末端にあるキャップとは無関係に翻訳を開始でき

one point
IRES
internal ribosome entry site の略．5′ 末端の cap 以外に，リボソームが結合して翻訳開始することを可能にする特別な塩基配列．eIF4 は 5′ cap にリボソームが結合して翻訳開始するのに必要な開始因子であり，IRES からの翻訳開始には必要ない．

る．この仕組みは，原核生物の SD に依存した仕組みと類似しているが，IRES は数百塩基にも及ぶ長く複雑な配列となっている．

6-5 ペプチド鎖伸長

6-5-1 三つのサイトの役割と仕組み

翻訳開始後は原核生物と真核生物は同じ仕組みでペプチド鎖伸長を行う．翻訳開始複合体において，開始コドンはリボソームの P サイトに位置するため，fMet-tRNA（真核生物は Met-tRNA）は P サイトに入る．次のコドンは A サイトに位置しており，これに対応するアミノアシル tRNA は A サイトに入る．このとき，アミノアシル tRNA は単独では入れず，ペプチド伸長因子の EF-Tu との複合体として入る（図 6.7）．

コドンに対するアミノアシル tRNA の選別は試行錯誤方式であると考えられている．すなわち，リボソームの周辺にあるアミノアシル tRNA は区別することなく A サイトに取り込まれ，コドンとアンチコドンの対合が可能かどうか検証される．可能でないときには取り込んだアミノアシル tRNA は遊離し，別のアミノアシル tRNA について同じことを繰り返す．

one point
ペプチド伸張因子
翻訳においてポリペプチド鎖の伸長を促進するタンパク質因子．EF-Tu（真核生物では EF-1）はアミノアシル tRNA をリボソームの A サイトに導入する．EF-G（真核生物では EF-2）はリボソームが mRNA 上を 1 コドン分移動するのを助ける．

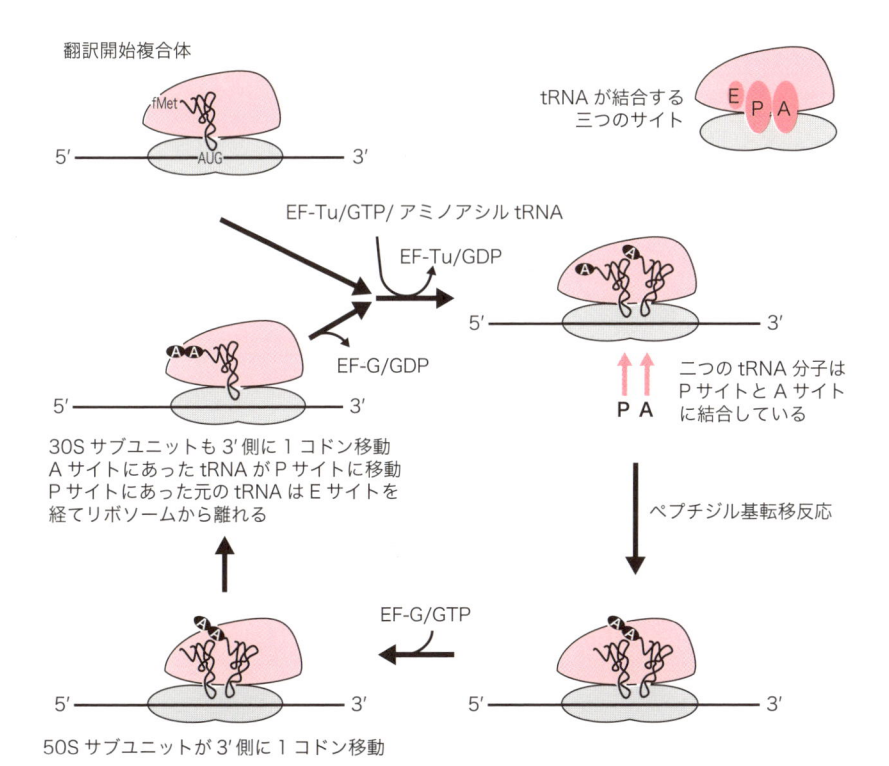

図 6.7 ペプチド鎖伸長反応
原核生物の例を図示した．真核生物の場合も基本的に同じであるが，EF-Tu は EF-1 に，EF-G は EF-2 に置き換えられる．

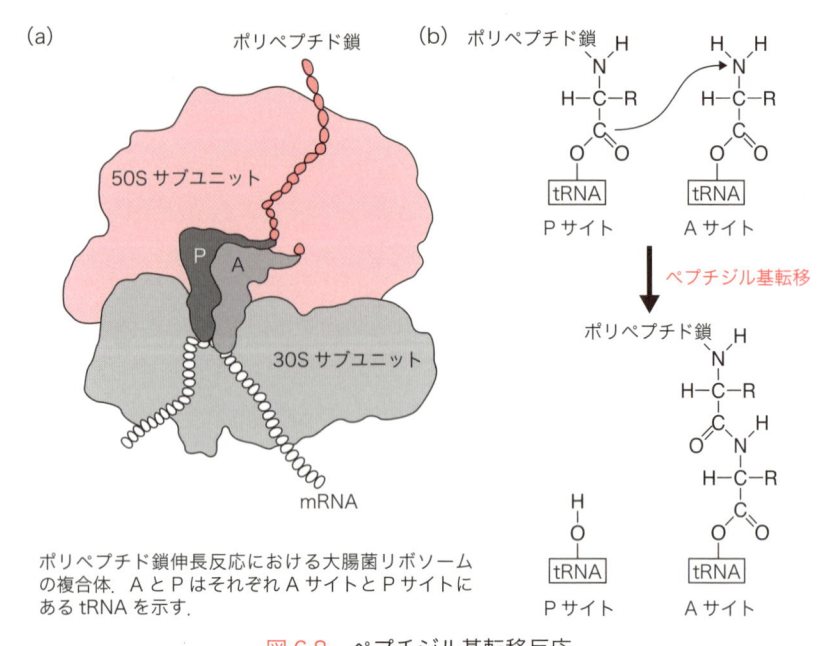

図 6.8 ペプチジル基転移反応
(a) ペプチジル基転移反応前のリボソーム/mRNA/tRNA 複合体．(b) ペプチジル基転移反応の化学式．

コドンとアンチコドンがマッチしたときに，EF-Tu は運んできたアミノアシル tRNA を残してリボソームから出ていく．

　P サイトの tRNA が結合しているメチオニン（原核生物の場合はホルミル化メチオニン）は，ペプチジル基転移反応によって，A サイトの tRNA が結合しているアミノ酸に渡される．その結果，P サイトの tRNA はアミノ酸を失い，A サイトの tRNA は二つのアミノ酸がつながったジペプチドを結合する．6-3 節で述べたように，ペプチジル基転移反応を触媒するのは 23S rRNA である．ペプチジル基転移反応を終えると，リボソームはペプチド伸長因子 EF-G の助けを借りて，mRNA 上を 1 コドン分 3′ 側に移動する．その結果，A サイトに入っていたジペプチドを結合した tRNA は P サイトに移る．元々 P サイトに入っていた tRNA は E サイトに移り，その後にリボソームから遊離する．リボソームの移動により A サイトは空になり，同じことが繰り返される．

　このようにして，A サイトにあるコドンと対合できるアンチコドンをもったアミノアシル tRNA の選別，P サイトの tRNA に結合しているジペプチドのペプチジル基転移反応が繰り返される．A サイトに入った次のコドンがストップコドンでない限り，同じ反応が繰り返され，1 サイクルごとにアミノ酸が一つ付加される（図 6.7，図 6.8）．

6-5-2　翻訳にかかわるエネルギー

翻訳は多くのエネルギーを消費するプロセスである．EF-Tu がアミノアシル tRNA を A サイトに入れるとき，GTP が必要である．すなわち，A サイトには EF-Tu / GTP / アミノアシル tRNA の複合体が入る．その後，EF-Tu が アミノアシル tRNA を残してリボソームから離れるためには，GTP を加水分解しなければならない（その結果，生じた EF-Tu / GDP を EF-Tu / GTP に戻して次の反応にリサイクルするためには EF-Ts の補助が必要となる．

さらに，リボソームが mRNA 上を 1 コドン分移動するときにも EF-G による GTP の加水分解を伴う．6-2 節で述べたように，tRNA をアミノアシル化する際に ATP を 1 分子消費することをあわせると，一つのアミノ酸を付加するごとに高エネルギー化合物であるリボヌクレオシド三リン酸を 3 分子消費することになる．コドンがアミノ酸を指定することを考えると，1 分子の mRNA 合成と，その情報に基づいた 1 分子のタンパク質合成とではほぼ同じ数のリボヌクレオシド三リン酸を消費する．しかし，mRNA の翻訳回数に制限はないので，翻訳では転写の何倍ものエネルギーを消費する．

> **one point**
> **EF-Ts**
> EF-Tu / GDP は EF-Tu / GTP より安定な複合体である．そのために EF-Tu / GDP を EF-Tu / GTP に戻すためには EF-Tu / GDP → EF-Tu / EF-Ts の複合体形成を経て，EF-Tu / EF-Ts → EF-Tu / GTP へと変換する．

6-6　翻訳終結

6-6-1　翻訳終結の仕組み

リボソームの A サイトに入ったコドンがストップコドンとなったとき，対応するアミノアシル tRNA がないために翻訳は終結する．翻訳終結は翻訳開始に匹敵する複雑なプロセスである．

原核生物の遊離因子 RF-1 と 2 はストップコドンを認識するタンパク質因子であり，RF-1 は UAG または UAA を，RF-2 は UAA または UGA を認識できる．真核生物では 1 種類の RF が 3 種類のストップコドンを全て認識する．これらの RF が A サイトに入りストップコドンを認識すると，P サイトにある tRNA に結合しているポリペプチド鎖が切り離されてリボソームから遊離する．次に，第三の遊離因子である RF-3 が A サイトに残っている RF1 または 2 をリボソームから解離させる．代わりに A サイトに残った RF-3 は GTP を加水分解して得たエネルギーを利用してリボソームから脱出する．その後，RRF（ribosome recycling factor）は EF-G と共同してリボソームを二つのサブユニットに解離させる．その結果，mRNA はリボソームから遊離するが，P サイトにあった tRNA は小さいサブユニットに結合したままで残る．IF3 が小さいサブユニットに結合する（翻訳開始の第一段階）ことにより，最後に残った tRNA はリボソームから離れる．

> **one point**
> **遊離因子**
> 遊離因子は tRNA によく似た立体構造をもっているためリボソームの A サイトに入ることができる．さらに tRNA のアンチコドンに相当する部位には，アラニンやプロリンといった芳香族アミノ酸や環状アミノ酸，トレオニンやセリンといったヒドロキシ基（グアニンのアミノ基と水素結合を作る）をもつアミノ酸が並ぶことによりストップコドンの塩基を認識すると考えられている．

6-6-2 ストップコドンの変異体

2-4節で述べたアンバー変異体は，塩基配列変化により，タンパク質をコードしている配列の途中にストップコドンであるUAGが生じたものである．そのために完全な長さのタンパク質を合成できなくなり，その遺伝子が作用しなくなる．

tRNA遺伝子の一つが変異により塩基配列が変化したサプレッサーtRNAの存在下では，アンバー変異体としての異常が消失して正常な作用が回復する．$tRNA_{II}^{ser}$のアンチコドンの配列は3'-AGC-5'であるが，変異により3'-AUC-5'に変わるとストップコドンの5'-UAGと対合できるようになる．アンチコドンの配列が変わっても元の$tRNA_{II}^{ser}$と同じようにセリンを結合できるので，このサプレッサーtRNAはストップコドンの5'-UAGに対してセリンを対応させることができる．その結果，変異した遺伝子から本来の完全長タンパク質を合成できるようになる．

一方，$tRNA_{II}^{ser}$を失っても，揺らぎ対合によりUCGコドンにセリンを対応させてくれる他の$tRNA^{Ser}$があるので，正常な遺伝子の翻訳に関して問題は生じない．しかしサプレッサーtRNAをもつ大腸菌は，正常な遺伝子のmRNAを翻訳したときに，本来のストップコドンの場所で翻訳終結が起きず余分な長さをもったタンパク質が合成されてしまうため，遺伝子情報が全般的に異常となる可能性が考えられる．しかし，実際にはそうならない．その理由はいくつかある．大腸菌の遺伝子の多くはストップコドンとしてUAAまたはUGAをもっているため，上のようなサプレッサーtRNAにはかかわりなく正常に翻訳を終結できる．また，UAGにセリンを対応させるというこの仕組みは，UAGを認識して翻訳を終結させるRF-1との競合となるため，実際には翻訳を回復させることができるのは10％程度である．したがって，ストップコドンとしてUAGをもっている遺伝子のmRNAについても，90％は正常な位置で翻訳を終結できる．ここに述べたサプレッサーtRNAは$tRNA_{II}^{ser}$から派生したものであるが，上に述べたような状況が整えば他のtRNAからサプレッサーtRNAが派生することもできる．

この章で学んだこと──
- tRNA
- アミノアシルtRNA合成酵素
- リボソーム
- 翻訳開始因子
- ペプチド鎖伸張因子
- 翻訳終結因子

7章 翻訳調節および翻訳と転写の相互作用

この章で学ぶこと

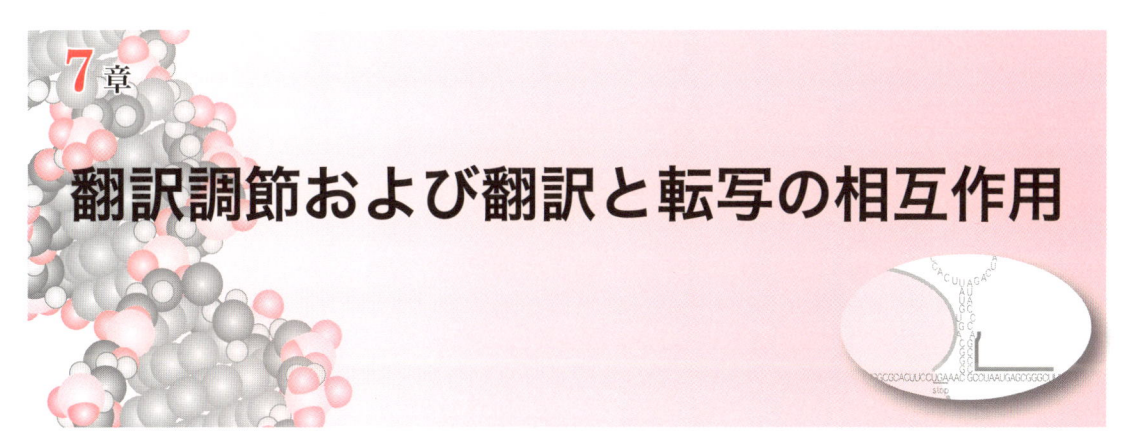

翻訳，すなわちリボソームによるタンパク質合成の調節には，どのようなものがあるのだろうか．リボソームはフレームシフト，ストップコドンの読み越し，ホッピング，シャンティングなど，通常とは異なる振る舞いをすることがあり，これらを利用した翻訳調節の仕組みが知られている．また，さまざまな正と負の調節因子によって翻訳開始を調節する仕組みもある．さらに転写と翻訳が協力して遺伝子発現調節にあたる仕組みとして，アテニュエーションやストリンジェント応答といった大掛かりなものがある．

7-1　リボソームによる調節

　原核生物ではAUG以外のコドンが翻訳開始に利用されることがある．実際，大腸菌では5％の遺伝子についてはGUGから，1％の遺伝子についてはUUGから翻訳を開始する．非AUGコドンから翻訳を開始するときにもfMet-tRNAが対応するが，翻訳開始効率はAUGに比べて低くなる．合成するタンパク質の量を低く抑える場合のために，このような仕組みがあると理解されている．

　さらに，唯一の例外としてIF3遺伝子（6-6節参照）はAUUから翻訳開始することが知られている．IF3は翻訳開始複合体にfMet-tRNA以外のアミノアシルtRNAが入るのを抑える．IF3が細胞内に十分量存在するときにはAUUに対応するイソロイシンtRNAは翻訳開始複合体に入れないためIF3の合成は行われない．しかし，IF3の量が減ってくるとイソロイシンtRNAが翻訳開始複合体に入れるようになるため，AUUからの翻訳開始とIF3の合成が可能となる．

　翻訳は開始コドンから3′側に向かってコドンを単位として情報を読み取っていく作業である．その間，一塩基の読み飛ばしも重複もないように，つまり固定された読み枠を維持しながら翻訳するのが基本である．しかし，ある定まった条件下ではこの普遍則から外れた現象，すなわちフレームシフト，終結コドンであるUGAの読み超し，ホッピングが起きる（図7.1）．

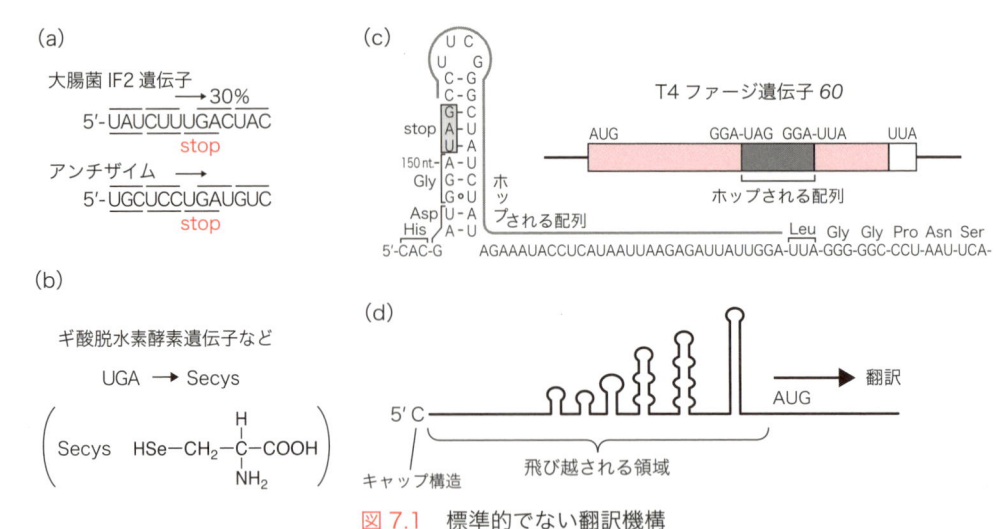

図 7.1 標準的でない翻訳機構
(a) フレームシフト．(b) ストップコドンの読み越し．(c) ホッピング．(d) シャンティング．ここに示した例はアデノウイルスの後期遺伝子 mRNA であり，飛び越される領域は 220 nt の長さである．

これらの現象はいずれもいくつかの限られた遺伝子について生じるものであり，mRNA 中に存在する特異的な塩基配列あるいは構造に依存した仕組みである．

7-1-1 フレームシフト

フレームシフトはペプチド伸長過程の途中からコドンの読み枠がずれる現象である．大腸菌の IF2 遺伝子の翻訳では読み枠を変えずに進むと早期にストップコドンに遭遇する．また，そこで翻訳が終了した場合，ポリペプチドには IF2 としての活性はない．ストップコドンの一番目の塩基が読み飛ばされることによって読み枠が変わると（+1 フレームシフト），より長いポリペプチドが合成され，活性をもった IF2 として機能する．この場合，リボソームがフレームシフトを起こす頻度は 30% であり，残りの 70% は翻訳を早期終結する．したがって，この仕組みは合成するタンパク質の量を低く抑えるのに貢献する．

真核生物のアンチザイムはポリアミン合成酵素（ODC）の阻害因子であり，+1 フレームシフトによって合成される．アンチザイムの場合は IF2 の場合とはフレームシフト率が異なる．細胞内のポリアミン濃度が低いときはフレームシフトを起こさないが，ポリアミン濃度が高くなるとフレームシフトを起こすようになる．すなわち，豊富なポリアミン→アンチザイム合成→ポリアミン合成酵素の活性阻害と分解＝余分なポリアミン合成の抑制，という見事な調節作用が成り立っている．

−1 フレームシフトの例としては，HIV などのレトロウイルスの逆転写酵素が知られている．*gag-pol* 遺伝子を翻訳するリボソームは定まった部

one point
アンチザイム
ポリアミン合成における鍵であるオルニチン脱炭酸酵素（ODC）に結合する．アンチザイムの結合した ODC は不安定となり急速に分解される．

位で50％の確率で–1フレームシフトを起こす．フレームシフトするかしないかによって，それ以降のアミノ酸配列は大きく変化する．フレームシフトしない場合はGagタンパク質が合成され，フレームシフトした場合は逆転写酵素が合成される．

　フレームシフトの仕組みはまだ十分に解明されていないが，フレームシフトを起こす位置の3′側には擬似結節（pseudoknot，7-2節参照）と呼ばれる構造がある．フレームシフト箇所がリボソームのA部位に入ったときに，擬似結節とリボソームが相互作用してフレームシフトを起こさせると考えられている．

7-1-2　ストップコドンの読み超し

　AサイトにUGAが入るのと同時に，リボソームがmRNA上に存在する特殊な配列をもった二次構造と相互作用すると，UGAにはアミノ酸が対応づけされるようになる．このようなストップコドンの読み超しが起きるとき，UGAに対応づけられるのはセレノシステインという特殊なアミノ酸である．セレンはセレノシステインを作るために必要であるため，全ての生物にとって生存のために必要な微量元素である．また，UGAに対合できるアンチコドンをもち，セレノシステインを結合するtRNAは読み超し専用のtRNAである．ギ酸脱水素酵素などいくつかの酸化・還元酵素は，UGAの読み超しによって合成される．

◆ **one point**
セレノシステイン
アミノ酸の一種であり，システインの硫黄（S）がセレン（Se）に置き換わったもの．

7-1-3　ホッピング

　ホッピングは，これまでにたった一つの遺伝子でしか確認されていない特殊な現象である．T4ファージの遺伝子 *60* のmRNAを翻訳するときに，リボソームは定まった領域を必ず飛び越す，すなわちホップするのである．図7.1(c)にあるようにホップはmRNA上のヘアピンの途中から起こるが，このヘアピンがホップに必要である．しかし，リボソームの50Sサブユニットに含まれるL9というタンパク質が突然変異により性質を変えると，ヘアピンがなくてもホップするようになることが知られている．

◆ **one point**
L9タンパク質
リボソームの大きいサブユニットや小さいサブユニットを構成するタンパク質はそれぞれL1，L2，…およびS1，S2，…と名付けられている．番号はおおむね分子量の大きさの順となっている．

7-1-4　真核生物の場合

　真核生物のリボソームもフレームシフトやUGAの読み超しをすることが報告されている．加えて，シャンティングと呼ばれる振る舞いも知られている．標準的な翻訳開始は，5′キャップに結合したリボソームが3′側に移動して最初に到達したAUGを開始コドンとする（6-4節参照）やり方である．シャンティングは5′キャップに結合したリボソームが3′側に存在する二次構造を含む長い領域を飛び越えて，その先に存在するAUGから翻訳開始するやり方である．この方法は，ウイルス感染や熱ストレス

などにより細胞の eIF4F（eIF4A，eIF4E，eIF4G の複合体）活性が低下していても発現可能な遺伝子の翻訳に使われる．シャンティングでは 18S rRNA と mRNA の相互作用が重要な役割を担っている．

7-1-5　リボソームにもいろいろある

同じ細胞中にあるリボソームでも，構成成分（表 6.3）の異なるものがあるようである．すなわち，リボソームには多型があると考えられる．大腸菌の細胞にはリボソームが 20,000 個あるが，DB（6-4-3 項参照）に依存した翻訳は 30S サブユニットに含まれるタンパク質のうち，S2 を欠いたリボソームによることが示唆されている．また，真核生物のリボソームタンパク質の一つ S6 はリン酸化を受ける．インシュリン様増殖因子 II の mRNA は選択的スプライシング（8-3 節参照）により何種類もの型が生産されるが，そのうちの一つについてはリン酸化された S6 をもつリボソームによってのみ翻訳が可能である．

7-2　調節因子による調節

転写の調節と同様に，翻訳にも正または負に調節する仕組みが存在する．正の調節では，翻訳されにくい構造をもった mRNA に作用して翻訳されやすい構造に変えることが基本的なメカニズムである．さまざまな正の調節因子があり得るが，ここでは三つの例を紹介する．

7-2-1　正の調節

σ^{32} は熱ショックに応答する遺伝子を転写するために必要なシグマ因子である（表 4.1）．大腸菌を至適温度の 37 ℃で培養した場合，σ^{32} をコードしている rpoH 遺伝子は転写されているが，mRNA が翻訳されないために σ^{32} は合成されない．翻訳されない理由は図 7.2 に示すように，翻訳開始シグナルである SD 配列と AUG が二次構造の中に埋められているのでリボソームが結合できないためである．培養温度が 42 ℃に上昇すると，RNA の二次構造が緩んでリボソームが翻訳開始シグナルに結合できるようになり，σ^{32} が合成される．したがって，この場合の正の調節因子は熱である．

二つ目の例は σ^{38} である．σ^{38} は大腸菌の静止期やストレス応答時に発現する遺伝子を転写するのに必要なシグマ因子である（表 4.1）．この場合も σ^{32} と同様に，そのままでは mRNA が翻訳されないような構造をとっている．Hfq と呼ばれるタンパク質は σ^{38} の mRNA に結合することによって，翻訳不能な状態にある構造を翻訳可能な構造に変える．このような働きをもつタンパク質は RNA シャペロンと呼ばれる．

one point
RNA シャペロン
シャペロン（3-2-3 項参照）はタンパク質の立体構造を変えるものであるが，RNA の構造を変える働きをもつシャペロンを RNA シャペロンと呼ぶ．分子量 11.2 kD の Hfq は六量体を形成し，A と U に富んだ配列に好んで結合する．Hfq の結合により，周辺の RNA 構造が影響を受ける．

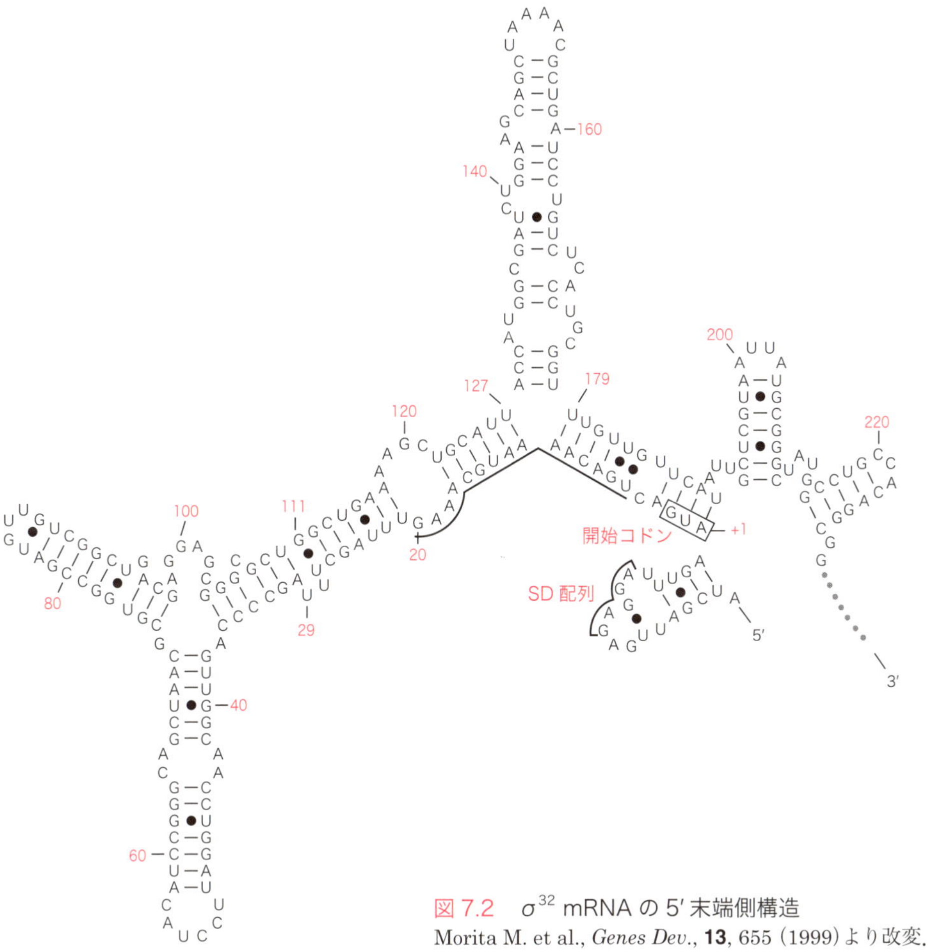

図 7.2 σ³² mRNA の 5′ 末端側構造
Morita M. et al., *Genes Dev.*, **13**, 655 (1999) より改変.

　三つ目の例は，リボソーム自身が調節因子として作用する例である．MS2 ファージのコートタンパク質は大量に必要とされるが，RNA 複製酵素の必要量は少ない．これらのタンパク質はポリシストロニック mRNA（2-5 節の *5 を参照）にコードされており，RNA 複製酵素の ORF を翻訳するのに必要な SD 配列や開始コドンを含む領域の塩基配列は，この ORF の上流（5′ 側）にあるコートタンパク質の ORF 内にある領域と相補的である（図 7.3）．そのため，RNA 複製酵素遺伝子の SD 配列と開始コドンは二次構造に組み込まれており，リボソームが結合できなくなっている．コートタンパク質の ORF を翻訳するリボソームがこの領域を通過するときに二次構造が壊されるため，別のリボソームが RNA 複製酵素の SD 配列と開始コドンに結合できるようになる．しかし，リボソームが二次構造領域を通り過ぎてしまうと再び二次構造が形成されるので，RNA 複製酵素を翻訳する機会はごくわずかしか生じない．この翻訳機会の違いによって，それぞれのタンパク質の機能に必要な量比で合成することが可

one point
ORF
open reading frame の略．翻訳によりポリペプチドを生産する情報をもった領域のこと．コード領域ともいう．

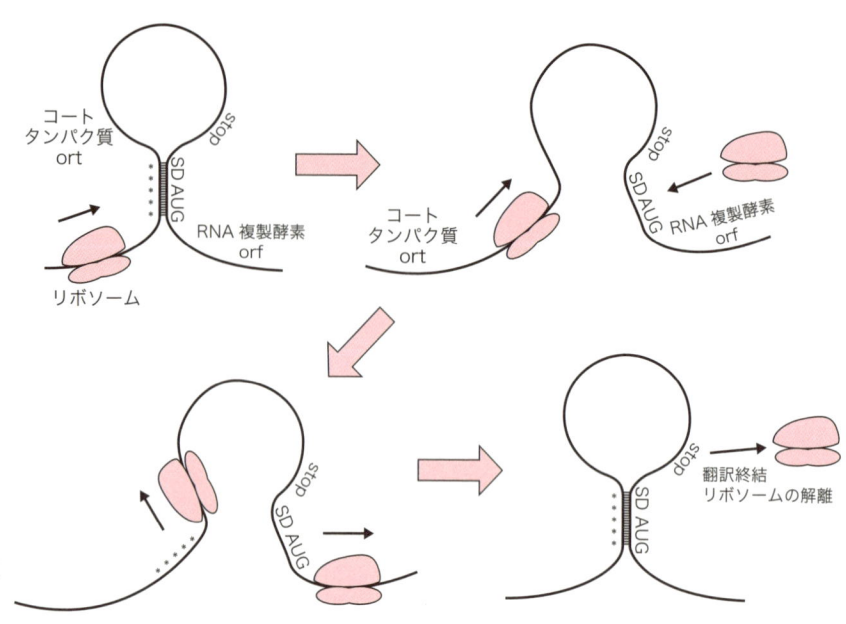

図 7.3 リボソームが正の調節因子となる翻訳

能になっている．

7-2-2 負の調節

　負の調節作用はタンパク質を過剰生産しないための仕組みである．T4ファージの Gp32 は DNA 複製，修復，組換えに必須なタンパク質であり，1 本鎖 DNA に結合する．細胞内において 1 本鎖 DNA がタンパク質によって覆われていない状態にあると，Gp32 は活発に合成されて 1 本鎖 DNA を覆い尽くす．一方，タンパク質によって覆われていない 1 本鎖 DNA がなくなると Gp32 の合成は止まってしまう．

　Gp32 が 1 本鎖 DNA を覆うのはこのタンパク質が協同的結合能をもつためである．協同的結合とは，Gp32 どうしに親和性があるために，1 分子の Gp32 が 1 本鎖 DNA のある部位に結合すると，次の Gp32 分子はすでに結合している Gp32 分子に隣接して結合しやすくなるような結合様式である．1 本鎖 DNA を糸とみなすと，協同的結合の結果，Gp32 分子は数珠玉のように連なって糸を覆う．

　Gp32 の RNA に対する親和性はとても低い．しかし，Gp32 mRNA の特定の領域に対しては，1 本鎖 DNA に対するよりやや劣るが，他の RNA に比べれば高い親和性を示す．そのため，1 本鎖 DNA が覆われた後に余剰となった Gp32 は自分の mRNA に結合して翻訳を抑制する．Gp32 が自分の mRNA に高い親和性をもつ理由は，mRNA の 5′ 末端に存在する擬似結節にある．擬似結節は，ループ中にある塩基配列がステムの外側の塩基配列と対合する（図 7.4 a の左端）ことによって生じる構造（図 7.4 b）であり，Gp32 はこの擬似結節に対する親和性が高い．そのため，Gp32

図7.4 Gp32 mRNA の翻訳調節領域

は擬似結節に隣接する3′側の1本鎖部位に通常のRNAより高い効率で結合できる．1分子のGp32が結合すると，協同的結合能により，2番目のGp32分子が隣接した部位に結合しやすくなる．そして，3番目の分子が2番目の分子の隣に結合，というように1本鎖のRNAが次々とGp32に覆われていく．9番目に結合したGp32分子の3′側RNA領域は二次構造をとっているために10番目の分子は結合できない（図7.4a）．Gp32が覆った領域にはSD配列と開始コドンが含まれているので，リボソームはこのmRNAを翻訳できなくなる．

真核生物では，アコニターゼによるフェリチン（鉄貯蔵タンパク質）mRNA の翻訳抑制がよく知られている（図7.5）．フェリチンmRNAの5′末端付近には特異的な塩基配列からなるステムループ（IRE, iron response element）がある．鉄（正確には鉄硫黄クラスター）をコファクターとして含むアコニターゼは，通常はIREに結合できない．しかし細胞内の鉄が欠乏すると，アコニターゼは鉄を失って立体構造が変わり，IREへの結合が可能となる．IREとアコニターゼの結合は，リボソーム40SサブユニットがフェリチンmRNAの5′キャップ構造に結合するのを妨げる．この仕組みにより，鉄が欠乏しているときに鉄貯蔵タンパク質を合成するという無駄は省かれる．

one point
フェリチン
細胞にとって毒性のある鉄イオンと結合して貯蔵するタンパク質．過剰な鉄イオンを吸収し，鉄イオンが必要なときに供給する．

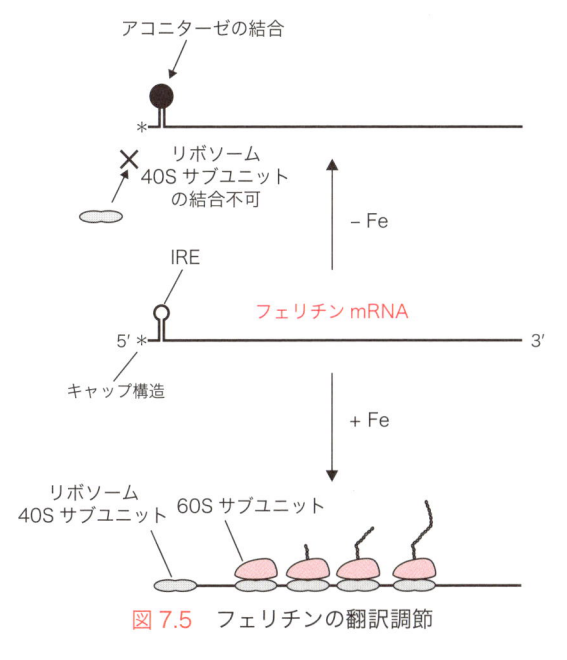

図7.5 フェリチンの翻訳調節

7-3　翻訳と転写の共役による調節

　真核生物では，転写は核内で，翻訳は細胞質で行われる．そのため，転写と翻訳は独立に行われる．一方，核をもたない原核生物では，翻訳と転写は互いに深くかかわる．原核生物のRNAポリメラーゼがRNAを合成するときの平均速度は1秒あたり約50ヌクレオチドである．一方，リボソームがポリペプチドを合成するときの平均速度は1秒あたり15〜18アミノ酸である．アミノ酸がコドンに対応し，コドンは3ヌクレオチドからなることを考慮すると，リボソームがmRNA上を移動する速度は1秒あたり45〜54ヌクレオチドである．このことから，RNAポリメラーゼがRNAを伸ばす速度とリボソームの移動速度はほぼ等しいことがわかる．またリボソームは，転写途上のRNA分子に翻訳開始シグナルがあれば，ただちに結合して翻訳を開始する．その結果，リボソームは転写中のRNAポリメラーゼを追いかけるようにmRNA上を移動する（図7.6）．

　このように，同一のmRNA分子について転写と翻訳がほぼ同時に起こることを転写と翻訳の共役と呼ぶ．また，翻訳を開始したリボソームがmRNA上を移動した後には，別のリボソームが新たに翻訳開始シグナル

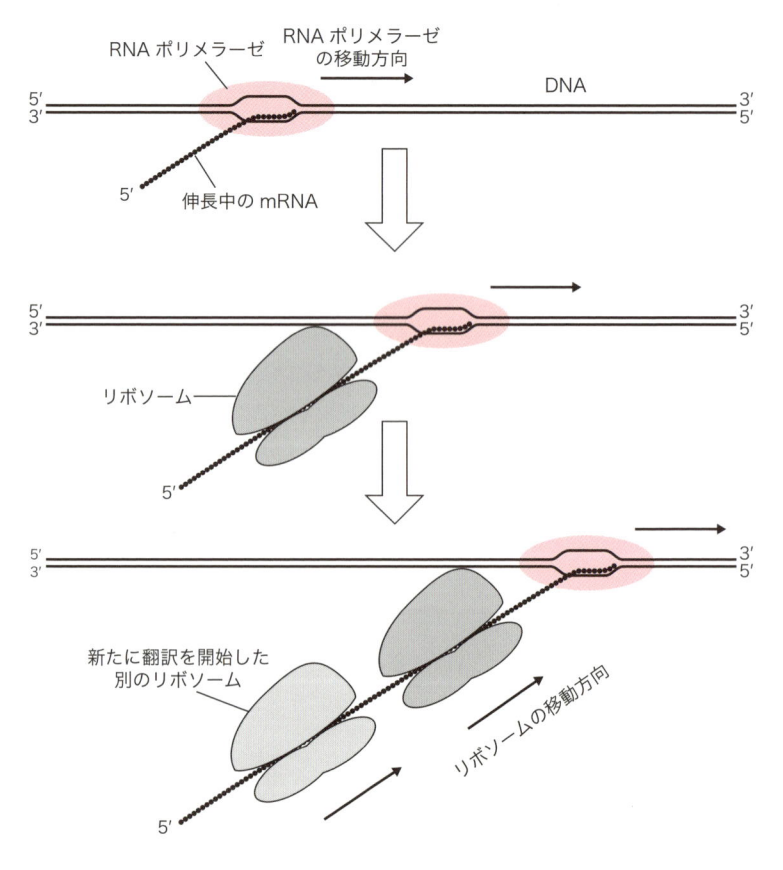

図7.6　転写と翻訳の共役

に結合して翻訳を開始する．このように，1分子のmRNAに複数のリボソームが結合した複合体をポリゾームと呼ぶ．

転写のアテニュエーション（減衰）は，mRNA中の特異な配列（アテニュエーター）が転写を中断させる仕組みを含んでおり，転写が完了しないまま終わるのか，あるいは完了させるのかが選択される機構である．大腸菌では転写と翻訳の共役をアテニュエーションに利用した見事な例が知られている．トリプトファンの合成には5種類のタンパク質，すなわち五つの遺伝子が必要である（trpA～E）．これらの遺伝子はオペロンを形成しているため，まとめて発現調節される．トリプトファンオペロンのmRNAには，5′末端に最も近いところに上記五つの遺伝子のいずれのものとも異なるORFがある（図7.7a）．このORFが指令する14アミノ酸からなる短いポリペプチド（リーダーペプチド）にはトリプトファンが連続して二つ含まれており，細胞内に存在するTrp-tRNA量をモニターする役目を

one point
ポリゾーム
1分子のmRNAを鋳型に多数のリボソームが次々と翻訳開始することによって，多数のリボソームがmRNA分子上で数珠つなぎとなって翻訳する状態を指す．

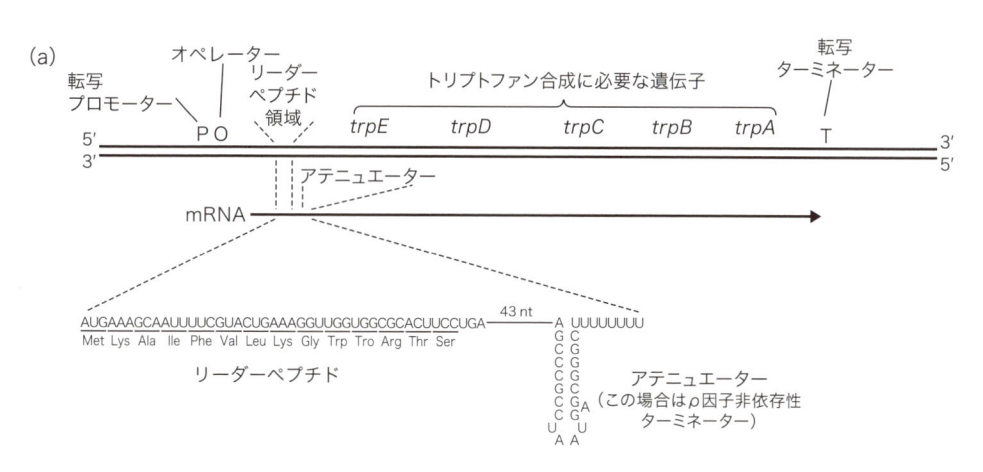

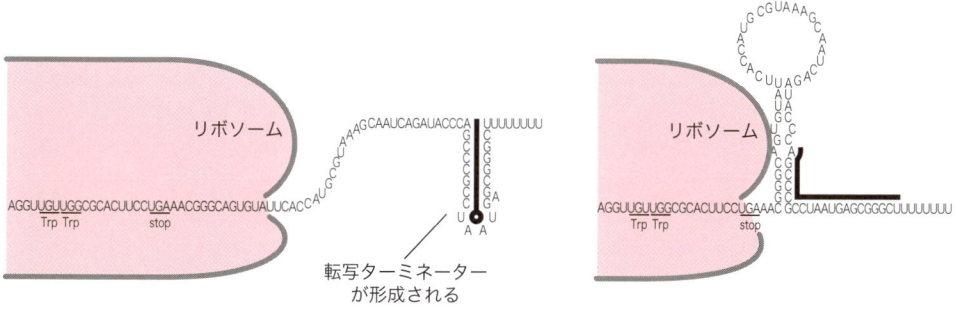

図7.7 アテニュエーションの仕組み
(a)トリプトファンオペロンとアテニュエーターの構造，(b)(c)トリプトファンが存在する濃度の違いにより，リボソームとRNAポリメラーゼの間隔が変わる．その結果，mRNAのとる二次構造が異なるようになる．

表 7.1　大腸菌アミノ酸合成酵素オペロンのリーダーペプチド

オペロン	リーダーペプチドの配列[注]
トリプトファン	MLAIFVLKGWWRTS stop
ヒスチジン	MTRVQFKHHHHHHHPD stop
トレオニン	MKRISTTITTTITITTGNGAG stop
イソロイシン・バリン (ilvGEDA)	MTALLRVISLVVISVVVIIIPPCGAALGRGKA stop
イソロイシン・バリン (ilvB)	MTTSMLNAKLLPTAPSAAVVVVRVVVVVGNAP stop
ロイシン	MSHIVRFTGLLLLNAFIVRGRPVGGIQH stop
フェニルアラニン	MKHIPFFFAFFFTFP stop

注：アミノ酸は一文字表記とした．

果たす．

　トリプトファンが十分にあるときには，トリプトファンオペロンのリーダーペプチド領域を超えて転写している RNA ポリメラーゼとリーダーペプチドを翻訳しているリボソームは，近接したままともに同じ方向に移動する（図 7.7 b）．この場合，RNA ポリメラーゼは ρ 因子非依存性ターミネーター（4-5-1，4-5-2 項参照）に遭遇するため，trpE 以降の遺伝子を転写しないまま転写を終結する．トリプトファンが枯渇すると，Trp-tRNA が少なくなるためにリーダーペプチドを翻訳中のリボソームはトリプトファンコドンの位置で Trp-tRNA を受け取るまで待機せざるを得なくなり，ペプチド伸長反応は滞る．すなわち，連続したトリプトファンコドンの位置でリボソームの移動が遅くなるので，RNA ポリメラーゼとの距離が開いてしまう．この場合，RNA ポリメラーゼとの間にある mRNA の塩基配列は転写ターミネーターを構成する配列（図中の黒線でマーク）を取り込んだ二次構造を形成するため，転写ターミネーター構造が形成されなくなる．その結果，RNA ポリメラーゼは転写を止めることなく続行して，下流の遺伝子を発現させる．

　上のような調節方法は他のアミノ酸合成酵素遺伝子にも利用されている（表 7.1）．また，トリプトファンオペロンの転写はアテニュエーション機構に加えて，トリプトファンリプレッサーによっても負に調節されている．細胞内トリプトファン濃度が高いとき，トリプトファンリプレッサーはトリプトファンと複合体を作ることによって活性型となり，オペレーターに結合して転写を抑制する．このようにアテニュエーションと負の転写調節の二つの仕組みが共同することで，トリプトファンオペロンの転写は 700 倍もの範囲で調節が可能となっている．

7-4　リボソーム，細胞質からの転写調節シグナル

　アミノ酸を豊富に含む培地からアミノ酸を含まない培地に移し替えたと

き，大腸菌の遺伝子発現パターンは大きく変化する．この現象の背後には，きわめて多面的な遺伝子発現調節機構であるストリンジェント（緊縮）応答と呼ばれる仕組みが働いている．この仕組みの根幹は，リボソームの発するシグナルによってRNAポリメラーゼ活性が調節されることである．

培地にアミノ酸が豊富に存在するとき，アミノ酸を合成する酵素の遺伝子はほとんど発現しない．したがって，培地からアミノ酸が取り除かれると，細胞内のアミノ酸はたちまち枯渇してしまう．その結果，アミノ酸を結合していない空のtRNAが急速に蓄積される．リボソームのAサイトはアミノアシルtRNAに対して親和性が高く，空のtRNAに対しては親和性が低いため，通常はアミノアシルtRNAのみがAサイトに入ることになる．しかし，アミノ酸が枯渇した状態では，多量に存在する空のtRNAがAサイトに入り込むという異常事態が生じる．

大腸菌では，200個のリボソームあたりに1分子の割合でRelAというタンパク質がAサイトの近傍に結合している．RelAは，Aサイトに空のtRNAが入り込んだときにそれを追い出す機能をもっている．そのとき，ATPから2個のリン酸を奪ってGTPに付加することによってpppGpp（3′,5′-五リン酸-グアノシン）を生産する反応と共役して行う．空のtRNAを追い出すたびにpppGppが生産されるので，アミノ酸飢餓状態が長引くとpppGppの濃度が高まっていく．pppGppはリボソームタンパクによってリン酸を一つ取り除かれてppGppに変換される．ppGppは緊縮制御因子(alarmon，アラーモン)と呼ばれ，RNAポリメラーゼに結合して転写を次のように調節する作用をもつ．rRNA遺伝子やtRNA遺伝子の転写は抑制される．また，多くの遺伝子については転写伸長速度が約3分の1に低下する．一方，アミノ酸合成酵素遺伝子を転写する活性は促進される．つまり，アミノ酸が豊富なときに実現していた遺伝子発現パターンから，アミノ酸飢餓から脱出するための遺伝子発現パターンに切り換えるのである．その結果，転写活性全体としては5〜10％に抑えられることになる．これがアミノ酸飢餓によるストリンジェント応答である．

ストリンジェント応答には遺伝子発現パターン変化だけでなく，他の要素も加わっている．たとえば，アミノ酸合成酵素の遺伝子を転写したとしても，アミノ酸飢餓状態にある以上は翻訳によりアミノ酸合成酵素を作り出すことができない．このパラドックスは，アミノ酸が枯渇した時点で翻訳途中であったmRNAを分解して翻訳を強制的に中止させ，それまで合成してきたポリペプチドを分解することによってアミノ酸を供給する仕組みが働くことによって回避されている（9-1, 9-2節参照）．

アラーモンは，細胞質中に存在するSpoTによっても合成される．一般に，細胞に対するストレスが高まるとアラーモンの合成が活発となり，その結果 σ^{38} によるストレス応答遺伝子の発現も誘導されて細胞は危機を回

one point

アラーモン

警報(alarm)に由来して名づけられた．アラーモンが薄層クロマトグラフィーという方法を使って発見されたとき，奇妙な位置にスポットが検出されたことから magic spot と呼ばれた．

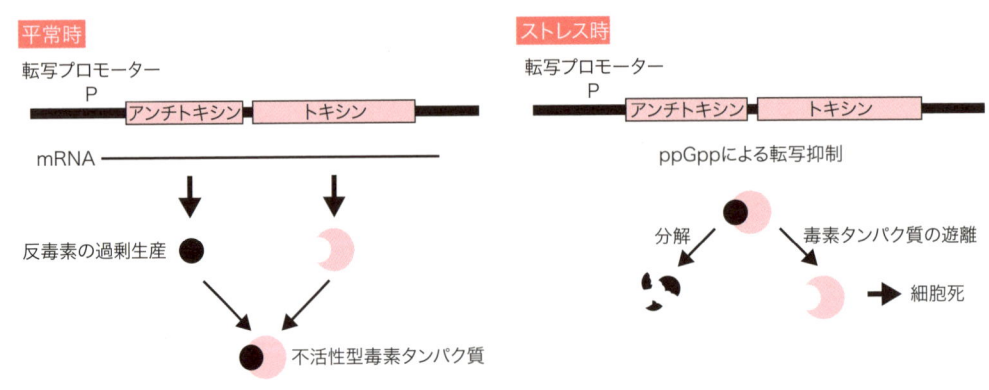

図7.8　トキシン−アンチトキシン系の作用

避できる．しかし，回避できないほどストレスが強く，またアラーモン濃度が高くなったとき，バクテリアは自ら細胞死に向かうことが知られている．このとき細胞死を誘導するのはトキシン−アンチトキシン系と呼ばれる一対の遺伝子からなるオペロンである．トキシン−アンチトキシン系は，細胞毒素とそれを無効化する反毒素をコードしており，一般に毒素は安定，反毒素は分解されやすいために不安定である．また，オペロンの上流側（転写プロモーターに近いほう）に反毒素遺伝子が，下流側に毒素遺伝子がある（図7.8）．通常，オペロンの上流に存在する遺伝子は下流の遺伝子より発現量が高いので，反毒素は毒素より過剰に生産され，毒素と結合することにより不活性化している．ppGpp濃度が高まると，トキシン−アンチトキシン系の転写は抑制される．それと並行して，反毒素は分解されやすいため，時間とともに減少していく．その結果，毒素が解放されて細胞死を誘導する．

　原核生物は，このようなトキシン−アンチトキシン系を数〜100セットもっている．毒素の実体として解明されたいくつかのものはRNA分解酵素，タンパク質リン酸化酵素，DNA複製阻害因子，細胞分裂装置阻害因子などである．

この章で学んだこと──
- リボソームの振る舞い
- フレームシフト
- シャンティング
- 正負の調節因子による翻訳調節
- 転写と翻訳の協力

8章 RNA プロセシング

この章で学ぶこと

一次転写産物を加工することによって RNA としての機能を発揮できるようにする過程をプロセシングと呼ぶ．rRNA や tRNA などの機能的 RNA は，一次転写産物から不要な部分が除去されるだけでなく，塩基やヌクレオシドが修飾される．またスプライシングでは，一次転写産物からイントロンが除去されることによって mRNA として成熟する．スプライシングには複数の仕組みが知られている．また，選択的スプライシングにより，遺伝子情報は多様化される．さらに RNA エディティングは遺伝子情報を書き換えるプロセシングである．

DNA から転写された RNA 自身が，細胞に必要な機能や活性をもつ場合，これらを機能的 RNA と呼んで mRNA と区別している．rRNA や tRNA は機能的 RNA の代表である．また，後述する snRNA，snoRNA，リボザイム活性をもつ M1 RNA，第9章で述べる遺伝子発現制御にかかわる短い RNA なども機能的 RNA である．一般に機能的 RNA は，転写された RNA（一次転写産物）が加工（プロセシング）されて完成する．また，mRNA にも加工が行われており，3′末端の polyA 化（第4章参照），5′末端のキャップ化（第4章参照），後述するスプライシングやエディティングなどは一次転写産物からのプロセシングである．

8-1 rRNA と tRNA の成熟

機能的 RNA が転写によって作られるとき，合成された RNA（一次転写産物）は余分な領域を含んでいる（図 8.1）．この余分な領域を除去することによって，機能的 RNA を完成させる過程は成熟と呼ばれる．

図 8.1 (a) は大腸菌の rrn オペロンを表す．大腸菌は七つの rrn オペロンをもっており，3種類の rRNA と 2種類の tRNA がまとめて長い RNA として転写される．これらの rRNA と tRNA を成熟させるのが RNA 分解酵素（RNase）である．RNase には 2種類のタイプがあり，RNA 鎖の端からリボヌクレオチドを一つずつ取り除くものをエキソリボヌクレ

(a) 大腸菌rRNAとtRNAの成熟

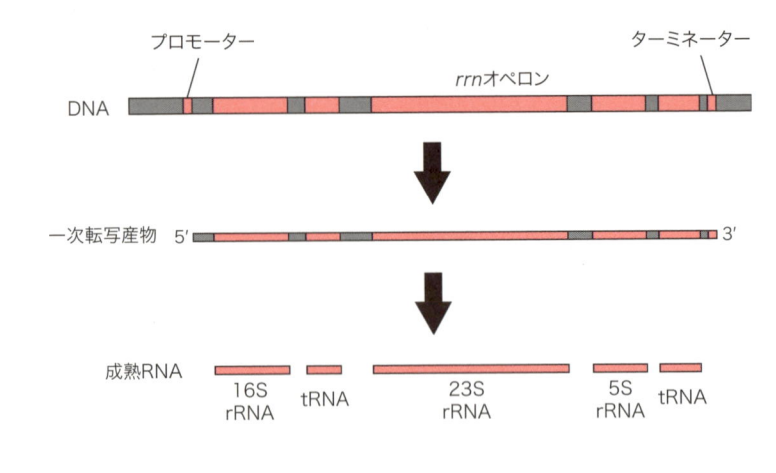

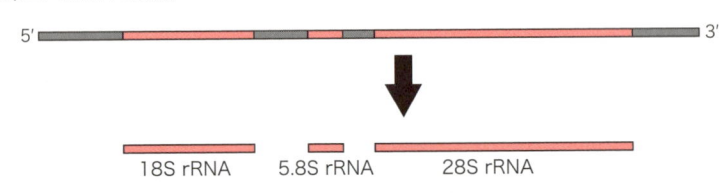

図8.1 rRNAの成熟
rRNA遺伝子は原核生物でも真核生物でもオペロンを形成している．これらはまとめて転写された後に個別RNAとして成熟する．

アーゼ，RNA鎖の内部領域で鎖を切断するものをエンドリボヌクレアーゼと呼ぶ．一次転写産物はエンドリボヌクレアーゼの作用により，個々のrRNAとtRNAを含む断片に切り離された後に，エキソリボヌクレアーゼによって余分なヌクレオチドが除去されて成熟する．tRNA遺伝子のうち約70個はrrnオペロンに含まれていないが，これらについても同様に一次転写産物から余分な領域がRNaseの作用により取り除かれる．

真核生物のrRNAのうち，28S，18S，5.8Sの3種類はやはりオペロンとしてRNAポリメラーゼIによって転写された後にRNaseの作用によりそれぞれが成熟する（図8.1b）．残る5S rRNAやtRNAはRNAポリメラーゼIIIにより転写されるが，同様に一次転写産物から余分な領域がRNaseの作用により取り除かれる．

大腸菌のrRNAやtRNAを成熟させる過程については，比較的解明が進んでいる（図8.2, 8.3）．大腸菌では二重鎖RNAを認識・切断するRNase IIIやAUに富んだ配列を切断するRNase Eなどのエンドリボヌクレアーゼや，3'から5'に向かってヌクレオチドを1個ずつ外していくエキソリボヌクレアーゼが同定されている．これら多数の酵素が共同して成熟化を行う．たとえばtRNAの成熟化では，一次転写産物をRNase E

8-1 rRNAとtRNAの成熟

図8.2 tRNAの成熟
tRNAの成熟には多種のRNaseが関与する．なお，RNase PはC5タンパク質サブユニットとM1 RNAサブユニットから成り立っているが，RNAを切断する活性はリボザイムであるM1 RNAがもっている．

が切断することによりtRNA分子を含むRNA断片を生じる．その後，tRNAの5′側にある余分な配列はRNase Pの切断により除去される．3′側にある余分な配列はRNase TやPNPaseなど多種のエキソリボヌクレアーゼにより除去される．

全てのtRNAは3′末端にCCA配列をもっている．この配列がtRNA

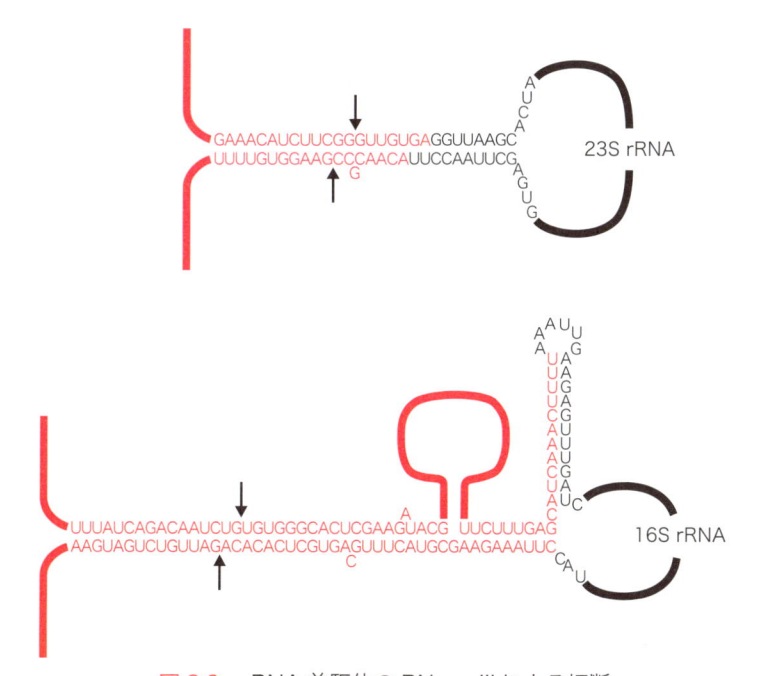

図8.3 rRNA前駆体のRNase IIIによる切断
二重鎖RNAを認識するRNase IIIによって，rRNAの前駆体である一次転写産物から23Sおよび16S rRNA部分を含んだ領域が切り出される（矢印）．切り出された断片にはまだ余分なヌクレオチドが含まれているが，それらはRNase EやGによる切断などにより取り除かれる．23Sおよび16S rRNAに含まれる領域を黒色の太線と塩基で，取り除かれる領域を赤色の太線と塩基で示した．

遺伝子の塩基配列に含まれている場合は，転写によってこの配列が与えられる．しかし，多くの生物の tRNA 遺伝子は CCA 配列をもたないことが知られている．このような場合には，一次転写産物から余分な配列が取り除かれた後に，酵素によって 3′ 末端に CCA が付加される．

8-2 塩基とヌクレオシドの修飾

　一次転写産物は，ACGU の 4 種類の塩基のみで構成されている．しかし細胞中に存在する RNA には，ACGU 以外の塩基が〜100 種類もある．これらの塩基は修飾塩基と総称され，RNA の分子種あるいは部位に特異的な酵素によって転写後の塩基が化学修飾されたものである．修飾塩基を多く含むことが知られているのは tRNA であり，約 10% は修飾塩基である．また，修飾塩基の種類も多岐に渡っている（図 8.4）．これら修飾塩基が果たす役割については，アンチコドンループ部分についてよく理解されており，揺らぎ対合を含むコドン-アンチコドンの対合，翻訳フレームの維持，アミノアシル tRNA 合成酵素による認識などに重要である．

　tRNA ほど多くはないが，rRNA も修飾塩基を含むことが知られている．大腸菌の 16S rRNA は 11 カ所，23S rRNA は 23 カ所の塩基が修飾されている．一方，5S rRNA は修飾塩基を含まない．tRNA に比べて，16S rRNA や 23S rRNA に見られる修飾塩基が果たす役割についてはよくわかっていないが，一部については翻訳開始効率を高めるという説が提出されている．

　塩基の修飾だけでなく，糖であるリボースの 2′ 位がメチル化されることもある（塩基修飾と糖修飾を含めて，修飾ヌクレオシドと呼ばれる）．tRNA や rRNA だけでなく mRNA にもリボースのメチル化が検出されている．原核生物よりも真核生物のほうがメチル化のレベルが高く，たとえば 18S rRNA は 40 カ所以上，28S rRNA は 70 カ所以上がメチル化されている．原核生物では特定の部位を認識するメチル化酵素によってメチル化が行われるが，真核生物では以下のように部位認識とメチル化の仕組みは分離している．snoRNA（small nucleolar RNA）はヌクレオシドを修飾する部位を認識して，メチル化酵素をガイドする役割をもった短い RNA である．また，メチル化だけでなく塩基修飾にもガイドとして機能する．snoRNA はヌクレオチド長が 60 のものから 400 を超すものまでさまざまであるが，共通な塩基配列を一部に必ずもち，数種類のタンパク質と結合した snoRNP として存在している．さらに，snoRNA の一部（10〜20 ヌクレオチド）は標的となる rRNA 部位と相補的な塩基配列をもっており，塩基対合によって修飾部位を認識する．したがって，ヌクレオシド修飾の標的となる部位の数に見合う種類の snoRNA がある．実際に，

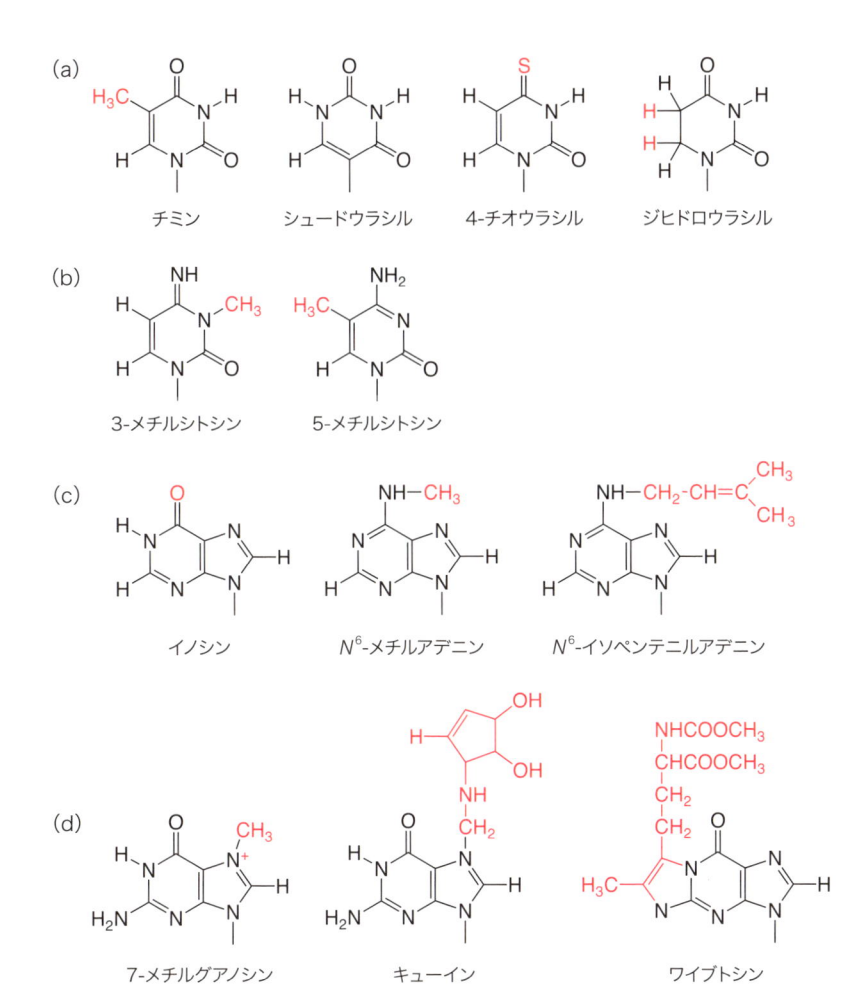

図 8.4　RNA の修飾塩基
(a) ウラシル，(b) シトシン，(c) アデニン，(d) グアニンの修飾塩基．修飾部位は赤で表す．シュードウラシルはリボースとの結合部位が変化している．

(a) チミン，シュードウラシル，4-チオウラシル，ジヒドロウラシル
(b) 3-メチルシトシン，5-メチルシトシン
(c) イノシン，N^6-メチルアデニン，N^6-イソペンテニルアデニン
(d) 7-メチルグアノシン，キューイン，ワイブトシン

ヒトや酵母から 100 種類以上の snoRNA が発見されている．rRNA のヌクレオシド修飾は成熟，構造の安定化と機能増進に関係すると考えられている．

8-3　スプライシング

　RNA やタンパク質などの直鎖状ポリマーから一部分を取り除いて残りを繋げることをスプライシングと呼ぶ．タンパク質のスプライシングはきわめて特異な例として発見されているもので一般性に乏しい．一方，RNA のスプライシングは原核生物から真核生物まで広くみられる現象であるので，通常はスプライシングといえば RNA スプライシングを指す．

8-3-1 トランス型スプライシングとシス型スプライシング

スプライシングは，大きくトランス型とシス型に分類される．スプライシングの発見で1993年にノーベル生理学・医学賞を受賞したシャープとロバーツが発見したのはトランス・スプライシングである．アデノウイルスや下等真核生物（線虫など）では，mRNAの5'末端側（SL配列）とタンパク質をコードする残りの大部分とは，それぞれ異なった転写産物として合成された後に，それぞれが切断されて繋がることでmRNAが完成する．

シス型は同一のRNA分子内で，ある部分が取り除かれて，残りが繋がるようなスプライシングである．取り除かれる部分をイントロン，残る部分をエキソンと呼ぶ．特に断らない限り，スプライシングといえばシス・スプライシングを指す．シス・スプライシングは機構の違いにより以下のように分けられる．

(a) 自己スプライシング

グループⅠまたはⅡイントロンと呼ばれるイントロンは，保存された特別な配列（Ⅰ型あるいはⅡ型）をもつ．これらのイントロンは自己触媒的にスプライシングを起こして，元のRNA分子から自動的に除去される．100以上の例が発見されており，原核生物や下等真核生物のミトコンドリアや葉緑体の遺伝子に含まれる．グループⅡイントロンのスプライシングでは核遺伝子mRNA前駆体スプライシングと同様にイントロンがラリアット構造（後述）をとる．

(b) tRNA前駆体スプライシング

いくつかのtRNA遺伝子はアンチループ部分にイントロンをもつことが知られている．このイントロンは上述の自己スプライシングにより除去される場合と，独自の機構による場合がある．独自の機構は，RNaseの作用によるイントロンの切り出しと，残った部分の結合からなっている．

(c) 核遺伝子mRNA前駆体スプライシング

何の断りもなく「スプライシング」という言葉を用いる場合にはこのスプライシングを指すのが一般的である．真核生物は高等になるほど，核に存在する遺伝子の一次転写産物（この場合はmRNA前駆体とも呼ぶ）は数多くのイントロンを含んでいる．イントロンがmRNA前駆体の90％以上を占める場合もある．このスプライシング機構では，除去されるイントロンがラリアット（投げ縄）構造をとるのが大きな特徴である（図8.5a）．

Biography

▶ R. J. ロバーツ
1943年，イギリスのダービー生まれ．父に買い与えられた化学実験キットにより，科学に興味をもった．シェフィールド大学に入学し，その研究室でKurosawaという同僚に恩を受けたという．現在，ノースイースタン大学に所属．

▶ P. A. シャープ
1944年，アメリカのケンタッキー州生まれ．ユニオン大学で化学と数学を専攻した後，イリノイ大学の大学院に進学した．現在，マサチューセッツ工科大学に所属．

one point

グループⅠイントロンとグループⅡイントロン
これらのイントロンによる自己スプライシングはリボザイム活性の一種である．グループⅡイントロンは，核遺伝子mRNA前駆体に含まれるイントロンのスプライシングとよく似た反応様式を示すことから，これらは同じ祖先をもつと考えられている．

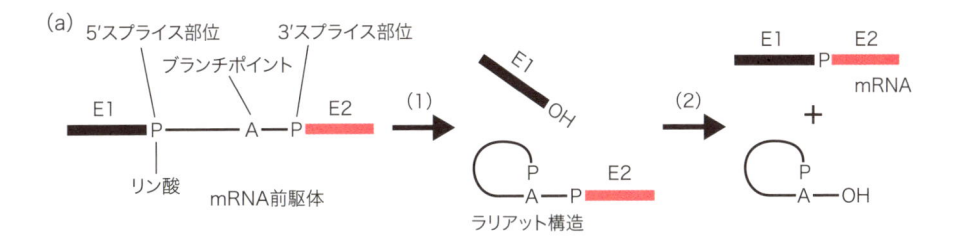

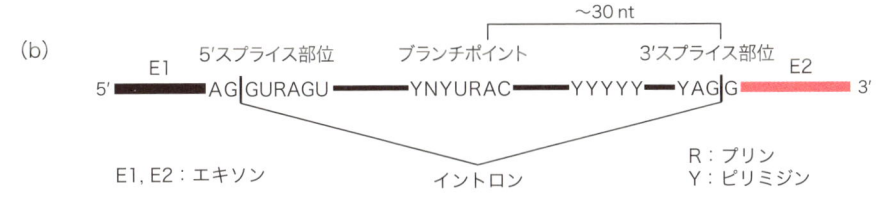

図 8.5 核遺伝子 mRNA 前駆体のスプライシング
(a) イントロン除去の経路，(b) 哺乳類に見られるスプライシングのコンセンサス配列．

8-3-2 コンセンサス配列

mRNA 前駆体に含まれるイントロンとその周辺には保存された塩基配列（コンセンサス配列）がある．図 8.5 (b) は哺乳類にみられるコンセンサス配列を示す．コンセンサス配列は 5′ スプライス部位（ドナーサイト），3′ スプライス部位（アクセプターサイト），および 3′ スプライス部位の約 30 塩基上流にあるブランチポイントに存在する．さらに，酵母以外ではピリミジンに富む領域がブランチポイントと 3′ スプライス部位の間にあり，イントロンの認識に重要な役割を果たしている．

またブランチポイントは，スプライシング反応の第一段階で生じた 5′ スプライス部位末端にあるリン酸基を受け取る部位となっており，ここにあるアデノシンのリボース 2′ 位の OH との間で脱水後に共有結合を作ることによってラリアット構造が形成される．主要なイントロンは，両末端に GU および AG の配列を保存している．

8-3-3 スプライシングの仕組み

スプライシングは，さまざまなタンパク質と snRNA からなる複合体であるスプライソソームによって遂行される（図 8.6）．U1 と U2 RNA はそれぞれ 5′ スプライス部位とブランチポイントに保存された配列と相補的な配列をもっており，これらを含む U1 snRNP と U2 snRNP はそれぞれ 5′ スプライス部位とブランチポイントに結合する．次に，複合体を形成した U4，U5，U6 snRNP が U1 snRNP に代わって結合した後，U4 snRNP は解離する．この状態では，U6 snRNP はブランチポイントに結合している U2 snRNP と 5′ スプライス部位に結合しており，U5 snRNP は上流のエキソンに結合している．ここで 5′ スプライス部位の切断とブ

one point
U1〜U6 snRNA
sn は small nuclear の略．U1〜U6 の U はこれらの RNA がウラシルに富むことから名付けられた．

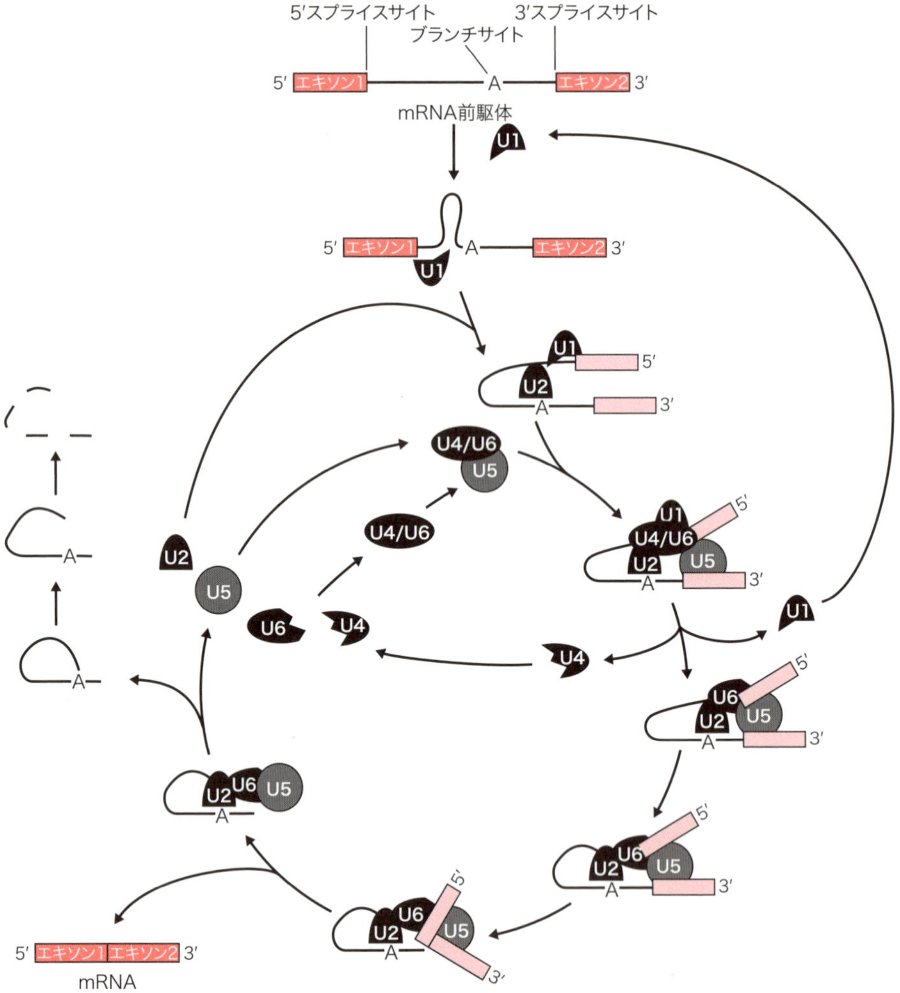

図 8.6 スプライシング反応経路

ランチポイントへの結合が起こる（反応第一段階；図 8.5 a 参照）．U5 snRNP は下流のエキソンにも結合するようになるため，両エキソンは U5 snRNP によって繋ぎ止められる．次に，3′ スプライス部位の切断とエキソンの結合が起こり，mRNA が放出される（反応第二段階；図 8.5 a）．

残ったイントロンは枝分かれが解除された後に分解される．snRNA の中で U6 RNA はリボザイム活性をもっており，イントロンを切り出すのに使われている．また，U6 RNA の作用とグループ II イントロンの作用の類似性から，スプライソソームとグループ II イントロンは共通の進化起源をもつと考えられている．snRNP はスプライシング反応の中核をなすが，実際には Prp と呼ばれる多数の因子による補助が必要である．また，上記のように U1～U6 snRNP が働くのは図 8.5 に示したようにイント

ロン両端の配列が GU-AG の場合である．少ない例ではあるが，イントロンの両端に AU-AC をもつ場合も発見されている．この場合に機能する snRNP は，U5 を除いて，異なった snRNA のセットを含んでいる．

8-3-4 選択的スプライシング

一次転写産物（mRNA 前駆体）から，異なったエキソンの組合せをもつ mRNA が作られることもある．これを選択的スプライシングと呼ぶ．選択的スプライシングによって，一つの遺伝子から活性の異なる複数種のタンパク質（アイソフォーム）を作り出すことができる．ヒトでは遺伝子の数の何倍もの種類のタンパク質が存在すると見積もられているが，一つの遺伝子から複数種のタンパク質を生産できる選択的スプライシングがこの主要な理由の一つであろう．また，発生段階や組織に特異的な選択的スプライシングや，空間に特異的な選択的スプライシングの例も知られている．

図 8.7 に性特異的な選択的スプライシングの例を示した．ショウジョウバエの sxl 遺伝子の mRNA は雄と雌で異なったスプライシングを行う．雌ではエキソン 3 が除去されるが，雄ではエキソン 3 が残る．雌では結合したエキソン 2 と 4 の mRNA からタンパク質が翻訳され，これは活性をもつ．一方，エキソン 3 の中程にはストップコドンがあるため，雄の

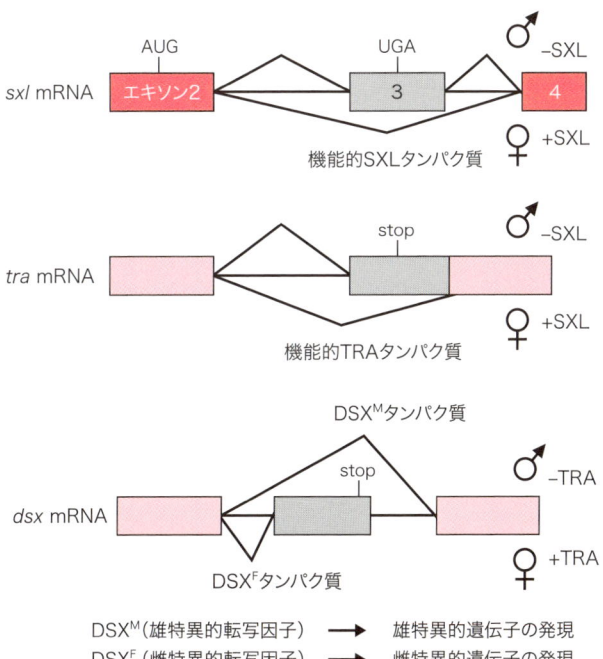

図 8.7 性特異的選択的スプライシング
ショウジョウバエの発生過程に見られる例を示す．

one point
DSX^F と DSX^M
性特異的遺伝子の転写を制御する因子である．たとえば，DSX^M は雄での卵黄タンパク質遺伝子の転写を抑制するが，DSX^F は雌でその転写を促進する．

mRNA から翻訳されたタンパクは活性に必要なエキソン 4 由来のアミノ酸配列をもたず不活性となる．活性をもった SXL タンパク質は *tra* 遺伝子 mRNA のスプライシングパターンを変化させてストップコドンをもつ領域を除去するのに作用する．その結果，機能をもった TRA タンパク質を合成できるのは雌のみとなる．機能をもった TRA タンパク質の有無は転写因子をコードする *dsx* 遺伝子 mRNA のスプライシングパターンを変化させる．その結果，雌では DSX^F が作られて雌特異的遺伝子が発現し，雄では DSX^M が作られて雄特異的遺伝子が発現する．

8-4　RNA エディティング

ある遺伝子の一次転写産物について，特定の塩基がアミノ基の付加や除去によって他の塩基に変換される場合や，ヌクレオチドの挿入・除去によって塩基の挿入・欠失が生じる場合が知られている．このような現象を RNA エディティングと呼ぶ．mRNA 前駆体に対して生じる塩基の変換は植物の細胞内小器官（ミトコンドリアや葉緑体）と哺乳類で発見されており，変換の仕方としては，A → I（コドン内の I は G として認識される），C → U，U → C，U → A，G → A が知られている．A → I への変換はアデノシンデアミナーゼ，C → U への変換はシトシンデアミナーゼが行う．塩基の変換は，mRNA 前駆体になかった開始コドンを付与すること（たとえば ACG → AUG）や，組織特異的に異なるタンパク質を合成することや，塩基配列の変化による RNA の安定性変化など，さまざまな作用をもつ．図 8.8 に塩基変換の一例を示す．血液に含まれるアポリポタンパク質 B（ApoB）には長さの異なる 2 種類がある．エディティングされない mRNA から翻訳される ApoB は ApoB100 と呼ばれ，4536 個のアミノ酸からなる．ApoB100 は肝臓で合成され，血液に分泌される．一方，小腸

one point
ApoB100 と ApoB48
血漿中で脂質はアポタンパク質と結合して存在する．アポタンパク質の一種である ApoB100 は肝臓で合成される 4536 アミノ酸残基の非常に大きな分子である．ApoB48 の名前は ApoB100 の N 末端側 48 % で構成されていることを表す．

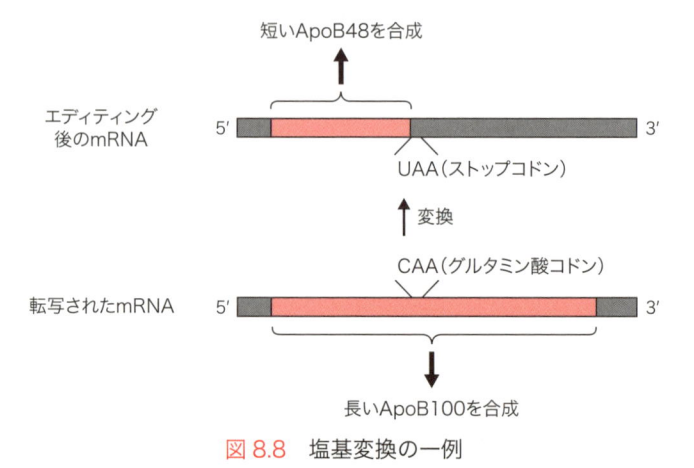

図 8.8　塩基変換の一例

では同じ mRNA がエディティングによって 1 カ所の塩基が変換される．その結果，ApoB100 の 2153 番目にあたるグルタミン酸のコドン CAA がストップコドンである UAA に変わるため，翻訳によって合成されるのは ApoB100 の N 末端側 2152 個のアミノ酸しかもたないタンパク質である．これを ApoB48 と呼び，これも血液に分泌される．

　mRNA 前駆体に対してヌクレオチドの挿入・除去が起きる例は原生動物のミトコンドリアで発見されている．挿入・除去される部位前後の配列

(a)
```
  1 UGUAGACAGA UAAACUAAAC CAUUAAAAGG CGGAGGGGGA UUUUGGGAA
 51 CGCCUGCUUC GGAUUUGAGG AGGAUUGGAG AAGGGAGGGG AGGGUUGGGG
101 GGGAGUUUAA GGGAAGGAAC GGGAGAGAGA CGGGCAGAGG GAGAAUUUGG
151 AGGGGGACAG CUGUUUGGGG AGAGGGGAAG CUUUUGGACC CAAUUUUGGG
201 GGGUUGAAGG GAGGAUAGAG AAGGAAAAAC AAUUUUGGAG GGGUGAAGGG
251 UUUUGGAGAG AUUUGGAGAG GGGGGAGGAG AGAACAUGGG AGAAGGAGGA
301 CAGAUUUGGG GAGGCAGGAU UUGAAACAAC CCAGAUGGGG AGAGAGCGAG
351 GGGAGGAACA CGUGGAGGGG AGACAGGAUU GGGGAGCGAG AGAGGGUUGA
401 GAGGGAAAGG GGGGGAAUUU AGGAGUGUAG UGAGUAGUUA UAACAACAAU
451 ACUAAAACAA AACA
```

(b)
```
  1 UGUAGACAGA UAAACUAAAC CAUUAAAAuu uGuuuuuGuu uCGuGuuAuu
 51 uuuGuuGGuG uGA****GuG GuGuuuuuuu AuuuuuAuCu uuGCCUGC**
 95 CGuuuGuAUU *GuAuuuuuu GuuGuuAuuu GGAUUGGuuu uAuGAuuuuA
144 uGuuuuGGuA GuuuuGuuuu uGuuGAuuuG GGuuUUGuuu uuuuuuuuGu
194 uuuGGGuuuG uuuuGuAuuu uGuuUUUAAu GuGuGAuuuA uuuuGuGAuA
244 uuuuuCGuGG uAuuuuuGAu uuuGuuAGuu uuAuuCGuuG uuuGCAGuAu
294 uGuuuuuuGu GAuuuGuuAu uA***GuGAG uuuGuuuuGu uuGuGACAuu
341 uuuuGCUGU* *GGuuuuuGG uuAuGuuuuA uuuuuGuGuu GuGAAuuuGC
389 UUUUGuuuuu uGuuuACCCA uuA****Guu uuuGuuGuuu GuuGGUUGAA
435 uuuGGuuuuu GuuuuuAuuG GuuuuAuuUA GAuuuGuuuA AuuuGuuGAu
485 AAAuACAuuu uuAUU**Guu uGuuAGuGGu uuGuuuuUGA AuuuuGuuuu
533 GuuuuuGUUU UGGuuuAGAu uuuuuuGuAU **GGuuAuuu GuuuuuuAuG
581 GuuGGGuuuG uuAuuuGGuu uuAuGuuuuu AuGuAAuCA* GuuGuGAGAA
630 uuuGuGAuuu uGuuuGuuAC AuGuA***Gu uGuGGuuuAu uuGGuuCuAu
677 uuuGuuuuGu AUU*GAuAuu uuACAuuuuA CCCAuGuuuu uuuA*GGuGu
725 uuuuuuGAuG uuuAuuuGuA uuuGuCGAuG uuuuuGuuuu uuGuGuAuGG
775 AuACACGuuu UGuuuuuuuG uAuGuuGuuG uuuuGuAuuG ACAuuuuGuu
825 GAUUGuGuuu GGuuuuuuuu AuuGCGAuuu GuuuAuuuuG AuGuuuuGGU
875 UGuuAuGuAu uuGuGuGuuu AAuuAuuuuu uuuuuGuuGG uuuuuuGuuu
925 GuuGuGAuuA UU*AGuuuGA GUGUAGUGAG UAGUUAUAAC AACAAUACUA
974 AAACAAAACu uuuuA
```

図 8.9　トリパノソーマ *Herpetomonas mariadeanei* のシトクロームオキシダーゼ mRNA に見られるヌクレオチドの挿入と除去
(a) エディティング前の塩基配列．除去される U は茶色で示す．(b) エディティング後の塩基配列．挿入される U は赤の小文字，除去された U が存在した部位は茶色の＊で示す．

one point
トリパノソーマ

アフリカや中南米に見られる，感染症の原因となる長さ10〜30 μmの原生生物で，鞭毛虫類に属する．トリパノソーマには多数の種があるが，ヒトに寄生して病原性を示すものはそのうちの数種類である．*Trypanosoma gambiense* と *Trypanosoma rhodesiense* はアフリカ睡眠病を起こす．

と部分的に相補的な配列をもったgRNA（ガイドRNA）の配列をコピーするようなやり方で挿入・除去が起きる．この場合，挿入・除去されるのは塩基としてウラシルをもつヌクレオチドである．図8.9にトリパノソーマのシトクロームオキシダーゼmRNAに見られる挿入と除去を示す．挿入・除去された後にmRNAとして翻訳されるときには，一次転写産物（およびその鋳型となったDNA）の塩基配列に基づいたアミノ酸配列とは読み枠もコドンも変化してしまうため，実際に作られるタンパク質のアミノ酸配列を知るにはエディティングが完了したmRNAの塩基配列を正確に調べなければならない．

この章で学んだこと──
- プロセシング
- 塩基／ヌクレオシド修飾
- スプライシング
- 選択的スプライシング
- RNAエディティング

9章 遺伝子発現のファインチューニング

この章で学ぶこと

遺伝子の発現は，基本的には転写・翻訳によって調節されている．しかし，より精密に発現を調節するための機構も備わっている．これらの調節機構により，遺伝子個々の事情によるさまざまな調節がなされていると考えられている．たとえば遺伝子発現を停止するのに不可欠な仕組みであるmRNA分解の速度を変えることで，遺伝子発現を調節できる．また，アンチセンスRNAなど低分子RNAによる調節や，RNAの構造変化を利用したリボスイッチによる調節が知られている．さらに，mRNA分解により生じる翻訳停止を乗り越える仕組みもある．

9-1　mRNA分解の意義

9-1-1　なぜ常に分解しているのか

　遺伝子発現のレベルは一般にmRNAの量に依存する．mRNAが多ければ多数のタンパク質分子が合成され，mRNAが少なければ合成されるタンパク質分子の数も少なくなる．

　mRNAの量を決める第一の要因は転写である．一方，全てのmRNAは常に分解作用に曝されているため，mRNA分解も遺伝子発現レベルを決める重要な要因である．mRNAが常に分解されているのは，遺伝子発現を動的に調節する仕組みの一環として必要であるためだと理解されている．細胞内において，リボソームなどの翻訳装置の数には限りがあるため，翻訳可能なmRNA量にも限界がある．そのため，新しく発現する必要が生じた遺伝子が出た場合，そのmRNAが効率よく翻訳されるためには既存のmRNAと新しく合成されたmRNAの量の総和が処理可能な範囲内に収まっていなければならない．またリボヌクレオチドの生合成は，新しく転写されるmRNAに必要な量を全てまかなえるほど活性が高くないようである．そのため，既存のmRNAが分解されることによって生じるリボヌクレオチドは，新しく転写するために必要なリボヌクレオチドの供給源となっている．以上のように細胞内では，常にmRNA分解することによって，次に必要な遺伝子の転写に備えているのである(図9.1)．

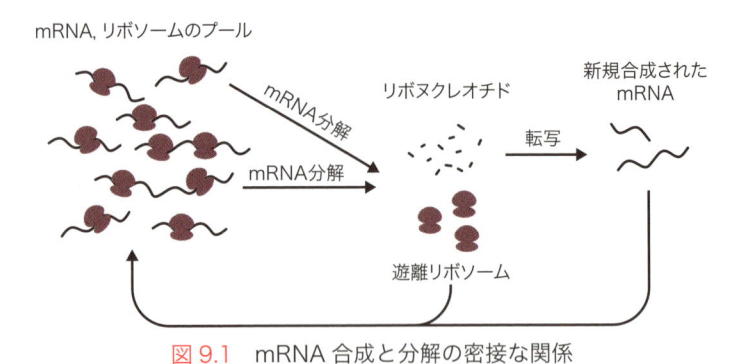

図9.1　mRNA合成と分解の密接な関係

9-1-2　mRNA分解が発現を制御する

　分子世界での寿命を問題にするときは，分子の数が半分に減るのに要する時間，すなわち半減期で表すのが通例である．mRNAは発見された当初（3-3節参照）から寿命の短いことが知られており，平均の半減期は大腸菌で〜5分，酵母で〜15分，哺乳類で〜3時間である．したがって，mRNAの量は転写のみに依存するのではなく，合成（転写）と分解のバランスによって決定される．

　さらに，これまで発現していた遺伝子の発現を止めようとする場合，転写では調節できない．なぜなら転写を停止しても，mRNAが残っている限り翻訳は続くためである．遺伝子発現は，mRNAが分解されて消失することによって始めて停止することができる．以上のように，遺伝子発現において転写をアクセル役とするならmRNA分解はブレーキ役であり，mRNA分解は転写と両輪をなす重要な仕組みであることがわかる．

　さらに，個々の遺伝子のmRNAごとに分解速度を調節することによって，その遺伝子の発現を調節する仕組みも存在している．特に，生理条件や環境条件の変化に応答するため，転写活性は一定に保ったままmRNAの分解速度を変えることによって遺伝子発現を調節するような例が多数報告されている（図9.2）．たとえば大腸菌のある遺伝子のmRNAは，発現しないときも発現するときも変わりなく同じように転写されている．しかし，発現しないときにはmRNAの寿命はたった15秒しかなく，転写されるやいなや翻訳される間もなく分解されてしまう．一方，発現するときには，mRNAの寿命は20分と長くなり，多くのmRNAは翻訳される．

　遺伝子を発現させないなら，そもそも転写しないのが自然であり，わざわざmRNAを転写しておきながら，すぐさま分解するというのはエネルギーの無駄使いにしか見えない．しかし，次のような例を考えた場合には，この仕組みの有効性が理解できるであろう．真核生物のDNAはヌクレオソームや他のタンパク質と結合しているが（第16章参照），転写されていない遺伝子を含むDNA領域は結合しているタンパク質の密度が高くなっ

one point
順　化
大腸菌の培養温度を37℃から15℃に下げると，増殖がいったん停止した後，数時間後に増殖を再開する．この増殖停止の間に低温への適応に必要な体制が確立する．これを順化（acclimation）と呼ぶ．CspA，CspB，CspG（cold shock proteinの略）は低温に移行したとき最初に発現が顕著となるタンパク質であるが，これらの発現量はmRNA分解速度によって調節されている．

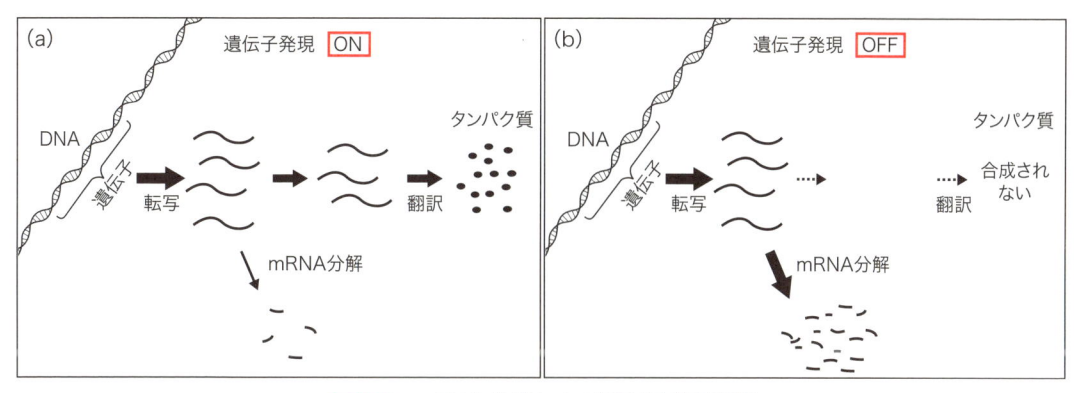

図 9.2 mRNA 分解による遺伝子発現調節
すべての mRNA は常に分解作用を受ける．しかし，分解活性が転写活性より低い場合は，図(a)のように分解を免れた mRNA が翻訳されることによってタンパク質が合成される（遺伝子は発現する）．しかし，図(b)のように mRNA 活性が転写活性を上回る場合は，転写が起きても翻訳は起こらない（遺伝子は発現しない）．

ており，転写因子や RNA ポリメラーゼがプロモーターと相互作用することができない状態となっている（転写 OFF 状態）．そのため，転写を開始できる状態（転写 ON 状態）に移行するためには結合タンパク質の再編成（クロマチンのリモデリング）を必要とする．クロマチンのリモデリングは時間のかかる過程であり，たとえば哺乳類の場合には転写開始まで 2〜3 時間が必要だと見積もられている．したがって，生理条件や環境条件の変化に応答するために必要な遺伝子を数分以内に発現させなければならないような要求に対して，転写 OFF 状態から ON 状態への切り替えでは対応できない．一方，上述の mRNA 分解による発現調節は迅速な対応が可能である．

■ **one point**
迅速な対応のもう一つの仕組み
迅速な発現調節を可能にするもう一つの仕組みは，転写のポージング（第 5 章参照）とその解除である．真核細胞が熱ショック時に発現する hsp や細胞分裂を誘導するシグナルに呼応して発現する c-fos は常に転写 ON の状態となっている．しかし，発現しないときには転写が途中でポージングしている．熱ショックや細胞分裂誘起物質が与えられたときに，ポージングは解除され転写が完了できるようになる．

9-2　mRNA 分解機構

9-2-1　5′→3′エキソリボヌクレアーゼによる分解機構

　mRNA 分解には原核生物，真核生物ともに，単一な仕組みではなく，複数の仕組みが共同して働くと考えられている．さらに，ある遺伝子の mRNA に対してのみ働く仕組みもある．また，分解を担う実体やその活性調節についても不明なことが多いので，ここでは代表的な分解経路を図 9.3 に示した．

　真核生物の mRNA 全般については，主要経路は (a) である．さらに，ほとんど全ての mRNA は 3′ 側にポリ A 鎖をもっているが，ポリ A の長さと mRNA の寿命との間には相関が知られている．すなわち，ポリ A が長いと mRNA は分解されにくく，短いと分解されやすい．この仕組みでは，ポリ A が短くなると 5′ のキャップ構造が取り除かれ，その結果 5′ 末端からヌクレオチドを取り除く作用をもった 5′→3′ エキソリボヌクレ

① 脱アデニル化　② 脱キャップ化
③ 5′→3′エキソリボヌクレアーゼ活性
④ 3′→5′エキソリボヌクレアーゼ活性
⑤ エンドヌクレアーゼ活性

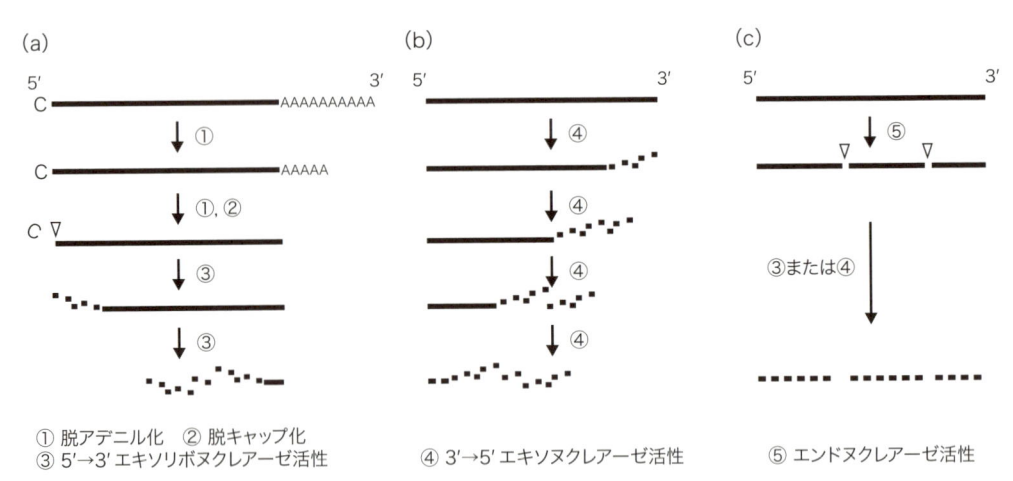

図9.3　さまざまなmRNA分解機構
(a)真核生物に特有な機構であるが，原核生物にも類似した機構が知られている(本文参照)．(b)と(c)は原核・真核生物に共通である．

one point
エキソリボヌクレアーゼ

RNA鎖の端からリボヌクレオチドを一つずつ取り除く活性をもつ酵素はエキソリボヌクレアーゼと呼ばれる．RNA鎖の方向により，2種類のエキソリボヌクレアーゼが存在する．5′側から消化を始める酵素は順次3′側に向かい，3′側から消化を始める酵素は順次5′側に向かうので，それぞれを5′→3′エキソリボヌクレアーゼと3′→5′エキソリボヌクレアーゼと呼ぶ．

one point
RNase E

分子量118 kDaのタンパク質で四量体を形成して機能する．RNase Eの1分子に対して，分子量47 kDaのRhlB（RNAヘリカーゼの一種）が1分子，分子量45.5 kDaのエノラーゼが2分子，分子量77 kDaのポリヌクレオチドフォスフォリラーゼが3分子結合する．したがって，これらが会合したデグラドソームと呼ばれる構造体は2000 kDaにも達し，リボソームに匹敵するサイズとなる．

アーゼ活性によってmRNAが分解される．ポリAにはポリA結合タンパク質(PAB)が結合しており，ポリAが長いとより多くのPABが結合する．PABと5′キャップに結合している翻訳因子eIF4G（図6.6参照）との間には親和性があるため結合できる．すなわち，ポリAが長いときにはこれら2種類のタンパク質間の結合によりmRNAが環状化する．このような状態にあるmRNAは5′キャップを取り除く働きをもつ酵素に抵抗性を示す．一方，ポリAが短くなると結合しているPABも少なくなるため，mRNAの環状化が起こりにくくなる．mRNAが非環状化状態のとき，5′キャップは取り除かれやすくなり，5′キャップを失ったmRNAは5′→3′エキソリボヌクレアーゼの基質となる．

9-2-2　エンドリボヌクレアーゼによる分解機構

大腸菌では(c)が主要な経路である．大腸菌には5′→3′方向に働くエキソリボヌクレアーゼが存在しないことと，多くのmRNAが3′側にρ因子非依存性ターミネーターである安定なステムループ構造をもっているため，3′→5′エキソリボヌクレアーゼの活性に抵抗性を示す（図9.4）．したがって主要な分解機構は，エンドリボヌクレアーゼによるmRNA鎖の切断となっている．また真核生物においても，遺伝子に特異的なmRNA分解機構が作用する場合は(c)の機構であることが多い．

5′キャップの除去が(a)の経路によるmRNA分解を決定づけるのと同様に，(c)の経路も5′末端構造の変化が役割を担っているようである．原核生物mRNAの5′末端には三つのリン酸（図4.1, 4.6を参照）がある．(c)の経路で中心的な役割を果たすエンドリボヌクレアーゼは大腸菌の場合はRNase Eである．この酵素の活性には2通りの機構が知られており，一

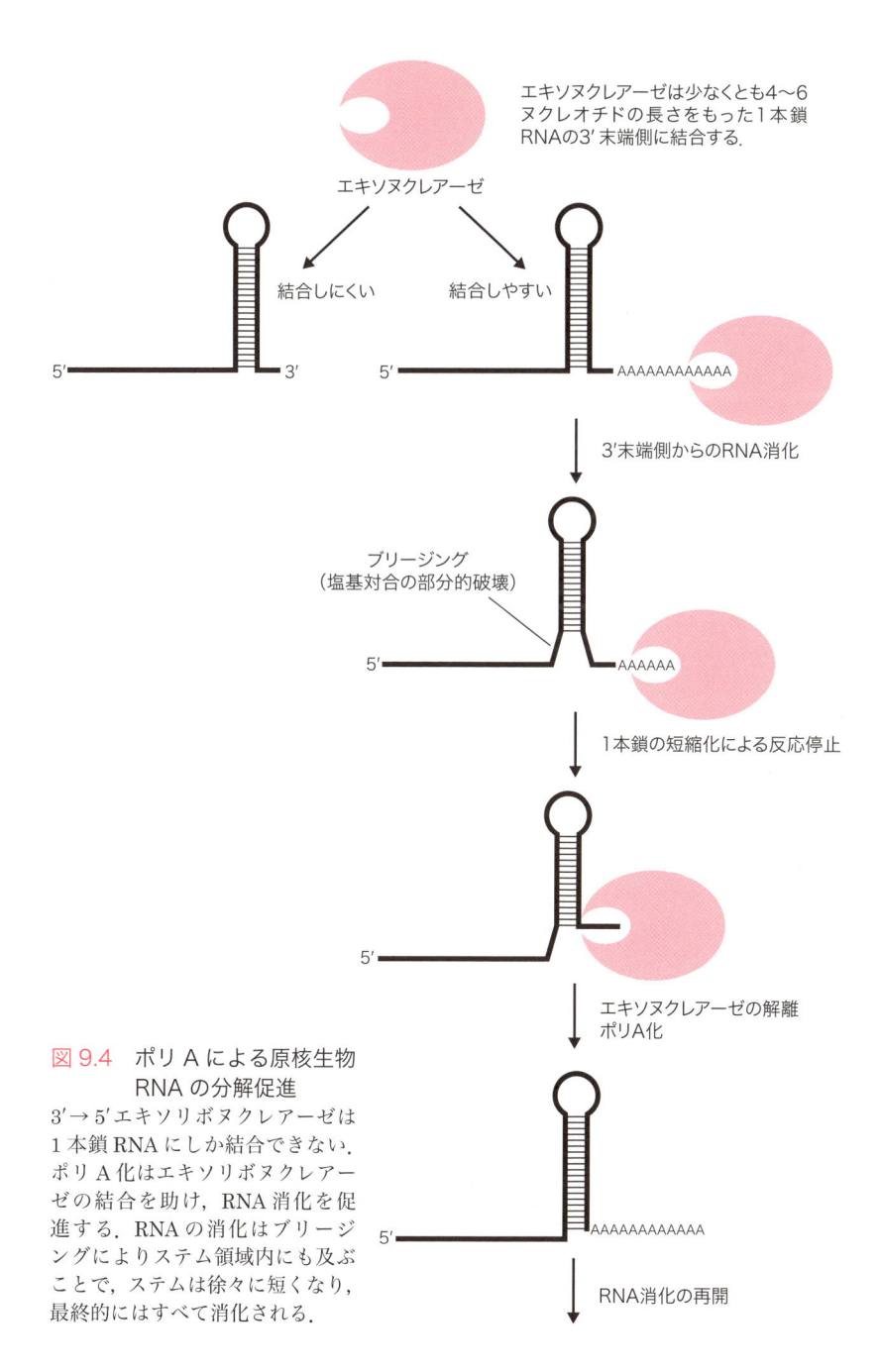

図 9.4 ポリ A による原核生物 RNA の分解促進
3′→5′エキソリボヌクレアーゼは1本鎖 RNA にしか結合できない．ポリ A 化はエキソリボヌクレアーゼの結合を助け，RNA 消化を促進する．RNA の消化はブリージングによりステム領域内にも及ぶことで，ステムは徐々に短くなり，最終的にはすべて消化される．

つ目は mRNA の内部を直接切断するやり方であり，二つ目は 5′末端の構造に依存するやり方である．後者の機構では 5′末端に三リン酸があると著しく抑制される．三リン酸のうちの二つを除去する活性をもった脱ピロリン酸酵素である RppH が働くと，mRNA の 5′末端にはリン酸が一つだけ残される．5′末端がこのような構造に変わると，RNase E は強い活性を発揮する(図 9.5)．

原核生物全般で見ると (c) が主要な経路とは限らない．枯草菌の場合，(a) とよく似た経路，すなわち 5′ 末端のピロリン酸が除去された後に 5′→3′ エキソリボヌクレアーゼによって分解される経路が主である．

9-2-3　3′→5′ エキソリボヌクレアーゼによる分解機構

経路 (b) は原核・真核生物ともに見られる経路である．原核生物の mRNA もポリ A 化される場合が知られているが，この場合，ポリ A は (b) の経路による mRNA 分解を促進する．多くの原核生物 mRNA の 3′ 側には，転写ターミネーターである安定なステムループがある．また，3′→5′ エキソリボヌクレアーゼが結合するには，3′ 末端側に少なくとも 4～6 ヌクレオチドの長さの 1 本鎖領域が必要である．したがって，ステムループ（二重鎖 RNA ＋ 3′ 末端をもたない 1 本鎖 RNA）には作用しにくい．

3′ 末端にポリ A が付加されると，3′→5′ エキソリボヌクレアーゼの結合と作用を助ける．RNA の消化を進めているときに，ブリージングによってステムの 3′ 末端側が開くと消化作業はステム領域にも進む．1 本鎖が短くなると 3′→5′ エキソリボヌクレアーゼは RNA から解離するが，RNA に再びポリ A が付加されることによって消化は再開する．この作業を繰り返すことにより，安定なステムループも 3′→5′ エキソリボヌクレアーゼによって消化される（図 9.4）．

原核生物の mRNA が経路 (c) によって断片化されたとき，生じた断片のうち mRNA の 3′ 末端を含む RNA 断片はやはりステムループをもっていることが多く，3′→5′ エキソリボヌクレアーゼによって消化されにくい．このような断片も，3′→5′ エキソリボヌクレアーゼの基質となるポリ A を付加することで消化されやすくなる．

9-2-4　ストリンジェント応答による分解機構

mRNA 分解による遺伝子発現調節の特徴的な例としてストリンジェント応答時（7-4 節参照）の mRNA 分解が知られている．ストリンジェント応答はアミノ酸の枯渇が引き金となり，アミノ酸合成酵素遺伝子を発現することによって応答は終了する．

RelE というタンパク質は mRNA を切断するエンドリボヌクレアーゼ

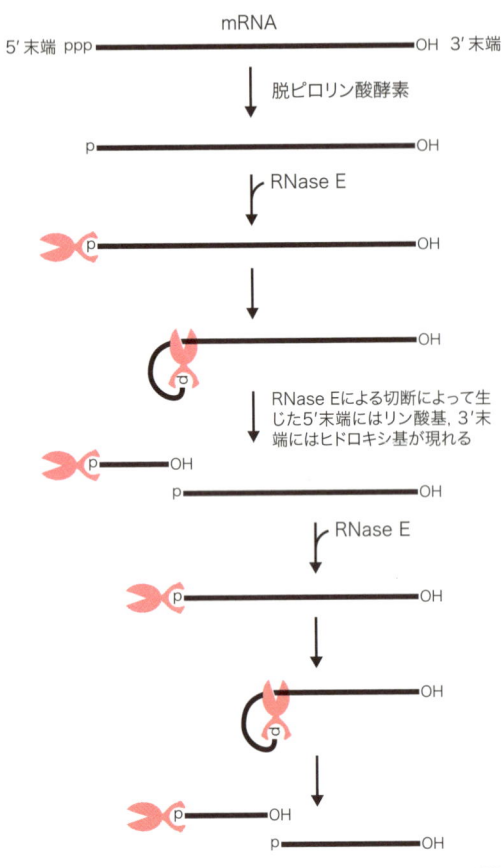

図 9.5　5′ 末端一リン酸に依存した RNaseE 活性

one point
ブリージング
熱運動による塩基対合の局所的破壊と再対合．DNA や RNA ではブリージングにより二重鎖が局所的に開いて 1 本鎖に解離したり，それがまた閉じて二重鎖に戻ることが繰り返される．

活性をもつが，普段は不活化されている．しかし，ストリンジェント応答時には活性化され，翻訳中のmRNAをリボソームのAサイトで切断する．mRNAが切断されると翻訳を続行できなくなるはずであるが，次項で述べるtmRNAが機能することによって翻訳を続行した後に正常に終わらせることができる．またtmRNAが発動すると，途中まで合成されていたポリペプチド鎖に分解シグナルが付与されるため，すみやかに分解される．すなわち，アミノ酸枯渇時にアミノ酸合成酵素を合成しなければならないという矛盾した要請を満たすために，現在翻訳中のmRNA（合成されるタンパク質の多くに緊急性はない）を分解し，翻訳中断されたポリペプチドからアミノ酸を供給させることによって，アミノ酸合成酵素の合成を可能とするのである．

9-3　リボソームを救済するtmRNA

　mRNAは常に分解作用に曝されている．このことは細胞にとって深刻な事態をもたらす可能性がある．図9.3の(b)や(c)の機構により分解されている途中のmRNAでも，5′側は正常である．すなわち，短くなっているものの翻訳開始に必要な構造は保っているような，mRNAの分解中間産物となっている．リボソームはこれらの分解中間産物についても正常なmRNAと同じように翻訳を開始するが，3′側を失っているために翻訳の途中でmRNAの端に到達してしまい，それ以降は翻訳を続行できない．一方，翻訳を終結させるためには，mRNA上にあるストップコドンがリボソームのAサイトに入ってこなければならない（6-6節参照）．したがって，3′側を消失しているmRNAとリボソームとPサイトにあるポリペプチジルtRNAは，結合したまま，翻訳を終結することができない状態で留まってしまう．

9-3-1　原核生物の救済機構

　細胞内では常に転写が起きる一方でmRNAは常に分解されている．したがって，このような袋小路状態に陥ったリボソームは増える一方となる．すなわち，翻訳に機能できるリボソームの数は減る一方となる．原核生物では，このようなリボソームを救済するためにtmRNAが働く．tmRNAはtRNAと同様の構造と機能をもち，さらにmRNAの機能をも兼ね備えている．tRNA様の機能として，3′末端に結合したアラニンをリボソームのAサイトに運ぶことができる．またmRNAの機能としては，10個のコドンからなるORFとストップコドンをもつ（図9.6a）．アラニンを結合したtmRNAは，袋小路に陥ったリボソーム（図9.6b）のAサイトに入る（②）．通常の翻訳過程と同じようにPサイトのペプチジル基をAサイト

(a)

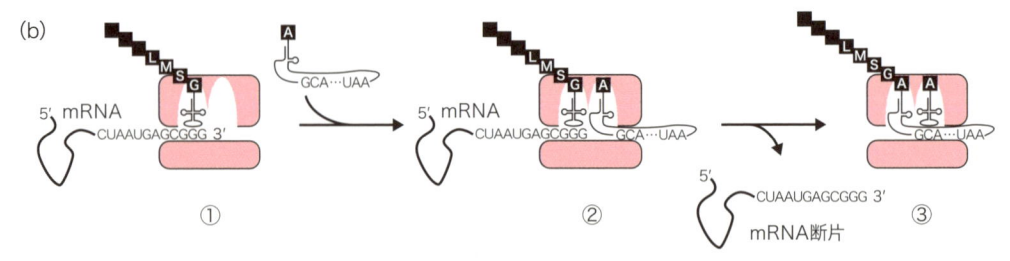

図 9.6 tmRNA によるリボソームの救済
ストップコドンを含む 3′ 側を失った mRNA を翻訳するリボソームは翻訳を終えることができず，デッドエンドに陥る．tmRNA はこのようなリボソームを救済するために機能する．

のアラニンに転移した後に，リボソームは 1 コドン分移動するが，すでに 3′ の端に達していた mRNA はこの移動とともにリボソームから解離する．このとき，リボソームの A サイトに入るのは tmRNA の ORF にある最初のコドン（GCA）である（③）．その後は，tmRNA 内の ORF が mRNA となり，翻訳が続行し，そして終結する．その結果，リボソームは袋小路から脱出して，他の mRNA の翻訳作業に従事することが可能となる．

tmRNA は単独で袋小路に入ったリボソームに作用するのではなく，tmRNA に親和性をもったタンパク質である SmpB と翻訳伸長因子の EF-Tu／GTP 複合体と tmRNA が 1：1：1 で結合した複合体として作用する．tmRNA によるリボソームの救済は，翻訳途中で合成を終えたポリペプチドの遊離を伴うが，このポリペプチドの C 末端側には常に tmRNA が結合してきたアラニン＋tmRNA の ORF によって指定された 10 個のアミノ酸が付加されている．この 11 アミノ酸からなる配列はポリペプチドを分解へと導くシグナル（タグ配列）として働くため，tmRNA によるリボソーム救済に伴って合成されたポリペプチドはすみやかに分解される．

9-3-2 真核生物の救済機構

真核生物のミトコンドリアや葉緑体のリボソームの救済については，原核生物と同じように tmRNA が機能する．真核生物の細胞質に存在するリボソームにとっても，救済を必要とする状況は生じるはずであるが，これまでに tmRNA のような仕組みは発見されていない．

> **one point**
>
> **SmpB**
>
> tmRNA に特異的な RNA 結合タンパク質．tmRNA がリボソームの A サイトに入って翻訳を続行させる場合，mRNA のコドンと tRNA のアンチコドンの対合がないにもかかわらず tmRNA に結合しているアラニンにペプチジル基転移反応が起きる．これは，SmpB がリボソームに対してコドンとアンチコドンが対合しているような状態を作り出すからであると考えられている．

9-4 RNA による調節

機能的 RNA の中には，rRNA や tRNA 以外にも，遺伝子発現にかかわるものが多数発見されている．大腸菌では前節で述べた tmRNA も含めて 60 種類以上が解析されているが，長さがいずれも数十〜400 ヌクレオチド長であるため sRNA（small RNA）と総称されている．

9-4-1 6S RNA による調節

転写活性調節にかかわる sRNA としては 6S RNA が知られている．6S RNA には，生物種によって一次配列が異なるさまざまな種類があるが，図 9.7 に示した大腸菌 6S RNA のように，分子内の相補的配列によって大部分が二重鎖となっており，その中央部分に相補的でない領域をもつのが全般的な特徴である．この RNA は大腸菌が活発に増殖しているときはほとんど存在しないが，栄養の消費によって分裂を停止する時期に達するとたくさん現れる．

大腸菌が増殖期から静止期に移行するときには，RNA ポリメラーゼホロ酵素（4-1-1 項参照）のσ因子が σ^{70} から σ^{38} に置換されていくが，最終的に σ^{38} をもつホロ酵素は全体の 30％程度に留まる（4-2-1 項参照）．残り 70％のホロ酵素は σ^{70} を結合したままであるが，静止期に転写を行うのは σ^{38} をもつホロ酵素であり，σ^{70} をもつ RNA ポリメラーゼホロ酵素は 6S RNA が結合することによって転写活性が抑制される．静止期にある大腸菌が新鮮な栄養を含む培地に移されると，しばらく後に分裂増殖を開始するが，この間に 6S RNA は分解されて σ^{70} をもつ RNA ポリメラーゼホロ酵素が再び活性をもつ．

6S RNA は σ^{70} をもつ RNA ポリメラーゼホロ酵素中で，RNA 合成の活性部位に位置しており，RNA 合成の鋳型になり得る．栄養条件がよくなり，分裂増殖を開始すると NTP（リボヌクレオシド三リン酸）濃度が高くなり，6S RNA を鋳型として 17〜20 ヌクレオチド長の pRNA が合成される（つまり RNA 依存 RNA 合成反応である）．pRNA 合成反応の進行とともに，RNA ポリメラーゼ複合体から 6S RNA と pRNA が解離し，6S RNA は分解される．

one point
pRNA

6S RNA（図 9.7）の大部分は二重鎖を形成しているが中央部分は 1 本鎖となって開いており，RNA ポリメラーゼ結合した状態は開鎖複合体（図 4.5）に匹敵するので，NTP が十分に供給されると RNA 合成を開始する．合成された RNA は pRNA と呼ばれるが，pRNA 自身は何の機能ももたない．この合成反応は RNA ポリメラーゼを 6S RNA から解離させるための仕組みである．

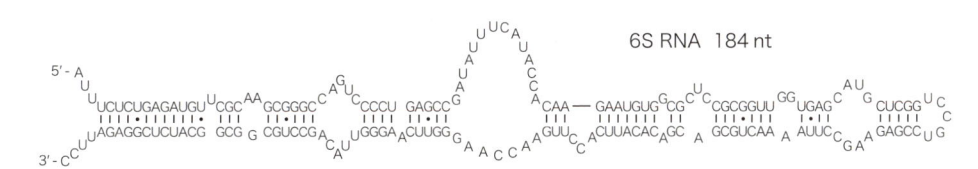

図 9.7　大腸菌 6S RNA

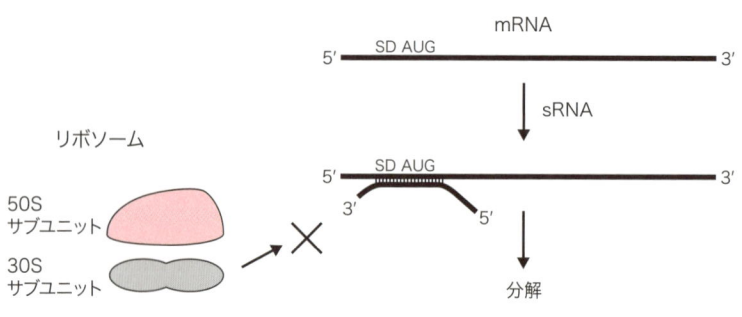

図 9.8　アンチセンス RNA による翻訳抑制

9-4-2　アンチセンス RNA による調節機構

　他の sRNA の多くは，翻訳を調節する作用をもつことが知られている．これらの sRNA は標的となる mRNA のある領域と相補的な配列をもっているため，アンチセンス RNA とも呼ばれる．塩基対合する領域によって翻訳を正にも負にも調節できる．

　翻訳を抑制する場合は，一般的に sRNA が塩基対合するのは翻訳開始に必要な SD 配列＋翻訳開始コドンを含む領域であり，この領域を二重鎖にすることでリボソームが翻訳開始領域に結合できなくする（図 9.8）．結果として，mRNA の分解が誘導されやすくなる．

(a) DsrA RNA

　1 種類の sRNA が正と負の調節作用をあわせもつ例も知られている．

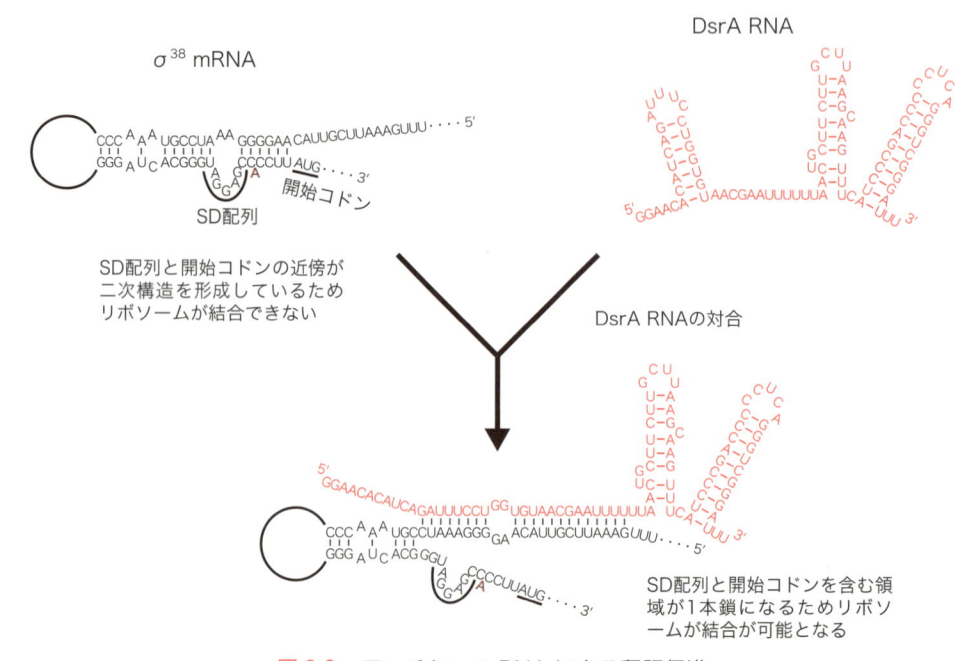

図 9.9　アンチセンス RNA による翻訳促進

DsrA RNAはhns mRNAに対合することでリボソームによる翻訳を阻害する機能を示す一方で、σ^{38} mRNAに対しては対合により翻訳を可能な構造に変える機能ももつ（図9.9）。

(b) OxyS RNA

細胞内でsRNAと標的mRNAが効率よく塩基対合するには、これらの分子が直接相互作用するのではなく、RNAの構造を変化させる活性をもった因子、すなわちRNAシャペロンが必要である（7-2節参照）。sRNAの中にはRNAシャペロンと結合することによって間接的に翻訳抑制効果を発揮するものも知られている。

OxyS RNAは大腸菌が酸化ストレスに曝されると活発に転写されて量が増える。一方、σ^{38} mRNAは上述のDsrA RNA以外に、RNAシャペロンが結合することによってもリボソームによる翻訳が可能な構造に変わる（7-2節参照）。量が増えたOxyS RNAはRNAシャペロンに結合することによってσ^{38} mRNAに結合できる遊離したRNAシャペロンを減少させる。その結果、σ^{38} mRNAの翻訳は抑制される。

(c) IstR-1 RNA

IstR-1 RNAも標的mRNAに塩基対合することによってリボソームがmRNAに結合しにくくするという点では、他のsRNAと似ている。しかし、塩基対合する領域が翻訳開始領域でないという点でユニークである。またこの作用から、これまで知られていなかったリボソームの振る舞いが明らかとなりつつある（図9.10）。

翻訳開始の第一段階としてこれまで知られているのは、リボソーム30Sサブユニットの翻訳開始領域への結合である（図6.6参照）。IstR-1 RNA

■ **one point**

DsrA RNA
85ヌクレオチド長のRNA。細胞壁合成にかかわる遺伝子の発現調節を研究していたグループが大腸菌K-12株のゲノム上でその遺伝子の下流 (downstream region) に存在する遺伝子を発見したことからDsrという名称が付けられた。

hns
histone-like nucleoid structuring proteinの略。真核生物のヒストンに似たタンパク質で、転写プロモーターの近傍にこのタンパク質が結合すると転写を抑制する。

OxyS RNA
109ヌクレオチド長のRNA。σ^{38} はHfqがOxyS RNAによって吸収されることから間接的に発現抑制される例であるが、OxyS RNAが直接mRNAと対合することにより発現を抑制する例も見つかっている。

IstR-1 RNA
IstRはinhibitor of SOS-induced toxicity by RNAの略。SOS応答時（5-5-2項参照）には細胞毒性を示すペプチドが合成されるが、このペプチドの合成を抑える因子として発見された。

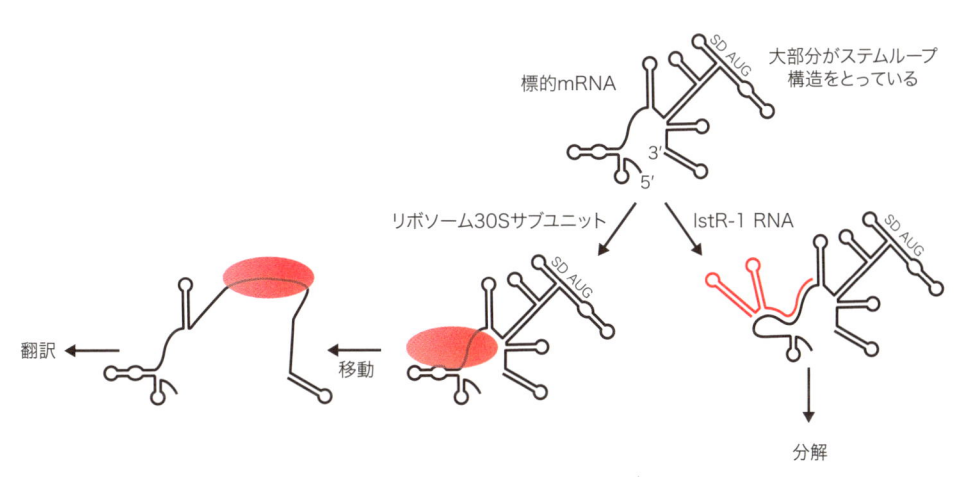

図9.10 翻訳開始領域から離れた領域を介したアンチセンスRNAによる翻訳抑制

が標的とするmRNAは大部分がステムループを形成しており，リボソーム30Sサブユニットが結合するのに十分な長さをもった1本鎖領域は標的mRNA中に1カ所しかない．IstR-1 RNAはこの領域に相補的な配列をもつ．この領域は翻訳開始領域から離れた領域にあるにもかかわらず，この領域にIstR-1 RNAが対合することによって翻訳を阻害する．このことから，リボソーム30SサブユニットはmRNAの1本鎖領域に結合した後にmRNA上を移動して翻訳開始領域に達することが示唆される．

(d) miRNA

miRNA（micro-RNA）は，真核細胞に存在する21～23ヌクレオチド長の1本鎖RNAであり，他の遺伝子の発現を抑制する機能をもつ．miRNAは最初に線虫で発見されたが，その後さまざまな動物と植物でも発見されており，これまでに数百種類が同定されている．

miRNAをコードするDNA配列は，miRNAの配列とそれにほぼ相補的な逆向きの配列を含んでおり，転写されたときにはmiRNA配列とその相補配列が対合するためにステムループ構造をとる（図9.11）．このステムループは，RNase III（8-2節と図8.3を参照）の一種であるDicerによって切断され，miRNAを含む20～25塩基対の（それぞれの鎖の3′末端側が突出した）二重鎖として切り出される．切り出された二重鎖のうちの一方であるmiRNAはRISC（RNA-induced silencing complex）に取り込まれる．一方，他方のRNA鎖はRISCがもつRNase活性により分解される．

原核細胞のsRNAと同様に，miRNAは標的となるmRNAがもつ相補的な配列に対合することによって翻訳を阻害する．しかし，miRNAが対合する領域は多くの場合mRNA中にあるORFの下流，すなわち3′側非翻訳領域であるので，sRNAとは異なる仕組み，たとえばmRNAの分解などで翻訳を阻害する．

(e) siRNA

miRNAとよく似た機能を人工的に導入する方法はsiRNA（small interfering RNA）と呼ばれる．miRNAは標的となるmRNAの配列と

one point

Dicer

長い二重鎖RNAから短い二重鎖RNAを切り出す酵素．切り出された二重鎖RNAは3′側に2塩基分突出した構造をとる．

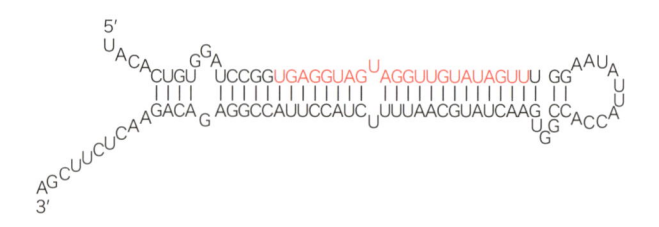

図9.11 線虫miRNAの一種であるlet-7（赤字部分）とその前駆体

完全な相補性を示さないが，標的となる mRNA の配列と完全に一致する配列をもったセンス RNA とアンチセンス RNA からなる二重鎖を細胞に与えると，Dicer によって 21～23 ヌクレオチド長の 3′ 末端突出型 2 本鎖 RNA に切断された後に，アンチセンス RNA が RISC に取り込まれる．この RISC 複合体は mRNA を分解する活性を示すため，この mRNA をコードする遺伝子の発現は抑制される．この仕組みは RNAi（RNA interference，RNA 干渉）と呼ばれ，酵母からヒトに至るまで多くの生物種で保存されている．

9-5 リボスイッチ

遺伝子発現を調節する仕組みとして最も新しく発見されたのは，RNA の構造変化による調節機構である．タンパク質がリガンドと結合することによって立体構造と活性を変化させるように，RNA が代謝産物などの特定分子と特異的に結合することによって構造と機能が変化する仕組みをリボスイッチと呼ぶ．すなわち，RNA がセンサーとして特定物質の存在を感知し，その物質の有無に応じて遺伝子発現の ON-OFF を切り替えるスイッチとして働く．リボスイッチの発見は，生物が広範な遺伝子発現調節機構として RNA を利用していること，RNA は従来知られてきた以上に構造変化が柔軟であることを示している．DNA は塩基部分にのみ水素結合形成能をもつが，RNA は塩基だけでなくリボースの 2′ 酸素原子も水素結合形成能をもっており，なおかつ 1 本鎖で存在するため，さまざまな物質と相互作用できる．

これまでに発見されたリボスイッチ例の多くは原核生物であるが，真核生物でも発見例が増えつつある．リボスイッチは二つの要素，すなわちアプタマーと発現プラットフォームから構成される．アプタマーは特定の分子と結合する領域であり，結合により構造を変化させる．この構造変化が

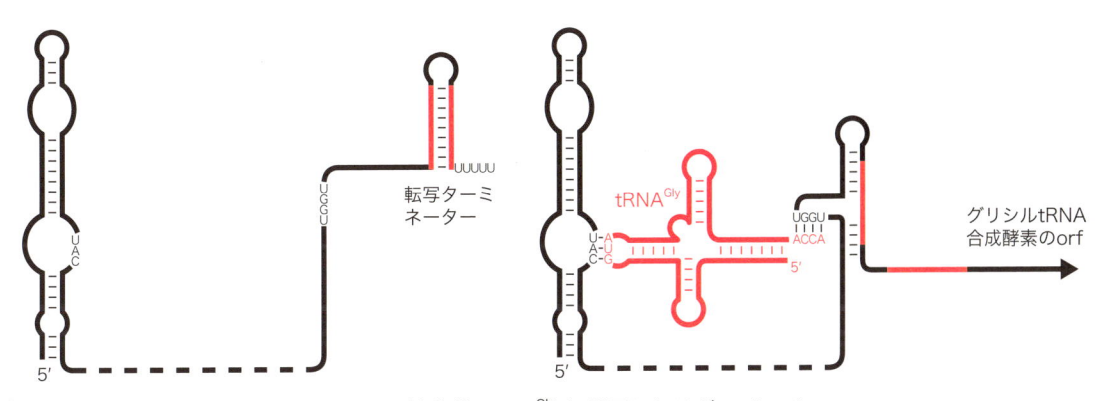

図 9.12 枯草菌 tRNA^{Gly} を利用したリボスイッチ

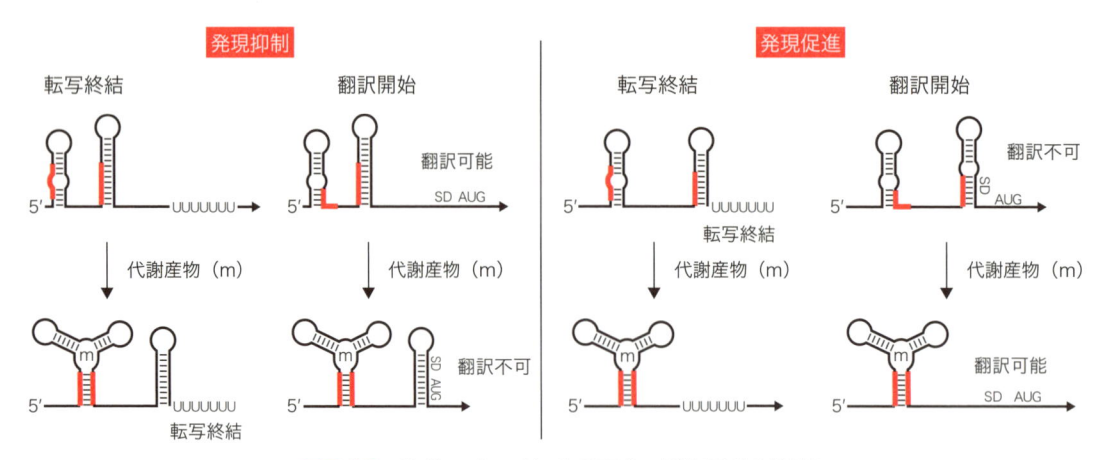

図9.13 リボスイッチによる正負の遺伝子発現調節
赤色の太線どうしは相補的配列を示す．

結果的に発現プラットフォームに影響を与えることで，遺伝子発現が調節される．

図9.12は古草菌グリシルtRNA合成酵素の一次転写物を表す．グリシルtRNA^{Gly}合成酵素mRNAの5′非翻訳領域（ORFの上流）には転写ターミネーターがあるために，翻訳領域に進む前に転写を終結することになり，遺伝子は発現しない．細胞内にグリシンを結合したtRNA^{Gly}が少なくなり空のtRNA^{Gly}が増えてくると，このtRNAはグリシルtRNA^{Gly}合成酵

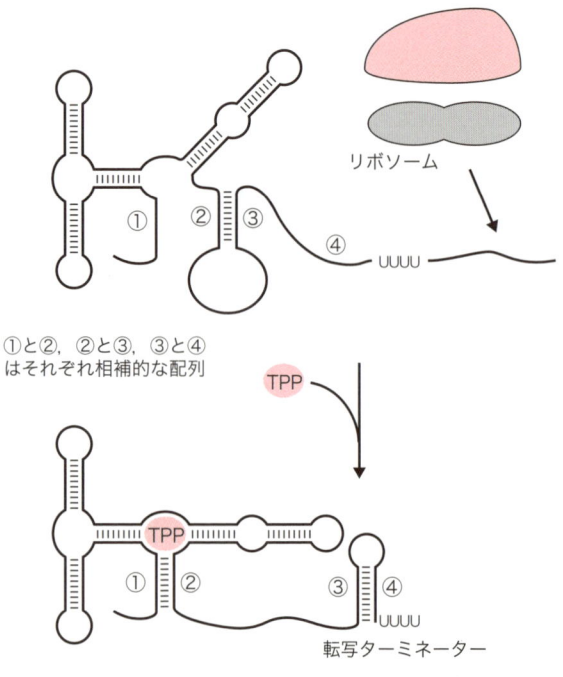

①と②，②と③，③と④
はそれぞれ相補的な配列

図9.14 チアミンピロリン酸を利用したリボスイッチ

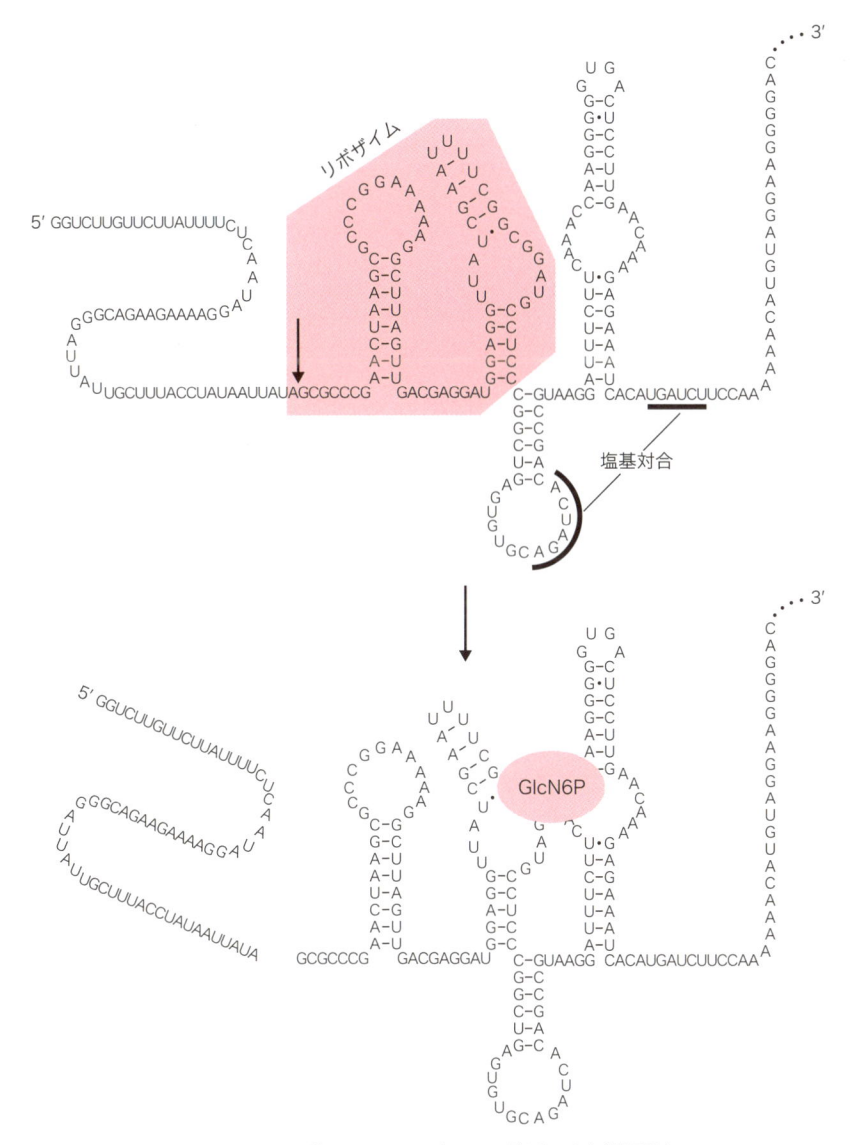

図 9.15　リボスイッチによるリボザイム活性調節

素 mRNA の 5′ 非翻訳領域に結合して，転写産物の立体構造を大きく変化させる．その結果，下流に存在する転写ターミネーターのステムを構成する領域の一つを他の領域と対合させる．そのため，転写はこの領域で終了することなくグリシル tRNA 合成酵素をコードする ORF にまで進むようになり，遺伝子は発現する．この例では，5′ 非翻訳領域がアプタマーであり，転写ターミネーターの領域が発現プラットフォームである．

アプタマーに tRNA のように大きい分子が結合するのはむしろ例外的であり，一般に結合する分子の多くは低分子の代謝産物である（図 9.13）．これらの代謝産物がアプタマーに結合することにより mRNA の転写を終

結させるターミネーターが出現するかどうか，あるいは翻訳開始に必要な領域がリボソームと結合できるように1本鎖となっているかどうかが決められる．

図9.14には解明が進んでいる例として，チアミン合成にかかわる酵素のmRNAにあるアプタマーを示す．チアミンピロリン酸（TPP）がアプタマーに結合すると，本来離れていた領域①と②が接近し，対合する相手を変えてしまう．

発現プラットフォームがリボザイムである例も知られている．枯草菌のグルコサミン-6-リン酸（GlcN6P）合成酵素（*glmS*）のmRNAのアプタマーにGlcN6Pが結合すると5′非翻訳領域に存在するリボザイムが活性化されて，自身のmRNAを切断する（図9.15）．切断を受けた*glmS* mRNAは発現しなくなることが知られているが，発現抑制の仕組みはまだ明らかとなっていない．

真核生物のmRNAには原核生物のアプタマーと同じ構造をもつものが発見されている．発現プラットフォームが同じかどうかはわからないが，やはりリボスイッチとして遺伝子発現調節に働くと考えられている．新しいタイプとして，プラットフォームがスプライシング部位であると考えられる例も知られている．この例では，プラットフォームの部位がスプライシングを受けられる状態となるかどうかによって，選択的スプライシングが生じる．

one point

チアミンピロリン酸
チアミン（ビタミンB_1）にリン酸が二つ結合したもので，ビタミンB_1の活性型である．チアミン二リン酸とも呼ばれる．

グルコサミン-6-リン酸
全ての窒素を含む糖の前駆体である．糖代謝の中間体として，フルクトース6-リン酸とグルタミンから合成される．

この章で学んだこと
- mRNA分解機構
- mRNA分解による調節
- リボソームの救済
- RNAによる調節
- リボスイッチによる調節

10章 遺伝情報の複製
—DNA 複製—

> **この章で学ぶこと**
>
> DNA の複製は生物の生存にとって必須である．細胞内では，DNA を合成する酵素である DNA ポリメラーゼだけでなく，DNA 二重鎖を開裂する DNA ヘリカーゼ活性など，それぞれの役割をもつ多数のタンパク質が複製装置を形成し，正確で効率のよい複製が行われる．
>
> モデル原核生物である大腸菌を用いた研究により，DNA 複製の基本的な仕組みが明らかにされた．真核生物ではさらに複雑な制御を可能にする仕組みが加わっている．

10-1 複製の基本様式

　DNA は，細胞の生存に必要な遺伝情報を保持する物質であるため，細胞が細胞分裂を経て倍加する過程で正確に 2 倍になる必要がある．この反応を DNA 複製という．第 2 章で説明したように，DNA はヌクレオチドを基本単位とする非常に長い鎖(くさり)状の物質であり，細胞の中では 2 本の相補鎖が二重らせん構造をとっている．

　いったいどのようにして，元の DNA と完全に同じ塩基配列の DNA が作り出されるのであろうか．興味深いことに，1952 年にワトソンとクリックによって提唱された DNA 二重らせん構造モデルは，すでに DNA 複製の基本的仕組みを予見するものであった．すなわち DNA は互いに相補的な 2 本の DNA からできているため，それぞれの鎖が鋳型(template)となって相補鎖を合成すれば，元の DNA と完全に同じ塩基配列の DNA 二重鎖ができあがる．当初は，古い DNA 二重鎖をそのままに残して新しい鎖どうしが二重鎖を作る「保存的複製」モデルと，古い鎖と新しい鎖が二重鎖を作る「半保存的複製」モデルの両方が考えられた (図 10.1)．メセルソンとスタールによる実際の細胞内での解析から，半保存的に複製されることが実証された (図 10.1)．半保存的複製は複製反応の大きな特徴となっている．

Biography

▶ **M. S. メセルソン**
1930 年，アメリカのコロラド州デンバー生まれの分子生物学者．シカゴ大学で化学を学んだ後，カリフォルニア工科大学の L. ポーリングの元で研究を行った．1957 年，F. W. スタールとともに窒素の安定同位体を用いて DNA が半保存的に複製されることを証明した実験は有名．その後，同じ原理を用いて，遺伝的相同組換え反応が DNA の切断と再結合によることを示すなど，分子生物学に多大な貢献をした．2014 年現在もハーバード大学教授．

▶ **F. W. スタール**
1929 年，アメリカのマサチューセッツ州ボストン生まれの分子生物学者．ハーバード大学を卒業後，ロチェスター大学で学位を取得した．1959 年からオレゴン大学でバクテリオファージ T4，ラムダファージ，出芽酵母の遺伝的組換え反応を研究．2001 年に退職し，現在はオレゴン大学名誉教授．

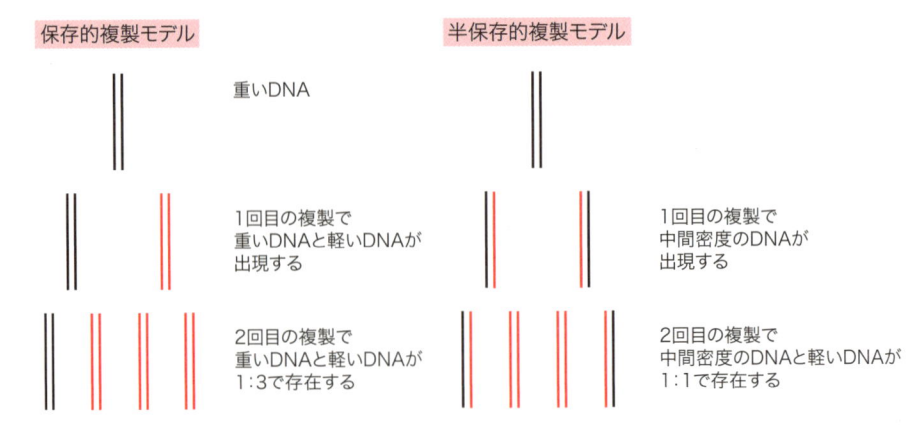

保存的複製モデル　　　　　半保存的複製モデル

重いDNA

1回目の複製で重いDNAと軽いDNAが出現する　　　1回目の複製で中間密度のDNAが出現する

2回目の複製で重いDNAと軽いDNAが1:3で存在する　　　2回目の複製で中間密度のDNAと軽いDNAが1:1で存在する

実験法
(1) 大腸菌を ^{15}N を含む重い培地中で培養する．
(2) ^{14}N を含む軽い培地に移し，1回あるいは2回複製させてDNAを回収する．
(3) 重いDNAと軽いDNAを密度勾配遠心法で分離する．

図10.1　DNAの複製モデル

10-2　DNA複製の基本反応

複製反応は鋳型となるDNAと塩基対を作るヌクレオチドを，一つずつ重合させていく反応である（図10.2）．この反応を触媒する酵素をDNAポリメラーゼと呼ぶ．1956年 A. コーンバーグは，大腸菌の抽出液からDNA合成活性をもつ酵素を初めて分離し，DNAポリメラーゼ I と命名した．

DNAポリメラーゼ I の生化学的解析から次のような特徴が明らかになった（図10.2）．まず，合成には鋳型となるDNAが必要である（鋳型要求性）．鋳型鎖の塩基と塩基対を作ることができるヌクレオチドが重合される．第二に，DNAポリメラーゼの重合反応は，鋳型鎖と対合している相補鎖（この部分をプライマーと呼ぶ）の 3'-OH 末端を必要とするため，プライマーなしでは重合反応を行えない（プライマー要求性）．第三に，合成反応では，デオキシヌクレオチド三リン酸の末端のリン酸基二つ（β位とγ位）がピロリン酸として遊離し，α位のリン酸基が糖のプライマーの 3'-O と結合する．その結果DNAポリメラーゼによる合成反応は，5'から3'方向へと進むことになる（一方向性）．大腸菌以外にもさまざまな生物種からDNAポリメラーゼが精製されたが，すべて上記の特徴をもっているため，地球上の生命の基本的性質の一つと考えられる．

DNAポリメラーゼ I のDNA合成活性を失った変異株が分離され，その大腸菌は正常に生育したため，DNA複製で主要な役割を果たす別の酵素があるのではないかと考えられた．最終的に，大腸菌のDNA複製を担うDNAポリメラーゼ III は，A. コーンバーグの息子である T. コーンバー

Biography

▶ A. コーンバーグ

1918年，アメリカのニューヨーク生まれ．1937年にニューヨーク市立大学で理学士を得た後，1941年にロチェスター大学で医師免許（M. D.）を取得．1946年にニューヨーク大学のS. オチョアの下で酵素を学び，1947〜1953年はNIHで酵素研究部門を設立し，ATP生合成を研究した．1956年にDNAを合成する酵素DNAポリメラーゼ I を初めて単離し，この業績で1959年にノーベル生理学・医学賞を受賞した．1959年からスタンフォード大学の生化学教授を務め，2007年に死去する直前まで研究を行った．長男の R. D. コーンバーグはスタンフォード大学の構造生物学教授で，2006年にノーベル化学賞を受賞している．次男のT. B. コーンバーグは M. L. ゲフターとともにDNAポリメラーゼ III を発見した．

図 10.2 DNA 複製の基本反応

グらにより 1971 年に発見された．この酵素は複数のタンパク質から構成されており，DNA 合成活性をもつタンパク質をコードする *dnaE* が生育に必須であることから，DNA ポリメラーゼⅢこそが DNA 複製の主要なポリメラーゼであると結論された．

10-3 Okazaki フラグメント合成

前節で見てきた DNA ポリメラーゼによる DNA 合成反応は，1 本鎖 DNA を鋳型として 2 本鎖 DNA を作る反応である．しかし細胞内のゲノム DNA は二重鎖であり，互いに逆方向の 2 本の DNA 鎖からできている．細胞内では，二重鎖 DNA はどのようにして複製されるのだろうか．

細胞から複製途中の DNA 分子（複製中間体）を取り出して電子顕微鏡で解析すると，枝分かれした構造が観察される（図 10.3）．この構造を複製フォークと呼ぶ．複製フォークでは，DNA ポリメラーゼが二つ必要となるはずである．その場合，片方の鎖は DNA ポリメラーゼによって矛盾なく合成できる（DNA ポリメラーゼは一方向にしか DNA 合成反応を行えない）．しかし，複製フォーク進行と反対方向の鎖はいったいどのように合

one point
dnaE

1969 年に P. デルシアと J. ケーンズによって DNA 合成に欠損を示す大腸菌の温度感受性変異株（*dnaA, B, C, D, E, F, G*）が分離された．この細胞抽出液を用いた解析から，*dnaE* 変異株で DNA ポリメラーゼⅢ活性の低下が示された．このことから DNA ポリメラーゼⅢが大腸菌の DNA 複製を担う酵素であることがわかった．*dnaE* がコードする触媒サブユニット（αサブユニット），*dnaQ* がコードする 3′-5′ エキソヌクレアーゼサブユニット，*dnaN* がコードする β サブユニットなどからなる複合体を DNA ポリメラーゼⅢホロ酵素（完全酵素）と呼ぶ．

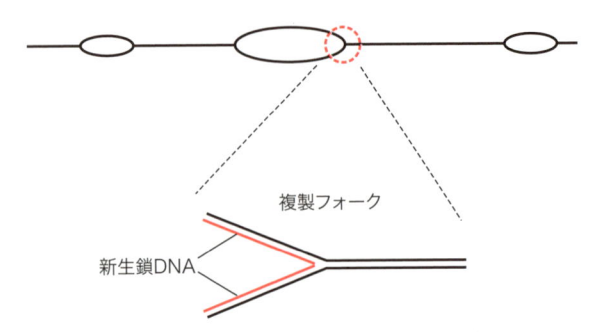

図 10.3 複製中の DNA の枝分かれ構造

Biography
▶岡崎令治

1930～1975. 広島市に生まれ，広島高等師範付属中に在学中に被爆した．名古屋大学理学部生物学科卒業．1960年，ワシントン大学の A. コーンバーグ博士のもとに留学．1963年，名古屋大学助教授として帰国後，1966年に DNA 複製の中間体として短い断片が作られることを発見し，「不連続複製モデル」を発表した．1972年には断片の末端の RNA を発見し，モデルを完成させた．1975年，広島での被爆が原因の慢性骨髄性白血病のため44歳で急逝した．あと数年長く生きていれば，間違いなくノーベル賞を受賞したといわれる．

成されるのだろうか．

　この問題は岡崎令治博士らによって解き明かされた．もし両方向のどちらの鎖も連続的に合成されるのであれば，複製によって DNA 鎖に取り込まれるヌクレオチドは常に長い DNA に付加されるはずである．しかし，フォークの進行方向に対して逆方向に作られる鎖は，いったん短い鎖として合成され，後で連結されるのであれば，短い DNA が一時的に存在するはずである（図10.4）．これらを調べる実験として，複製途中の大腸菌にごく短時間（2～120秒）だけ放射性同位体 ^{3}H チミジンを取り込ませ，細胞から回収した DNA をアルカリ性条件で1本鎖に変性し，DNA の長さをショ糖密度勾配遠心法で解析した．すると，最初に約1000ヌクレオチドの短い DNA が合成され，それらは時間とともに連結され長い DNA に変化することが観察された（図10.5）．さらに後の研究により，短い DNA 鎖の5'末端には数ヌクレオチドの RNA が結合していることがわかった．これらの結果から，まず鋳型鎖上にプライマー RNA が合成され，そこから DNA が約1000ヌクレオチド合成され，それらが連結されて長い DNA に成熟するという「不連続複製モデル」が提出された（図10.6）．

　複製フォークでは，片方の鎖は連続的に合成され（リーディング鎖），

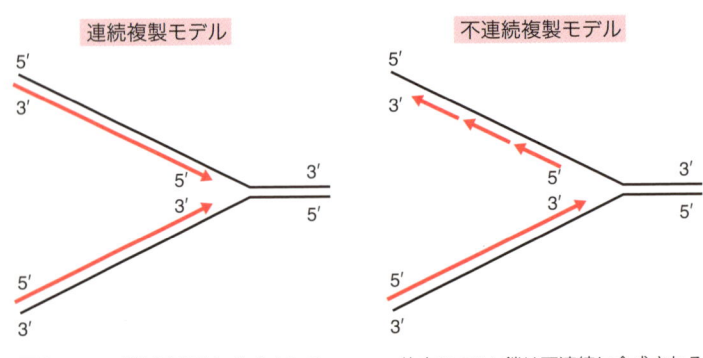

図 10.4　連続複製モデルと不連続複製モデル

図10.5 T4ファージ感染大腸菌のDNA合成

図10.6 不連続複製モデル

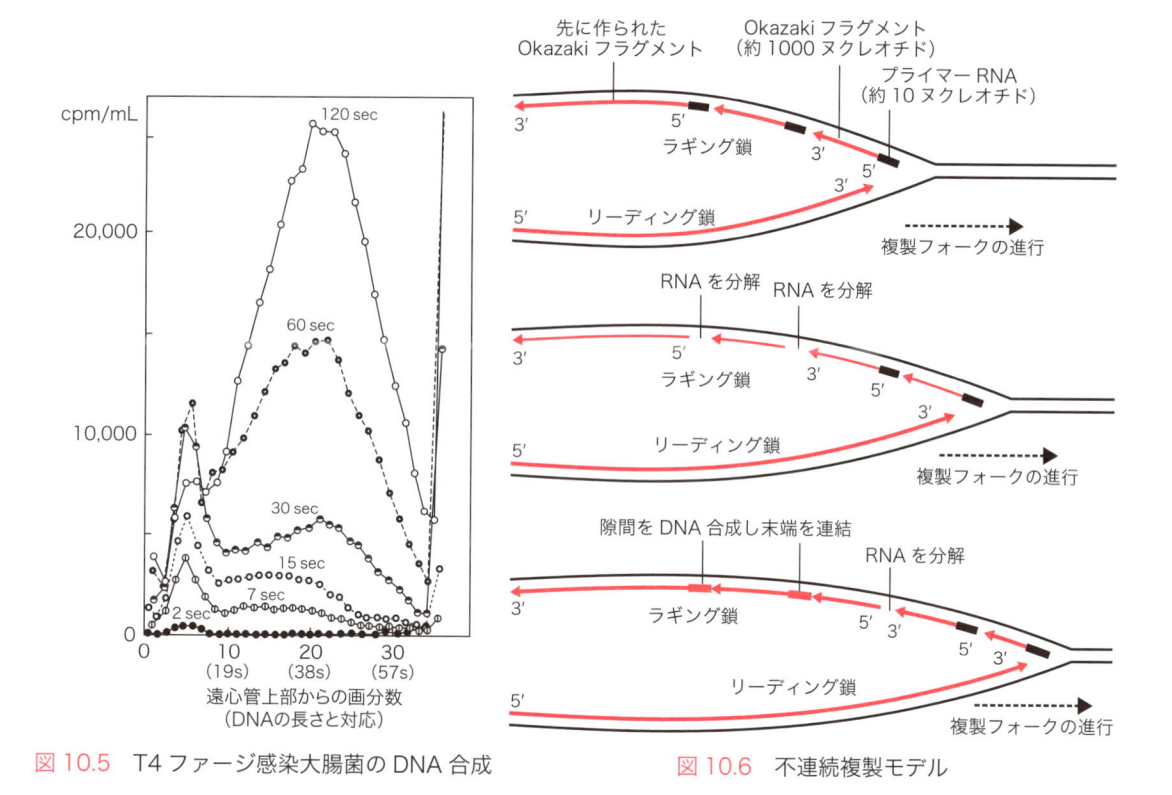

フォークの進行と反対向きとなる鎖(ラギング鎖)は，短いDNAとして合成されてから連結される．このような仕組みで細胞内のDNAが複製されることは，今日では大腸菌だけでなくあらゆる生物に普遍的であることが確認されている．このように重要な事実を発見した岡崎博士にちなみ，短いDNA断片は「Okazakiフラグメント」と呼ばれる．不思議なことに，膨大なゲノムDNAをもつ真核生物のOkazakiフラグメントは大腸菌のそれよりもはるかに短く，100～200ヌクレオチドである．この長さがヌクレオソームを構成するDNAの長さと似ている点が興味深い．

10-4 複製フォークで働くタンパク質

実際に細胞内でDNAが複製される際には，DNAポリメラーゼだけでなく非常に多くのタンパク質が協調的に働いている．DNAポリメラーゼは1本鎖DNAに結合して相補鎖を合成する酵素であり，自分では二重鎖DNAを開裂することができない．そのため，二重鎖DNAを開裂する活性をもつDNAヘリカーゼ（DNA helicase，らせんを「ほどく」の意）という酵素が必要となる．さらに，DNAポリメラーゼが鋳型鎖から離れないように繋ぎ止める役割をもつスライディングクランプや，Okazakiフラ

グメント合成の開始に必要なプライマー RNA を作るプライマーゼも必要である．これらのタンパク質は「レプリソーム（複製装置）」と呼ばれる巨大な複合体を形成して働く．

　複製装置の構造と機能がよく研究されている大腸菌について説明する（図 10.7）．複製フォークの先頭で DNA 二重鎖を開裂するのが DnaB ヘリカーゼである．DnaB は六量体でリング構造をとり，中央の穴に 1 本鎖 DNA を通す．ATP の加水分解エネルギーを用いて，1 本鎖 DNA 上を 5′ から 3′ の方向に進みながら二重鎖 DNA を開裂する．

　DNA ヘリカーゼにより作り出された 1 本鎖 DNA は，1 本鎖 DNA 結合タンパク質 SSB（single strand DNA binding protein）と結合して保護・安定化され，リーディング鎖とラギング鎖の鋳型となる．ラギング鎖合成では，DnaB ヘリカーゼと相互作用する DnaG タンパク質（RNA プライマーゼ）が，鋳型鎖上で約 1000 塩基ごとにプライマー RNA（数ヌクレオチド）を合成し，プライマーの 3′-OH 末端に DNA ポリメラーゼⅢが DNA を付加して Okazaki フラグメントを合成する（図 10.7）．複製フォークでは，ヘリカーゼによる DNA 二重鎖の開裂とリーディング鎖合成とラギング鎖合成の三つが協調的に進行する．このためには，DnaB ヘリカーゼと 2 分子の DNA ポリメラーゼⅢが，別のタンパク質を介して結合して働くと考えられている．DnaB ヘリカーゼが開裂した二重鎖 DNA のうち，ラギング鎖合成の鋳型鎖は Okazaki フラグメントの合成に合わせて，ループ構造の大きさが変化する「トロンボーンモデル」（図 10.7）が提唱されている．

　DNA ポリメラーゼⅢは連続して長い DNA を合成する能力をもっているが，さらにスライディングクランプ（sliding clamp）と呼ばれるタンパク質が DNA ポリメラーゼを DNA から離れないように繋ぎ止めている．

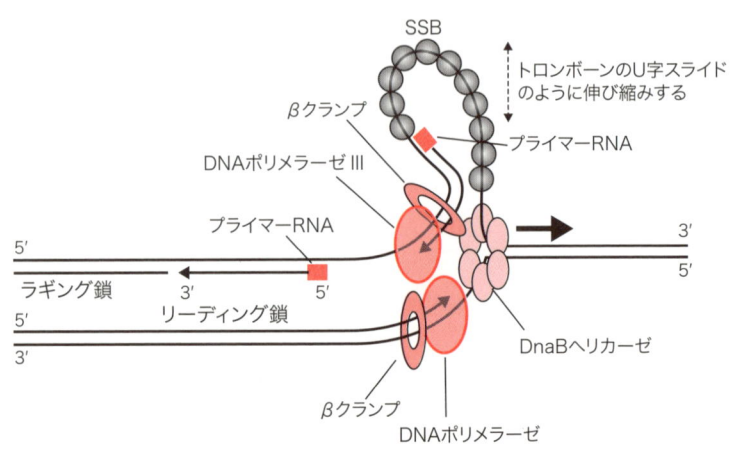

図 10.7　大腸菌複製装置モデル

大腸菌では，DNA ポリメラーゼIIIの一部として精製された β クランプが中央の穴の中に二重鎖 DNA を挟み込んで DNA 上を滑るように移動しながら DNA ポリメラーゼを繋ぎ止めている．

リング状構造をしている β クランプタンパク質はどのようにして DNA に結合するのだろうか．この反応には，クランプローダーと呼ばれるタンパク質複合体が働く．ATP と結合し加水分解する活性をもつクランプローダー（五量体）は ATP と結合した状態で β クランプと結合し，β クランプのサブユニット間に隙間を作る．この状態で DNA の鋳型 DNA 上の新生鎖の 3′ 末端に結合し，クランプを二重鎖 DNA 部分に結合させる（図 10.8）．その後 ATP を加水分解するときにクランプのリング構造を閉じ，自らはクランプから離れると考えられている（図 10.8）．ラギング鎖合成では，Okazaki フラグメントの合成後に DNA ポリメラーゼがいったん鋳型鎖から離れた後も β クランプは DNA 上に留まり，Okazaki フラグメントどうしを繋ぐ DNA リガーゼなどのさまざまなタンパク質を DNA 上に結合させる．

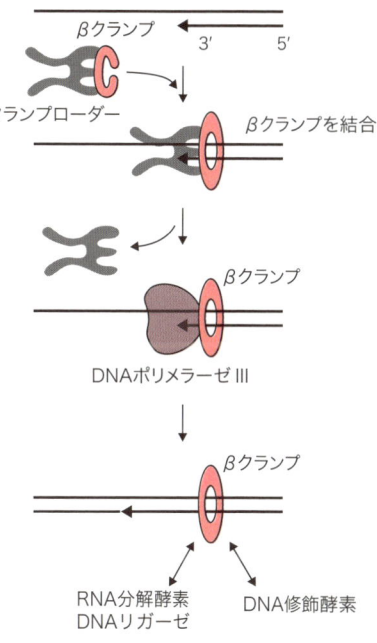

図 10.8 β クランプタンパク質の DNA への結合

10-5 真核生物の複製装置

原核生物に比べると，真核生物の複製装置を構成するタンパク質は少し複雑である．図 10.9 に真核生物の複製フォークモデルを示す．複製フォーク先頭では，Mcm2〜7（minichromosome maintenance）という 6 種類のタンパク質が作るリング状複合体に，GINS（Go-Ichi-Ni-San）と Cdc45 というタンパク質が CMG 複合体を形成し，DNA ヘリカーゼとして働く．CMG ヘリカーゼにより生じる 1 本鎖 DNA には，RPA（Replication Protein A）複合体が結合して保護する．

真核生物の DNA 複製には 3 種類の DNA ポリメラーゼが必須である．リーディング鎖を合成する DNA ポリメラーゼ ε（イプシロン）は長い鎖を正確に合成する能力が高い．一方，ラギング鎖である Okazaki フラグメントの合成は，RNA プライマーゼ活性をもつ DNA ポリメラーゼ α が約 10 ヌクレオチドのプライマー RNA を合成し，続けて数塩基だけ DNA を合成する．DNA ポリメラーゼ α は RNA プライマーゼ活性をもつ珍しいポリメラーゼである．その後 DNA ポリメラーゼ δ（デルタ）が DNA を伸長する．

真核生物では，PCNA（Proliferating-Cell Nuclear Antigen）三量体がスライディングクランプとして働く．PCNA はリング状構造を作り，ク

one point
β クランプ
クランプとは「留め金」の意味．二量体でドーナッツ状の構造をとり，中央の穴（約 3.5 nm）に二重鎖 DNA（直径約 2 nm）を通して DNA 上を滑るように動くことから，スライディングクランプ（滑る留め金）とも呼ばれる．β クランプは DNA 上を滑りながら，DNA ポリメラーゼと強く結合しており，DNA と DNA ポリメラーゼとを結びつけ，DNA 合成を持続させる．真核生物には，β クランプと構造も機能もよく似た PCNA という三量体タンパク質がある．

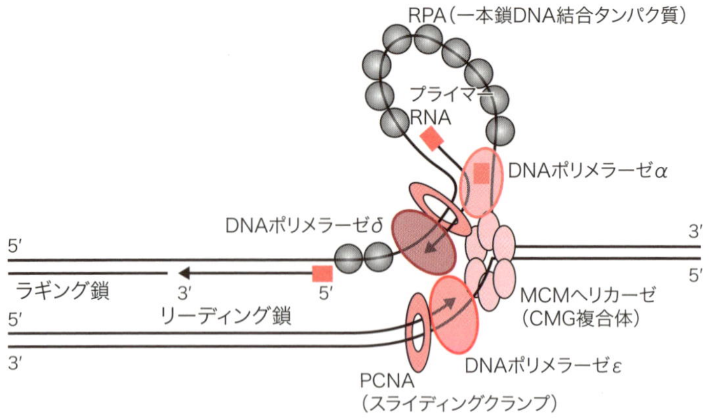

図10.9　真核生物複製フォークでの3ポリメラーゼモデル
レプリソーム（Replisome）と呼ぶこともある．

one point

CMG複合体

真核生物の複製装置でDNA二重鎖を開裂するDNAヘリカーゼ活性をもつ安定な複合体の名称．Cdc45, Mcm2-7, GINSはS期以外の時期にはそれぞれ別の状態で存在するが，S期には複製起点上で複合体を形成し，複製フォークとともに移動しながら二重鎖を開裂し，DNAポリメラーゼに鋳型DNAを供給する．

RPA

真核生物の1本鎖DNA結合タンパク質複合体で大腸菌のSSBに相当する．1本鎖DNAに強固に結合するモチーフをもつ三つのタンパク質の複合体で，Replication Protein Aの略称．複製，組換え，修復反応の途中で生じる1本鎖DNAを保護する．

Biography

▶ **F. ジャコブ**

1920～2013．フランスのナンシー生まれの医学者，遺伝学者．第二次世界大戦ではアフリカ戦線に派遣され，大けがを負った．戦後に医師となるが，けがのため外科医の道を断念し，研究を志した．1965年にA. ルヴォフ，J. モノーとともにノーベル生理学・医学賞受賞．

ランプとしてDNAポリメラーゼδやεに結合して合成を促進する．興味深いことに，PCNAは大腸菌のβクランプとアミノ酸配列は似ていないにもかかわらず，非常によく似た構造と機能をもつ．PCNAは，PIP-box（PCNA-interacting box）と呼ばれる短いアミノ酸領域と相互作用する．PIP-boxをもつタンパク質にはOkazakiフラグメントの成熟に働くヌクレアーゼ（FEN1），DNAリガーゼ，DNA修復ポリメラーゼ，複製開始因子Cdt1，ヌクレオソーム形成促進因子などが知られており，多様な反応に関与するきわめて重要な因子である．PCNAクランプを二重鎖DNAに結合させるクランプローダーの役割はRFC（Replication Factor C）複合体が担う．

10-6　レプリコン説と複製開始反応

ここまではDNA複製が進行する仕組みを紹介してきたが，細胞内では複製がどのように開始され，また制御されるかが重要である．1963年にF. ジャコブ，S. ブレナー，F. クジンらは，DNA複製制御の基本的概念として「レプリコン説」を提唱した．大腸菌では，大腸菌ゲノムの他に，種々のプラスミドや細胞外から感染するバクテリオファージなどの異なる種類のDNAが独立して複製しゲノムを維持する（図10.10）．このようなことが可能であるのは，それぞれが独立した複製単位（レプリコン）として複製する仕組みのためと考えられた．

ジャコブらは複製を可能にする特定の配列（レプリケーター）がDNA上に存在し，DNAの別の領域にあるイニシエーター遺伝子がコードするタンパク質（イニシエーター）が，レプリケーターを識別・結合して複製開始を「ポジティブ」に制御すると考えた．ほとんどの場合，レプリケーターは

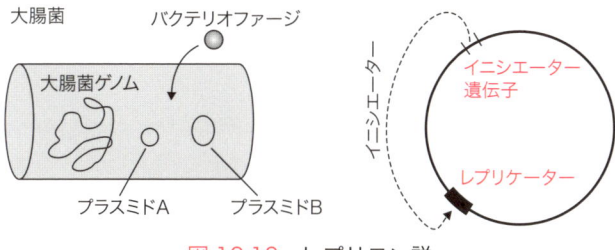

図10.10 レプリコン説

染色体の複製開始点(複製起点ともいう，replication origin)と一致する．

　大腸菌などの原核生物やプラスミド，ウイルスにおいては，レプリケーターとイニシエータータンパク質は明確であり，レプリコン説は非常によく当てはまる．また，酵母などの単細胞真核生物ではレプリコン説のレプリケーターに相当する配列が確認されており，イニシエーターとして働くタンパク質群もあることから，真核生物でもレプリコン説が成立しているといえる．ところが，ヒトなどの多細胞真核生物では染色体での複製開始点での塩基配列要求性は乏しく，染色体構造などによって複製開始点が決定される可能性があり，厳密な意味でのレプリコン説は成立しないかもしれない．とはいえ，ゲノムの特定の部位が複製開始点として選択される仕組みがあり，特異的なタンパク質の結合が複製開始に必要であるという原則は変わらない．真核生物では，原核生物に比べて複雑な制御を実現するために多様な因子が必要とされる点に特徴がある．

10-7　原核生物の複製開始とその制御

　大腸菌のDNA複製は染色体上の *oriC* と呼ばれる部位で開始する． *oriC* はアンピシリン耐性遺伝子などの選択マーカーを結合させたときに細胞内で複製開始する能力をもつ約240塩基対(base pair)のDNA断片として同定された． *oriC* 断片には2種類の重要な配列が存在する．その一つは複製開始因子DnaAタンパク質が結合するDnaA-boxと呼ばれる配列で，典型的な配列が5カ所(R1〜R5)と弱い結合部位が8カ所ある(図10.11)．もう一つは，アデニンとチミンに富む13塩基対の配列が三つ続いており，二重鎖が開裂しやすい配列で，DUE (DNA unwinding element)と呼ばれる．

　DnaAタンパク質はAAA+ATPaseファミリーに属しATPに結合・加水分解する活性をもつ．ATP結合型DnaAが *oriC* 内のDnaA-boxに結合すると *oriC* のDNA二重鎖をゆがめ，DUE部位で二重鎖を開裂する(図10.11)．DnaAに結合したATPはこの反応では加水分解されず，後のDnaA不活化反応で分解される．開裂した部位にDnaBヘリカーゼ六

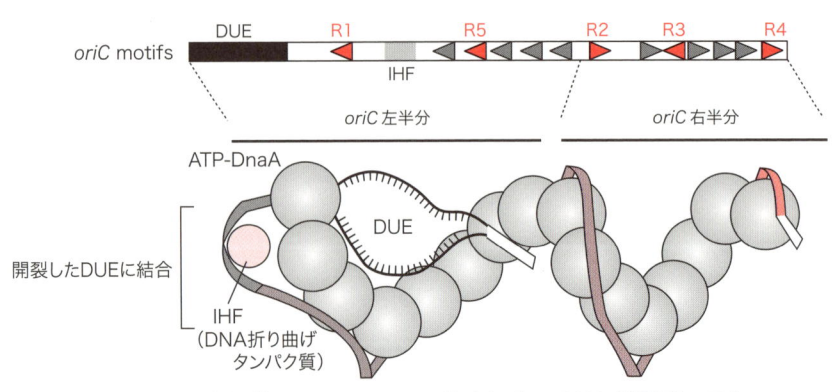

図10.11 大腸菌 oriC への DnaA 結合による DNA 鎖開裂モデル

量体が2分子結合する．この反応には DnaA の他に DnaC というヘリカーゼローダータンパク質が必要である（図10.12）．DnaB ヘリカーゼは ATP を加水分解しながら二重鎖を開裂していき，1本鎖 DNA 上に DnaG プライマーゼによってプライマー RNA が合成され，DNA ポリメラーゼⅢ複合体が結合して両方向への複製が開始する（図10.12）．

大腸菌では，複製を開始した直後の10分ほどの間は新たな複製開始が起きない．この複製開始の調節はどのように行われているのだろうか．次の三つの機構が補完的に働いていると考えられている．

① SeqA タンパク質結合による oriC の細胞膜画分への隔離

複製開始直後の oriC 領域を細胞膜分画に取り込み，DnaA がアクセスできなくする仕組みがある．oriC 領域内には GATC 配列が高頻度に存在する．大腸菌内では GATC 配列のアデニンが Dam メチラーゼによりメチル化されているが，新生鎖がメチル化されるまでの間は，鋳型鎖だけがメチル化された状態（半メチル化）となる．半メチル化 GATC 配列に特異的に結合する SeqA タンパク質が，複製直後の oriC に結合し，SeqA の細胞膜との結合性によって oriC を膜近傍に隔離（sequestrate）してしまう．新生鎖の GATC がメチル化されるまでの間，DnaA の結合が妨げられ，複製開始が阻害される．

② ATP 加水分解による DnaA 不活性化

ATP 結合型 DnaA は複製開始活性をもつが，ATP を加水分解した ADP 結合型 DnaA-ADP は不活性である．複製を開始してβクランプが DNA 上に存在するようになると，Hda1 というタンパク質が DnaA-ATP と一緒にβクランプに結合して DnaA の加水分解を促進する．すなわち，複製装置が DnaA 不活化を促進することになる．

③ 染色体上の dat1 領域による DnaA 濃度低下

大腸菌染色体の dat1 領域には強力な DnaA-box が複数あるため，dat1

---

one point

選択マーカー

細胞に DNA を導入し形質転換する場合，DNA が導入された細胞を選別する必要がある．このため，必須アミノ酸産生欠損株（たとえばロイシン要求性）を受容細胞に用いて，導入する DNA にアミノ酸合成酵素遺伝子を選択マーカーとして組み込んでおく．また抗生物質耐性遺伝子も選択マーカーとして広く用いられる．通常は，形質転換効率がきわめて低いので，選択マーカーは必須である．

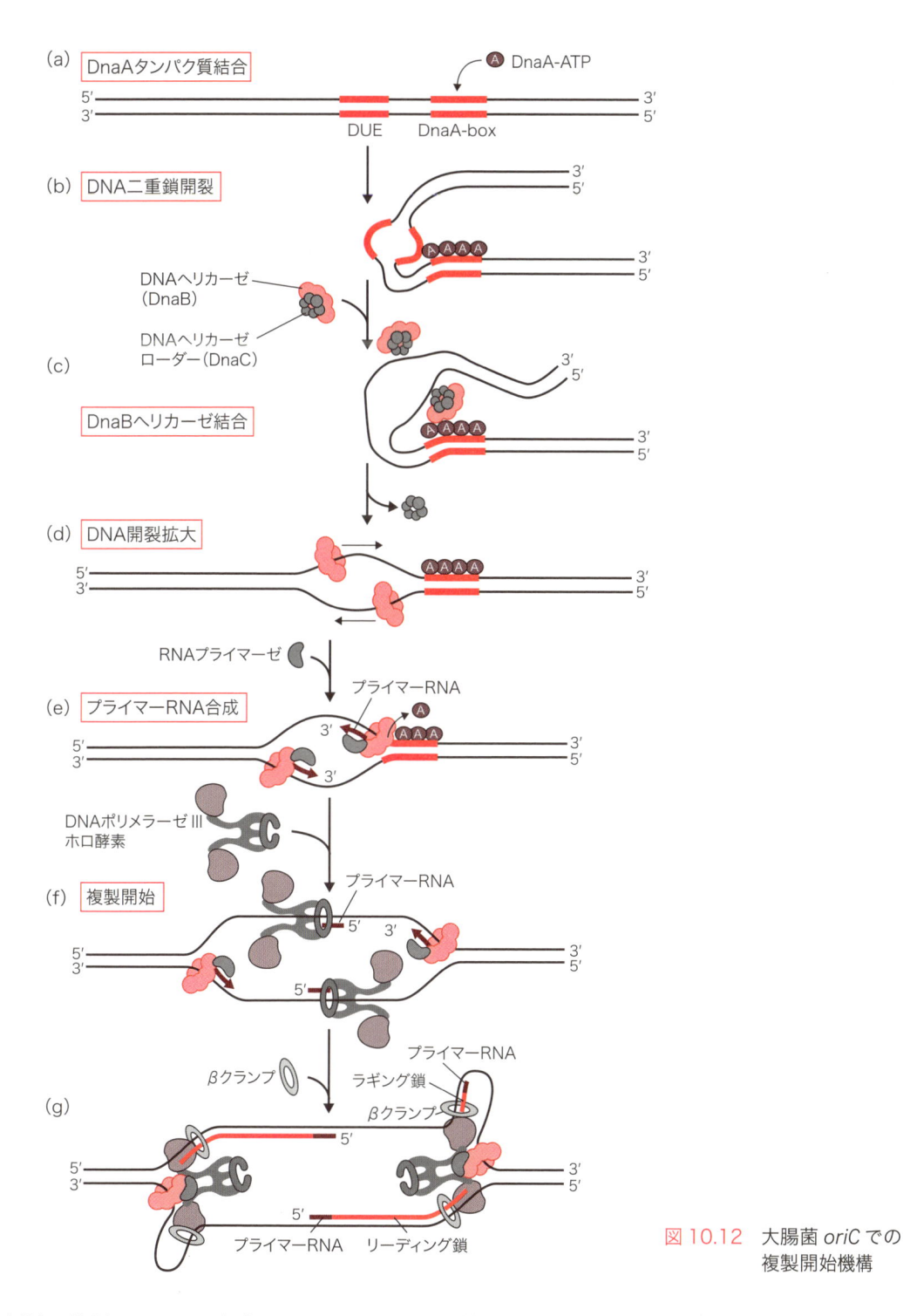

図10.12 大腸菌 *oriC* での複製開始機構

(a) DnaAタンパク質結合
DnaA-ATP
DUE　DnaA-box

(b) DNA二重鎖開裂

DNAヘリカーゼ（DnaB）
DNAヘリカーゼローダー（DnaC）

(c) DnaBヘリカーゼ結合

(d) DNA開裂拡大

RNAプライマーゼ

(e) プライマーRNA合成
プライマーRNA

DNAポリメラーゼIII ホロ酵素

(f) 複製開始
プライマーRNA

βクランプ　プライマーRNA
ラギング鎖
βクランプ

(g)
プライマーRNA　リーディング鎖

領域が複製されるとより多くのDnaAタンパク質が結合し，細胞内の遊離DnaA濃度が低下する．DnaAが新規に合成されDnaA濃度が回復するまで複製開始が抑制される．

以上のように，レプリケーターやイニシエーターを不活化ないしは減少させる複数の仕組みが働き，複製開始後しばらくの間は新たな複製が起きないよう制御されている．

10-8 真核生物の複製開始点

真核生物細胞では，1回の細胞周期のS期にゲノム全体が1回だけ複製されるように厳密に制御されている．この制御が破綻するとゲノムの一部が失われたり過剰に複製されたりして，ゲノムが変化する．単細胞生物では生存が危うくなり，多細胞生物ではがんなどの病気の要因となる．このため，一度複製した領域が次の細胞周期になるまで複製しないよう厳密に制御する必要がある．さらに，複製が完了しなければM期に入らないようにする巧妙な仕組みが存在する．

真核生物には，巨大なゲノムDNAを限られた時間内に複製するために非常に多くの複製開始点がある．ヒトゲノムには数万個の複製開始点があり，小さなゲノムをもつ酵母でも数百個の複製開始点がある．多数の複製開始点は全てが同時に複製を開始するのではなく，それぞれがS期のどこで複製するかプログラムされている．

真核生物のうち，出芽酵母と分裂酵母ではレプリケーターが同定されている．これらの生物では，レプリケーターは自律複製配列(ARS)として分離され，染色体上でも複製開始点として働くことが示されている．出芽酵母レプリケーターは約100 bpの中に複製開始に必須である11 bpのARSコンセンサス配列(ACS)と，2〜3個の補助的な配列(B1〜B3)をもつ(図10.13)．分裂酵母では数百 bpの断片が必要で，短いコンセンサス配列はないが，数十 bpのアデニンあるいはチミンが片側鎖に連続する配列(I〜III)が複数必要である．

一方，多細胞生物では染色体上の特定の部位から複製開始することが示されているが，ショウジョウバエで数キロbpの断片がレプリケー

---

one point

細胞周期

真核生物では，分裂期（M期）とそれ以外の時期である間期が明確に分かれている．分裂期では，染色体が凝縮し，核膜が消失し，姉妹染色体が両極に分離して新しい核が形成され，細胞が二つに分かれる．間期は，M期修了後のG1（ギャップ1）期，DNAが複製されるS期，M期の前のG2（ギャップ2）期に分けられる．M期，G1期，S期，G2期の順に決まった反応を行いながら増殖していくサイクルを細胞周期(cell division cycle)という．第17章で詳しく解説する．

自律複製配列

自律複製配列（autonomously replicating sequence, ARS）は，出芽酵母や分裂酵母で染色体のレプリケーターを分離する際に用いられた．ARSは，選択マーカーと連結して環状化して細胞に導入すると，プラスミドとして安定に維持される性質をもつ．多細胞生物では，安定に維持される自律複製配列は分離できていない．

	レプリケーター構造	イニシエーター
分裂酵母 500-1,000 bp	I II III	ORC(Orc1-Orc6)
出芽酵母 100 bp	ACS B1 B2 B3	ORC(Orc1-Orc6)
多細胞生物	不明	ORC(Orc1-Orc6)

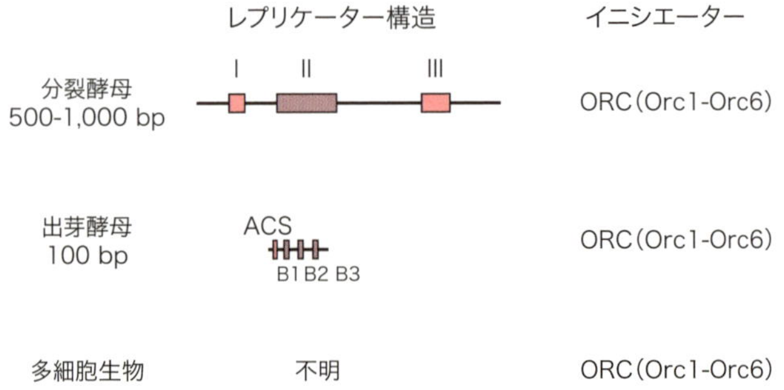

図10.13 真核生物のレプリケーター

として同定されている以外は，レプリケーターとして働くDNA断片は発見されていない．出芽酵母や分裂酵母では，ORC（origin recognition complex）複合体がイニシエータータンパク質として働く．ORC複合体はOrc1〜Orc6の六つのタンパク質から構成され，Orc1とOrc4はAAA+ATP-aseファミリーに属する．明確なレプリケーターが見つからない多細胞生物でもORCは保存されており，染色体上の複製開始点にORCが結合し，細胞周期に制御されて多数のタンパク質因子が集合し複製を開始させる．

10-9　細胞周期による複製開始の制御

真核細胞の複製開始反応は，G1期とS期の二段階で進行する（図10.14）．複製起点に結合しているORCは，M期の終わりからG1期に，Cdc6とCdt1という二つのタンパク質の助けを得て，Mcm2-7複合体を複製開始点に結合させる．Mcm2-7は，真核生物を通じて非常によく保存された6種類のAAA+ATP-aseファミリータンパク質からなる複合体で，DNA二重鎖を開裂するDNAヘリカーゼの主要成分であるが，この段階では不活性である．複製起点にMcm2-7が結合した状態をpre-RC（pre-replicative complex，複製前複合体）と呼ぶ．pre-RCは複製開始に必要であり，またゲノムを細胞周期に一度しか複製させない「再複製防止機構」においても重要な役割を果たす．

S期での複製開始は，G1期に形成されたpre-RCが活性化されて複製装置を形成する反応である．細胞周期がS期に進行すると，サイクリン

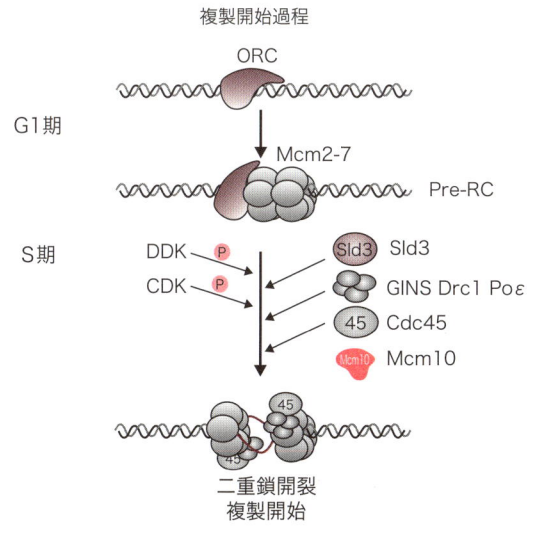

図10.14　真核生物の複製開始反応

one point

CDKとDDK

CDKとDDKは，いずれもタンパク質のセリンとトレオニン側鎖にリン酸基を付加するキナーゼ．CDKは第17章で詳しく説明する．DDK（Dbf4-dependent kinase）は，Dbf4とCdc7の複合体でS期～G2期に活性がある．

GINS

遺伝学を駆使した手法により，出芽酵母において，DNAポリメラーゼεの結合タンパク質Dpb11と相互作用する因子としてSld5が分離され，さらにSld5と相互作用するPsf1, Psf2, Psf3が安定な複合体を構成することが荒木弘之らによって示された．四つの遺伝子の番号を示す日本語（五，一，二，三）にちなみ，Go-Ichi-Ni-San (GINS) と命名された．GINSはCdc45とともにMcm2-7に結合してCMG複合体を作り，複製フォークとともに移動する．

依存キナーゼ（CDK）とDbf4依存キナーゼ（DDK）というリン酸化酵素の制御サブユニット濃度が増加し，キナーゼ活性が上昇する．DDKはpre-RCのMcm2とMcm4をリン酸化し，CDKはSld2とSld3というタンパク質をリン酸化する．リン酸化されるとタンパク質間相互作用が促進され，GINS（Go-Ichi-Ni-San）複合体やCdc45がMcm2-7に結合しDNAヘリカーゼ活性をもつCMG複合体が形成されるが，詳しい仕組みはまだわかっていない．CMGにより開裂された複製起点DNA上で，DNAポリメラーゼαがプライマーRNAを合成し，DNA合成が開始する．

pre-RC形成は再複製の防止に非常に重要な役割をもつ．複製開始によってpre-RCは解消する．CDK活性が高いS期以降はCdc6とCdt1がCDK依存的にポリユビキチン化（17-5節参照）を経て分解されるため，pre-RCが形成されない．そのためpre-RCは複製を1回だけ許可する「複製ライセンス因子」と呼ばれる．M期を経てCDK活性が低下するとCdc6とCdt1が分解されなくなり，さらにCdc6とCdt1の転写がE2F転写活性化因子（17-5節参照）により誘発されるとpre-RCが形成される．G1期では，pre-RCは形成されるが複製は始まらない．S期では複製は開始するがpre-RCを形成できない．このようにCDK活性が上昇するS期開始を境として，pre-RC形成とその活性化を区分することにより，再複製が防がれる．

この章で学んだこと──
- DNAポリメラーゼ
- Okazakiフラグメント
- 複製装置
- 大腸菌の複製開始
- 真核生物の複製開始

11章 遺伝情報の維持
—DNA 修復—

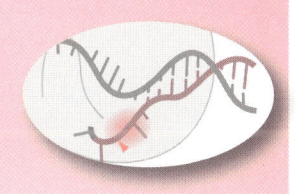

> **この章で学ぶこと**
>
> DNA 複製の途中で間違った塩基が導入されると，間違った情報が固定されてしまう（突然変異）．また外的要因によって DNA に生じた損傷は複製や転写反応の障害となる．さらに，それらの損傷を修復する過程で遺伝情報が変化してしまう場合もある．
>
> ゲノムの変化は進化を引き起こす原動力であるが，あまりに変化しやすいゲノムは生存にマイナスである．DNA の損傷を取り除き元に戻す反応を「修復（repair）」という．生物が生存する環境には DNA に傷を与える要因がたくさんあるため，多種多様な修復機構を備えている生物だけが，長期に渡って生き残っているといえる．

11-1 突然変異

　DNA 複製で間違った塩基が取り込まれ，次の世代で間違いを含む鎖を鋳型として相補鎖が合成されると，「突然変異（mutation）」となる．一方，DNA に生じた傷を修復する過程で正しく修復されない場合も変異となる．

　突然変異には塩基置換，欠失，挿入などさまざまな種類がある．変異した部位の機能によって，生存不可能になるものから細胞の性質が全く変化しないものまで，影響もさまざまである．たとえばタンパク質をコードするゲノム領域に 1 塩基の置換が生じた場合，コードするアミノ酸が変化する場合（非同義置換）と変化しない場合（同義置換）がある．またアミノ酸が変化する場合でも，元とよく似た性質のアミノ鎖に変化する場合はタンパク質の構造や機能が保たれる場合が多いが，全く性質の違うアミノ酸になる場合にはタンパク質機能への影響も大きい．たとえば，一倍体の生物において生存に必須なタンパク質のアミノ酸が一つ変化してタンパク質機能が失われると致死となる．しかし生存に必須なタンパク質に生じた変異であってもタンパク質機能に影響しない場合もあり，この場合には表現型は変化しない．一方，1 ないし 2 塩基の欠失や挿入はコドンの読み枠を変化させるフレームシフト（frame-shift）を引き起こし，産物であるタンパク質のアミノ酸配列が大きく変化するため大きな影響を及ぼす．

動物や植物などの多細胞生物では，生殖細胞系列に生じた突然変異だけが次世代に伝えられる．体細胞での突然変異は次の世代には伝わらないが，突然変異によりがん化が誘発される場合などはその個体の生存に影響する．

突然変異を誘発するものには，DNAに結合して転写や複製の障害となる物質やDNAを切断する放射線などがある．これらによる変異が正しく修復されない場合に突然変異が生じる．

11-2 複製途中の間違いを直す校正機能

DNAポリメラーゼによるDNA合成反応は，ものすごい速度で繰り返されるにもかかわらず非常に正確である．大腸菌内で複製反応を行うDNAポリメラーゼIIIは毎秒100〜200塩基を合成し，真核生物のDNAポリメラーゼδやεは毎秒30〜50塩基を合成する．このように高速で合成反応を繰り返しても，DNAポリメラーゼが間違った塩基を結合させる頻度は1000万回に1回（10^7分の1）程度ときわめて低い．これは一般的な化学反応の効率と比較すると驚くべき正確さである．このような正確な合成を可能にしているのは，DNAポリメラーゼの「校正機能（proofreading）」である．

実は，DNAポリメラーゼは10万回に1回（10^5分の1）程度の頻度で間違った塩基を結合させてしまう．間違った塩基が結合すると3′-OH末端が鋳型と対合しないため，次の塩基を結合させることができず，DNAポリメラーゼは停止する（図11.1, 11.2）．間違った塩基はポリメラーゼ内の別の場所にある3′→5′エキソヌクレアーゼ（9-2節参照）活性により切り取られる．ポリメラーゼは再び元の合成部位に戻って，正しい塩基を付加して合成を続けていく．校正機能に必要なエキソヌクレアーゼ活性を失った変異ポリメラーゼでは間違いの頻度が約100倍上昇する．

この校正機能によって直しきれなかった間違いは，別の機構によって除

one point
校正機能をもたないポリメラーゼ
染色体DNA複製に働くDNAポリメラーゼのほとんどは校正機能をもつが，真核生物のDNAポリメラーゼα（Pol α）だけは校正機能をもたない．Pol αはOkazakiフラグメントのRNAプライマーを合成し，続けて短いDNA鎖を合成する酵素である．Pol αが合成したRNAとDNAはOkazakiフラグメントの成熟過程で除去される．

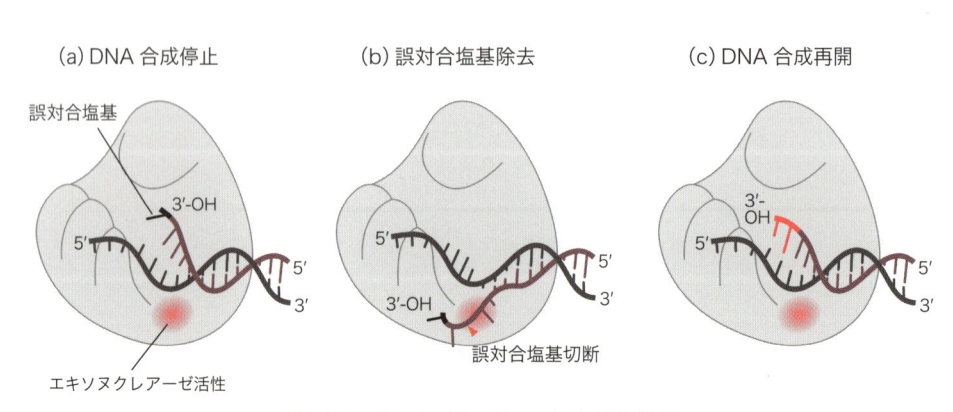

(a) DNA合成停止　　(b) 誤対合塩基除去　　(c) DNA合成再開

図11.1　DNAポリメラーゼの校正機能

図 11.2 　校正機能の分子機構

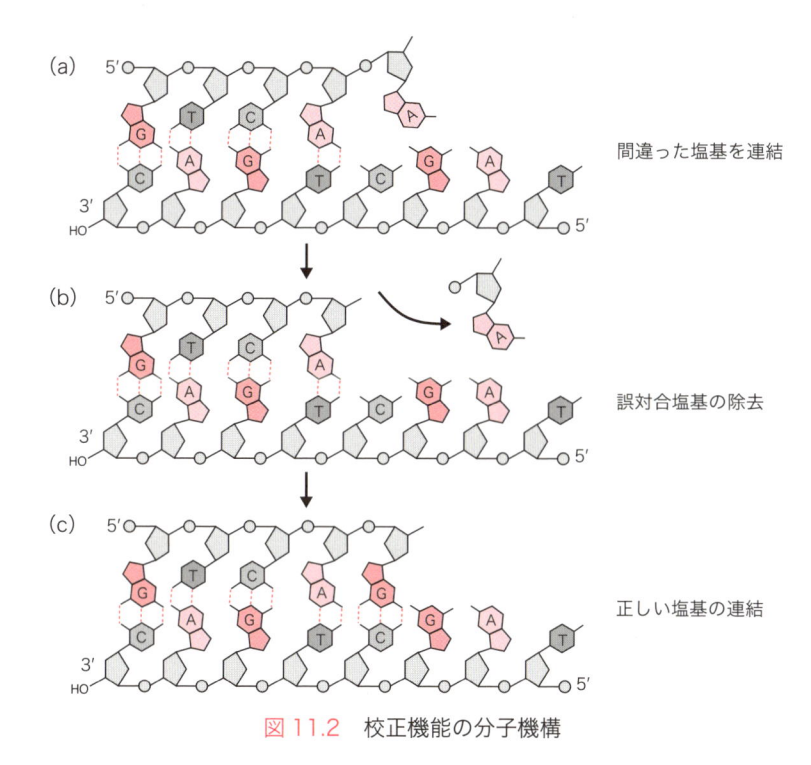

(a) 間違った塩基を連結
(b) 誤対合塩基の除去
(c) 正しい塩基の連結

去される(次節を参照).

11-3　DNA の修復機構

　DNA に生じる損傷は，さまざまな修復の仕組みによって除去される．表 11.1 にいろいろな DNA 損傷とその修復機構を示す．DNA ポリメラーゼの校正機能で直しきれなかった誤対合(ミスマッチ)を修復する仕組みが「ミスマッチ修復」である．また，紫外線照射によって引き起こされるピリミジンダイマーに対しては「光修復」，「ヌクレオチド除去修復」，「損傷乗り越え修復」など，複数の仕組みが備わっている．さらに，メチル化やア

表 11.1　いろいろな DNA 損傷とその修復機構

修復の種類	DNA 障害の種類	修復酵素
ミスマッチ修復	複製エラー	MutS, MutL, MutH（大腸菌） MSH, MLH（ヒト）
光修復	ピリミジンダイマー	DNA フォトリアーゼ
塩基除去修復	塩基の修飾	DNA グリコシラーゼ
ヌクレオチド除去修復	ピリミジンダイマー，障害塩基	Uvra, UvrB, UvrC, UvrD（大腸菌） XPA, XPB, XPC, XPD, XPE, XPF, XPG（ヒト）
相同組換え修復	二重鎖切断	RecA, RecBC（大腸菌） Rad51, Rad52, Rad54（ヒト）
損傷乗り越え修復	ピリミジンダイマー，塩基の修飾	Y ファミリー DNA ポリメラーゼ

ルキル化などの塩基修飾は，損傷のない鋳型鎖の情報を用いる「塩基除去修復」と「ヌクレオチド除去修復」により修復される．加えて，DNA が二重鎖とも切断されたときには，相同組換え反応を使って修復する仕組みがある．

これらの多様な仕組みがほとんどの生物種に存在することは，修復機構の重要さを示している．以下，それぞれの修復機構を解説する．

11-4 ミスマッチ(誤対合)修復

DNA ポリメラーゼによる校正機能によって直されなかった誤対合塩基は，そのままでは次の DNA 複製反応で変異として固定されてしまう．そこで複製後に誤対合を修復する仕組みが「ミスマッチ修復」である．解析が進んでいる大腸菌の仕組みを図 11.3 に示す．まず誤対合箇所の二重らせんのゆがみを認識するタンパク質 MutS 二量体が結合し，MutS に相互作用して MutL と MutH が DNA に結合し，MutH のエンドヌクレアーゼ活性 (9-2 節参照) によって，誤対合の片側の十数塩基離れた場所で片方の DNA 鎖が切断される（ニック）．さらにニックからエキソヌクレアーゼが誤対合部位を取り除き，DNA ポリメラーゼがギャップを埋めて DNA リガーゼによって完全な二重鎖に修復される．

上記の反応で，もし誤対合箇所でニックを入れる DNA 鎖がランダムに選択されてしまうと，半分の確率で正しいほうの鎖が除去されることになり，修復する意味がなくなってしまう．よってミスマッチ修復では，間違いがあるほうの鎖(新生鎖)を見分ける仕組みが重要である．

大腸菌ではこの識別に DNA のメチル化が使われている．10-7 節で述べたように，複製されたばかりの新生鎖はメチル化されておらず鋳型鎖だ

one point
MutS, MutL, MutH
大腸菌のミスマッチ修復にかかわるタンパク質で，これらの遺伝子は変異発生率が高い変異株として分離された．MutS は二量体でミスマッチ DNA に結合し，結合後に ATP と結合して構造を変化し，DNA 上を移動できる．DNA に結合した MutS に MutL 二量体が結合し，MutH を結合させる．MutH は半メチル化を識別し，新生鎖つまり間違いがある鎖にニックを入れる機能がある．MutS と MutL は生物種を問わず保存されているが，MutH は大腸菌だけに存在する．大腸菌以外の生物では，MutL がエンドヌクレアーゼ活性をもつ場合が多い．

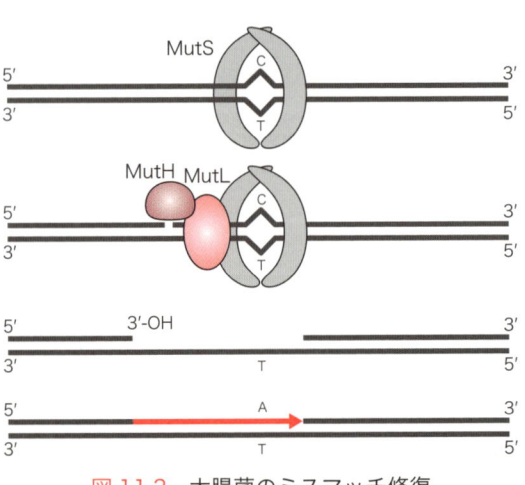

図 11.3 大腸菌のミスマッチ修復

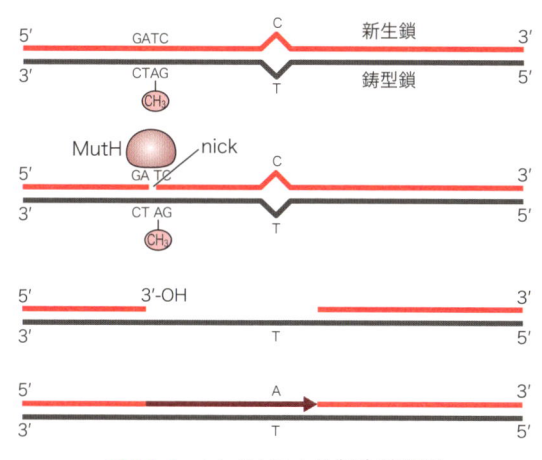

図 11.4　MutH による新生鎖切断

けがメチル化されている．MutH は半メチル化 GATC 配列に結合し，同時に MutL と相互作用することによって選択的に「非メチル化鎖」を切断する活性を発揮する（図 11.4）．MutH による切断が誤対合の 5′ 側か 3′ 側かによって，分解の方向性が異なるエキソヌクレアーゼが選択され，誤対合部位を除去する．

真核生物では MutS と MutL に相当する複数個の MSH と MLH が存在し，誤対合だけでなく小さな挿入や欠失にも対応するようになっていて，ミスマッチ修復が非常に重要な役割を果たすと考えられている．MutS ホモログ MSH2 の変異が大腸がんの原因となることからもその重要性が理解される．真核生物では MutH に相当する因子が見つかっていないため，大腸菌とは異なる仕組みを用いて新生鎖を見分けているのだろう．試験管内の修復反応系の結果などから，DNA 鎖のニック（切れ目）が新生鎖の識別に使われる可能性が指摘されている．ラギング鎖では，Okazaki フラグメントが成熟する前にニックがミスマッチ修復に用いられる可能性がある．リーディング鎖では連続的に DNA 合成が進むためニックは少ないと考えられるが，最近の研究から DNA ポリメラーゼ ε が誤ってリボヌクレオチドを取り込む頻度が意外に高いことが明らかとなり，これを除去する過程でニックが存在する可能性が考えられる．

11-5　ヌクレオチド除去修復（NER）

DNA に生じる傷のうち，地球上で最も日常的に生じるのは紫外線（UV, ultraviolet light）によるものである．太陽からの強力な紫外線はオゾン層によって大部分カットされるが一部は地上に達する．

紫外線のエネルギーによって細胞内の DNA 上の隣り合うピリミジン間

図 11.5　ピリミジンダイマー

に共有結合（シクロブタンリング）が生じ，ピリミジンダイマー（二量体）が生じる（図 11.5）．チミンが隣り合う場合にこの反応が起きやすいのでチミンダイマーともいう．ピリミジンダイマーがあると転写や複製が停止してしまうためたいへん有害である．多くの生物は，ピリミジンダイマーを取り除く仕組みを複数備えており，最も普遍的な仕組みがヌクレオチド除去修復(NER)である．

大腸菌では，NER は UvrABC エンドヌクレアーゼ複合体により行われる（図 11.6）．まず UvrA-UvrB タンパク質複合体がピリミジンダイマーを認識して結合する．次に UvrB と相互作用する UvrC がピリミジンダイマーから両側に数塩基離れた場所のリン酸結合を切断しニック(切れ目)を入れる．さらに DNA ヘリカーゼである UvrD がピリミジンダイマーを含む断片を引きはがしてギャップを作り，DNA ポリメラーゼ I がギャップ部分を相補鎖に従って合成し，最後に DNA リガーゼが切れ目を結びつけて修復が完了する．

ヒトの場合，NER の欠損は，色素性乾皮症(xeroderma pigmentosum, XP)やコケイン症候群(Cockayne Syndrome, SC)など重篤な遺伝病を引き起こす．

紫外線によって生じたシクロブタンリングは，多くの細菌では，可視光線で活性化される酵素（DNA photolyase）によって直接元に戻す「光修復」

one point
色素性乾皮症（XP）
XP患者は紫外線を浴びると皮膚炎を起こし，さらに幼児期から皮膚がんを多発する．XPの原因遺伝子には8種類が知られているが，XPAからXPGまでの7種類はNERが，XPVは損傷乗り越え修復が欠損している．ヌクレオチド除去修復はピリミジンダイマーだけでなく，アルキル化など塩基に修飾が生じた場合にも働く．

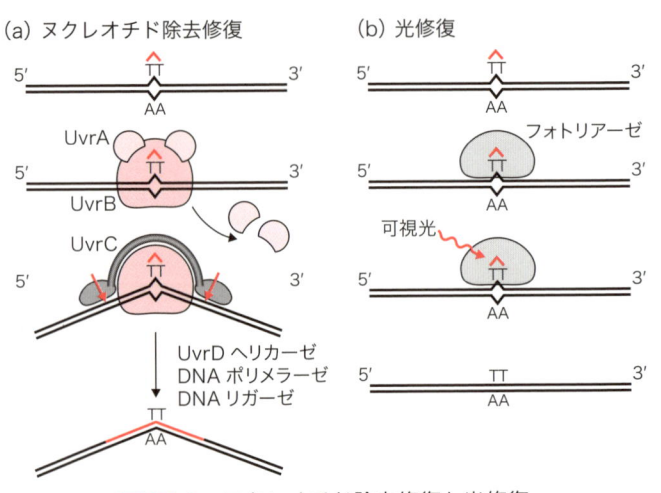

図 11.6　ヌクレオチド除去修復と光修復

という仕組みでも修復される（図11.6）．

11-6 塩基除去修復（BER）

DNAを構成する塩基は，細胞内のさまざまな化学反応の危険にさらされている．たとえばシトシンは，アミノ基（$-NH_2$）が水と反応して脱落すると，ウラシルになる（図11.7）．この異常が放置されると，次の複製ではウラシルを鋳型としてアデニンが取り込まれ，変異として固定される．これを避けるためDNA中のウラシルは異常として認識されグリコシラーゼ（glycosylase）によって塩基と糖の結合が切断され塩基だけが除去される（図11.7）．次にAP（apurinic / apyrimidinic）-ヌクレアーゼとエキソヌクレアーゼによって塩基のない糖とリン酸部分が除去され，DNAポリメラーゼとDNAリガーゼによって修復される．

このように異常が生じた塩基だけを除去する仕組みを塩基除去修復（base excision repair, BER）という．メチル化グアニンやオキソグアニンなどの修飾塩基も塩基除去修復機構により修復される．

one point
光修復
DNAフォトリアーゼという酵素は可視光，特に青色光を受容し，そのエネルギーを用いてピリミジンダイマーを分解し元に戻す．フォトリアーゼは，多くの細菌，菌類，動物に存在するが，ヒトを含む有胎盤哺乳類では，類似タンパク質は修復ではなくサーカディアンリズム（概日リズム）の調整にかかわる．

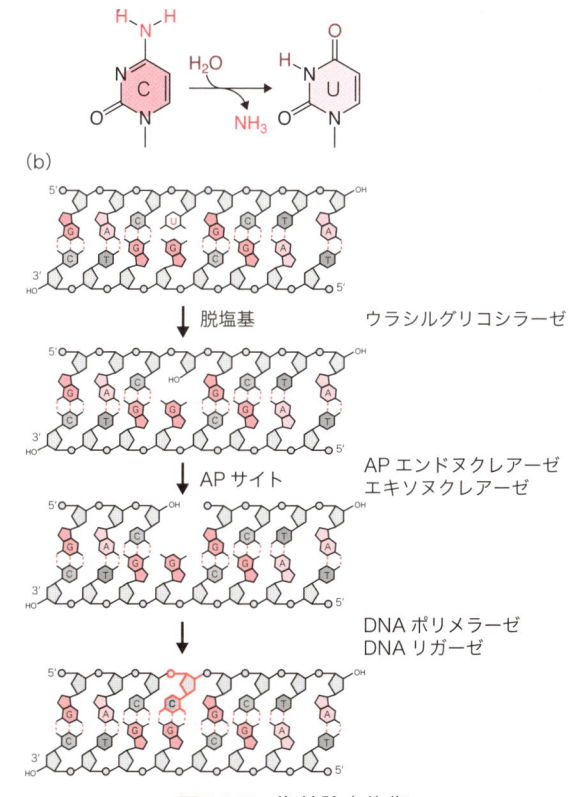

図11.7 塩基除去修復

11-7　組換えによる二重鎖切断の修復

これまで説明したDNA修復は、2本のDNA鎖の片側に問題が生じた場合であり、これらの場合には、もう1本の鎖が正常な情報をもつため、これを鋳型にして修復することができる。ところが、電離放射線（X線）のような強力なエネルギーにより二重鎖DNAが切断されてしまったとき〔二重鎖切断（double strand break, DSB）〕には、これらの仕組みを用いることができない。多くの生物は2種類のDSB修復機構をもつ。一つは相同組換えを用いる仕組みであり、もう一つは非相同末端結合と呼ばれる仕組みである（図11.8）。

相同組換え修復は、複製により同じ情報をもつ姉妹染色体が存在するとき、DSBによって途切れた部分の情報を姉妹DNAからコピーする仕組みである（図11.8）。相同組換えの仕組みについては第12章で詳しく解説するが、変異やゲノム再編を引き起こさない正確な修復が行われる。相同組換えによる修復は、DNA損傷箇所で複製フォークが停止したときにも用いられる。この場合、複製されて2倍になった領域での相同組換えにより、複製フォークの修復・再構成が行われる。

一方、G1期のように姉妹染色体が存在しないときには、「非相同末端結合（non-homologous end joining, NHEJ）」（図11.7）がDSBの修復に用いられる。まず切断末端にKu70-Ku80二量体が結合し、さらにDNA-

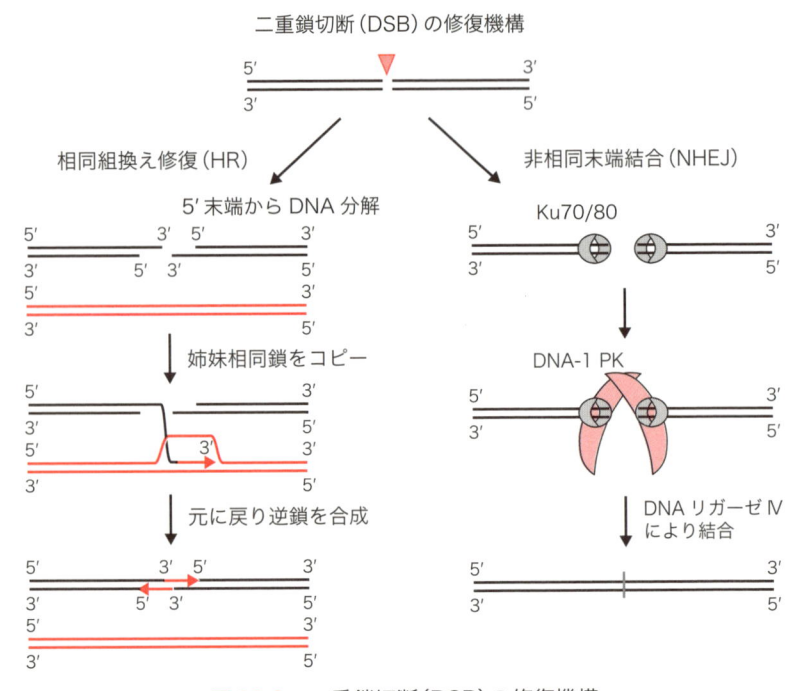

図11.8　二重鎖切断（DSB）の修復機構

PKキナーゼが結合する．これらと相互作用してDNA ligase IV複合体が切断末端を結合させる．NHEJによる修復では配列相同性が認識されないため，元とは別の末端と連結される場合が多く，ゲノム不安定化の要因にもなる．

11-8 損傷乗り越えDNA合成

通常の修復機構は，複製などに問題が生じないようにDNAの損傷を除去するための仕組みである．ところがDNAの損傷を修復できないまま複製が開始してしまい，DNAポリメラーゼが損傷に遭遇して先に進めなくなった場合，緊急避難的に働く仕組みがあることが最近明らかになってきた．

損傷乗り越えDNA合成 (translesion synthesis, TLS) は，通常のDNAポリメラーゼが鋳型DNA上の損傷 (たとえばピリミジンダイマー) のため相補鎖を合成できずに停止したときに発動する (図11.9)．停止したポリメラーゼのワンポイントリリーフとして，鋳型DNA配列にかかわらず決まったヌクレオチドを付加する損傷乗り越えDNAポリメラーゼ (TLSポリメラーゼ) が働き，ピリミジンダイマーを乗り越えてDNAを合成する．その後，再び通常のDNAポリメラーゼにスイッチして合成が継続される．

one point

Kuタンパク質
Ku70, Ku80タンパク質は，ヘテロ二量体としてDNA二重鎖切断末端に結合し，保護する．Ku70とKu80の数字はそれぞれの分子量に相当する．

DNA-PK
DNA依存タンパク質キナーゼ．Ku70-Ku80二量体とともに二重鎖DNA末端に結合し，多様なタンパク質をリン酸化する．

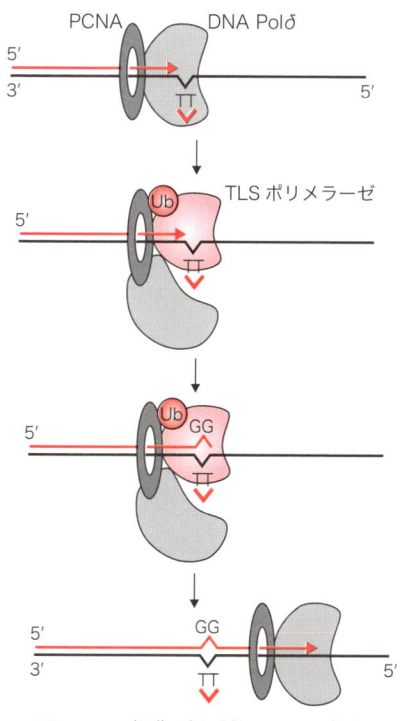

図11.9 損傷乗り越えDNA合成

この仕組みでは DNA ポリメラーゼを繋ぎとめておくスライディングクランプ（β クランプや PCNA）がきわめて重要な役割を果たす．損傷部位で通常のポリメラーゼが停止すると，PCNA は Rad6-Rad18 複合体によりモノユビキチン化され，PCNA に TLS ポリメラーゼが結合して合成を行う．

　ゲノム配列の解明によって，複製に必須の DNA ポリメラーゼ以外に，Y-ファミリー DNA ポリメラーゼと呼ばれる多数の DNA ポリメラーゼが発見され，これらは進化上保存されていることが明らかとなった．Y-ファミリーポリメラーゼには，大腸菌では DinB, UmuC, UmuD などがあり，ヒトでは DNA Pol η（イータ），Pol ι（イオタ），Pol κ（カッパ），Rev1 などがある．

　TLS によって損傷が取り除かれるわけではないので，いずれは修復されなければならないが，複製が継続される点が大きなメリットである．しかし鋳型鎖の情報を使わずに決まった配列を付加するため，間違ったヌクレオチドが取り込まれる頻度が高い．どのヌクレオチドを付加するかはポリメラーゼによってまちまちである．たとえば DNA Pol η は，チミンダイマーをもつ鋳型に対して唯一正しいヌクレオチドを付加できるポリメラーゼであり，正確な TLS を行うために必須である．Pol η は XPV（xeroderma pigmentosum variant）の原因遺伝子であり，重篤な紫外線感受性疾患を引き起こす．

この章で学んだこと──
- DNA ポリメラーゼの校正機能
- ヌクレオチド除去修復
- 塩基除去修復
- 相同組換え修復
- 非相同末端結合
- 損傷乗り越え合成

12章 遺伝情報の可変性
―DNA組換えと突然変異―

> **この章で学ぶこと**
>
> 10章と11章で見てきた複製や修復反応は，遺伝情報を変化させないで継承するための仕組みである．遺伝情報が高頻度に変化すると交雑可能な種の集団が小さくなり生物種の存続が困難になる危険がある．よって遺伝情報が正確に維持されることは生命の継承にとって重要である．
>
> 一方，遺伝情報が全く変化しないと均質な遺伝情報をもつ集団が生じ，この場合も環境変化などに対応できない可能性があるため，ゲノムの変化は進化の原動力として必要である．よって，生物は遺伝情報を維持させる機構と変化させる機構をバランスよく働かせている．本章では，遺伝情報を変化させる仕組みについて解説する．

12-1 相同組換え反応

DNA が切断を経て別の DNA につなぎ変えられる反応を組換えという．塩基配列が同じ領域で起きる組換えを相同組換え（homologous recombination, HR）という．遺伝情報にとって相同組換えは二つの重要な意味をもつ．一つは遺伝情報を守るための働きである．DNA 二重鎖が切断されてしまったとき，全く同一の情報を保持する姉妹染色体（複製によって二倍になった染色体）との相同組換えによって遺伝情報を変化させずに修復することができる．もう一つは生殖細胞系列における減数分裂期組換えである．減数分裂によって配偶子を作り出す際には，染色体の交叉（crossover）を引き起こす相同組換えが重要な役割を果たす．この場合，父方と母方に由来する相同染色体間の組換えにより，両方のゲノムを混合した配偶子を作り出す．このように DNA 相同組換えは，ゲノム情報の保持と変化という両面の役割を担っている．

12-1-1 相同組換えの仕組み①：ホリデイ構造モデル

大腸菌で二つの DNA 分子間の相同組換えが起きるとき，多数の遺伝マーカーの交換を伴う場合と伴わない場合が観察された．このような違いをもたらす組換え反応はどのような分子機構で起こるのかを理解するう

---

one point

遺伝マーカー

生物個体や系統の性質の違いをもたらす特有のDNA配列をいう．違いが容易に検出できて染色体上の座位が特定されていれば，それらを「標識」のように利用することができる．大腸菌や酵母などの単細胞生物の場合，必須アミノ酸を生合成する遺伝子の突然変異は，該当するアミノ酸を含まない培地で生育できるか否かで判断可能である．ヒトなどの場合，血液型やタンパク質多型など個体に特有の性質に加え，最近ではDNA配列の1塩基の違い（一塩基多型）を直接検出するDNAマーカーなども用いられる．

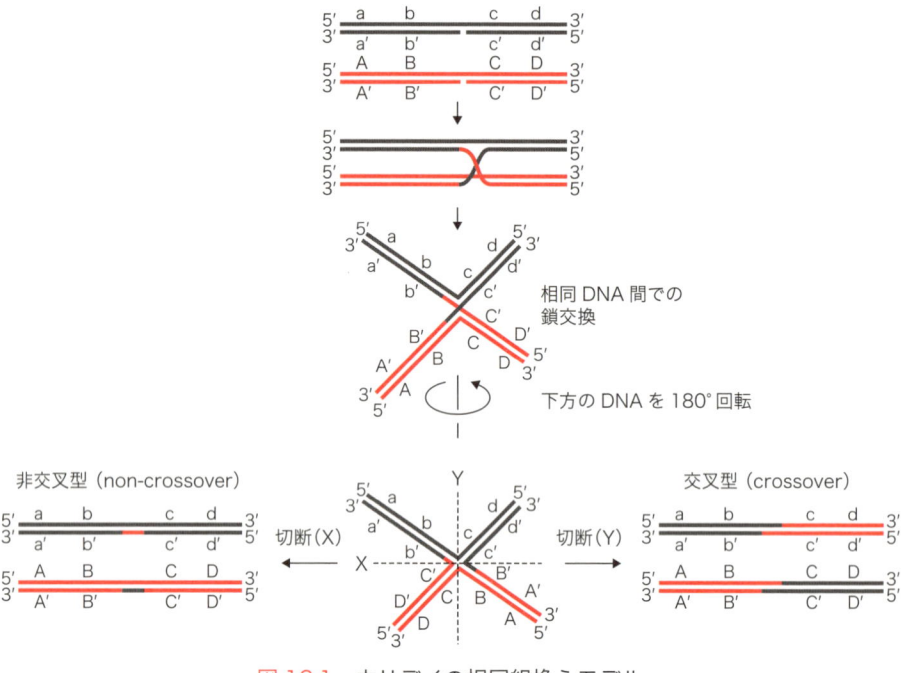

図 12.1　ホリデイの相同組換えモデル

Biography

▶ R. ホリデイ

1932 ～ 2014，イスラエルのヤッファ（現テルアビブ）生まれ．イギリスのケンブリッジ大学に進み，Ph. D. 学位研究として，トウモロコシ黒穂病の原因菌である *Ustilago maydis* の遺伝学を研究．1964 年，減数分裂期相同組換えの中間体としてホリデイジャンクションを発表した．その後，ロンドン NIMR（National Institute for Medical Research）の遺伝学部門長などを歴任した．エピジェネティクスや aging（加齢）に関する一般向け著作も多い．

えで重要なモデルが，R. ホリデイによって 1964 年に提案された．ホリデイは，組換えの中間段階では二つの DNA が互いに同じ方向性の鎖を相手の相同領域にもぐり込ませた状態の十字型構造（ホリデイジャンクションという）をとると提唱した（図 12.1）．この構造では，交差部分の配列が相同であるため，交差点が移動可能である（ブランチマイグレーション，branch migration という）．その後，モデルに合致する電子顕微鏡による DNA 像が得られ，モデルは広く受け入れられるようになった．

交叉部位が切断されるとホリデイ構造は解離する．点線 X のように切断されると大規模な遺伝子の組換えは起こらないのに対し（左図，非交叉型組換え），点線 Y のように切断されると両側の DNA が大規模に入れ替わる（右図，交叉型組換え）．ホリデイ構造は相同組換え反応の中間段階として，組換え反応をうまく説明してくれる．

12-1-2　相同組換えの仕組み②：二重鎖切断モデル

現在，多くの研究者に受け入れられている相同組換えモデルは，二重鎖切断（DSB, double strand break）を出発点とする DNA 鎖交換モデルである．図 12.2 に示すように，まず相同な染色体の片方の DNA 二重鎖が切断される．次に 5′ 末端から DNA が分解され 3′ 末端が 1 本鎖として露出する．この 1 本鎖 DNA は姉妹染色体の相同領域にもぐり込んで塩基対を形成し（相同鎖対合），3′ 末端から DNA 合成が起きて対合領域が拡大する．

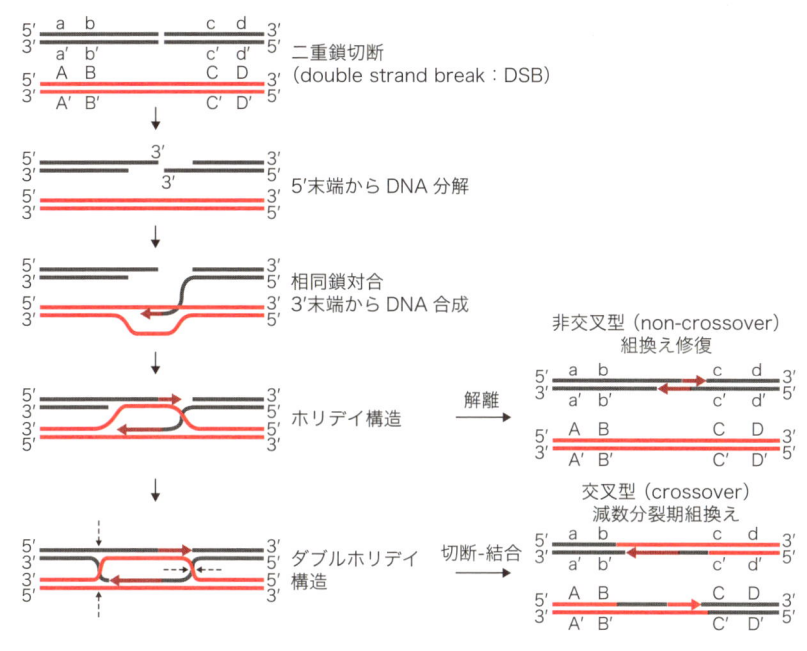

図 12.2 二重鎖切断モデル

　二重鎖切断箇所で逆側に形成した 1 本鎖 DNA も姉妹染色体の相同領域に対合し，この 3′ 末端からも DNA 合成が起きて対合領域を拡大する．この段階で DNA 鎖が交差する部位は図 12.1 のホリデイジャンクションと同じである．この段階で姉妹染色体にもぐり込んだ DNA 鎖が元の染色体に戻ると，DSB で分断された付近だけを姉妹染色体からコピーして修復したことになる（非交叉型，non-crossover）．一方，減数分裂期では，姉妹染色体間ではなく，相同染色体間で DNA 鎖交換反応が起き，交叉した構造が安定化されるとともに対合領域が拡大して二つのホリデイジャンクションをもつ中間体（double Holliday junction）となる．最終的に，交叉型（crossover）の組換え産物を生じるようにホリデイ構造が切断される．体細胞分裂では，全く同じ情報をもつ姉妹染色体間での組換え反応なので，交叉型も非交叉型も同じ産物を生じる．しかし減数分裂期では，父方由来と母方由来の遺伝情報を混ぜ合わせた子孫を作るため，交叉型組換えが選択的に起きるように制御されている．

　相同組換え反応には多くのタンパク質が関与することが明らかとなっている．なかでも中心的役割を果たすタンパク質は，大腸菌で発見された RecA タンパク質である．RecA は 1 本鎖 DNA に結合して RecA-DNA フィラメント構造体を作り，相同配列を探し出し（相同鎖検索）1 本鎖 DNA をもぐり込ませる活性をもつ．ホリデイジャンクションの交差点を移動させるブランチマイグレーションを RuvA，RuvB タンパク質が促進し，さらにリゾルベース（resolvase）と呼ばれる RuvC タンパク質が交差部分を

one point
RuvA，B，C タンパク質
RuvA は四量体構造をとり，ホリデイジャンクションの交叉構造特異的に結合する．RuvB は六量体構造をとる ATPase で，ATP 加水分解のエネルギーを使いホリデイジャンクションを移動させる．RuvC は RuvA-RuvB に結合し，ホリデイジャンクション特異的に DNA 鎖を切断する活性をもつ．RuvC が切断する DNA 鎖によって，交叉型組換え産物が生じるか，非交叉型産物が生じるかの違いが生じる．真核生物では，RuvC とアミノ酸相同性をもつホモログは見当たらないが，リゾルベースとして働くタンパク質は存在する．

切断し，ホリデイジャンクションを切り離して組換え反応は完了する．真核生物ではRecAとアミノ酸配列や機能がよく似たRad51タンパク質や減数分裂期特異的に発現するDmc1タンパク質が相同組換えに働くことが知られており，相同組換えの仕組みは広く保存されている．

12-2 減数分裂期組換え

　DNA組換えが最も重要な役割を果たすのは，ゲノムを再編して次の世代に伝える減数分裂期である．減数分裂では，二倍体ゲノムが複製によって倍加した後，分裂を二度繰り返して1組のゲノムをもつ配偶子を作る(図12.3, 第1章参照)．減数分裂の過程では必ず相同染色体間で交叉型の組換えを行うように制御されている．減数第一分裂では組換えによってゲノムの一部を交換した父方由来2組と母方由来2組の相同染色体が別々の細胞へと分配される．続いて複製を経ないで減数第二分裂が起き，1セットのゲノムをもつ配偶子が形成される．

　減数分裂期組換えでは，有糸分裂(体細胞分裂)での組換えと異なり，組換えホットスポットと呼ばれる部位に積極的にDSBを導入し，組換え反応を開始する（図12.4）．この過程にはDSBを導入するSpo11というタンパク質を初め，減数分裂期特異的に発現するいくつかのタンパク質が働く．その後のDNA相同鎖検索と鎖交換反応，ホリデイジャンクションの

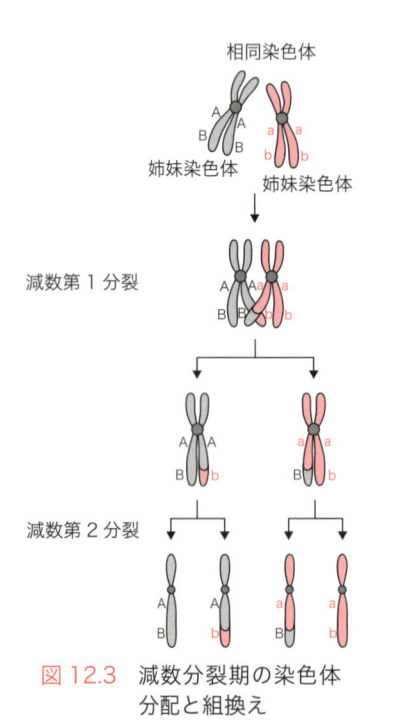

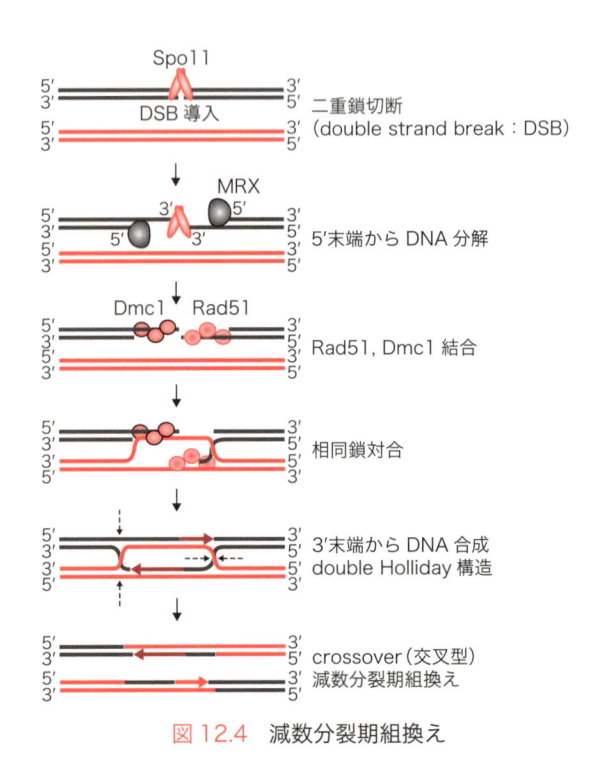

図12.3　減数分裂期の染色体分配と組換え

図12.4　減数分裂期組換え

形成と解離を経て，交叉型組換え産物を生じる．相同鎖検索と鎖交換反応には，体細胞での組換えに必要な Rad51（RecA 類似）タンパク質に加えて，減数分裂期特異的に発現する Dmc1 タンパク質が必要である．

減数分裂期組換えで，姉妹染色体間ではなく相同染色体間で選択的に組換えが起きる仕組みや，選択的に交叉型組換えが起きる仕組みなど，興味深い問題点は完全には解明されていない．

12-3 部位特異的組換え

12-3-1 ラムダファージ DNA の宿主 DNA への組込み

相同組換え反応は二つの DNA がある程度の長さの相同な塩基配列をもつ場合に相補的塩基対形成を介して起きるのに対し，部位特異的組換えは長さの短い決まった配列部分で起きる反応である．部位特異的組換えでは，特異的配列を認識するタンパク質によって DNA 鎖の切断と再結合が起きる．細菌ウイルス（バクテリオファージ）ゲノムが宿主ゲノムに組み込まれる反応は詳しく解析されてきた．

大腸菌に感染して増殖するラムダファージは，二つの異なる感染様式をもつ（第 5 章参照）．溶菌サイクルでは感染したファージ DNA を複製し，ファージの殻を作るタンパク質を作り，大腸菌を溶菌して子ファージを産生する．一方，溶原サイクルではファージ DNA は大腸菌ゲノムに組み込まれ（溶原化という），宿主ゲノムの一部として維持されていく．溶原化反応ではファージ DNA 上の特異的な配列 attP（約 300 bp）と大腸菌ゲノム上にある attB の間での部位特異的組換えにより，ファージゲノム全体が大腸菌に組み込まれる（図 12.5）．attP と attB は 15 bp の共通配列をもつ．

この反応では，ラムダファージのコードする λInt タンパク質が attP と attB の両方にある共通配列に結合して DNA 鎖切断と再結合を行う．大腸菌ゲノムが紫外線などのダメージを受けた場合には，λInt とともに Xis というタンパク質が発現誘導され，ファージゲノムを切り出して溶菌サイクルへと移行し，子ファージを作ることができる．

12-3-2 体細胞での免疫グロブリン遺伝子領域組換え

高等動物の免疫細胞では膨大な種類の抗体を産生する仕組みに部位特異的組換えがかかわっている．ヒトを含む脊椎動物では，外界から体内に侵入した微生物やウイルスを殺すための免疫システムが発達している．侵入した異物（抗原）に反応して結合する免疫グロブリンタンパ

---

one point
λInt タンパク質

ラムダファージがコードするインテグレース（integrase）と呼ばれるタンパク質で，他の宿主因子とともにファージ DNA の組み込み反応を行う．チロシンリコンビナーゼ（tyrosine recombinase）と呼ばれるファミリーに属する．attP と attB のそれぞれに二つずつ存在する結合配列にリコンビナーゼ 4 分子が結合し，まず 2 分子のリコンビナーゼが二重鎖 DNA の 1 本を切断し，末端をタンパク質のチロシン残基に結合させた状態を経て，attP と attB の鎖交換を行う．別の 2 分子が，残った鎖を同様につなぎ替える．同様の仕組みを使って部位特異的組換えをする P1 ファージの Cre タンパク質と lox 部位のセットは，他のタンパク質を必要としないため，遺伝子組換え技術に広く用いられている．

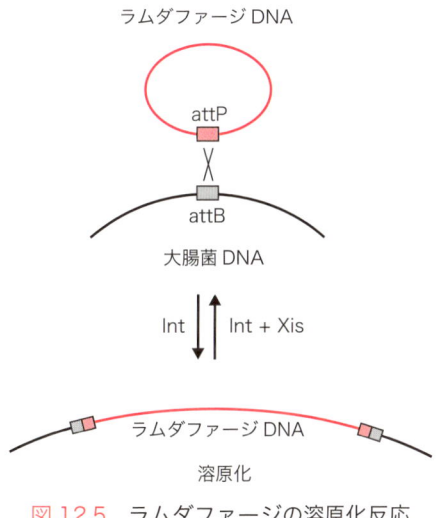

図 12.5 ラムダファージの溶原化反応

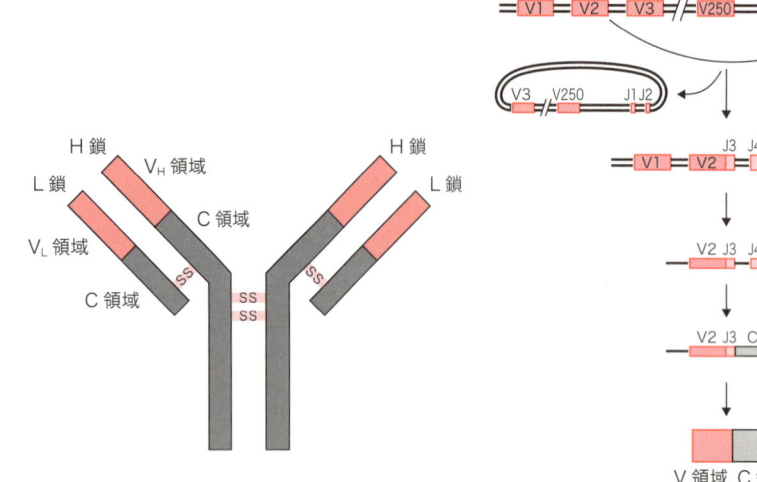

図 12.6　免疫グロブリンタンパク質

図 12.7　免疫グロブリン遺伝子の組換え反応

▶利根川進
1939 年，名古屋市生まれ．免疫グロブリン遺伝子の特異な構造を解明した業績により，1987 年に日本人初のノーベル生理学・医学賞受賞．京都大学理学部卒業，カリフォルニア大学サンディエゴ校にて Ph. D. 学位を取得．スイス・バーゼル免疫学研究所研究員を経てマサチューセッツ工科大学（MIT）教授．現在は MIT 教授を務める他，理化学研究所脳科学総合研究センター長，理研 MIT 神経回路遺伝学研究センター長を兼任し，記憶の形成や回復の仕組みを研究．

ク質は 2 本の H 鎖（Heavy chain, 長いペプチド）と 2 本の L 鎖（Light chain, 短いペプチド）からできている（図 12.6）．

　H 鎖も L 鎖もそれぞれアミノ末端側の V 領域（Variable, 可変領域）とカルボキシ末端側の C 領域（Constant, 定常領域）をもち，V 領域が抗原を認識し結合する．リンパ細胞が成熟する過程で，細胞ごとに異なる V 領域をもつ免疫グロブリンタンパク質を発現するようになる．

　免疫グロブリンの発現に体細胞（リンパ B 細胞）での DNA 組換えが関与することを初めて発見したのは利根川進らである（1976 年）．ほとんどの体細胞は同じセットのゲノムをもつが，リンパ B 細胞の成熟過程においては，免疫グロブリン遺伝子領域で組換え反応が起こり細胞ごとに異なる配列をもつように変化する（図 12.7）．マウスの未成熟なリンパ B 細胞では，L 鎖遺伝子領域は約 250 種類の V 領域（それぞれ約 95 アミノ酸をコード）と 4 種類の J 領域（V 領域と C 領域の接続領域，約 12 アミノ酸をコード），さらに 1 個の C 領域から構成されている．

　それぞれの B 細胞が成熟する間に，一つの V 領域と一つの J 領域の間の領域が組換え反応により取り除かれ，さらに遺伝子発現時の RNA スプライシング反応により余分な J 領域が除かれ，V 領域，J 領域，C 領域を一つずつもつ L 鎖タンパク質が作られる（図 12.7）．V-J 領域の組換え反応は，各領域の端にあるシグナル配列で DNA の切断・結合を行う「部位特異的組換え」である．250 種類の V 領域と 4 種類の J 領域からは約 1000 種類（250×4 通り）の異なる L 鎖を作り出すことができる．

　さらに，H 鎖遺伝子領域では 500 種類の V 領域，12 種類の D 領域，4 種類の J 領域の間で二度の組換えが起こり，約 24,000 種類（500×12×4

通り)のH鎖が作られる．この結果，1000種類のL鎖と24000種類のH鎖の組合せにより$2×10^7$種類の免疫グロブリンタンパク質を作り出すことができる．さらに，部位特異的組換え反応では1〜5ヌクレオチドの欠失や挿入が生じるため，多様性が約100倍ずつ増大し，約10^{11}という膨大な種類の抗体産生が可能である．

12-4　トランスポゾン

トランスポゾン(transposable element)とは，ゲノムDNAのある場所から別の場所へ飛び移る「転移」反応を行うDNA配列のことである．トランスポゾンは原核生物からヒトまでほとんど全ての生物のゲノムにあり，ヒトなどの哺乳類ではゲノムの半分近くを占めるほど多量に存在する．

トランスポゾンはどのような仕組みで離れた場所へ移動するのであろうか．また本来はゲノムの基本情報として必要ないはずのトランスポゾンがなぜゲノム中に大量に存在するのだろうか．

12-4-1　トランスポゾンの発見

転移を引き起こすトランスポゾンはB. マクリントックによって1940年代に発見された．彼女らはトウモロコシの粒に黄色と紫の斑入りが現れる現象に注目し，斑入りが現れるときに染色体の切断が起きていることを見つけた．さらに切断を引き起こす場所にあるDs (dissociation)という因子は染色体上を移動すると提唱した．しかしそのような概念が受け入れられるには，その後に多くの生物でトランスポゾンが見出され，さまざまの転移の仕組みがあることが明らかとなるまで長い年月を必要とした．トランスポゾンは大きくDNAトランスポゾンとRNAトランスポゾンに分けられる．

12-4-2　DNAトランスポゾン

DNAトランスポゾンは，原核生物にも真核生物にも広く存在する．移動の仕組みによっていくつかに分けられるが，共通点は，転移反応を引き起こす酵素であるトランスポゼース(transposase)をコードすることと，トランスポゾンの両端に特徴的な繰り返し配列をもつことである(図12.8)．トランスポゾンの両末端は同じ配列が逆向きに繰り返している(inverted repeat)．

DNAトランスポゾンの基本的な転移の仕組みを図12.9に示す．トランスポゼースはトランスポゾンを末端の繰り返し配列の外側で切り出し，別の染色体部位(ターゲットDNA)につなぎ込む．トランスポゼースは転移先DNA二重鎖から数塩基離れた2カ所でニック(nick)を入れるので，挿

Biography

▶ B. マクリントック
1902〜1992，アメリカのコネチカット州生まれの植物学者．コーネル大学に入学し，植物学を専攻し学位を取得．1983年にノーベル賞生理学・医学賞受賞．1942年からアメリカコールドスプリングハーバー研究所にてトウモロコシの減数分裂を研究し，1953年，減数分裂の間に染色体の一部が別の場所に割り込む現象を発見し，トランスポジション(transposition)と命名し発表した．しかしワトソンとクリックによりDNAの二重らせん構造が明らかにされたばかりであり，マクリントックの個性の強さもあって，彼女の主張はなかなか理解されなかった．

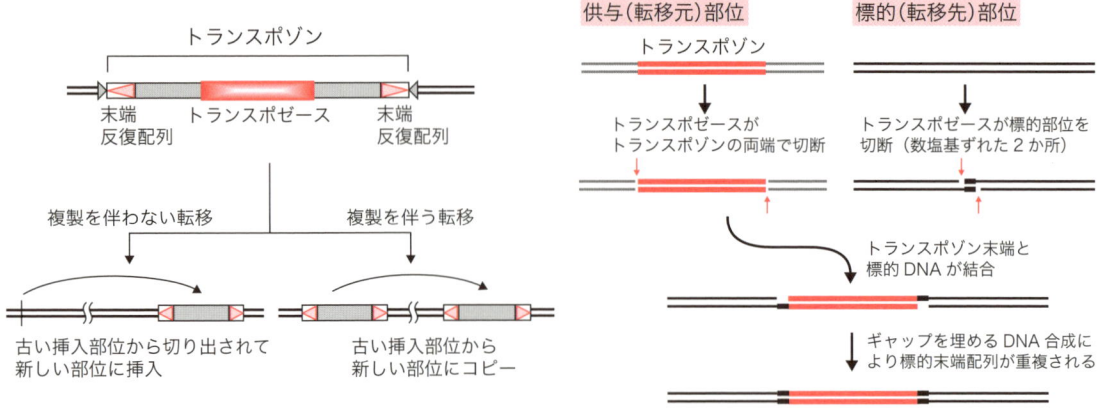

図12.8　DNAトランスポゾンの構造

図12.9　DNAトランスポゾンの転移の仕組み

入の中間段階で生じる短いギャップは，DNAポリメラーゼによって埋められてDNAリガーゼによってつながれる．この様式のトランスポゾンでは元の場所からトランスポゾンが消失するが，元の場所にトランスポゾンが残って新しい場所にコピーが増える様式のものもある．

バクテリアには多種多様なDNAトランスポゾンがあり，その中には二つのトランスポゾン単位の内部に薬剤耐性遺伝子（テトラサイクリン，カナマイシンなど）を挟み込み薬剤耐性遺伝子を転移させるものある．真核生物のゲノムにもさまざまな種類のDNAトランスポゾンがある．ヒトゲノムには2～3 kbのDNAトランスポゾンが約30万コピーあり，ゲノム全体の約3%を占めると推定されている．

12-4-3　レトロトランスポゾン

真核生物には全く別のタイプのトランスポゾンが存在する．レトロトランスポゾン（retrotransposon，レトロポゾンとも呼ぶ）と呼ばれるトランスポゾンは，転移の過程でいったんRNAとなり，RNAから逆転写と呼ばれる様式でDNAを作り，このDNAが宿主ゲノムに組み込まれる（図12.10）．

このような転移様式はレトロウイルスというRNAウイルスと非常に似ており，これらは同じ起源をもつと考えられる．レトロトランスポゾンは，レトロウイルスとよく似た増殖様式を維持しているが，細胞外に出ることはなく，転移に必要な遺伝子を失ってしまい自力では転移できないものまでさまざまな形態が見られる．

図12.10　レトロトランスポゾン

(a) レトロウイルスとウイルス様レトロトランスポゾン

レトロウイルスとは，RNAをゲノムにもつウイルスで，宿主細胞に感染した後，RNAを鋳型としてDNAを合成する．この反

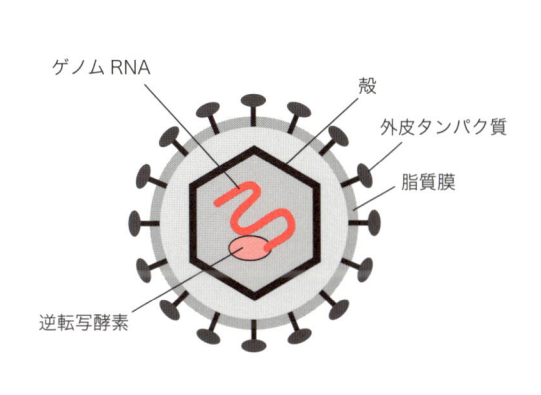

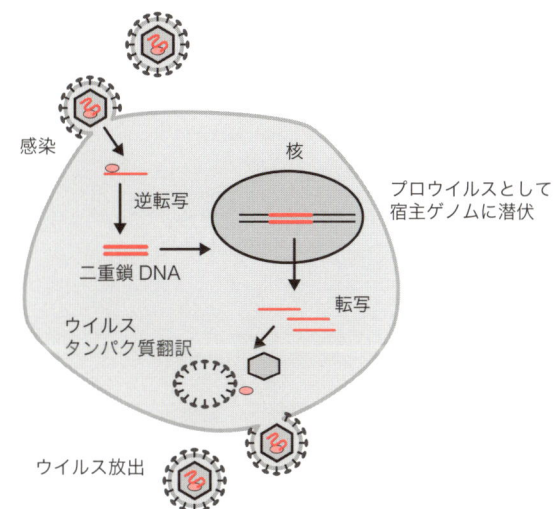

図 12.11　レトロウイルス

応は逆転写反応と呼ばれ，RNAを鋳型としてDNAを合成する酵素を逆転写酵素（reverse transcriptase）という．遺伝情報がDNAからRNAへ，さらにタンパク質へと変換されるセントラルドグマに逆行するものという意味で，レトロ（懐古）ウイルスと呼ぶ．

レトロウイルスは，脂質膜に包まれたウイルス粒子中に，RNAゲノムと逆転写酵素をもつ（図12.11）．宿主細胞に感染すると，逆転写酵素が逆転写反応によってRNA情報を二重鎖DNAに変換する．このDNAは逆転写酵素のもつ転移酵素活性によって宿主ゲノムに組み込まれてゲノムの一部となって（プロウイルス）長期間潜伏する場合もある．

ウイルスとして増殖する場合には，ゲノムからRNAが転写され，ウイルスになるために必要なタンパク質を合成してウイルス粒子が形成され細胞から放出される．レトロウイルスの一種に，ヒト後天性免疫不全症候群（acquired immune deficiency syndrome, AIDS）の原因となるHIV（human immunodeficiency virus）がある．HIVは感染後数年から数十年もゲノムに潜伏し続けることがあり，また非常に変異しやすいため治療薬やワクチンによって排除することが困難である．

典型的なレトロウイルスは，*gag*, *pol*, *env*の三つの遺伝子をもっており，その両末端には同方向の反復配列Rがある．*gag*はウイルスの粒子タンパク質をコードし，*pol*は逆転写酵素，RNAを分解するRNase H，組み込みを行うインテグラーゼ（integrase）などの活性をもつタンパク質をコードしている（図12.12）．*env*は外膜タンパク質をコードしている．*gag*と*pol*は一つのタンパク質として翻訳される仕組みを備えており，翻訳後にプロテアーゼにより二つのペプチドに切断される．*env*はRNAスプライシングを経て独立に翻訳される．

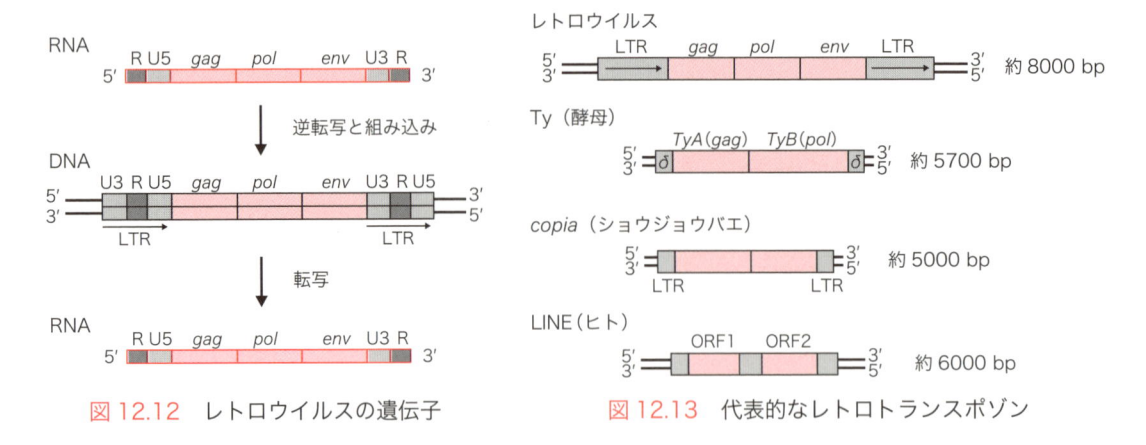

図 12.12　レトロウイルスの遺伝子

図 12.13　代表的なレトロトランスポゾン

宿主ゲノムに組み込まれた状態のウイルスゲノムは約 10 kb の長さで両端に LTR (long terminal repeat) と呼ばれる順方向の繰り返し配列をもつ (図 12.12). ウイルス様レトロトランスポゾンは, 細胞の外へ出ないこと以外はレトロウイルスと基本的に同じ増殖経路をたどる. 代表的なレトロトランスポゾンとして, パン酵母の Ty 因子, ショウジョウバエのコピア (*copia*) 因子などが知られており, いずれも LTR, *gag*, *pol* の基本構造をもつ (図 12.13).

(b) ヒトのレトロトランスポゾン―LINE と SINE―

ヒトゲノムには, ウイルスを産生するような完全なレトロウイルス様トランスポゾンはなく, 大半はいずれかの部分だけが残った残骸であ

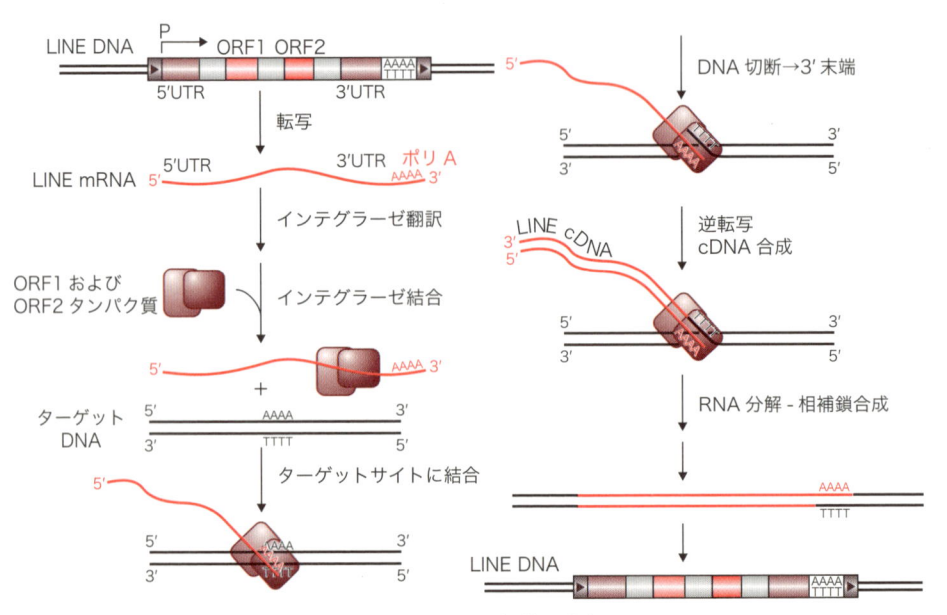

図 12.14　LINE の転移の仕組み

る．ヒトでは，レトロウイルスとはかなり異なる構造をもつ LINE（long interspersed nuclear element）と SINE（short interspersed nuclear element）が大量に存在する．当初これらはゲノム上のあらゆる場所で分散的に繰り返している配列として同定されたので，このような名称になっている．

　LINE は 6〜8 kb の長さで約 85 万コピー存在し，ゲノムの 17％ を占める．SINE は約 300 bp と短い配列で，約 150 万コピー存在し，ゲノムの 15％ を占める．どちらも LTR がなく，代わりに通常の mRNA の 3′ 末端にポリ A 配列が見られる．LINE，SINE を総称してポリ A-レトロトランスポゾンと呼ぶ場合もある．ヒトの代表的 LINE である L1 は LTR をもたないが，二つの遺伝子 ORF1 と ORF2 がコードするタンパク質複合体によって逆転写反応とゲノムへの挿入を自律的に行うことができる．図 12.14 に LINE の転移を模式的に示す．DNA 中の LINE は通常の RNA ポリメラーゼ II によって転写され，RNA は細胞質で翻訳された二つの ORF 産物との複合体として核内に戻る．ゲノムの標的部位を切断し，ポリ A テールが切断末端の相補的配列と対合し，LINE 相補鎖 cDNA を合成する．さらに RNA を分解しながら逆鎖 DNA を合成して挿入される．

　一方，ヒト SINE としては Alu ファミリー配列が知られており，ポリ A 配列をもっているので LINE と類似の仕組みで転移すると考えられるが，Alu 配列そのものは逆転写酵素などの ORF をもたないので，LINE などの逆転写酵素の助けにより転移する可能性がある．

12-4-4　トランスポゾンはなぜ大量に存在するのか

　ヒトでは，さまざまなトランスポゾンを合わせるとゲノムの 40％ 以上になると推定される．またそれ以外の反復配列を合わせるとゲノムの 50％ 近くになる（図 12.15）．これほどまでにゲノム中で大きな割合を占める反復配列はいったいどのような役割を果たしているのだろうか．生物の生存にとってまったく何の貢献もしないものがこれほどに増加するとは考えにくい．

　トランスポゾンなどの反復配列は，以前は役に立たない「ジャンク」と考

one point
クロマチン構造
真核生物の核内で，DNA はヒストンを初めとする多様なタンパク質に結合した状態で存在する．このような DNA-タンパク質複合体をクロマチンと呼ぶ（第 16 章で詳しく説明）．クロマチンは結合するタンパク質の種類や修飾のされ方により，異なる構造と機能をもつ．セントロメアやテロメアなど染色体維持にかかわる領域では，特殊なクロマチン構造をとっており，その他の領域では，遺伝子発現制御や染色体安定化などの重要な役割を担う．

エピジェネティック機構
タンパク質を構成するアミノ酸配列などは，DNA 配列により一義的に決定されるため「遺伝学的（ジェネティック）」という．それに対して，DNA メチル化やヒストン修飾が細胞世代を経て継承され，細胞の性質を決定する現象をエピジェネティック（epigenetic）と呼ぶ（第 16 章参照）．

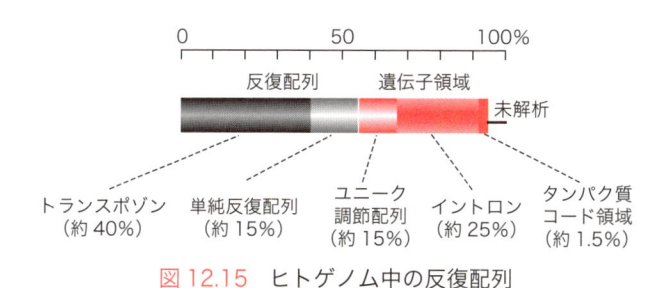

図 12.15　ヒトゲノム中の反復配列
（トランスポゾン（約 40％），単純反復配列（約 15％），ユニーク調節配列（約 15％），イントロン（約 25％），タンパク質コード領域（約 1.5％））

えられていたが，近年では反復配列がクロマチン構造やエピジェネティック現象に関与する可能性が示唆されている．マウスなどではヒストンのメチル化などヘテロクロマチンを構成する特徴的性質の分布が反復配列の頻度と相関があることや，反復配列に由来する低分子RNAがRNA干渉（RNAi，9-4節参照）の機構を介してヘテロクロマチン形成に関与する可能性も指摘されている．これらの仕組みは染色体の機能維持や遺伝子発現調節にかかわる重要なものであり，そのためトランスポゾンなどの反復配列がこれほど大量に保持されるようになったのかもしれない．

この章で学んだこと──
- 遺伝的相同組換えの仕組み
- 交叉型と非交叉型組換え
- 減数分裂期組換え
- 部位特異的組換え
- 免疫グロブリン遺伝子座
- トランスポゾン
- レトロトランスポゾン

13章 細胞の成り立ち
―原核生物と真核生物―

> **この章で学ぶこと**
>
> 現在地球上に生存する全ての生物は細胞から成り立っており，細胞は生物を構成する基本単位である．それぞれの細胞には多くの共通性・統一性が見られる一方で，多様でもある．この事実は，全ての生物が単一の祖先に由来し，長い進化の中で多様に変化してきたことを示す．
>
> 細胞は，細胞膜によって外界から区切られている．細胞（cell）という名称は17世紀にR.フックがつけたもので「小さく区切られた部屋」という意味である．また，細胞は外界から物質やエネルギーを取り込んで細胞内で化学反応を行い，分裂することによって自らを再生産する．そして，それらの反応を指令する情報をDNAとしてもつ．以上の性質は，全ての細胞に共通して見られる．

13-1 原始細胞

約46億年前に地球が誕生してから数億年後の約40億年前に最初の生命が誕生したと考えられている．最初の生命がどのようなものであり，どのように生まれたかを知ることはできない．しかし，推定される原始地球環境やいくつかの興味深い実験事実から次のような考えが支持されている．

細胞が誕生するためには，細胞を構成する化学成分である核酸，タンパク質，脂質などを作るための有機物質が必要である．1950年代にS. L. ミラーらは原始地球に存在した水，水素，窒素，二酸化炭素，硫化水素，アンモニア，メタンなどに高電圧の電気的スパークを加えることによって，アミノ酸，酢酸，尿素などの有機物を作り出すことに成功した（図13.1）．実際にこのような反応によって地球上に有機物が生まれたのか，あるいは地球外から隕石などに付着して最初の有機物がもたらされたかは明らかでない．いずれにせよ，40億年前には生命が誕生するために必要な有機物が存在していたと考えられる．

細胞の大きな特徴は，自己複製能である．現在の細胞では，核酸であるDNAの相補的結合が自己複製の設計図となり，タンパク質が実際の反応を触媒している．しかし，DNA自身は反応を触媒する能力をもたず，一方タンパク質は自己複製できない．このようなギャップを埋める物質と

Biography
▶ S. L. ミラー

1930～2007，アメリカのカリフォルニア州生まれの化学者．本文中の実験は「ミラーの実験」として有名で，1953年に彼がシカゴ大学の大学院生のときに行ったものである．ミラーは，彼の師であるH.ユーリーが提唱した原始地球の大気組成に基づいて，炭素や窒素がメタンやアンモニアとして存在する大気から複雑な有機物が産生しうることを実験的に示した．「ユーリー・ミラーの実験」とも呼ばれる．

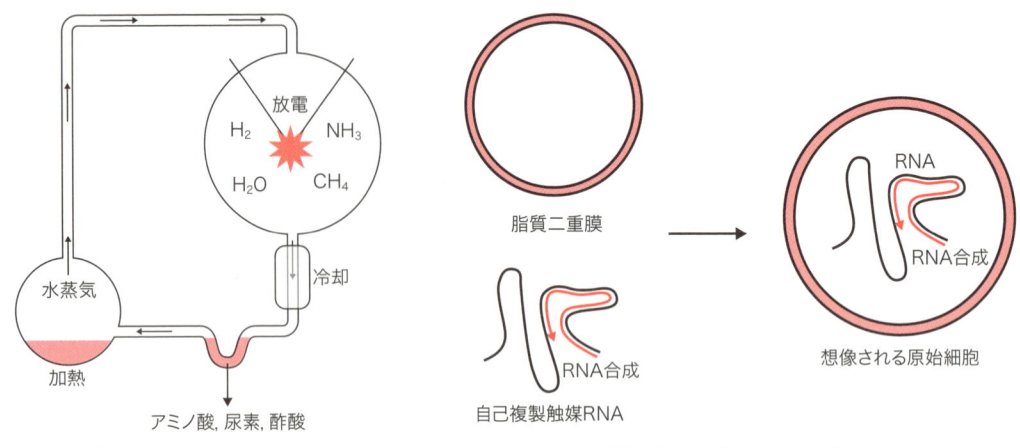

図 13.1　ミラーの実験

図 13.2　最初の生命の想像図

Biography

▶ T. R. チェック
1947年アメリカのイリノイ州シカゴ生まれの生化学者．1989年に S. アルトマンとともに「RNA の触媒能（すなわちリボザイム）の発見」の功績によってノーベル化学賞受賞．現在，コロラド大学ボルダー校教授．

してRNAが注目されている．1982年にT. R. チェックらはリボソームRNAのスプライシングの研究過程で，RNAがRNAを切断する触媒能力をもつことを発見した．そこから，RNAこそが自己複製能と触媒能を兼ね備えた物質であるとの考えが議論されるようになった．地球上での最初の自己複製はRNAによって行われたのではないか，そして最初の細胞は脂質膜に囲まれた空間の中で自己複製するRNAをもつものであったのではないかと想像されている（図13.2）．RNAを自己複製する原始細胞から，DNA → RNA → タンパク質を物質合成の基本反応とする現在の細胞が，どのような経緯を経て生み出されたのか，全くわかっていない．

13-2　細胞膜の役割と構造

細胞は細胞膜によって外界と隔てられている．細胞膜はリン脂質とタンパク質から作られており，基本的には脂質の性質が細胞膜の性質を大きく特徴づけている．細胞膜にある脂質分子は親水性の頭部と疎水性の尾部からなり，このような性質を両親媒性という．細胞膜の主成分であるリン脂質は，疎水性の長い炭素鎖からなる尾部とリン酸基を含む親水性の頭部を

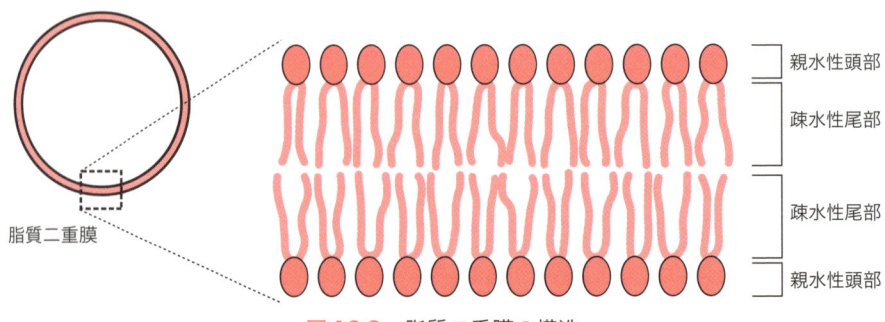

図 13.3　脂質二重膜の構造

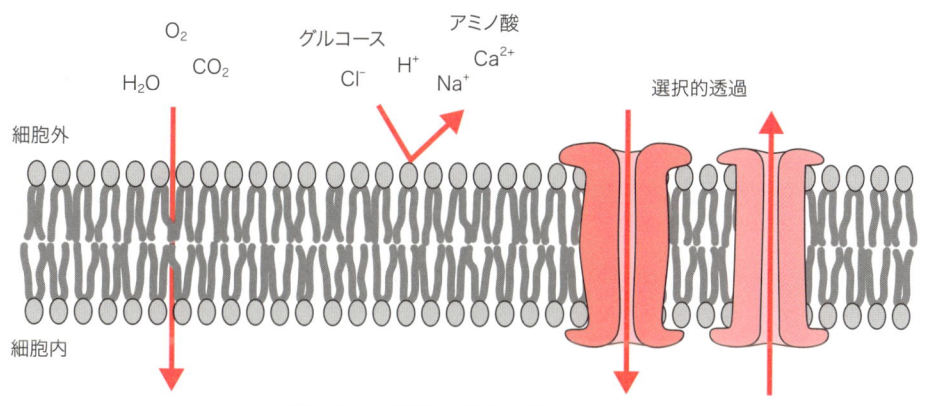

図13.4 脂質二重膜と膜チャネル

もち，水中では疎水性の尾部どうしが水を避けるように互いにくっつき，親水性頭部を外側にした脂質二重層(lipid bilayer)を作る(図13.3)．脂質二重層のシートは水中では閉じた袋状構造を作る．

実際の細胞膜では脂質二重膜にさまざまなタンパク質が埋まっている．脂質二重膜が水やイオンなどを遮断するのに対し，タンパク質はこれらの物質を選択的に透過させるチャネル（伝達路）を形成する（図13.4）．このような細胞膜はすべての細胞に共通して見られる．

13-3 原核生物と真核生物

現存する生物は，真核生物(eukaryote)と原核生物(prokaryote)に大別されるが，最近では原核生物を真正細菌(bacteria)と古細菌(archaea)に分ける場合もある（図13.5）．真核生物はDNAを収納する細胞核(cell nucleus)をもち，さらにミトコンドリアや小胞体など特有の働きをもつさまざまな細胞小器官(オルガネラ)をもつ．これら細胞小器官はいずれも脂質二重膜で囲まれている．真核生物には，単独の細胞が個体そのものである単細胞真核生物と，多数の細胞が集まって個体を形成する多細胞生物がある．多細胞生物では，細胞は分化して個体の生存に必要なそれぞれの役割を果たす．

原核生物は細胞核などの細胞小器官をもたず，染色体DNAは核様体と呼ばれるかたまりを形成する．さまざまな生物のDNA塩基配列の解析が進み，塩基配列を元にした進化の系統樹を構築できるようになった．その結果，原核生物に含まれる真正細菌と古細菌は系統的にかなり離れており，真核生物の祖先が原核生物の祖先と分かれた頃に古細菌も分離したことが明らかになってきた（図13.5）．古細菌では，

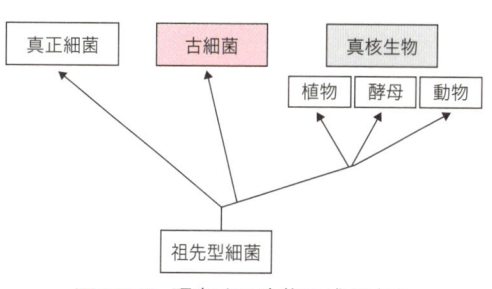

図13.5 現存する生物の成り立ち

細胞の構造は真正細菌に似ているが，DNA複製などに働くタンパク質がむしろ真核生物に似ている点が注目されている．真正細菌は身近なさまざまな場所に生息しており，研究によく用いられる大腸菌など，動物の体内に生存するものもある．一方，古細菌の多くは深海や高熱の温泉，あるいは深い地中などの極限環境に生存する．ここでは，原核細胞の例として真正細菌を取りあげる．

13-4 原核細胞の構造

細胞の大きさは，非常にまちまちである．原核生物は数 μm（1 μm は 1 mm の 1000 分の 1）の長さの筒型（桿状）で，細胞膜の外側には糖鎖を多く含む細胞壁をもつ場合が一般的である．体表にある繊毛や鞭毛を動かして移動するものもある．ほぼすべての原核生物は環状二重鎖DNAをゲノムとしてもっている（図13.6）．研究材料としてよく用いられてきた大腸菌（*Escherichia coli*）は 4.6×10^6（460万）塩基対のDNAをもち，その中に約4300個の遺伝子が含まれる．ゲノムは，遺伝子と遺伝子が隙間なくぎっしりと並んでいて無駄な配列をほとんど含まない．一つ一つの遺伝子は，タンパク質のアミノ酸をコードする配列に加えて，DNAからRNAに転写されるための目印となる配列と，その後タンパク質に翻訳されるのに必要な配列を備えている．面白いことに，アミノ酸生合成反応など，ひと続きの反応に携わる遺伝子群は隣接して存在し，発現を効率的に調節するために1本のRNAとして転写される場合が多い．このような遺伝子群をオペロンという（第5章参照）．

細菌には，プラスミドと呼ばれる寄生的DNAが多く見られる（図13.6）．プラスミドDNAも環状二重鎖DNAである．プラスミドには，他の細菌

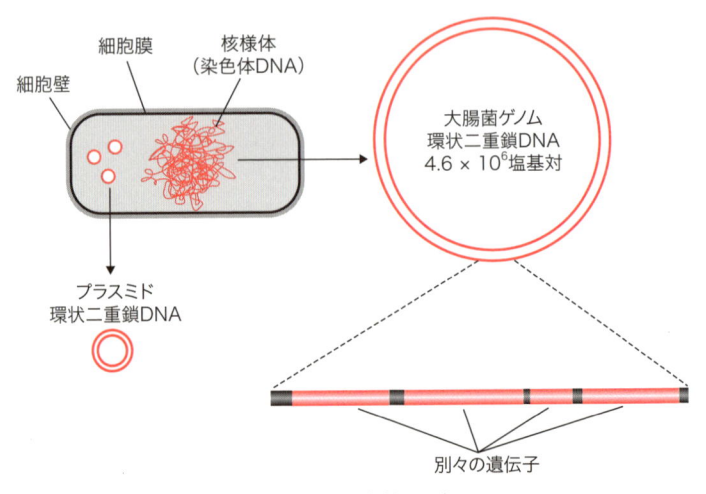

図13.6 原核生物のゲノム

を殺す抗生物質や，その抗生物質を分解し無害化するタンパク質の遺伝子をもつものがある．また，プラスミドがコードするタンパク質が働いて別の細菌と接合し，プラスミドDNAが移動する仕組みがある．プラスミドが供与細菌ゲノムに組み込まれた状態で受容菌と接合する場合がある．プラスミドとともに細菌ゲノムも受容菌に移動する現象を水平伝播と呼ぶ（図13.7）．また細菌に感染して増殖するウイルス（バクテリオファージと呼ぶ）の中には，細菌ゲノムに組み込まれて潜伏的な生活環をもつものがある（溶原化，図5.6参照）．溶原化したファージDNAは宿主ゲノムがダメージを受けたときなどに切り出され，ウイルスとして増殖して細胞外へ出ていくことがある．このとき，組み込まれていた部位の周辺ゲノムも一緒に切り出され，再び別の細菌のゲノムに組み込まれることによって細菌のゲノムが変化したと考えられる例もある．

　細菌内のDNAが線状構造をとらず環状となっていることには二つの大きな意味がある．一つは，細胞内にはDNAを末端から分解するヌクレアーゼが多くあるため，ゲノム安定化のためには末端のない環状構造が有利であることと，もう一つは，後の章で述べるようにDNA複製による末端短小化を回避できることである．

> **one point**
> **水平伝播**
> 子孫ではない個体に遺伝情報が移動することを水平伝播（水平移動）という．細菌どうしの接合や溶原化ファージによって，同種あるいは異種の細菌に抗生物質・薬剤耐性遺伝子や毒素・病原性遺伝子が移動する．病原性大腸菌O157がもっている多数の毒素遺伝子は，祖先大腸菌から分離してから数百万年の間に水平伝搬により獲得されたものと考えられている．

13-5　真核細胞は細胞核をもつ

　真核生物の細胞は原核生物に比べて非常に大きく，数十µmのものが多い．特殊な例として卵などでは1個の細胞が数mmのものもある．多細胞生物では，分化した組織によって細胞の大きさや形はきわめて多様である．

　真核生物ではゲノムDNAは細胞核に収納されていて，細胞内の変化に直接さらされないようになっている．細胞核は細胞膜とよく似た構造の核

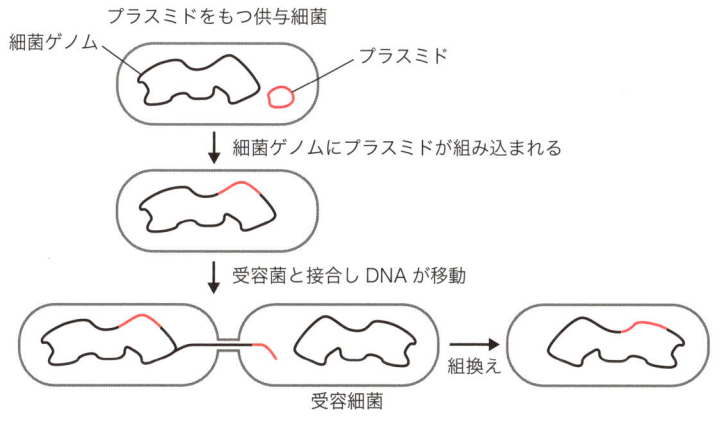

図13.7　水平伝播

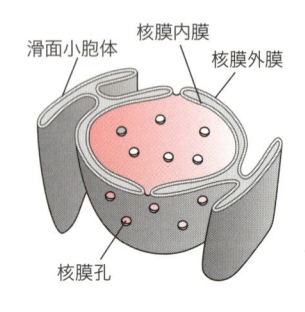

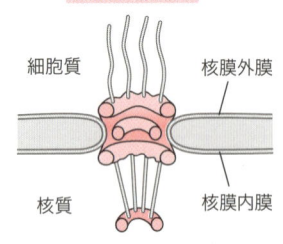

図13.8　核膜と核膜孔

one point
open mitosis と closed mitosis

動物細胞では，M期（分裂期）で核膜が崩壊し，中心体から伸長する微小管が姉妹染色分体に結合して染色体を分配する open mitosis が一般的である．一方，単細胞真核生物の酵母では，核膜が保たれたままの状態で核が二つに分裂する closed mitosis が普通である．closed mitosis の場合，中心体に相当する SPB（spindle pole body）がM期になると核膜に接着して染色体分配を行う核内微小管を形成する．核膜が一部だけ崩壊する中間的な mitosis を行う生物種もある．

膜（nuclear membrane）によって細胞質と隔離されており，タンパク質を初めとする物質の移動が制限される．核膜には，核膜孔（nuclear pore）と呼ばれる出入り口が数百から数千個あり，核膜孔では100種類近くのタンパク質が細胞質と核内をトンネルのように繋いで物質の移動を制御している（図13.8）．細胞質から核内へ移動するタンパク質は，核内局在シグナル（NLS, nuclear localization signal）と呼ばれる塩基性に富むアミノ酸の配列をもっている．インポーチン（importin）ヘテロ二量体が NLS と核膜孔タンパク質と相互作用し，核膜孔を通過する（図13.8）．逆に核内で作られた mRNA などは，核膜孔を通って細胞質へ運ばれる．そのため，mRNA には核外へ運ぶためのシグナル（NES, nuclear export signal）を備えたタンパク質が結合する．

動物や植物など多くの真核生物では，細胞周期のM期（分裂期）に入ると核膜が崩壊し（nuclear membrane breakdown），凝縮した染色体が細胞質に存在する状態（open mitosis）となって，細胞両極へ分配され，再び核膜が形成される．一方，酵母などの単細胞真核生物では，M期になっても核膜は消失せず，核内で染色体が分離されてから核が二分し，娘細胞に分配される（closed mitosis）．

真核生物のゲノムは何本もの線状の染色体に分かれて存在する．核内ではそれぞれの染色体の占める空間が決まっていると考えられている．また染色体のセントロメアやテロメアなどは核膜近くに繋ぎ止められている．よって核内でもいろいろな構造が秩序をもって配置されていると考えられている．

13-6　ミトコンドリアと葉緑体の共生説

真核生物の細胞内にはさまざまな細胞小器官（オルガネラ）がある．たとえばミトコンドリアは真核細胞に存在する数 µm の大きさの細胞小器官である．一つの細胞内に数百から数千個含まれており，酸素を消費して二酸化炭素を放出する過程を通じて ATP を産生するエネルギー産生器官である．ミトコンドリアをもたない真核生物は，酸素を有効に利用することができず嫌気的環境でしか生存できない．ミトコンドリアには環状二重鎖 DNA からなる独自のゲノム（mtDNA）があり，ミトコンドリアのタンパク質をコードしている．ミトコンドリアの遺伝子は真核生物よりも細菌によく似ている．これらのことから，ミトコンドリアは嫌気性の祖先型真核細胞に酸素呼吸をする好気性細菌が取り込まれて「共生」するようになったものであるとの説（ミトコンドリア共生説）が有力である（図13.9）．

一方，植物細胞には，ミトコンドリアに加えて，光合成を行う葉緑体が存在する．葉緑体も独自のゲノムをもっていることから，ミトコンドリア

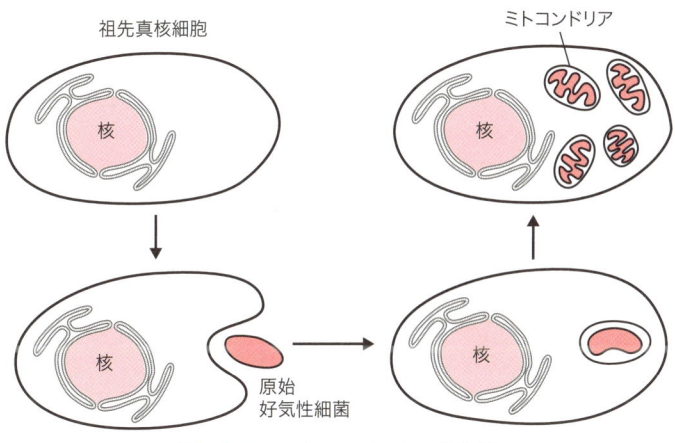

図 13.9　ミトコンドリア共生説

を獲得した初期真核細胞がさらに光合成細菌を取り込んで共生するようになったと考えられている（葉緑体共生説）．その他の細胞小器官については，次章で詳しく述べる．

13-7　真核生物のゲノム

　真核生物においてもゲノム DNA の最も重要な機能は，タンパク質のアミノ酸配列を指定する遺伝子を保持し，発現させることである．真核生物の遺伝子は原核生物に比べて一つ一つが大きい．これは最終産物であるタンパク質が大きいわけではなく，タンパク質にならない配列であるイントロンが大量に存在するためである（図 13.10，第 8 章参照）．さらに遺伝子と遺伝子の間の非遺伝子領域が広く，繰り返し配列などが多く存在する．

　ゲノム DNA は 3 本から数十本の DNA として核の中に収まっており，それぞれの DNA はタンパク質と結合した染色体という状態で存在する．核内でゲノムから情報を写し取った RNA は核膜孔から細胞質に輸送さ

one point

セントロメア，テロメア
真核生物では，線状構造をとる染色体には，必ず一つのセントロメアと染色体両端にテロメアをもつ．セントロメアは染色体分配に必須の領域であり，テロメアは染色体末端の保護に必須である．セントロメアは染色体中央に多く見られるので中央という意味の名称がつけられたが，マウスのように末端近くにある場合もある．セントロメアやテロメアではそれぞれの機能を発揮するためには，特殊な繰り返し DNA 配列と特異的なタンパク質の結合が必要である．

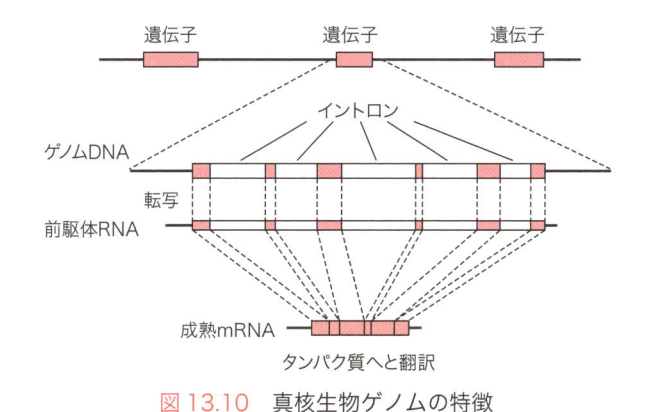

図 13.10　真核生物ゲノムの特徴

表13.1 ゲノムサイズの比較

		ゲノムサイズ(Mb)	遺伝子数	反復配列の割合(%)
原核生物	マイコプラズマ	0.58	500	＜1
	大腸菌	4.6	4300	＜1
単細胞真核生物	出芽酵母	12	6000	3.4
無脊椎動物	線虫	103	19000	6.3
	ショウジョウバエ	180	14000	12
脊椎動物	ヒト	3200	23000	46
	マウス	2600	26000	未決定
植物	シロイヌナズナ	130	27000	未決定
	イネ	400	37000	42
	コムギ	16000	30000	未決定

れ，翻訳を経てそれぞれの機能を果たす．また細胞質から核内へは選択的にイオンやタンパク質が移動する．

興味深いことに，真核生物のゲノムは例外なく線状二重鎖DNAである．13-4節で述べたように，DNAに末端があると，ゲノムの安定性は低くなると考えられる．そこで，真核生物のゲノムは末端に6〜10塩基の配列が何百回も繰り返すテロメアという特殊な領域をもつことによって高次のタンパク質複合体を形成して末端を保護し，さらにテロメア配列を独自の方法で複製して維持している（16-7節参照）．

真核生物のゲノムサイズはきわめて多様である．表13.1を見ると，単細胞真核生物である出芽酵母に比べて，線虫やショウジョウバエはゲノムサイズは約10倍大きいが，遺伝子数は2〜3倍多いだけである．さらにヒトやマウスのゲノムサイズは線虫の30倍近くであるが，遺伝子数はわずかに多いだけである．このように多細胞生物間でのゲノムサイズの相異は，遺伝子の数ではなく，主に反復配列の割合に起因すると考えられる．たとえばヒトゲノムは，半分近くが反復配列で占められている．最近の研究により，反復配列の役割や生物学的意義も明らかにされつつある（12-4節参照）．

この章で学んだこと──
- 細胞の起源
- 細胞膜
- 原核生物の細胞
- 真核生物の細胞
- 細胞核と核膜
- 真核生物のゲノム

14章 細胞の膜構造と機能

> **この章で学ぶこと**
>
> 細胞は細胞膜で外部から仕切られて，生命維持に必要な水溶性物質やイオンを内部に一定量保持できるようになっている．このように細胞内部に物質やイオンを一定量維持することをホメオスタシス（生体恒常性）と呼ぶ．細胞内部にも膜で囲まれた構造があり，このような膜も含めて脂質とタンパク質でできている膜構造を生体膜と呼ぶ．本章では，生体膜の化学的特徴とそこに埋め込まれているタンパク質の働きについて学ぶ．生体膜の脂質は水溶性物質やイオンを透過させない．一方，膜タンパク質には物質やイオンを透過させるものがあり，透過タンパク質または輸送担体タンパク質と呼ばれる．これらのタンパク質は，細胞の内部の物質やイオンの量を調節する．また，細胞外部の物理的または化学的変化を検出する受容体と呼ばれる膜タンパク質もある．

14-1 生体膜の働き

　細胞は，細胞膜（形質膜）で囲まれている．また細胞質内には，脂質二重膜（図13.3参照）である生体膜構造で仕切られた小胞と呼ばれる数種の異なる構造体がたくさんあり，それぞれ重要な機能を果たしている．小胞は，細胞小器官（オルガネラ）の一種である．基本的には細胞膜や小胞膜は，空間を二つに仕切り，二つの空間にあるさまざまな生体関連の水溶性物質やイオンを透過させない．このように水溶性物質やイオンを透過させないのは，生体膜が脂質からできているからである．

　細胞膜で細胞外から仕切られた細胞質内や，小胞膜で細胞質から仕切られた小胞内の空間には，それぞれの空間ごとに異なる固有な水溶性物質やイオンが存在し，それらの濃度は空間ごとに固有の値を示す．地球上で最初に出現した細胞は海で発生したといわれる．その細胞の内部には生命維持に必要な固有の水溶性物質やイオンが存在し，それらの濃度も決まったものだったと想像されている．このことは，現在の生物の細胞内と海の水溶性物質やイオンの環境が異なっていることからも明らかである．したがって，こうした生命維持に必要な環境を作り出すために細胞膜は必要不可欠な細胞の構造といえよう．

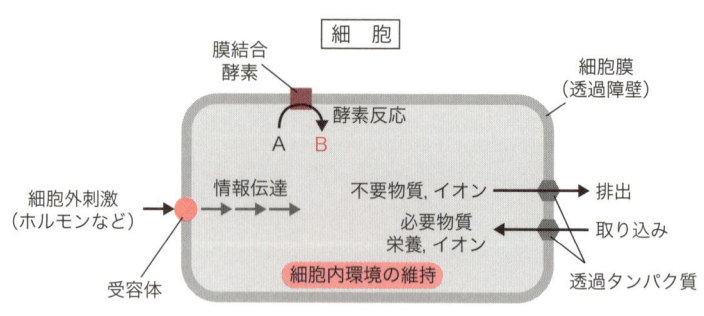

図14.1 細胞膜の働きと細胞内環境の維持

　しかし細胞の内部は，実際には外部から全く孤立しているわけではない．必要なものを取り入れ，不要なものを排出している(図14.1)．これは，細胞膜には物質やイオンを透過するタンパク質が埋め込まれているからである．この物質やイオンの透過タンパク質は，物質やイオンを透過させるときにそれら分子を構造的に厳密に区別しており，一つの透過タンパク質が透過できるものは限定されている．そのため，生命維持に必要な多様な物質やイオンごとに透過タンパク質があるといっても過言ではなく，その総数は非常に多い(14-3節参照)．

　細胞の外側にはさまざまな刺激，すなわち情報が存在する．その刺激は，熱や圧力などの物理的なものから，味覚物質などの化学的物質までさまざまである．この中で化学的物質については，脂溶性の化学物質を除く多くの水溶性のものは，細胞の内部には入れない．細胞の増殖を促すホルモンなどもその一つである．細胞膜にはこれらのさまざまな刺激を受け取る受容体が埋め込まれており，受容体が刺激に応答し細胞内部に情報を伝達する(図14.1)．

　さらに生体膜は，さまざまな物質の生合成の場にもなっている．脂質などの生体膜成分は疎水性であり，生体膜内部の疎水的環境で合成される．さらに，生体エネルギー通貨であるATPの合成が，細胞小器官であるミトコンドリアの内膜や細菌の細胞膜で行われる．ミトコンドリアの内膜や細菌細胞膜に組み込まれた電子伝達を担う一連の酵素群が，NADHなどの生体エネルギー中間体を酸化し，この際に生み出されるタンパク質内部の構造変化により，ミトコンドリア内部や細菌細胞質内の水素イオンをミトコンドリア外部や細菌細胞外へ排出する．その結果，ミトコンドリアの内部と外部の間や細菌細胞外と細胞内の間に水素イオン勾配が形成される．この水素イオン勾配(水素イオン駆動力と呼ばれる)により，同じ膜に存在するATP合成酵素内を水素イオンが移動し，結果として酵素内の構造変化によりATPが連続的に合成される(15-1節参照)．

---

one point

NADH

ニコチンアミドアデニンジヌクレオチドリン (nicotinamide adenine dinucleotide) の酸化型．細胞質の解糖系やミトコンドリア内のクエン酸回路で発生し，水素と電子を運ぶことによりエネルギー運搬を担う．電子伝達鎖の初めに位置するNADH酸化酵素の基質となり，水素と電子を放出する．

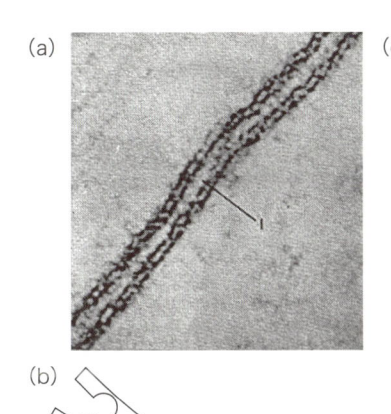

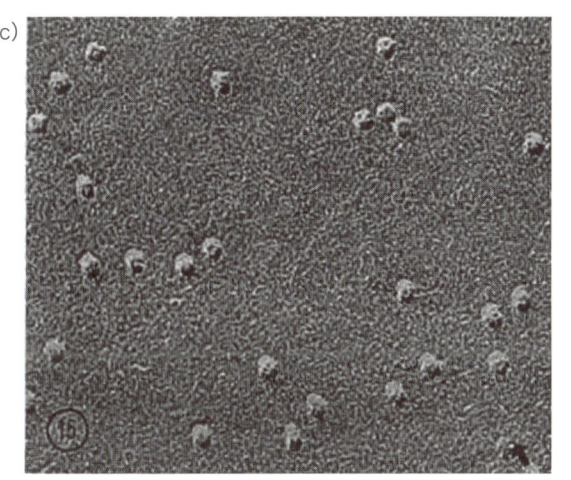

図 14.2 生体膜の構造
(a) 電子顕微鏡による細胞質膜の二重層構造．(b) 生体膜の凍結後の破断面の模式図．(c) 好塩性バクテリア細胞膜の凍結破断後の表面（電子顕微鏡像）．殿村雄治，佐藤 了 編，『生体膜の構造と機能』，講談社サイエンティフィク(1979)．

14-2 生体膜の構造

14-2-1 生体膜の基本的な構造

細胞を電子顕微鏡で観察すると，細胞膜は二重の層として観察される．これは脂質が二重に層をなしているためである（図 14.2 a）．細胞を凍結し，凍結した細胞のかたまりを砕くと，破断面は細胞膜の脂質二重層の間の面であることが多い．この破断面を電子顕微鏡で観察すると，粒子状の構造体が多数散在しているのが認められる（図 14.2 c）．この粒子はタンパク質である．このように，脂質がなす二重膜の中に膜タンパク質が埋め込まれている．脂質の中にある膜タンパク質は，脂質の層を移動できることが知られている．

生体膜の脂質は，主としてグリセロールリン脂質からなる（表 14.1, 図 14.3）．グリセロールリン脂質は，グリセリンの二つのヒドロキシ基に脂肪酸が縮合し，残りのヒドロキシ基がリン酸と結合したものである．すなわち，大きな疎水性部分とリン酸基による親水性部分とをもった両親媒性の物質である．生体膜の二重層構造は，疎水性部分どうしを面状に並べ，親水性部分を水に向けることで成

グリセロリン脂質

ホスファチジルセリン

スフィンゴ脂質

スフィンゴミエリン

コレステロール

表 14.1 生体膜を構成するおもな脂質

リン脂質	フォスファチジルコリン，フォスファチジルエタノールアミン，フォスファチジルセリン，フォスファチジルイノシトール，カルジオリピン
スフィンゴ脂質	スフィンゴミエリン，スフィンゴ糖脂質
コレステロール	

図 14.3 生体膜脂質の分子構造

り立っている．リン酸基にさらにエタノールアミン，コリン，セリンが結合した脂質分子があり，この3種類の分子が生体膜の主要構成員となっている．これらに加えて哺乳類細胞では，コレステロールが多く含まれる．また，スフィンゴジンの構造をもつスフィンゴ脂質も見出されるが，細胞種によってその含量は異なっている．さらに，一部の脂質は糖を結合した糖脂質である．

14-2-2　リポソーム

　細胞や組織をメタノールとクロロフォルムの混液で処理すると脂質成分を抽出できる．この脂質を緩衝液に懸濁すると脂質は集合し，熱力学的に安定な閉じた袋構造を形成する．この構造体はリポソームと呼ばれ，細胞膜の基本構造を模倣するものと考えられる（図14.4）．

　このリポソーム形成時にさまざまな物質をリポソーム内に閉じこめ，リポソームからの物質の流出速度を観測することにより，脂質膜のさまざまな物質やイオンに対する透過性の違いがわかる．リポソームに疎水性の膜由来のタンパク質を埋め込むと生体膜の再構成が可能であり，人工細胞を作るうえでの第一歩になる．また，リポソーム内に薬物を閉じ込めヒトに注入することで，薬物の効果的な体内導入が図られている．

14-2-3　膜タンパク質

　生体膜の脂質以外のもう一つの主要成分は，タンパク質である．膜に存在するタンパク質は分子全体，あるいは分子の一部が疎水的である．また，タンパク質分子としては親水性でも脂質分子を共有結合し，この脂質を通して膜に組み込まれているものもある．多くの膜タンパク質は，20アミノ酸程度の部分がαヘリックス構造を作り，膜の脂質二重層を貫通する（図14.5）．

　膜を貫通するαヘリックス構造の数は，一つだけのものから十数個の場合まであり，多様である．膜を複数回貫通する場合，三次元的には膜貫通部分どうしが集合し，最も外側に面するヘリックス表面に位置するアミ

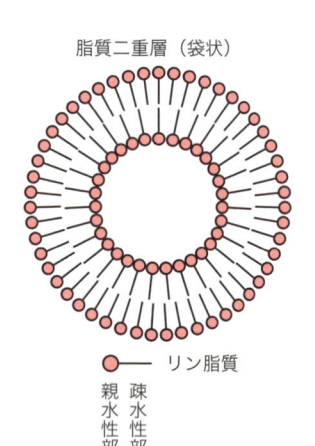

図 14.4　リポソームの模式図

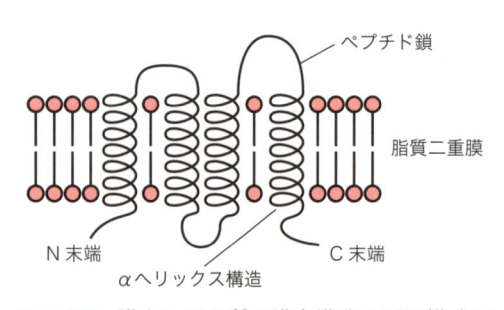

図 14.5　膜タンパク質の膜中構造の平面模式図

ノ酸が疎水的な側鎖を露出することにより，脂質の疎水部分と結合する構造をとる．また，αヘリックス形成によりペプチド結合の極性部分が見かけ上失われることも膜内部への組み込みに有利となる（図14.6）．

14-3 細胞膜を介する物質の輸送

細胞膜の脂質成分は，細胞外から細胞内に必要な栄養物質，イオン，薬物など水溶性のものを取り込む際の透過上の障壁となる．しかし膜内には，細胞に必須なものを選択的に取り込むための装置であるタンパク質が存在する．これらのタンパク質は，いくつかの例外を除いて透過物質ごとに高い特異性をもつ．すなわち，透過させることができる限られた分子やイオンを厳密に構造的に区別する．そのため，物質ごとにさまざまな透過タンパク質があり，全体の数は多い．このことは，ゲノム構造解析から予想される膜タンパク質遺伝子の数の多さとも一致している．

細胞の外部に物質がたくさんある場合，その物質の細胞内への輸送は，濃度勾配に従って受動的に行われる（受動輸送，図14.7）．しかし，通常は細胞内にはアミノ酸，糖，種々のイオンなどが高濃度に存在しており，これらの生命維持に不可欠な物質やイオンを細胞内へ取り込むには，それぞれの濃度が低い場所から高い場所へ運ばなければならない．このような輸送を能動輸送と呼ぶ．

14-3-1 受動輸送とチャネル

受動輸送の多くはチャネルと呼ばれるタンパク質が行う．水分子，K^+，Na^+，Ca^{2+} に対するものなど，たくさんのチャネルが知られている．チャネルには，輸送する物質やイオンに対して高い特異性をもつ透過路と，透過路の開閉を担うゲートがある．透過路の実体は，結晶構造解析がなされたいくつかのチャネルで明らかになりつつある．

K^+ に対するチャネルはいくつかの異なる分子種があり，ファミリーを形成している．しかしその異なる分子種でも透過路の最も重要な部分は同

one point
αヘリックス
ペプチドがとるラセン状の構造．四つ離れたアミノ酸残基のペプチド結合中の C=O と N–H が水素結合で結合することにより構造が安定する．

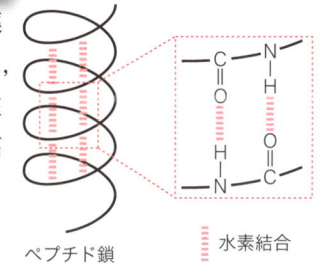

図14.6 αヘリックス中の水素結合

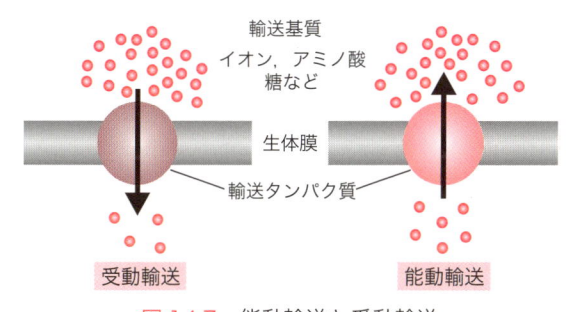

図14.7 能動輸送と受動輸送

じアミノ酸配列からなり，この透過に必須な部分のタンパク質の結晶化と構造解析の研究が進んでいる．こうした研究によれば，K^+チャネルは同じ分子が四つ集まり機能する（図14.8）．この四つのサブユニットが膜中に埋め込まれ，それらが取り囲んできる中央の孔をK^+が透過する．

　この透過路のもっとも狭い部分は，各サブユニット中の連続する五つのアミノ酸残基で囲まれて成り立っている．透過路の周囲の原子構造をみると，驚くべきことにこれらのアミノ酸の側鎖ではなく，アミノ酸残基間のペプチド結合の酸素原子であることが明らかになった．この酸素がもつ弱い負電荷（極性）がK^+透過に重要な意味をもつ．また，孔の直径はK原子の径とほぼ同じであり，水和したK^+が孔を透過する際には，配位した水分子はKから離れ，代わって孔の周囲の酸素原子が相互作用する．このように，K^+の形で孔を透過することが明らかにされている．K^+チャネルと同じような透過に必須な分子内構造がNa^+チャネルにも存在すると考えられている．

　チャネルは必要に応じて開くゲート構造をもっている．このゲートの開閉には，二つの仕組みがある．一つは，チャネルのある膜内外の電位差をチャネル分子内で関知して，その変化で開閉する場合である．二つ目は，チャネルへの化学物質の結合がゲートを開くきっかけとなる場合である．神経には神経刺激によって起きる膜の電位変化に応じて開くNa^+チャネルがあり，神経の情報伝達の実体を担っている．神経膜にはこの他にK^+チャネルがある．神経細胞の接合点であるシナプスには，神経化学物質の結合に応答して開くチャネルがある．アセチルコリン受容体はその代表である（図14.9）．ゲートの開閉の仕組みについては，電位依存と化学物質結合性のチャネルのいずれにおいても研究が進みつつある．

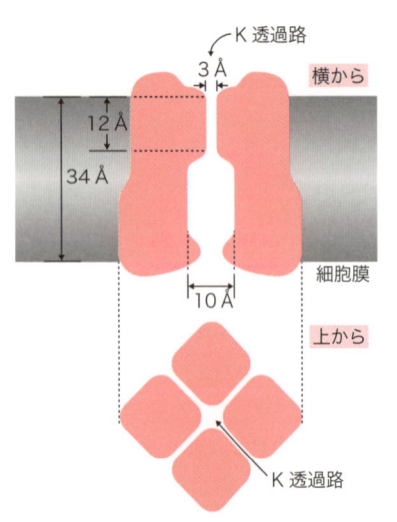

図14.8　K^+チャネルの構造模式図

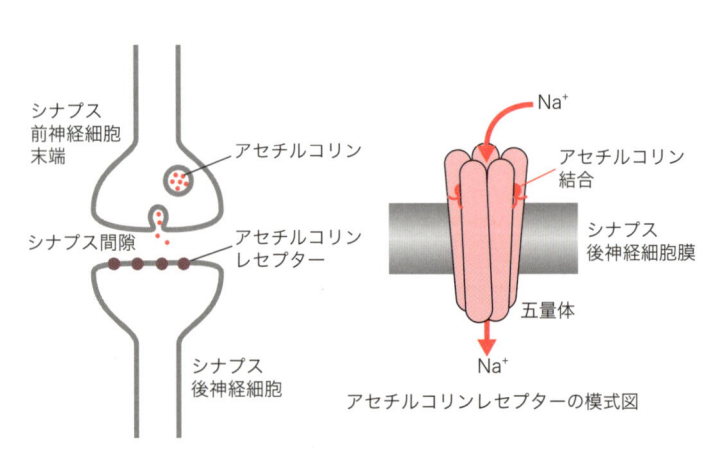

図14.9　アセチルコリンレセプター

表 14.2　生体膜の二つのクラスの能動輸送

クラス	駆動のエネルギー源	能動輸送体例
I（ポンプ）	ATP	Na^+/K^+ポンプ ATP合成酵素 H^+/K^+ポンプ
	光	バクテリオロドプシン
	酸化還元力（電子の流れ）	ミトコンドリア電子伝達系の構成タンパク質複合体
II（トランスポーター）	生体膜を介するNa^+またはH^+の濃度勾配（電気化学ポテンシャル）	グルコース輸送体 Na^+/H^+交換輸送体

14-3-2　能動輸送

　栄養物質やイオンが，すでに高濃度に存在する細胞内部に向けて，濃度の低い細胞外から取り込まれるときに能動輸送が見られる．Na^+やCa^{2+}のように細胞外のほうが濃度が高いイオンが，濃度の低い細胞内から排出される場合も能動輸送である．このように能動輸送では，濃度に逆らって輸送されるのでエネルギーが供給されなければ成り立たない．このエネルギー源は，二つのクラスに分けられる（表 14.2）．

(a) ポンプ

　一つ目のクラスのエネルギー源は，ATP，光，酸化還元ポテンシャルなどである．これらがエネルギー源になる場合の能動輸送タンパク質をポンプと呼んでいる．ポンプには真核生物のミトコンドリアや原核生物の細胞膜にありATP合成に関わるF型，真核生物の細胞内の小胞に主として存在するV型，真核生物の細胞膜や細胞内小胞に広く存在するP型などが知られている．P型は，細胞膜にあってNa^+とK^+を交換輸送するNa/Kポンプや筋肉細胞内のCa^{2+}を貯蔵する小胞にあって筋肉弛緩時にCa^{2+}を細胞質から小胞内に輸送するポンプなどである．P型はATPの高エネルギーリン酸がポンプタンパク質のアミノ酸残基に転移してタンパク質の構造を変化させることで，それぞれのイオンを決まった方向に輸送する．このリン酸基は，いずれポンプがもつ脱リン酸酵素活性によりポンプから脱離し，ポンプの構造は元の状態へ戻る．F型やV型ポンプではタンパク質のリン酸化はない．F型やV型ポンプでは，ATPと結合したATPがその後に加水分解されることが繰り返される．ATPは加水分解しADPとリン酸になる．さらにADPとリン酸がポンプから脱離し元の状態にもどる．このサイクルの中でATPを結合した状態や，ADPを結合した状態，すべての結合物質がない状態などをとるが，それぞれの状態におけるポンプタンパク質の構造は異なり，この構造変化を利用してイオンを一方向に輸送する．

エネルギー源が光の場合，光を受け取る官能基がポンプに結合しており，光を受容するとともにポンプの構造が変わり，輸送を行う．光合成細菌がもつバクテリオロドプシンがその例である．

エネルギー源が酸化還元力の場合は，ポンプタンパク質は電子供与物質から電子を受け取って還元され，次に電子を他のタンパク質に与えて再び酸化状態に戻るサイクルを繰り返す．このサイクルの間にポンプタンパク質自身の構造が変わり，イオンを輸送する．ミトコンドリアや細菌の膜にある呼吸鎖電子伝達系のタンパク質がその代表例である．この場合電子の供与体の代表はNADHであり，水素イオンの輸送ポンプは電子伝達鎖を形成する複合体Ⅰ，Ⅲ，Ⅳのそれぞれである．これらの複合体は電子の授受に伴って構造を変え，水素イオンを細菌の細胞外やミトコンドリア外へと輸送する．このようにして電子がエネルギー源になっている．

(b) トランスポーター

ポンプが作る膜の内外のイオンの濃度勾配をエネルギー源として物質を輸送するタンパク質をトランスポーターと呼ぶ．このイオンの濃度勾配が二つ目のクラスのエネルギー源である．

高等真核生物の細胞膜には，細胞内のNa^+を細胞外へまた同時に細胞外のK^+を細胞内へと交換して輸送するATPをエネルギー源とするNa／Kポンプがある．このポンプが作り出す細胞外が高く細胞内が低いNa^+の勾配をエネルギー源とするトランスポーターが多く見られる．一方，細菌や酵母では，細胞膜にあるATPをエネルギー源とし水素イオン勾配を作る輸送ポンプが存在する．このポンプが形成する水素イオンの勾配をエネルギー源とするトランスポーターが多く知られている．

トランスポーターには，アミノ酸，糖，ヌクレオチドなどの細胞に必須な物質に対するものから，Na^+などのイオンに対するものなど，さまざまな種類が知られている．輸送される物質やイオンとエネルギー源となるイオン勾配を形成するイオンの移動方向が同じ場合をシンポート（共輸送），反対方向の場合をアンチポート（逆輸送）と呼ぶ．トランスポーターはまず輸送する物質やイオンの濃度の低い側でそれらを結合する．次に，エネルギー勾配を形成するイオンの結合に伴い，結合した輸送物質やイオンの結合部位周辺のタンパク質構造を変化させ，濃度の濃い側へと露出させる．同時に結合したものが逆戻りできないような構造変化をすることにより，輸送を完了させていると考えられている．

14-4 細胞膜とシグナルの伝達

ヒトは，鼻や耳などの感覚器をもっており，においや音などの外界から

---

one point

バクテリオロドプシン

塩湖で発見された古細菌の細胞膜にあり，光を受容してそのエネルギーで水素イオンを細胞外に排出するポンプ．光を受け取る部分はレチナールであり，紫色をしている．ヒトの目の網膜の光受容タンパク質はロドプシンであるが，こちらはイオン輸送ポンプではなくGタンパク質の一種である．

の刺激を察知する．皮膚には熱や圧力を感じる感覚器とそれを構成する細胞が存在する．感覚器の細胞の細胞膜にあるさまざまな刺激受容タンパク質が細胞外の化学的あるいは物理的刺激を受け取り，受容体タンパク質の構造が変化することにより，細胞質の情報伝達タンパク質に刺激情報が伝わる．たとえば，目の網膜内の光受容細胞の膜にある光受容体が光を受け取ると，結果として同じ膜にある Na^+ チャネルが閉じて膜の内外の電位差に変化が生じる．この変化が神経細胞に伝わり，視覚が成り立つ．このように，光受容体と Na^+ チャネルの間には，光刺激の伝達の分子機構が存在する．

　細胞への刺激は，音や光や熱ばかりではない．ヒトのような多細胞生物では，細胞の外からくる刺激によって細胞の増殖や活動のスイッチが入る場合が多い．たとえば，成長ホルモンは思春期に分泌が盛んになり，ホルモンを受け取った細胞ではホルモン受容体タンパク質の構造が変化し，結果として細胞内のタンパク質リン酸化酵素が活性化され，さらに遺伝子発現制御タンパク質を変化させる[*1]．その結果，遺伝子発現が活発になったり，タンパク質や DNA の複製が活性化したりする一連の反応が起きる．この一連の反応はシグナル伝達系と呼ばれる．上記の例では，シグナル伝達系の活性化により細胞増殖が活発になれば，結果として身長が伸びる．

　細胞膜の物理的，化学的な刺激や，ホルモンに対する受容体タンパク質は大きく三つに分けられる．すなわち，イオン輸送チャネル型，タンパク質リン酸化酵素型，G タンパク質結合型の三つである．

[*1] ホルモンには 2 通りあり，細胞膜を透過するタイプと，透過せず細胞表面の受容体に結合するタイプがある．

14-4-1　イオン輸送チャネル型受容体

　細胞外からのシグナルが重要な意味をもつ例として，神経細胞の接合部分であるシナプスでの化学シグナル伝達がある．この刺激物質はアセチルコリンが代表である．神経膜内外の電位の変化によって開閉を行う Na^+ チャネルや K^+ チャネルによって神経膜外から Na^+ の流入または膜外への K^+ の流出が起きることにより，刺激が伝達される．

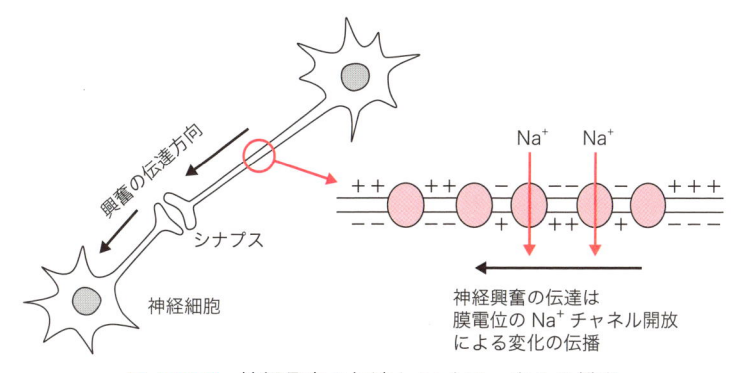

図 14.10　神経興奮の伝達と Na^+ チャネルの働き

この膜内外の電位の変化が神経軸索にそって移動し，神経細胞末端のシナプス前膜に到達すると，神経細胞内の小胞に蓄えられたアセチルコリンが細胞外に放出される．放出されたアセチルコリンは，シナプス後膜にあるNa^+チャネル機能をもつアセチルコリン受容体に結合し，チャネルのゲートが開きNa^+が流入する．Na^+の流入の結果，チャネル周囲の細胞膜の電位が変化し，再び神経軸索に沿って膜内外の電位変化の形で情報は伝わっていく（図 14.10）．アセチルコリンのような化学物質の結合や電位の変化によって開閉するチャネルは情報伝達の重要な担い手である．

14-4-2 タンパク質リン酸化酵素型

EGF（上皮細胞由来増殖促進因子）やPDGF（血小板由来増殖因子）などの細胞増殖促進因子には膜に組み込まれた受容体が知られている（図14.11）．この受容体は，多くの場合，細胞膜を1回貫通する構造をもち，受容体分子の細胞質内に突出した部分はタンパク質リン酸化酵素としての機能をもっている．増殖因子の結合により，受容体分子は二量体として安定化する．また，二つの分子はそれぞれもう一方の分子のチロシン残基をリン酸化する．このチロシン残基のリン酸化に伴って別のアダプタータンパク質分子がリン酸化チロシンを含む構造に結合する．この分子はさらに別の分子を呼び込み，最終的には細胞質内のタンパク質リン酸化酵素を活性化する．

このように，細胞外の増殖因子の結合という刺激が細胞内に伝わり，細胞内のタンパク質の機能を活性化していく．

14-4-3 Gタンパク質結合型

アドレナリンなどのホルモンは細胞膜の受容体に結合し，細胞内の代謝

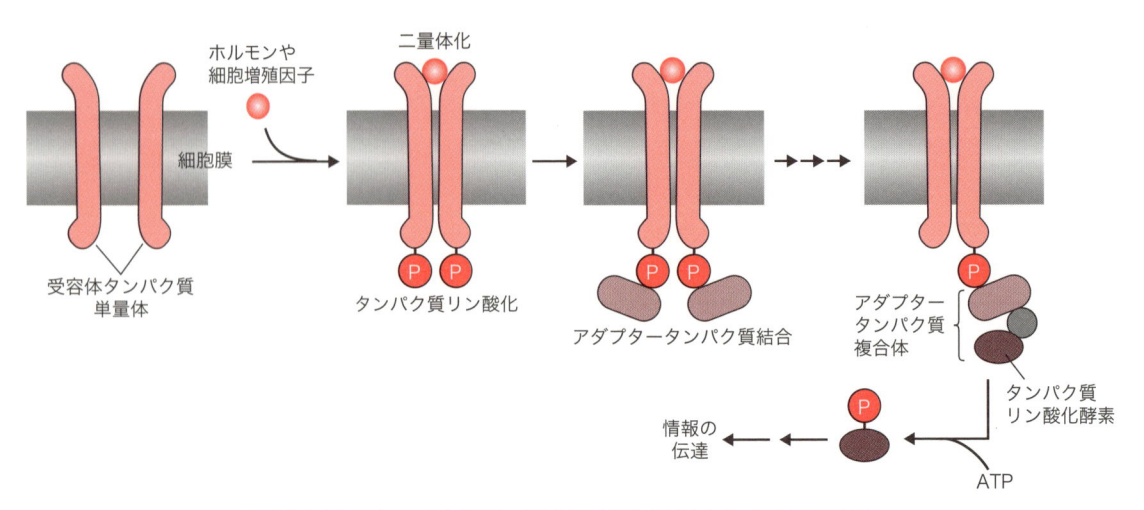

図 14.11　タンパク質リン酸化酵素型受容体と細胞内情報伝達

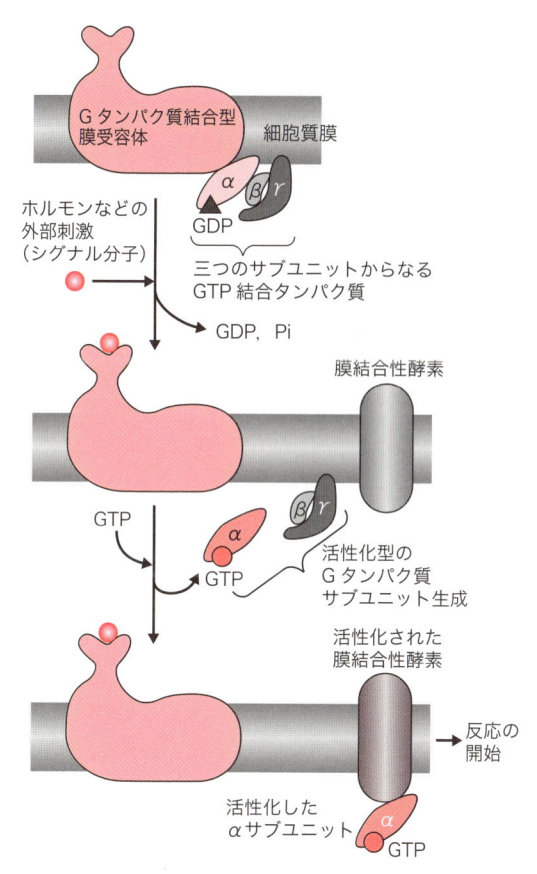

14-4 細胞膜とシグナルの伝達 ◆ 171

図14.12 Gタンパク質結合型受容体と細胞外部シグナルによる情報伝達の始動

活動を活性化する．また，目の網膜にある光を受け取る細胞の膜には，ロドプシンという光受容体がある．この受容体には光のエネルギーを受け取るレチナールが結合している．光受容タンパク質であるオプシンのリジン残基とシッフ塩基をつくり結合するレチナールは光を受けると化学構造が変化し，その後暗い状態で立体構造がもとの状態へ戻る．これらの受容体に共通することは，刺激が受容体へ作用する結果，この受容体の細胞内部側の構造が変化し，受容体に結合しているGTP結合性のタンパク質（GTP結合性のタンパク質複合体のαサブユニット）に対する親和性が変化し，受容体から脱離することである．光受容体であるオプシンは，レチナールの結合と脱離のサイクルで，構造を変化させαサブユニットとの親和性を変化させる．その結果，αサブユニットは標的とするcGMP分解酵素に結合しこれを活性化する．その結果cGMPは分解されcGMPによって機能していた細胞膜のNa^+チャネルが閉じて細胞膜の電位が変化する．これが神経系が光を感じる初発段階の出来事になり脳へ伝達される．セロトニンやアドレナリン受容体もGタンパク質結合型受容体である．これ

one point
レチナール
ビタミンAの仲間の分子であり，光によって分子内のアルキル構造がシス型からトランス型へ変化する．

らの物質が受容体に結合すると，αサブユニットが脱離し標的となる膜に結合したフォスフォリパーゼ C に結合し活性化する(図 14.12)．この結果，フォスファチジルイノシトールリン脂質が分解されジアシルグリセロール (DAG) とイノシトール三リン酸 (IP_3) が生じる．DAG は細胞質のプロテインキナーゼ C を活性化し，IP_3 は小胞内から Ca^{2+} を細胞質に遊離させる．これら一連の変化で細胞機能が上昇する．

この受容体の仲間はゲル構造から得られた核酸配列の類似性から多数あることが予測されており，受容する物質が未知のものもたくさんある．一方，この受容体に薬物が結合すると，一連の細胞内変化が抑えられたり，高まったりすることが考えられる．よって新規薬物の発見や開発において，G タンパク質結合型受容体の研究は重要な意味をもつ．

この章で学んだこと
- 生体膜の構造と性質
- ホメオスタシスの維持
- 能動輸送と受動輸送
- 受容体タンパク質

15章 膜系細胞小器官とその役割

この章で学ぶこと

生体膜は細胞の周りを覆っているだけでなく細胞内部にもある．細胞内にはミトコンドリア，リソソーム，ペルオキシソーム，小胞体など生体膜で囲まれた構造体が多数存在し，これらはリボソームなどと区別して膜系細胞小器官と呼ばれる．本章ではミトコンドリアの内膜にある ATP 合成の仕組みを中心に，膜系細胞小器官の役割について学ぶ．

膜系細胞小器官の他にも生体膜で囲まれた小さな構造体が多数あり，これらは小胞と呼ばれている．小胞はゴルジ体や細胞質膜などがちぎれてできたもので，顕微鏡で観察すると盛んに細胞内を移動している．タンパク質の細胞外への動きをエキソサイトーシス，細胞内への動きをエンドサイトーシスと呼び，いずれの場合もタンパク質は小胞によって輸送される（小胞輸送）．本章では小胞輸送を巡る仕組みについても学ぶ．

15-1　さまざまな細胞小器官とその役割

真核生物の細胞質内には，核，ミトコンドリア，ゴルジ体，リボソーム，リソソームなどの構造体が観察される（図15.1，表15.1）．この他，植物にはクロロプラストや液胞がある．また哺乳類には色素細胞があって，その中の色素胞には，ヒトではメラニン色素が貯められている．こうした構造体を総称して細胞小器官（オルガネラ）と呼んでいる．

それぞれの細胞小器官の役割は異なる（表15.1）．リボソームのようにタンパク質と RNA のみでできているものもあるが，多くの細胞小器官は，脂質二重層からなる生体膜で囲まれた構造をとっている．これらを，リボソームなどと区別して，膜系細胞小器官と呼ぶ．膜系細胞小器官の生体膜には，細胞機能にとってきわめて重要な装置が埋め込まれている．本章では，膜系細胞小器官の役割に絞って述べる．

15-1-1　ミトコンドリアと ATP 合成の仕組み

(a) ミトコンドリアと代謝

ミトコンドリアは真核生物において細胞が好気的に生きるときに，

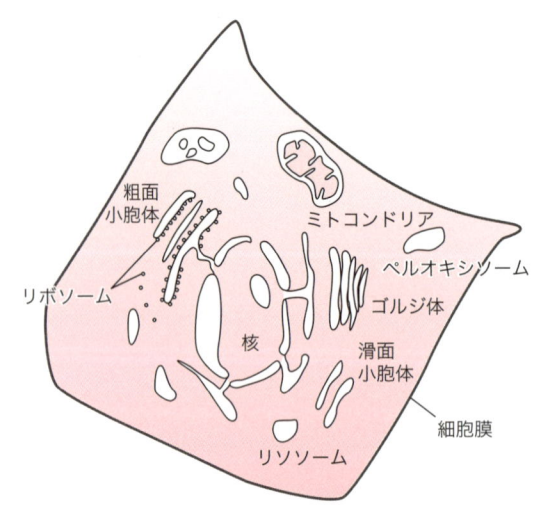

図 15.1　細胞小器官の模式図

one point

解糖系
細胞内（特に細胞質）において，酸素がない状態で，エネルギー源となるブドウ糖が逐次分解されてピルビン酸や乳糖ができるまでの多段階の異化経路．結果として 2 分子の ATP が生成される．ほぼすべての生物に存在する基本的なエネルギー獲得の仕組みである．

NADH
ニコチンアミドアデニンジヌクレオチドの還元型であり，酸化型は NAD^+ である．解糖系やクエン酸回路の構成員から水素 1 分子と二つの電子が酵素によって NAD^+ に付加される還元反応に伴い NADH が生じ，エネルギーの転送が行われる．生じた NADH は，複合体 I によって酸化され NAD^+ になるとエネルギーを失う．これらのことから NAD はエネルギーの運搬分子と呼ばれる．FAD（フラビンアデニンジヌクレオチド）も同様にエネルギー運搬分子である．

ADP とリン酸から ATP を作り出す場である．細胞質において解糖系で生じたピルビン酸は，ミトコンドリアの膜の透過タンパク質を通って内部に入り，クエン酸回路に投入される．クエン酸回路で生じた NADH や FADH を基質にして電子伝達系が作動し，ATP が合成される（図 15.2）．合成された ATP は細胞質に出て，細胞内で ATP を必要とする場に供給される．アミノ酸のいくつかはクエン酸回路の構成物質を出発点として合成されるので，ミトコンドリアはアミノ酸代謝のうえでも重要である．

表 15.1　細胞小器官（オルガネラ）の機能

細胞小器官（オルガネラ）	機能
核	DNA（染色体）の格納，DNA の複製や転写による mRNA の合成．リボソーム RNA 合成の場となる核小体を含む．
リボソーム	mRNA に依存したタンパク質合成の場．
ミトコンドリア	酸化的リン酸化による合成の場．ATP，脂肪酸の β-酸化，TCA 回路，ミトコンドリアの一部タンパク質の合成，ミトコンドリア固有の DNA を含む．
ゴルジ体	分泌タンパク質や膜タンパク質への糖鎖付加，分泌のためのタンパク質の仕分け．
粗面小胞体	分泌タンパク質，膜タンパク質を合成するリボソームの結合と糖鎖の付加．
リソソーム	小胞と結合して内部に保持する核酸，タンパク質，脂質などを分解酵素で分解．
小胞体	分泌タンパク質を保持する分泌小胞やエンドサイトーシスされた物質を輸送する．
ペルオキシソーム	脂肪酸の酸化．

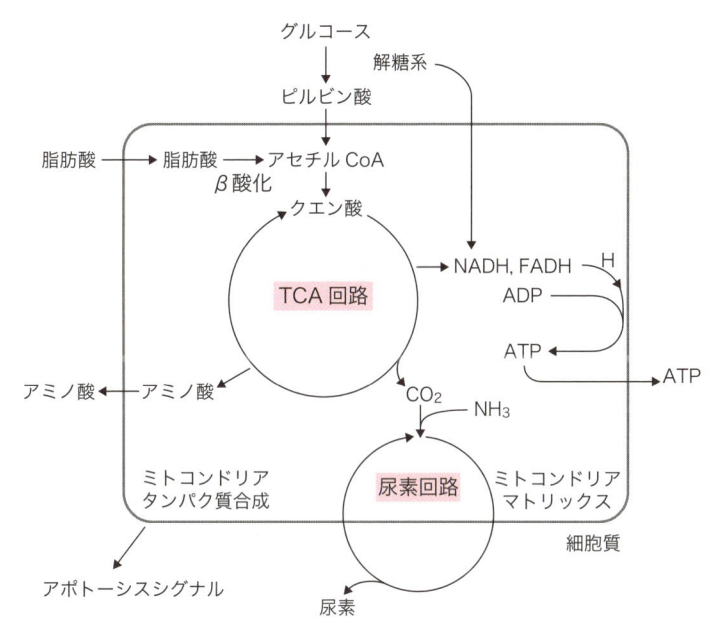

図 15.2 ミトコンドリアの機能

　ミトコンドリアは，細胞にとって毒となるアンモニアを安全な尿素へと変換する尿素回路の入り口としても重要である．すなわち，ミトコンドリア内でアンモニアと二酸化炭素からカルバモイルリン酸が作られ，カルバモイルリン酸はシトルリンに変換され，細胞質に出ていずれ尿素になる．またミトコンドリアは，脂質のβ酸化の場でもある．さらに，細胞のプログラム死（アポトーシス）の機構の制御においても重要である．

　ミトンドリアは独自のDNA，tRNA，リボソームをもっており，核や細胞質とは独立に複製，転写，翻訳が行われてミトコンドリアのタンパク質の一部が合成されている．ミトコンドリアで合成されたタンパク質は細胞質で合成されたタンパク質と一緒になり，ミトコンドリア形成にかかわる．ミトコンドリアのリボソームの構造は細菌のものによく似ている．これが，進化の過程で好気性の細菌が細胞に寄生し，その一部の機能が退化してミトコンドリアとなったとする共生説の根拠となっている．

(b) ミトコンドリアの構造

　電子顕微鏡でミトコンドリアを観察すると，二つの膜構造（内膜と外膜）で囲まれた袋状の構造をしていることがわかる（図15.3）．内部はマトリックスと呼ばれ，膜はひだ状の構造になっておりクリステと呼ばれる．外膜にはポーリンと呼ばれるタンパク質からなる孔があり，一定の大きさ以下の分子は自由に透過できる．内膜は脂質二重膜であり，細胞質とマトリックスの間では物質やイオンは自由に移動できない．このため，移動する分

図15.3 ミトコンドリアの構造

子やイオンごとに特異的な透過タンパク質がある．

内膜には呼吸鎖とも呼ばれる一連のタンパク質複合体が埋め込まれていて電子伝達系と呼ばれる．それぞれの複合体は多数のサブユニットタンパク質からなり，サブユニッには鉄や銅が結合していて電子の授受にかかわっている．これらの複合体は，独立に四つある（図15.4）．一つはNADH-Q オキシドレダクターゼ（複合体Ⅰ），二つめはコハク酸-Q レダクターゼ（複合体Ⅱ），三つめはQ-シトクロム c オキシドレダクターゼ（複合体Ⅲ），四つめはシトクロム c オキシダーゼ（複合体Ⅳ）である．

(c) 複合体Ⅰ～Ⅳの機能

これらの複合体の最初に位置する複合体Ⅰは，マトリックスのNADH分子からHを奪い，これを酸化する．このとき，HからH$^+$とe$^-$（電子）が生み出される．この電子は複合体に埋め込まれた銅やヘム中の鉄などの電子受容体を次々に移動する．さらに複合体Ⅰを出た電子はミトコンドリア内膜中にある補酵素Qに移動しこれを還元する．複合体Ⅰ内部では，電子の移動に伴って微細な構造変化が起きる．この変化に伴い，マトリックスにあるH$^+$が複合体内を透過して内膜の外へと排出され，結果として膜外で高く，マトリックス側で低いH$^+$の濃度勾配が発生する．この濃度

one point
補酵素Q
疎水性のキノンであり，ミトコンドリアの内膜にあって電子を伝達する．還元されたキノンはユビキノールと呼ばれる．

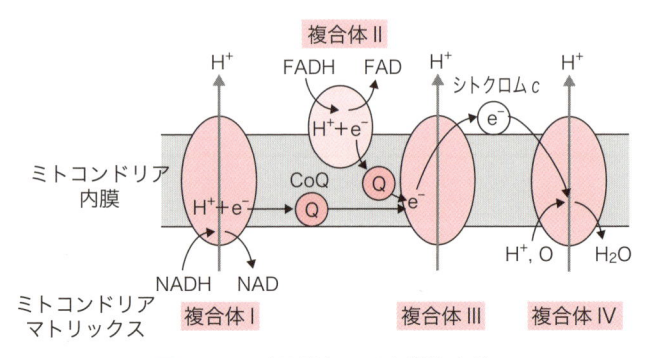

図15.4 呼吸鎖タンパク質複合体

勾配のエネルギーがATP合成の駆動力となる．このように，複合体ⅠはH$^+$をマトリックスからミトコンドリア外へ排出するポンプであり，複合体内部の電子の移動(酸化還元)をエネルギー源として駆動される．

二つめの複合体Ⅱ(図15.4)は，マトリックスでコハク酸を酸化し生成されるFADHからHを受け取り，さらに発生する電子を内膜中の補酵素Qへ送る．このとき電子はH$^+$と再び一緒になり，HとしてQに移動して電子のエネルギーが伝達される．複合体Ⅱはミトコンドリアの内膜を横断する構造をもたず，複合体Ⅰ，複合体Ⅲ，複合体ⅣのようなH$^+$をミトコンドリア外へと汲み出すポンプの機能はもっていない．

複合体Ⅰや複合体Ⅱから水素をエネルギーとして受け取った補酵素Qは複合体Ⅲ(図15.4)と結合して再びHを放出する．複合体Ⅲでは，Hから再びH$^+$とe$^-$が発生する．電子は複合体Ⅰや複合体Ⅱの内部と同様に，複合体Ⅲ内部にある鉄に結合する．複合体Ⅲも複合体Ⅰと同様に，電子の移動をエネルギー源としてH$^+$を内膜のマトリックス側からミトコンドリアの外へ送るポンプ機能をもつ．

複合体Ⅲ内部の鉄に結合した電子はさらに複合体Ⅳに受け渡される．複合体Ⅲと複合体Ⅳの間には電子伝達を仲介するタンパク質であるシトクロム c (図15.4)がある．シトクロム c は水溶性であり，内膜の外側表面に結合している．電子は最終的にシトクロム c から複合体Ⅳ(図15.4)に渡り，その内部においてH$^+$とO(酸素)と一緒になり，水(H$_2$O)が生成される．複合体Ⅳでも，電子の移動に伴いH$^+$がマトリックスから内膜の外へ運び出されてH$^+$の濃度勾配が形成される．

このように電子が複合体の間やその内部を移動するのは，各複合体の内部にある鉄や銅などの電子に対する親和性が異なることによっている．たとえば複合体Ⅰで発生した電子は，より電子に親和性の高い複合体Ⅲ内部の鉄に補酵素Qを経て移動する．複合体Ⅲ内部の電子はより電子を引きつけるシトクロム c のヘム鉄に奪われる．このようにして，順序だった一方向的な電子の流れ(伝達)が成立する．NADHやFADHから放出された電子の最終的な受け取り手は酸素である．酸素は，一連の電子の授受にかかわる鉄や銅に比べ，最も電子に対する親和性が高い．

(d) ATP合成の仕組み

これまで述べたような複合体Ⅰ，複合体Ⅲ，複合体Ⅳの働きによって，内膜の外が濃く，ミトコンドリア内が薄いH$^+$の濃度勾配が形成される．このH$^+$の濃度勾配により，電気的には外側がプラスで内側がマイナスの電位差が発生する．したがってH$^+$を外から内へと移動させる逆流の力〔H$^+$駆動力（プロトン駆動力）と呼ばれる〕は濃度差と電位差の二つから成り立っている．このうち，電位差はミトコンドリアでは180 mV程度である．

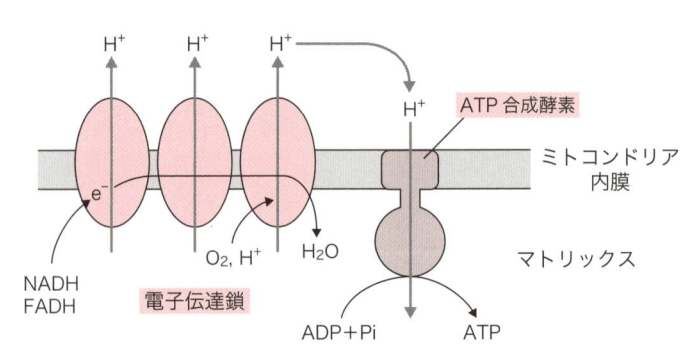

図 15.5 電子伝達鎖の働きによる H⁺ の膜内外の勾配と ATP 合成酵素における ATP 合成

　H^+ は脂質膜を透過できないので，ミトコンドリア内膜に組み込まれたATP合成酵素を通って移動する（図 15.5）．大腸菌では，ATP合成酵素は細胞膜にあり，その構造はミトコンドリアのものと類似している．大腸菌のATP合成酵素は8種類の異なるサブユニットからなり，膜表在性部分と膜に埋め込まれた膜内在性部分の二つに分かれている（図 15.6）．ミトコンドリアATP合成酵素はサブユニット構成が少し異なるが，基本的には構造はほぼ同じである．ここでは大腸菌のものを例に，少し詳しくATP合成の作動機構を述べる．

　膜内在性部分はa, b, cの三つの異なるサブユニットが集合してできており，aサブユニット内には H^+ の透過経路がある．膜表在性部分はα, β, γ, δ, εの五つのサブユニットからなり，αβを一つの単位として三つの繰り返しがある六量体構造をとっている．この六量体の中央部を貫通する孔があり，この孔をγサブユニットが細長く突き抜けている．βサブユニットには，ADPとリン酸を結合しATPを作り出す酵素としての触媒部位がある．電子伝達系によって形成された H^+ の勾配に従って，ATP合成酵素の膜に組み込まれたaサブユニット内を，ミトコンドリアの外から内へと H^+ が移動することによって，ATP合成酵素の中央にあるγサブユニットタンパク質が回転する．γサブユニットに接触しATP合成の活性中心

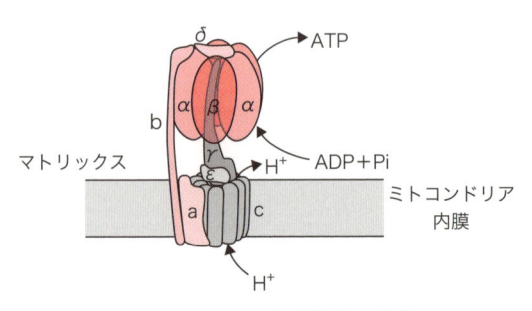

図 15.6　ATP 合成酵素の構造

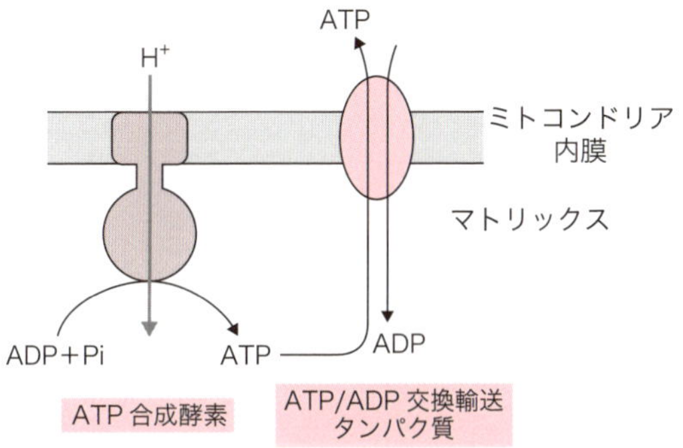

図 15.7 ATP/ADP 交換輸送タンパク質

部をなす β サブユニットは，γ が接触するたびに構造を変化させる．この β 分子の構造変化により，活性中心にとどまっていた ATP が酵素から離脱する．

このように，三つの αβ からなる六量体の中の三つの β は，γ サブユニットの回転に伴って，交互に活性中心として使われることになる．γ サブユニットの回転には，膜内在性部分を形成する a と c サブユニットがかかわる．c サブユニットは，10 個程度の同じ分子が集まったリング状の構造をもつ（図 15.6）．その一つに γ サブユニットが結合している．H^+ は a サブユニット内を透過した後に c サブユニットに移動する．リング状の c サブユニットの複合体は H^+ を受け取ったり離したりし，そのたびにリングは回転し，この回転が γ サブユニットの回転を引き起こす．

ATP 合成酵素は ATP の加水分解という逆反応も行うことができる．膜の内外の水素イオン勾配が低くなると，逆反応により ATP が加水分解され，γ サブユニットが ATP 合成時とは反対に回転し，H^+ が a サブユニットから膜の外へ放出される．

ATP 合成酵素は地球上で最も小さいモータータンパク質と呼ばれている．合成された ATP は，ミトコンドリア内膜にある ADP と ATP を交換輸送する輸送体（図 15.7）によって，1 分子の ADP がミトコンドリアに入るのと交換で細胞質に放出される．

15-1-2 リソソーム

リソソーム（表 15.1）は生体膜で囲まれた小胞であり，内部には 70 種類近いタンパク質，脂質，核酸などの分解酵素をもつ．いずれの酵素も酸性が最適反応条件であり，リソソームの内部は酸性になっている．リソソーム膜に組み込まれた H^+ を細胞質からリソソーム内に送り込むポンプ（V 型 H^+ 輸送性 ATPase）によって，リソソーム内は酸性に保たれている．

侵入した細菌やウイルスは白血球細胞などの貪食作用により小胞体内に取り込まれる．この小胞はやがてリソソームと融合し，リソソーム内部の

one point
テイサックス病
遺伝子レベルでリソソーム酵素が機能不全である遺伝病が知られている．その一つであるテイサックス病では，スフィンゴ糖脂質であるガングリオシドを分解するリソソーム酵素ヘキソサミニダーゼ A が機能せず，糖脂質が分解されずに脳組織のリソソームに蓄積し，精神遅滞などの病気を子供のときに引き起こす．

分解酵素によって細菌やウイルスは消化される．また，細胞が飢餓状態になったり分裂後時間が経つとミトコンドリアなどの小器官はオートファジーによって分解され代謝されるが，リソソームはこれにも関与する．分解により生じたアミノ酸は，細胞質に出て再利用される．

15-1-3 小胞体

電子顕微鏡により，細胞内には核膜につながる複雑な膜構造が見られる．この構造には2種類あり，細胞質に面するところに多数の突起があるものと，突起のないものがある．この突起はリボソームであり，リボソームが結合している膜構造を粗面小胞体と呼ぶ（図15.1）．一方，リボソームの結合していないほうを滑面小胞体と呼ぶ．

粗面小胞体のリボソームでは，細胞膜や細胞内の生体膜にあるタンパク質，細胞外に分泌されるタンパク質，リソソームのタンパク質などが合成されている．分泌タンパク質やリソソーム酵素は粗面小胞体膜に組み込まれた後，粗面小胞体内部に送り込まれる．細胞外に分泌されるタンパク質を多く合成する肝臓細胞，抗体産生細胞，膵臓の腺細胞などでは粗面小胞体が特に発達している．一方，滑面小胞体の膜内では脂質の合成が行われ，滑面小胞体の内部には細胞内に取り込まれた毒物の解毒にかかわる酵素がある．肝臓細胞では滑面小胞体も発達している．

粗面小胞体の内部では，分泌されるタンパク質や膜結合性のタンパク質に，糖鎖付加酵素によって糖鎖が付加される．また，小胞体内部にはリボソームから送り込まれたタンパク質が正しく立体構造をとるためこれを手助けするシャペロンと呼ばれるタンパク質がある．合成時にアミノ酸配列に間違いが発生したタンパク質は，ここでシャペロンによって異常が認識され細胞質に送り出される．その後プロテアソームと呼ばれるタンパク質分解装置に送り込まれて最終的に壊される．

15-1-4 ゴルジ体

細胞内で生体膜に囲まれた層状の構造体は，イタリアの研究者ゴルジにより発見されゴルジ体と命名されている（図15.1）．ゴルジ体は，粗面小胞体の一部が分離してできた小胞が移動し結合する場であり，小胞内に含まれる分泌タンパク質や膜タンパク質をさらに糖鎖で修飾する場である．

粗面小胞体からの小胞が結合する部分はシスゴルジ体と呼ばれ，シスゴルジ体の内部は糖鎖修飾後にミッドゴルジ体へと変化する．ミッドゴルジ体はさらに糖鎖修飾を受けてトランスゴルジ体へと変化する．トランスゴルジ体から小胞が分離し，細胞膜やリソソームへと移動する．ゴルジ体内部でのタンパク質の糖鎖修飾に違いがあり，これがタンパク質の移動先を選別する基盤の一つになっている．

Biography

▶ C. ゴルジ

1843～1926．イタリアのコルテノ生まれの神経解剖学者．パヴィア大学で医学を学び，卒業後は研究活動に入った．ゴルジ染色法という手法を編み出し，それによって神経組織やマラリア原虫の研究で成果を上げた．ゴルジ体もこの染色法により発見された．1906年にS. L. カハールとともにノーベル生理学・医学賞を受賞したが，受賞理由は「神経系の構造研究」でありゴルジ体とは直接かかわりがない．

15-1-5 ペルオキシソーム

真核細胞に広く存在する膜系細胞小器官であるが，ミトコンドリアよりは少ない．D-アミノ酸オキシダーゼや 2-ヒドロキシオキシ酸オキシダーゼなど，酸素により基質を酸化する数種類の酵素をもっている．これらの酵素の働きで，アミノ酸の酸化や極長鎖脂肪酸の β 酸化が行われる．生体膜の脂質の分解や，血流中の毒物の分解にも関与している．

アミノ酸などの酸化の結果生じる過酸化水素（H_2O_2）は，ペルオキシソーム内にあるカタラーゼにより分解される．ペルオキシソームが形成不全となる遺伝病ツエルベルガー症候群は致死性であることからも，ペルオキシソームの重要性が理解できる．

15-2 局在化のシグナル配列

15-2-1 シグナル配列の発見

細胞内には多くの細胞小器官があり，それぞれ異なる機能をもつことを前節で述べた．異なる機能をもつには，それぞれの器官に特有なタンパク質が必要である．それでは，細胞小器官ごとに固有なタンパク質は，リボソームで合成された後にどのようにしてその場へ到達するのだろうか．

この答えは，次のような観察から得られた．細胞外へ分泌されるタンパク質には，リボソームで合成された直後にはタンパク質分子内に特別なアミノ酸配列がある．しかし細胞外へ分泌された後にはこの配列はなくなっていた．また，細胞内部に留まるタンパク質にはこのような付加的配列はない．この付加的配列は当初はリーダー配列と呼ばれ，分泌性タンパク質の多くにあることが示された．

このような特別な配列がタンパク質の最終的な行き先を指定するシグナルであるという新しい概念が提案され，さらに分泌されないタンパク質も，細胞内におけるその局在部位を指定するシグナル配列をもつことが予測された．実際，核内に存在するタンパク質には，リボソームで合成された後に核に移行するための核移行配列が発見されている（表 15.2）．一方，分

表 15.2　シグナル配列の例

		N 末端側	C 末端側 切断
分泌タンパク質	ヒトプロインスリン	MALWMRLLPLLALLALWGPDPAAA	
	ウシアルブミン	MKWVTFISLLLFSSAYS	
	ニワトリリゾチーム	MRSLLILVLCFLPKLAALG	
核移行タンパク質	SV40 large T 抗原	PPKKKRV	

＊アミノ酸配列は一文字表記してある．下線で示した部分は疎水性の配列である．核移行タンパク質内のシグナル配列は切断されない．

子量の小さなタンパク質で，核ではなく主に細胞質に存在するものには，核外排出シグナル配列が発見された．核膜孔は小さなタンパク質は透過させてしまうので，細胞質から入ってきた小さなタンパク質を排出する必要があるためである．

　核内の核小体に存在するタンパク質や，ミトコンドリアやペルオキシソームなどの細胞小器官に局在するタンパク質などにも，それぞれに固有なシグナル配列が見つかっている．シグナル配列の探索が進むなかで，タンパク質が特定の細胞内部位に留まれないようにするシグナル配列も見出されている．核外排出シグナルもその一つであろう．膜タンパク質や細胞外分泌タンパク質では，粗面小胞体に留まれなくようにするシグナル配列が発見されている．

15-2-2　シグナル配列とタンパク質工学

　シグナル配列はどのような実験によって見つけられるのだろうか．分泌性タンパク質のシグナルは多くの場合，タンパク質のN末端にリーダーとして結合し，分泌後には失われる．しかし核移行シグナルなどはタンパク質分子の内部にあり，移行後も失われない．こうした配列を別の局在を示すタンパク質の遺伝子に人工的に融合して人工タンパク質を作成する方法が，シグナル配列の機能的検証に使われている．たとえば，蛍光クラゲに由来する細胞質内に存在する蛍光タンパク質に，遺伝子工学の手法を用いてシグナル配列の可能性のある配列を融合させる方法が局在の検証によく用いられる．蛍光顕微鏡で蛍光を発している細胞内での居場所を追跡することで，作られた融合タンパク質の居所を，生きた細胞内で明らかにできる．

　シグナル配列を研究目的のタンパク質に融合し人為的に局在を変化させる方法は，タンパク質工学でも使われている．酵素を純粋なものとして取り出すことは，酵素の働きを人工的に変えるタンパク質工学ではきわめて大切である．しかし，細胞内に共存する多くの別のタンパク質を除いて目的のものだけを取り出すのは容易ではない．もし，純粋化すべき目的のタンパク質を細胞の外へ選択的に分泌できれば，細胞を遠心により沈殿させることにより，目的のタンパク質は上澄みに回収できる．これにより，純粋化はきわめて容易になる．純粋化すべきタンパク質にシグナル配列を遺伝子工学的手法で融合させれば，この課題は達成できる．実際，このような方法で純粋化された多くの酵素や真核生物のホルモンなどがある．

15-3　シグナル配列と局在化機構

　さまざまな細胞小器官や細胞外へ移行するタンパク質には，それぞれ異

one point
純粋化されたホルモンや酵素などの例
グラム陽性菌のブレビバチラスを使って耐熱性のタンパク質分解酵素や核酸分解酵素などが発現され，細胞外に分泌され精製されている．またヒトのEGF（epidermal growth factor），マウスのNGF（neuronal growth factor）も同様に発現，分泌，精製されている．このような異種の遺伝子産物を発現，分泌，精製することを目的とした遺伝子発現プラスミドも市販されている．

なるシグナル配列がある．これらのシグナル配列を認識することで，目的の場所にタンパク質を移動させる仕組みが知られている．ここでは，細胞外へ分泌されるタンパク質と核へ局在するタンパク質を例に述べる．

15-3-1　細胞外へ分泌されるタンパク質

　細胞外へ分泌されるタンパク質として，細菌の毒素タンパク質が知られている．また大腸菌などでは，細胞外膜と細胞膜の間にあるペリプラズムと呼ばれる空間に存在する核酸やペプチドなどの分解酵素群もこれに相当する．哺乳類細胞では，顎下腺や乳腺などから分泌される唾液やミルクなどに含まれるタンパク質がそうである．こうしたタンパク質のシグナル配列は，約20アミノ酸残基の長さをもち，弱い疎水性である（表15.2）．

　リボソームの大サブユニット粒子の内部にある合成途上のタンパク質の透過経路を出たシグナル配列は，シグナル配列認識粒子（SRP，signal recognition particle）に結合する（図15.8）．次に，この粒子は細菌の細胞膜や哺乳類細胞の粗面小胞体にあるSRP受容体タンパク質に結合する．その後，分泌タンパク質は粗面小胞体膜中の分泌タンパク質の膜透過チャネルタンパク質（タンパク質転送チャネル）内を通って細胞質側から粗面小胞体内腔へ移動する（図15.8）．この移動は，リボソームにおけるペプチド鎖の伸張と共役している．シグナル配列はシグナル配列分解酵素によって分解され，分泌タンパク質は粗面小胞体の内腔に留まる．この後，分泌タンパク質は小胞輸送の仕組みによって細胞外に分泌される（後述）．

　なお，タンパク質が細胞外へ分泌される仕組みにかかわる遺伝子とそのコードするタンパク質を系統的に調べるために，酵母や大腸菌を用いてアルカリフォスファターゼのような分泌タンパク質をモデルにして，分泌が

> **one point**
> **ペリプラズム**
> 大腸菌のようなグラム陰性菌には脂質二重層でできた内膜と外膜があり，この間にペリプラズムと呼ばれる空間がある．ここには各種の分解酵素の他，アミノ酸やヌクレオチドの結合タンパク質もあり，これらは細胞膜の物質透過に関与している．

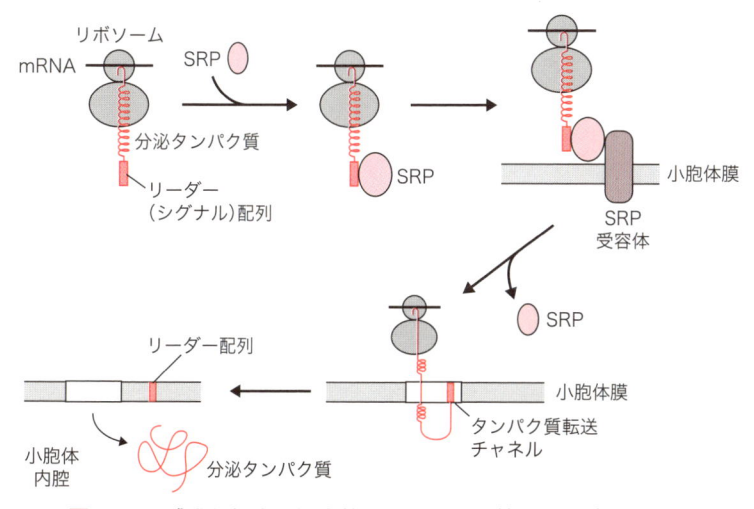

図15.8　哺乳類細胞の細胞外分泌タンパク質のリーダー配列と小胞体内腔への移動の仕組み

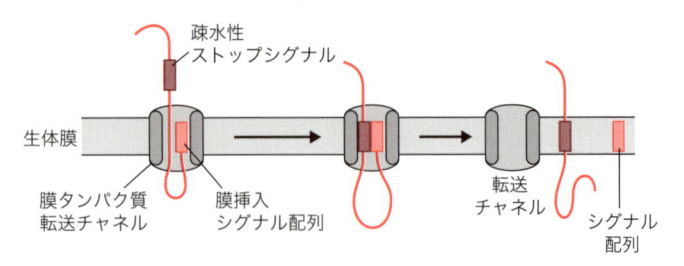

図15.9　膜貫通タンパク質の膜への挿入

正常に行われない突然変異細胞が分離・解析された．これらの変異を起こした遺伝子は secretion（分泌）の異常という現象を指標にしているので sec 遺伝子と呼ばれている．大腸菌では，タンパク質の細胞内から細胞外への輸送にかかわるものとして secY, secE, secG 遺伝子でコードされる三つのタンパク質が知られており，分泌タンパク質の膜内の透過経路（転送チャネル）を形成している．さらに細胞膜表面にあって，分泌タンパク質を膜透過装置へ送り込むタンパク質として secA 遺伝子にコードされる SecA タンパク質が発見されている．SecA は透過経路タンパク質と協調し細胞外へ分泌タンパク質を送り出す．

　膜結合性のタンパク質も同じような道をたどる．粗面小胞体に膜タンパク質の一部が挿入された後，疎水性部分が膜転送チャネルタンパク質の一部を開いてタンパク質分子全体を脂質二重層に移動する（図15.9）．膜を複数回横断するような膜結合性のタンパク質では，膜転送チャネルタンパク質への挿入と脂質二重層への移動がくり返される．

15-3-2　核に移動するタンパク質

　核に局在する DNA ポリメラーゼ，RNA ポリメラーゼ，転写因子，細胞周期の制御因子などは，すべて核への移行シグナル配列をもっている（図15.10）．このシグナル配列は多くの場合アルギニンなどの正荷電をもつ数残基のアミノ酸からなり，一つのタンパク質に一つまたは二つある．この配列を認識し，タンパク質を核へ移行させるのが核移行シグナル認識タンパク質である．このタンパク質は細胞質にあり，GTP を結合する（図15.10）．このタンパク質は，折り畳まれた状態の核移行シグナルタンパク質に結合する．その後，核膜孔通過において，シグナル認識タンパク質に結合している GTP が加水分解され，このエネルギーを用いて核膜孔を透過する．核内でシグナル認識タンパク質はタンパク質から離脱し，再び細胞質へ戻る．

　これまで述べた他にも核内の核小体，ミトコンドリア，ペルオキシゾーム，葉緑体への移行のためのシグナル配列に相互作用する制御タンパク質が示されている．

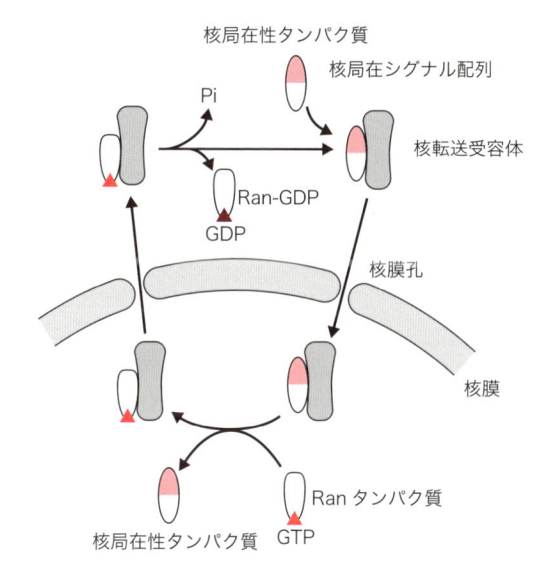

図 15.10 核局在タンパク質とシグナル配列

15-4 細胞内小胞輸送

　粗面小胞体内腔にある分泌タンパク質や粗面小胞体膜に組み込まれた細胞膜タンパク質などは，その後どのようにして目的地に到達するのであろうか．この仕組みには，小胞輸送と呼ばれる機構がかかわっている．

　細胞内には膜系細胞小器官の他に，小胞が多数観察される．細胞を生きた状態で顕微鏡で観察すると，これらの小胞は常に細胞内を移動していることがわかる．小胞は粗面小胞体の表面やゴルジ体の表面から出芽して出てくるように見える．また，小胞の一部は細胞膜へ移動し，細胞膜と融合することも観察される（図 15.11）．小胞を介するタンパク質の細胞外への放出や細胞膜への局在を総称してエキソサイトーシスと呼んでいる．エキソサイトーシスは，ホルモンの分泌のように必要に応じて起きるもの（調節性エキソサイトーシス）と，細胞膜タンパク質や脂質の細胞膜への供給のような恒常的に起きているもの(構成性エキソサイトーシス)とに分けられる．こうしたエキソサイトーシスの違いはゴルジ体で識別され，小胞はそれぞれ区別して作られる．エキソサイトーシスとは対照的に，タンパク質が小胞構造に乗って細胞膜から細胞内部へ移動することをエンドサイトーシスと呼ぶ．

15-4-1　エキソサイトーシスと小胞輸送の流れ

　現在までに得られている事実を総合すると，小胞は粗面小胞体からゴルジ体へ移動し，この結果，粗面小胞体内の分泌タンパク質はゴルジ体内に入る（図 15.11）．粗面小胞体内ですでに一部の糖鎖が付加されているが，

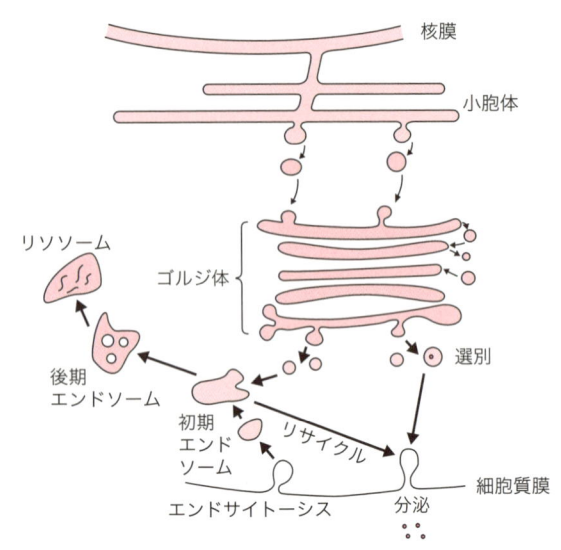

図 15.11 細胞内の小胞とそのダイナミックな動き

ここでさらに糖鎖が付加される．その後，ゴルジ体から分離した小胞（輸送小胞）は細胞膜へ移行し，細胞膜と融合し，分泌タンパク質は細胞外へ放出される．

輸送小胞が細胞膜へ移動する際には，動物細胞では細胞内に張り巡らされた微小管上を移動する．この際，モーター分子であるキネシンが，分泌される小胞を乗せて微小管上を ATP のエネルギーを使いながら移動する．細胞膜に局在するタンパク質も，この輸送小胞に乗って細胞膜へ移行する．小胞輸送は一方向ではなく，逆方向への輸送も観察される．これは輸送に関係するタンパク質などを再利用するためである．この場合，モーター分子としてはダイニンが作動する．

15-4-2 小胞輸送にかかわるタンパク質と SNARE 仮説

小胞輸送の仕組みにはどのようなタンパク質がかかわっているのだろうか．酵母において，小胞輸送が異常になる突然変異細胞が分離され，この機構にかかわる一群のタンパク質の存在が明らかになっている．すなわち，酵母細胞内の液胞に局在化する酵素が，正常に液胞に到達しないで細胞へ分泌されたり，液胞の形状が異常になる変異が見つかっている．これらの突然変異は vps (vacuolar protein sorting) と名付けられた遺伝子群の仲間の異常と考えられており，vps 遺伝子群には 40 近いファミリー遺伝子がある．こうした vps 突然変異はタンパク質の分泌の仕組みが異常になった sec 突然変異（前述）とも一部は重なっている．vps や sec は，リボソームで合成されたタンパク質が細胞内の小器官や細胞外へ到達するために必要な装置タンパク質をコードしており，合成されたタンパク質が目的地へ

---

one point

キネシン

真核生物の細胞内にある微小管に結合し，その上を移動するモータータンパク質．微小管に結合する重鎖と，輸送するミトコンドリアや種々の小胞に結合する軽鎖からなる．重鎖にはATPase 活性があり，ATP から輸送のエネルギーを得ている．神経軸索の中で，細胞小器官を乗せて軸索末端へ輸送しているところが観察され発見された．

到達する仕組みの全容を解明する手がかりとなっている．*vps* と *sec* 遺伝子群の総数は 100 近くあり，さまざまな異なる機能をもっている．

　細胞外への分泌タンパク質を内部にもっている分泌小胞は，最後の段階で細胞膜に融合し内部が細胞の外へ開かれ分泌タンパク質は放出される．小胞膜と細胞膜の融合には SNARE（SNAP receptor protein）と呼ばれる膜結合性タンパク質がかかわる（図 15.12）．小胞と細胞膜の両方にこのタンパク質の仲間があり，両者が強く結合すると脂質が共有され，膜が融合する．SNAP は，NSF（*N*-ethylmaleimide sensitive fusion protein）と呼ばれる膜の融合にかかわるタンパク質に結合するタンパク質として見出され，ATP アーゼ活性をもつ．SNAP は ATP の加水分解のエネルギーを用いて，結合した SNARE を乖離させ再利用する．

　SNARE や SNAP は Vps タンパク質群の仲間であり，それぞれが複数のファミリータンパクをもっている．この事実は，これらのタンパク質がかかわる小胞と細胞膜や，小胞どうしの融合には多様な組合せがあることを示している．このような組合せによって小胞の輸送先が決まると考えられており，この考え方を SNARE 仮説（図 15.12）と呼んでいる．なお小胞と小胞，小胞と細胞膜の融合には，SNARE の他にも Rab と呼ばれる GTP 結合性のタンパク質とこれに結合する繋留タンパク質がかかわっている．これらのタンパク質は，SNARE による堅い結合に先だって，結合相手を特定していると考えられている．

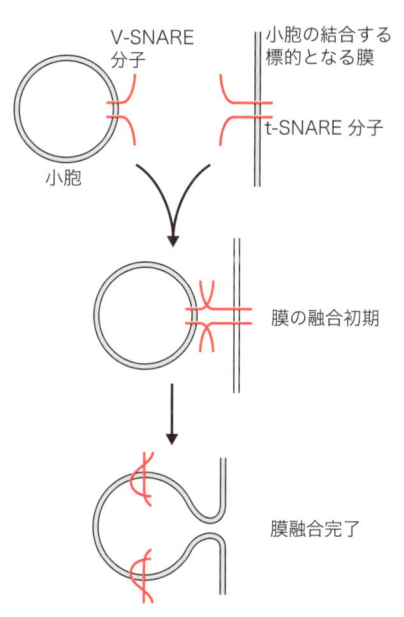

図 15.12　膜表面の SNARE 分子による小胞の識別

15-4-3　エンドサイトーシス

　細胞の外部から細胞内に進入するウイルスや細菌が細胞膜の受容体に結合すると，細胞膜はウイルスや細菌を囲むように細胞内に陥入し小胞構造をとる．この小胞構造を初期エンドソームと呼ぶ．初期エンドソームは後期エンドソームと呼ばれる特別な構造を経てリソソームと融合する（図 15.11）．リソソームには分解酵素が内蔵されているので，ウイルスや細菌は消化され，生体は防御される．この細胞外部から内部への移行をエンドサイトーシスと呼ぶ．

　エンドサイトーシスはウイルスや細菌のような大きなものから，細胞外のタンパク質や膜タンパク質のような小さなものまでであり，それぞれファゴサイトーシスとピノサイトーシスと名づけられ区別されている．なおリソソーム内の種々の分解酵素は，ゴルジ体から輸送小胞により輸送されるが，細胞膜ではなく後期エンドソームを経てリソソームへ到達する．

　細胞膜表面には，外部から細胞内に取り込まれる鉄，脂質などを初めと

した多くの物質に対する受容体がある．また，ホルモンなどの外部刺激に対する受容体もある．これらの受容体は，エンドサイトーシスの機構により，結合した物質を細胞内に取り込む(図 15.11)．

　例として鉄の受容体を取りあげる．鉄は通常はトランスフェリンと呼ばれるタンパク質に結合し，血流中を移動する．鉄-トランスフェリン結合体は細胞膜のトランスフェリン受容体に結合する．この鉄-トランスフェリン結合体は，その後エンドサイトーシスの機構により細胞内に入る．細胞内では，鉄-トランスフェリン受容体を含んだ小胞の内部は酸性に保たれている．このため，鉄とトランスフェリン受容体の間の結合は弱まり，鉄は受容体から脱離して細胞質に移行して利用される．一方，鉄を脱離したトランスフェリンを結合した受容体は小胞ごと細胞膜に融合し，結果的に細胞膜に戻りトランスフェリンは細胞外へ遊離し受容体ともどもリサイクルされる．このような受容体の動きをリサイクリングと呼んでいる（図15.11）．

　受容体はリサイクルされない場合もある．初期エンドソームはさらに後期エンドソームと呼ばれる構造にその一部が変化する（図 15.11）．後期エンドソームは，エンドソーム膜がエンドソーム内に陥入した多重膜構造をとる．このように，内部に受容体をもつ小胞をさらに抱える後期エンドソームは，リソソームと融合すると内部の小胞がすべて酵素により壊され，小胞体に結合している受容体も消失する．ホルモンなどの受容体はこのようにして壊され，ホルモンによる刺激伝達を減弱させることになる．このように情報を減弱させる機構をダウンレギュレーションと呼んでいる．

この章で学んだこと──
- 細胞小器官(オルガネラ)
- ミトコンドリアと ATP 合成酵素
- シグナル配列
- 小胞輸送

16章 染色体

この章で学ぶこと

細胞内のDNAはタンパク質と結合した複合体として存在しており，このような複合体を染色体（chromosome）と呼ぶ．染色体の名前は「細胞分裂期に塩基性試薬で濃く染まる構造体」に由来するが，今日では真核生物細胞のDNA－タンパク質複合体を指すことが多い．さらにより広義に用いられて，細菌を含むあらゆる生物種における，細胞内でのゲノムの存在状態を指す場合もある．

染色体にはいくつかの重要な役割がある．まず，膨大な量のDNAを細胞核にコンパクトに収納する役割である．また，染色体構造は遺伝情報を選択的に発現する仕組みにとって重要である．さらに，細胞分裂期にDNAを娘細胞に均等に分配するためにも染色体構造は必須である．本章では，主として真核生物染色体の構造と機能について述べる．

16-1 ヌクレオソームを形成するヒストン

真核生物の染色体の基本構造はヌクレオソーム（nucleosome）である．ヌクレオソームは，細胞核を界面活性剤（洗剤のようなもの）で穏やかに壊して電子顕微鏡で観察したときに，ビーズ玉を糸でつなげたような構造として観察される．ビーズ玉の一つ一つがヌクレオソームである．ヌクレオソームはヒストンというタンパク質にDNAが巻きついた構造をしている（図16.1）．

ヒストンは実に多くの機能を果たしている．重要な機能の一つは，DNAを小さくまとめることである．DNAはリン酸基の強い負電荷が互いに反発するため小さくまとめるのは難しいが，強い塩基性（正電荷）のヒストンがDNAに結合することにより電荷を中和し容積を小さくできる．ヒト細胞のゲノムDNA全体をつなぐと約2mになるが，ヌクレオソームによって巻きとめられ，さらに高度に折り畳まれると，直径数マイクロメートル（10^{-6} m＝1 mmの1000分の1）の細胞核に収納できる．このような役割の他に，ヒストンは染色体が領域特異的な機能を発揮するためにも必須である．種類の異なるヒストン（ヒストンバリアント）やヒストンのアミノ酸残基への化学修飾により特異的タンパク質との相互作用がもたらされ，

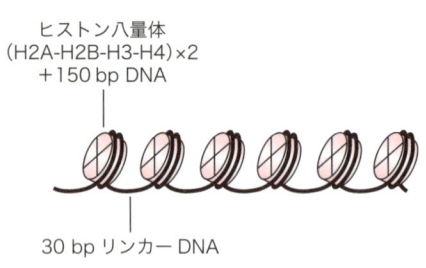

図16.1　ヌクレオソームの構造

遺伝子発現調節や染色体維持に重要な機能を発揮する．

　通常のヌクレオソームでは，分子量 11,000 〜 15,000 のヒストン H2A，H2B，H3，H4 の 4 種類が 2 個ずつ（全 8 個）で複合体を作り，その周りを DNA が 1.6 回巻きついている．ヒストンに巻き付いている DNA は約 150 bp（塩基対）で，隣のヌクレオソームとは 30 〜 50 bp のリンカー DNA で繋がれている（図 16.1）．

　ヒストンは生物種を通じて非常によく保存されているタンパク質である．4 種類のヒストンは，共通性の高い中央ドメインと共通性の低いアミノ末端（N 末端）とカルボキシ末端（C 末端）のテール（tail）からなる（図 16.2）．中央ドメインは DNA に強く結合するヒストンフォールド（histone fold）構造を形成する．N 末端テールはリシンやアルギニンの塩基性アミノ酸に富み，DNA との結合を強め，ヌクレオソームどうしの相互作用に働く．さらに化学修飾されると，特異的なタンパク質が結合し，それぞれ異なるクロマチン構造を形成する．

　試験管内で DNA と 4 種類のヒストンを混合すると，ヌクレオソームが形成される．まずヒストン H3 と H4 が 2 個ずつ集まった四量体が形成され，この周りに DNA が巻き付く．さらに H2A-H2B の二量体が二つ加わって，ヌクレオソームが完成する（図 16.3）．このようなヌクレオソーム形成には十数時間もかかるが，ヒストンシャペロン（histone chaperone）と呼ばれるタンパク質を加えるとわずか数分で形成される．ヒストンシャペ

one point

ヒストンシャペロン

ヒストンと結合し，ヒストンの集合と解離，DNA との結合あるいは解離を促進する機能をもつ一群のタンパク質．CAF-1，NAP-1，ASF1，FACT など複製時に特異的に働くものと，それ以外の反応に関与するものがある．また，結合するヒストンの種類もさまざまである．このように，多様なシャペロンがある．

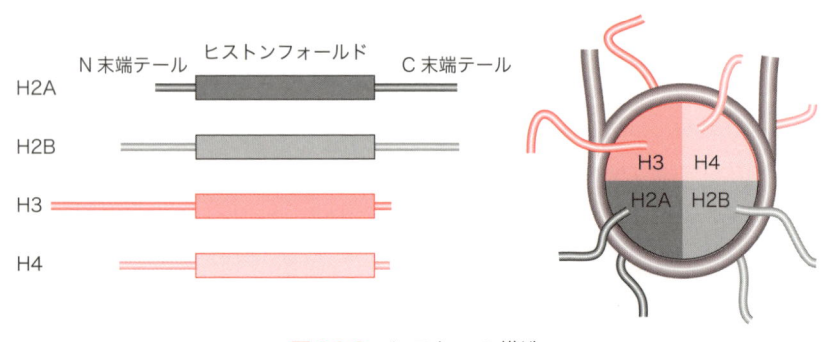

図16.2　ヒストンの構造

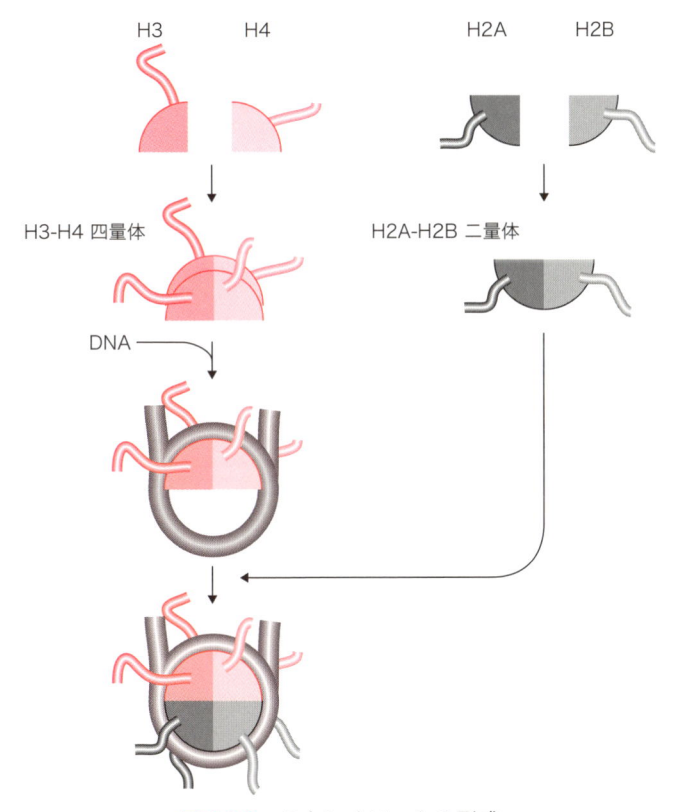

図 16.3 ヌクレオソームの形成

ロン CAF-1（chromatin assembly factor-1）は，H3-H4 四量体に DNA を結合させ，NAP-1（nucleosome assembly protein-1）はさらに H2A-H2B の結合を促進する．細胞内では，DNA 複製や遺伝子の転写に伴ってヌクレオソームがダイナミックに解離し再形成される．

16-2 ヒストンテールは多様な修飾を受ける

　細胞内のヒストンは翻訳後に多様な化学修飾を受ける．特に N 末端テールにはリシン（K）残基が多数あり，アセチル基（-$COCH_3$, Ac）やメチル基（-CH_3, Me），あるいはユビキチンが付加される．またトレオニン（T）やセリン（S）にはリン酸基（-PO_4, P）が付加される（図16.4）．これらの修飾は特異的な酵素によって行われる．ヒストンのリシンやアルギニンはヒストンアセチル基転移酵素（histone acetyltransferase, HAT）によりアセチル化され，逆にヒストン脱アセチル化酵素（histone deacetylase, HDAC）により脱アセチル化される．細胞には多種類のHATやHDACがあり，それぞれ特異的にリシン残基を修飾する．メチル基を付加するヒストンメチラーゼ（hisitone methyltransferase, HMT）やヒストン脱メチル化酵素も

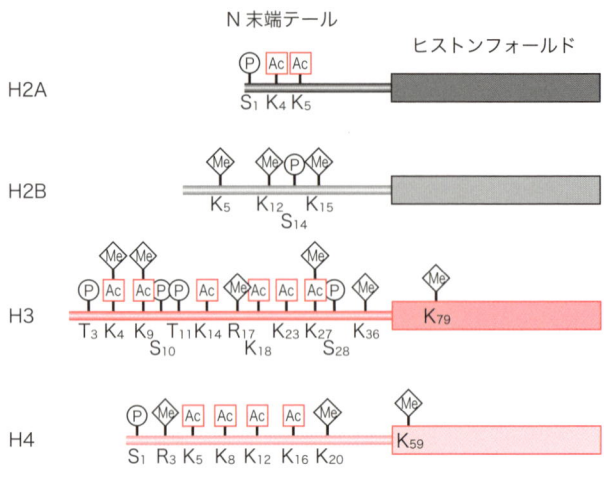

図 16.4　ヒストンの修飾

複数存在する．これらの修飾と周囲のアミノ酸配列を認識して特異的なタンパク質が結合することにより，領域特異的な遺伝子発現調節や染色体維持に必要な反応が可能となる．

16-3　ユークロマチンとヘテロクロマチン

16-3-1　クロマチンとエピジェネティック

　ヘテロクロマチンは染色体が高度に凝縮した構造として古くから認識されてきた．クロマチン構造の違いは，分裂期の染色体でもっとも顕著に観察され，塩基性色素で染色すると濃く染まるユークロマチン (euchromatin) と薄く染まるヘテロクロマチン (heterochromatin) が縞模様のように分かれて見える（図 16.5）．染色体は分裂期以外の細胞周期（間期）では見えなくなるが，クロマチン構造の違いは維持されている．一般に，ユークロマチン領域は遺伝子密度が高く，緩い高次構造をとって遺伝子が活発に発現するのに対し，ヘテロクロマチン領域は遺伝子密度が低く，ヌクレオソームが高密度に凝縮されており，遺伝子発現が抑制されている（サイレンシング，silencing）．

　1930 年代から知られていた Position Effect Variegation（PEV，位置効果まだら現象）は，ヘテロクロマチンが引き起こす興味深い現象である．ショウジョウバエの野生型は赤眼であるが，眼を赤くする遺伝子が変異すると白眼になる．ところが「赤白まだら眼」になる系統が得られ，詳しく解析された．この株では，赤眼にする遺伝子がヘテロクロマチンの近くに転位しており，ヘテロクロマチンが拡張 (spreading) すると赤目遺伝子がサイレンシングされる（図 16.6）．すなわち，同じ遺伝子がクロマチン構造の変化によって赤眼や白眼をもたらす．DNA 配列によって定められてい

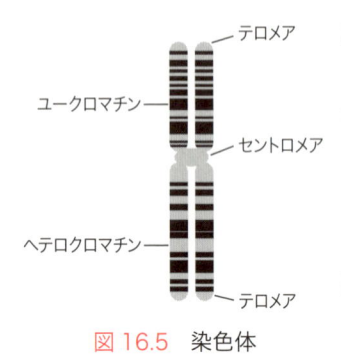

図 16.5　染色体

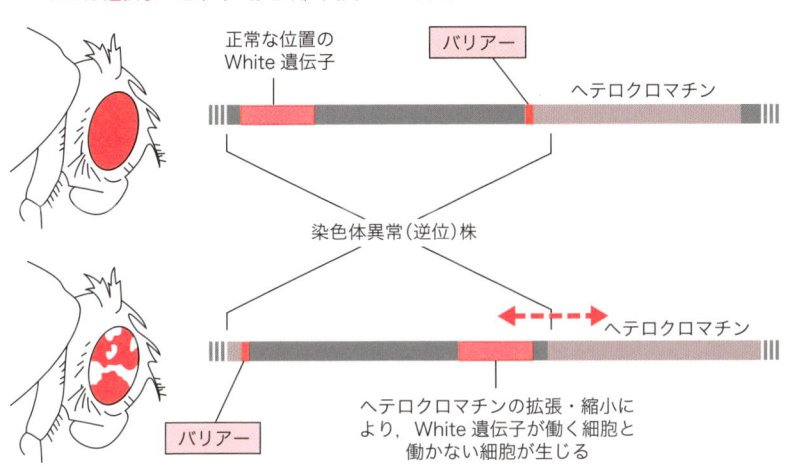

White 遺伝子：正常時は赤色眼，変異すると白眼になる

正常な位置の
White 遺伝子　　バリアー
　　　　　　　　ヘテロクロマチン

染色体異常（逆位）株

バリアー　　ヘテロクロマチンの拡張・縮小に
より，White 遺伝子が働く細胞と
働かない細胞が生じる

ヘテロクロマチン

図 16.6　赤白まだら眼現象

る「遺伝学的現象（ジェネティック）」に対し，クロマチンなど後天的に獲得された性質が世代を超えて伝わる現象をエピジェネティック（epigenetic）と呼ぶ．

16-3-2　ヘテロクロマチンとユークロマチンの化学構造の違い

クロマチン構造を作り出すのは，ヒストン修飾とそれらに相互作用する特異的タンパク質である．最も明らかになっている例として，ユークロマチンではヒストン H3 の 9 番目のリシン（H3K9）がアセチル化（-COCH$_3$）されているのに対し，ヘテロクロマチンでは同じリシンがメチル化（-CH$_3$）されている．実際にはメチル基が 2 個（ジメチル），3 個（トリメチル）付加される場合が多い．メチル化された H3K9 に特異的に HP1（heterochromatin protein-1）タンパク質が結合し，HP1 どうしが二量体を形成することにより他のタンパク質がアクセスしにくい高次構造を作る．HP1 と相互作用するヒストンメチル化酵素が，周辺のヒストン H3K9 をメチル化し，そこに HP1 が結合してヘテロクロマチンが拡張する．

16-3-3　エピジェネティックは受け継がれる

興味深い点は，DNA が複製されて 2 倍になるときにもヒストンの修飾状態が維持され，細胞分裂を経て娘細胞に伝えられていくことである（図 16.7）．DNA 複製フォークが到達するとヌクレオソームのヒストン H2A-H2B 二量体がまず解離する．H3-H4 は一時的に DNA から離れ，娘鎖 DNA 合成後に再び DNA に結合する．H3-H4 が四量体のままでリーディング鎖あるいはラギング鎖にランダムに再結合するモデルと，二つの H3-H4 二量体に分かれてそれぞれが倍加した DNA に再結合するモデ

one point

HP1

heterochromatin protein-1 は真核生物に広く保存されたタンパク質．N 末端近くのクロモドメイン（CD）でメチル化 H3K9 に結合し，C 末端付近のクロモシャドウドメイン（CSH）で，二量体形成や他の多様なタンパク質と結合する．

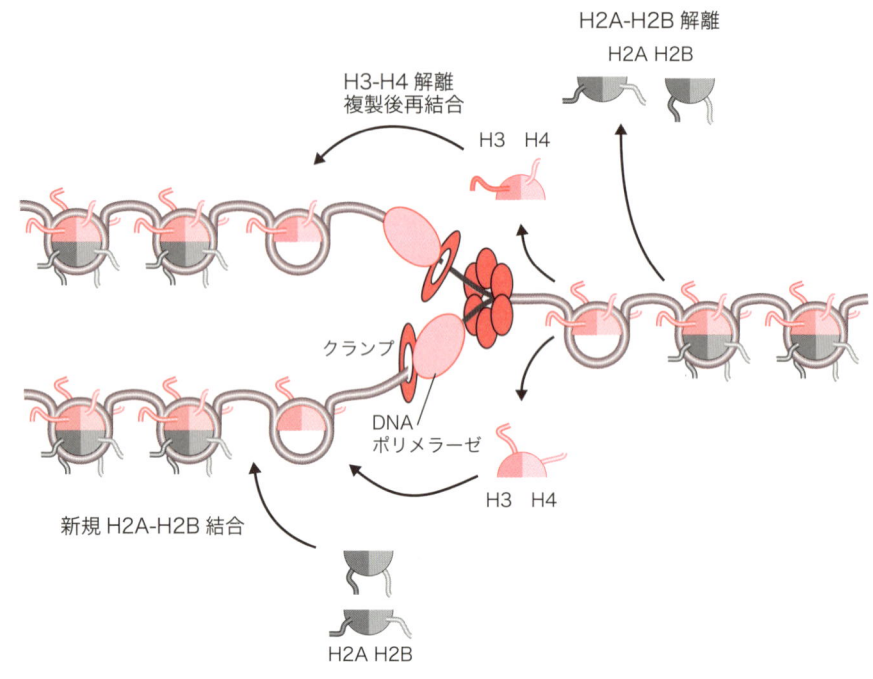

図16.7 クロマチンの複製

ルがあり，いずれが正しいかは決着がついていない．その後，新しく合成されたヒストンを含む細胞内のプールから H2A-H2B と H3-H4 が補われ，ヌクレオソームが再構成される．複製前のヒストン H3-H4 のメチル化やアセチル化修飾が複製後にも残ることになり，新たに結合してくる H3-H4 にも同じ修飾が付加される．このようにヒストン H3，H4 の修飾とそれらに基づくクロマチン構造は DNA 複製後も維持され，世代を超えて受け継がれていく．

DNA や RNA 配列が指令する遺伝暗号 (genetic code) に対し，ヒストン修飾がクロマチンの性質や遺伝子発現を決定する暗号であるという意味で，ヒストンコード (histone code) という考え方が提唱されている．

one point
ヒストンコード
ヒストン H3，H4 の化学修飾であるメチル化やアセチル化は世代を超えて維持される．これらの修飾がヒストンのどの部位に起きるかによって認識するタンパク質が異なり，最終的に異なる機能に結びつくため，「第二の遺伝暗号」と考えられるようになってきた．たとえばヒストン H3 の 9 番目のリシン (H3K9) がメチル化 (ジメチル化，トリメチル化が一般的) されるとヘテロクロマチン構造を形成し，アセチル化されるとユークロマチンを誘導する．さまざまな部位の修飾の組合せの効果はまだ解明途中のものが多い．

16-4 ヘテロクロマチン形成に RNA 干渉が関与する

ヘテロクロマチンの特徴は，ヒストン H3 のリシン 9 がメチル化され，それにヘテロクロマチンタンパク質 HP1 が結合することである．近年の研究から，ヘテロクロマチンの形成には RNA 干渉 (RNAi, RNA interference) という仕組みが働くことが明らかになってきた (図 16.8，9-4 節も参照)．

ヘテロクロマチン領域から転写される RNA を鋳型として相補鎖 RNA が合成され，ダイサー (Dicer) というヌクレアーゼによって短い二重鎖

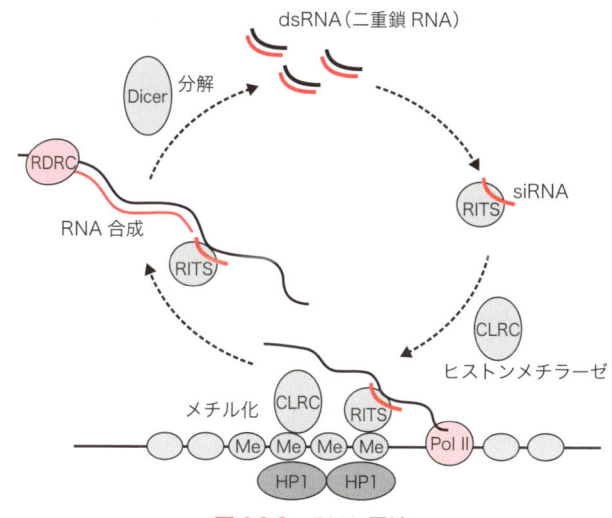

図 16.8　RNA 干渉

RNA（small interfering RNA，siRNA）に分解される．siRNA は RITS 複合体とともに転写途中の相補鎖 RNA に結合し，RITS と相互作用するメチル化酵素 CLRC を染色体へと導く．CLRC がヒストンをメチル化し，新たな HP1 が結合してさらにヘテロクロマチンを形成する．

元来，ヘテロクロマチンは，宿主ゲノムに入り込んだウイルスやトランスポゾンなどの遺伝子の発現を抑制するために発達した構造であると考えられる．しかし進化の過程で，広範囲の遺伝子発現制御に関与するだけでなく，セントロメアやテロメアなど染色体の正確な分配や維持に重要な役割を果たすようになった．

16-5　セントロメアの構造と機能

　分裂時に染色体を均等に分配するために特に重要な領域がセントロメア（centromere）である．セントロメアには二つの重要な役割がある．一つは複製した姉妹染色体を分裂中期まで繋ぎ止めておく役割であり，もう一つは分裂終期に姉妹染色体を二つの細胞極へと均等に分離する役割である．これら二つの機能にはセントロメアで形成される 2 種類のクロマチン構造が深くかかわっている．

　セントロメアは，分裂期染色体では姉妹染色体が結合してくびれた場所（一次狭窄と呼ぶ）として観察される（図 16.9）．セントロメアに形成される動原体（キネトコア）は，M 期に紡錘糸と結合して染色体を分配する．多くの生物のセントロメアは繰り返し配列から構成される．ヒトでは約 170 bp のアルフォイド DNA が数千回繰り返されて 1～2 Mb（メガベース＝10^6 bp）の巨大な領域を占める（図 16.10）．生物種により繰り返しの

one point
RITS 複合体
RNA induced initiation of transcriptional silencing の略．当初，RNAi が遺伝子発現を抑制する仕組みは，Dicer という RNase が転写後の mRNA を分解する反応として発見された．この転写後の制御に働くタンパク質複合体が RISC（RNE induced silencing complex）である．その後，分裂酵母のセントロメアでは Dicer により分解された短い RNA が RNA 依存 RNA ポリメラーゼ（Rdp1）などを含む別の複合体 RITS と結合し，ヘテロクロマチン形成を誘導することが示された．RITS 複合体はヘテロクロマチンの新規形成と維持に必要である．

one point
セントロメアの名称
セントロメアはヒト染色体の中央付近に多く見られるため，「中央」の意味をもつ名称がつけられた．しかしマウスのセントロメアは染色体の端近くにあり，位置そのものは本質とは関係ない．

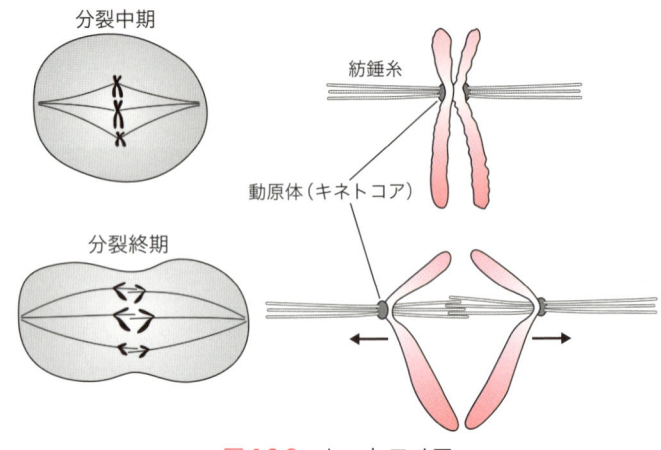

図 16.9　セントロメア

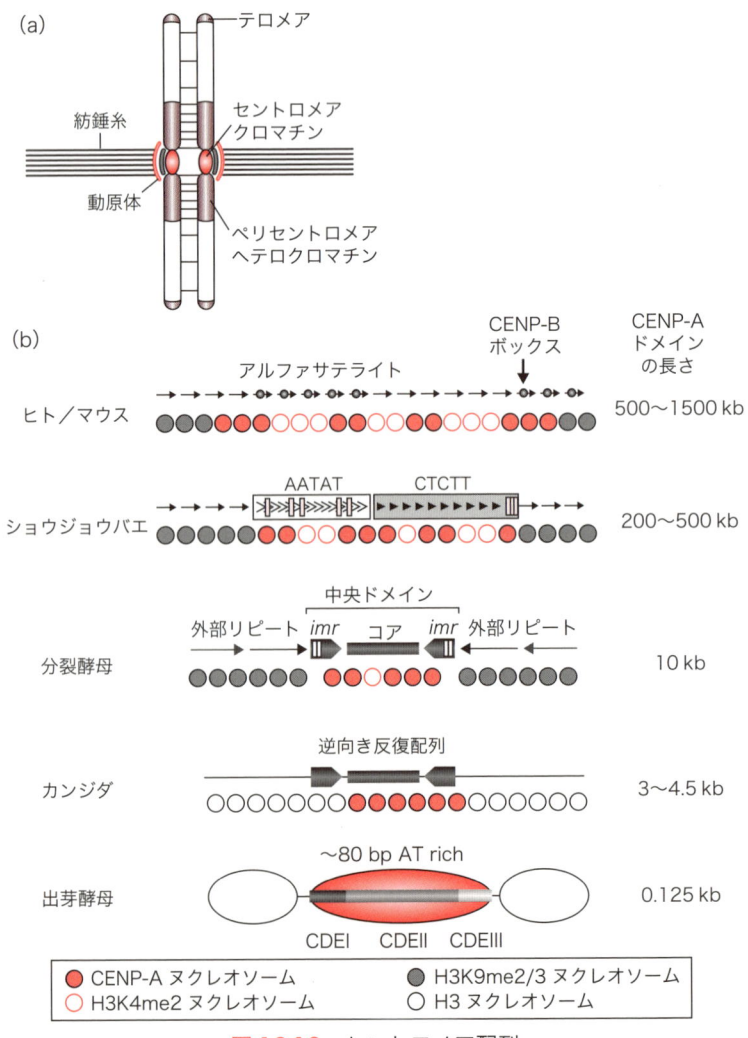

図 16.10　セントロメア配列

配列や数は異なる．分裂酵母では 40 〜 100 kb の比較的単純な構造をしており，中央のコア配列の両側にリピート配列が左右対称に繰り返されている（図 16.10）．中央コア領域にはキネトコアが形成され，左右のリピート配列にはヘテロクロマチンが形成され，それぞれ異なる役割を担う．

分裂終期に紡錘糸が結合するキネトコアは，20 種類以上のタンパク質によって形成される巨大なタンパク質複合体である．キネトコア構成因子の中で最も重要と考えられるのが CENP-A タンパク質である．CENP-A はヒストン H3 の一種でセントロメア特異的に局在し，H3 の代わりに CENP-A を含むヌクレオソームが形成される（図 16.10）．CENP-A ヌクレオソームを足場として，キネトコア特有のタンパク質が集合することから，CENP-A を結合させることがセントロメアの最も重要な反応であると考えられるが，その仕組みはまだよくわかっていない．

セントロメアのもう一つの重要な役割は，姉妹染色体を分配直前まで繋ぎ止めておくことである．この役割には，ペリセントロメア（セントロメア周辺）のヘテロクロマチンが関与する．複製して 2 倍になった姉妹染色体がばらばらに挙動すると，1 対 1 に均等に分配するのは難しい．そこで姉妹染色体どうしを 1 ペアとして繋ぎ止めておく染色体接着（cohesion）という仕組みが重要な役割を果たす．姉妹染色体を物理的に接着するのはコヒーシン（cohesin）タンパク質複合体である．コヒーシンは 4 種類のタンパク質からなるリング構造をした複合体で，2 本の DNA を囲むようにして接着するモデルが提出されている（図 16.11）．コヒーシンは複製前に染色体 DNA に結合し，複製を経て接着が成立する．複製フォークとともに移動するタンパク質が接着の成立にかかわっているが，詳しい仕組みはわかっていない．分裂終期になると，コヒーシン複合体の Scc1（Rad21 ともいう）が特異的酵素（セパレース）によって切断されてリングが開裂し，

one point
アルフォイド DNA

アルファサテライト DNA とも呼ぶ．ヒト染色体のセントロメア領域に局在する反復配列．サテライト（satellite）の名称は，ヒト細胞 DNA を密度勾配遠心法で分画すると，短い繰り返し配列が通常の DNA と異なる密度に検出されたことに由来する．マウスのセントロメアを構成する配列は，マイナーサテライト DNA と呼ばれる．

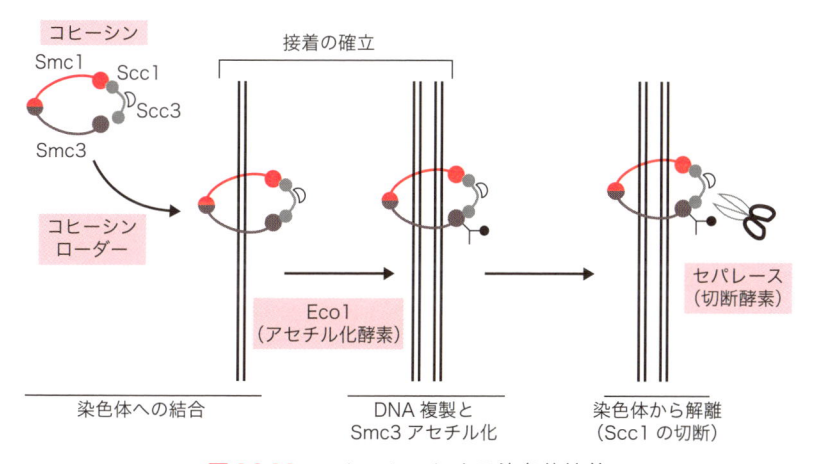

図 16.11　コヒーシンによる染色体接着

| one point
コーネリアデランゲシンドローム

数万人に一人の頻度で見られる遺伝病であり，低身長，発達遅延，骨発達異常，心臓疾患を伴う．原因の60%はNIPBLという転写調節因子の欠失であるが，10%程度はコヒーシンの欠損によって引き起こされる．

姉妹染色体が分離する．セントロメアへのコヒーシンの集積には，セントロメアヘテロクロマチンを構成するHP1とコヒーシンとの相互作用が関与する．興味深いことに，セントロメア以外の腕部では，コヒーシンは姉妹染色体接着ではなく遺伝子発現制御に関与するようである．コヒーシン遺伝子の変異はコーネリアデランゲシンドローム（Cornelia de Lange syndrome）という遺伝病を引き起こす．

16-6　セントロメアの本質はエピジェネティックである

　セントロメアは染色体上の決まった場所に存在し，特定の繰り返し配列から構成されるため，その領域の塩基配列が重要であろうと考えられてきた．しかし，以下に示す二つの例から，セントロメアの本質は塩基配列に依存しないエピジェネティックな現象であると考えられるようになってきた．

　染色体のセントロメア領域を欠失すると，大部分の細胞は染色体分配の異常により死に至る．ところが非常に低い頻度で生き残る細胞が出現し，その細胞では染色体の別の場所に新たなセントロメア（ネオセントロメア）が形成される（図16.12）．ネオセントロメアでは，CENP-Aを初めキネトコアタンパク質が集合し，元のセントロメアと同様に機能する．ところが，ネオセントロメアには元のセントロメア配列が全く存在しない．詳しい仕組みは不明であるが，CENP-Aが結合することがキネトコア形成を導くと考えられている．

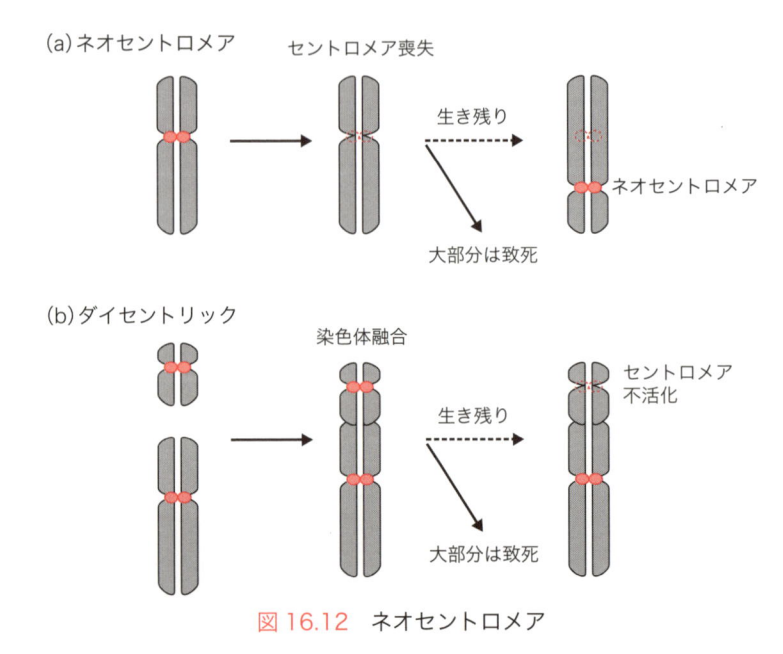

図16.12　ネオセントロメア

逆に，DNA二重鎖切断（DSB）やテロメア消失により，非相同末端結合（NHEJ，11-7節参照）により二つの染色体が融合すると，二つのセントロメア（ダイセントリックと呼ぶ）をもつ染色体ができる．このような染色体は，分裂期に染色体が両極に引きちぎられ大部分の細胞は致死となる．しかし稀に生き残った細胞では，片方のセントロメアが不活化されていた．DNA配列は変化していないにもかかわらずCENP-Aが結合しなくなっていた（図16.12）．

これらの二つの現象には，ヒストンH3とCENP-Aの入れ替わりを制御する仕組みがかかわると考えられている．このように，セントロメア形成は本質的にはエピジェネティックな反応であるが，通常は特定の繰り返し配列上に形成される利点があるのであろう．

16-7 テロメア

真核生物では，線状構造をとる染色体DNAの末端はテロメアという特殊な構造になっている．テロメアは，DNA末端の分解や融合によるゲノム構造変化を防ぐ役割をもつ．テロメアではTTAGGG配列（あるいはその類似配列）からなるGリッチ鎖と，相補的Cリッチ鎖が何百回も繰り返されている．Gリッチ鎖3′側末端の数十ヌクレオチドは1本鎖として突き出している（図16.13）．テロメアの二重鎖や1本鎖DNAにはそれぞれ

one point
テロメアとテロメラーゼ
1978年，E. ブラックバーンは，テトラヒメナという単細胞生物からテロメア反復配列を発見した．さらに1985年，C. グライダーとブラックバーンは，やはりテトラヒメナから，テロメラーゼを精製した．テロメラーゼは逆転写酵素TERT（telomere reverse transcriptase）と数百ヌクレオチドのRNAとの複合体．グライダー，ブラックバーンは，J. ショスタクとともに2009年にノーベル生理学・医学賞を受賞．

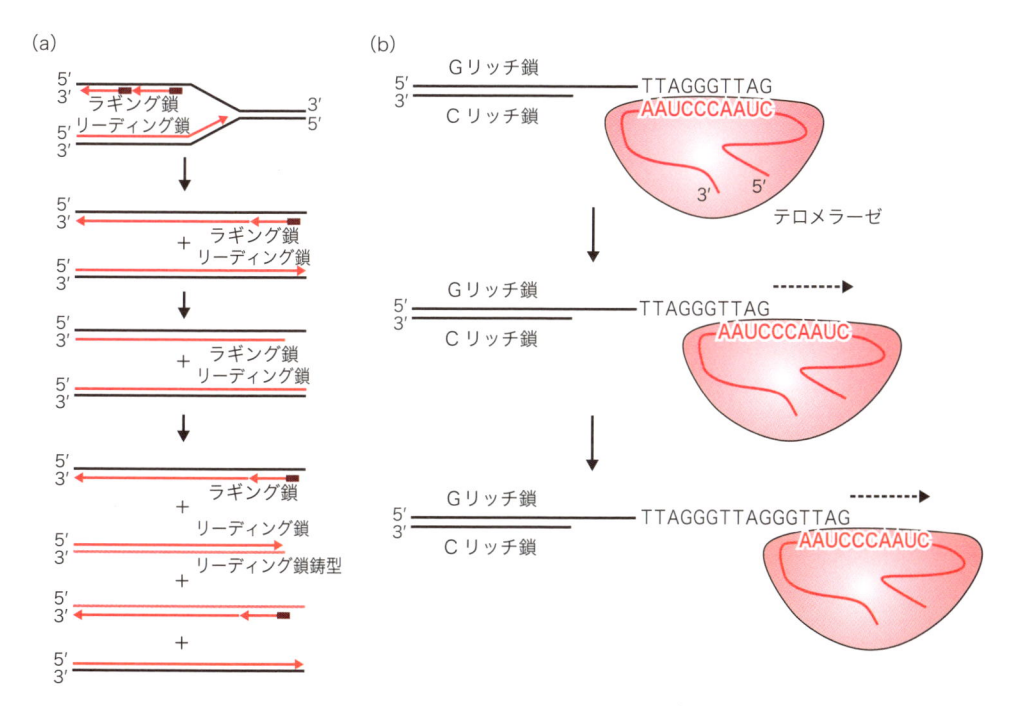

図16.13 テロメアとテロメラーゼ

特異的にタンパク質が結合しテロメア末端を保護している．さらに，末端の1本鎖DNAは二重鎖領域に潜り込み，T-ループと呼ばれる構造を作っている．

　線状DNAの末端はDNA複製のたびに短くなる運命にある（図16.13）．短くなったテロメアはテロメラーゼという酵素によって伸張され回復する．単細胞で生きる酵母や，ヒトの幹細胞（stem cell）と呼ばれる未分化細胞ではテロメラーゼが発現しているが，通常の体細胞ではテロメラーゼは発現していない．そのため，体細胞は数十回分裂を繰り返すとテロメアが短くなり，細胞寿命を迎えて分裂を停止する．人為的に体細胞でテロメラーゼを発現すると細胞は限りなく増殖できるようになるが，がん化する確率が高くなるため，必ずしも個体の寿命を延ばすことにはならない．

one point
幹細胞
どれだけでも増殖でき，別の種類の細胞に分化する能力を備える細胞．幹細胞が分裂すると，少なくとも片方は幹細胞でありつづける性質をもち，発生段階や組織・器官の維持に細胞を供給する役割を担う．

この章で学んだこと──
- ヌクレオソーム
- ヒストン修飾によるクロマチン制御
- ヘテロクロマチン
- RNA干渉
- セントロメアの構造
- テロメアの構造

17章 細胞周期とチェックポイント

この章で学ぶこと

細胞が分裂して自己と同じ細胞を産生することは，生命の継承に欠かせない．われわれの体を構成する細胞も，たった1個の受精卵から細胞分裂を繰り返してできたものである．真核生物では，DNAを複製する時期と細胞分裂をする時期が明確に分けられており，それぞれの時期の完了が，次の時期の開始を導くよう巧妙にプログラムされている．本章では，細胞が「細胞周期」という自律的サイクルを経て分裂する仕組みを学ぶとともに，その仕組みに異常が発生したときに生存を維持するための保守システムを理解する．

17-1 細胞周期の概念の発見

細胞は，すでに存在する細胞から自己複製によって生じる．これはすべての生物に共通する性質である（細胞説）．たとえば，単細胞で生存するバクテリアは1個の細胞が細胞分裂を繰り返し，ひと晩のうちに億単位の細胞集団からなるコロニーを形成する．またわれわれヒトの場合には，1個の受精卵が細胞分裂を経て60兆もの細胞からなる個体となる．

細胞分裂によって同じ細胞を作るためには，細胞の構成要素をすべて2倍にする必要がある．とりわけ染色体DNAを正確に複製し，娘細胞へと均等に分配することが必須である．これらのことを確実に行うために，真核生物では特定の反応を特定の時期に完了させて次に進行する仕組みが備わっている．細胞が分裂する際に経るプロセスを細胞周期（cell cycle）あるいは細胞分裂周期（cell division cycle）と呼ぶ．

細胞周期は四つのプロセスに分けられる（図17.1）．最も特徴的なのはM期（分裂期）であり，染色体を分離する有糸分裂（mitosis），さらに細胞質分裂（cytokinesis）が起こり，二つの娘細胞を生じる．M期とM期の間は，顕微鏡レベルで目立った変化が見られないため間期（interphase）と呼ぶが，この間にすべて

one point
細胞説
あらゆる生物は細胞から構成されるという学説．1858年，R. ウィルヒョウにより，それまでに提唱されていた細胞に関する考えがまとめられた．「すべての細胞は細胞から生じる」という名言がある．

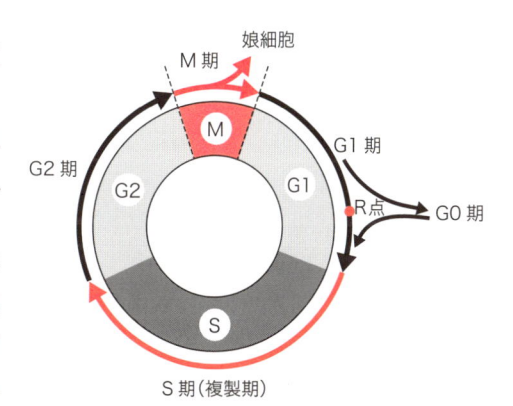

図17.1　細胞周期

の細胞内成分を2倍にするという非常に重要な反応が起きている．染色体DNAを複製する時期をS（synthesis）期と呼び，M期とS期の間のG1期（gap 1，隙間）にはS期に入るための準備を行い，S期の後のG2期でM期に入るための準備をする．

G1期には非常に重要な決定が行われるポイントがある．このポイントはRestriction point（R点）あるいはStartと呼ばれ，ここを通過するとS期，G2期，M期を経てG1期に戻るよう運命づけられる．後戻りできない点という意味でpoint of no returnとも呼ばれる．細胞内外の環境が整っていない場合は，G1期に留まるか，あるいは細胞周期を外れて休止期G0期に入る．R点では細胞の分化，老化，減数分裂期に入るかどうかの決定が行われる．

細胞は，M→G1→S→G2の順序で細胞周期を繰り返し，増殖する．M期からM期までの時間を1細胞周期と呼ぶ．細胞周期の長さは，生物や細胞によってさまざまである．酵母の1細胞周期は2～3時間であるが，ヒト体細胞では約24時間である．多細胞生物の受精卵の初期発生期にはG1，G2期がなく，非常に短い間（30分）にM期とS期を繰り返して増殖する．この間，遺伝子は転写されず，卵に蓄えられていたタンパク質やRNAを使って増殖する．細胞分裂を10回ほど繰り返した後にG1，G2期が現れ，1細胞周期は12～24時間となる．発生と分化の過程は生物種によって大きく異なる．

17-2 分裂期（M期）

M期は細胞周期の中で最もダイナミックな時期である．顕微鏡で動物細胞を観察すると，M期は次のように進行する（図17.2．第16章も参照）．まず中心体が分裂して核の両側に離れ，染色体が凝縮し始める．分裂前期には核膜が崩壊し染色体が凝縮して糸状に見えるようになる（分裂前期：プロフェーズ）．凝縮した染色体が細胞の中央に一列に並ぶ（分裂中期：メタフェーズ）．染色体が細胞の両極に分かれる（分裂後期：アナフェーズ）．細胞がくびれて二つの娘細胞に分かれ，再び核膜が形成され，染色体が脱凝縮して見えなくなる（分裂終期：テロフェーズ）．

G2期からM期に移行するにはいくつかの特徴的な反応が必要となる．たとえば，染色体を分配するためにコンデンシンというタンパク質によって染色体が高度に凝縮される．また染色体を両極に引っ張るため，チューブリンタンパク質が重合して紡錘糸が伸長する．さらに，核膜を支えている成分であるラミンの性質が変化して核膜が崩壊する．これらの多岐に渡る反応は，特異的タンパク質がサイクリン依存性キナーゼ（CDK）によってリン酸化されることで制御されている．CDK活性はG1期で低く，S

one point

コンデンシン

condensinは，M期での染色体凝縮と分離に中心的役割を果たすタンパク質複合体．凝縮したメタフェーズ染色体では2本の姉妹染色分体の長軸に沿って観察される．SMC（structural maintenance of chromosome）タンパク質に属するSmc2，Smc4と3種類の非SMCタンパク質が構成する，総分子量が650～700 kDaの巨大なタンパク質複合体である．コンデンシンが染色体を凝縮する仕組みはまだ未解明であるが，ATP加水分解に依存して二重鎖DNAに正の超らせんを導入する活性が，凝縮に関連すると考えられている．

チューブリン

tubulinは真核細胞内の微小管（microtubule）や中心体を構成するタンパク質．α-チューブリンとβ-チューブリンが一つずつ結合した二量体として存在し，これらが直線上に重合して繊維状タンパク質複合体を形成する．GTP結合タンパク質であり，GTPの結合，加水分解により微小管の伸長と短縮が調節される．

ラミン

laminは繊維状タンパク質で，核膜の内側に結合して網目構造を作る．

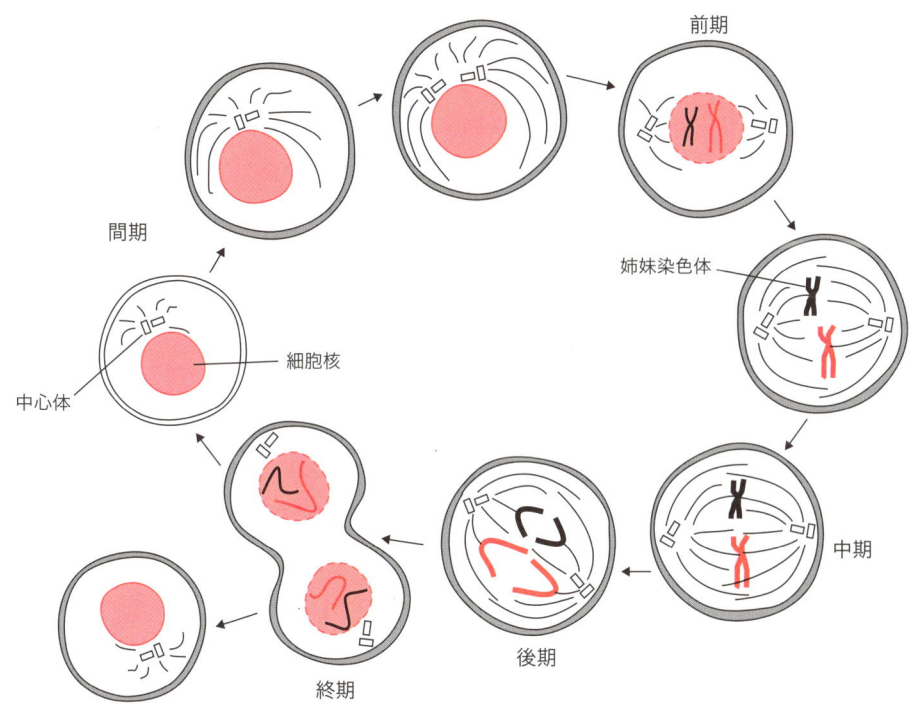

図 17.2 M 期の進行

期に入るときに上昇し，G2 期を経て M 期に入るときに最大となる．M 期の間，CDK は高いレベルに維持されており，M 期終了時には CDK 活性が急激に低下して G1 期へと移行する．

17-3 細胞周期を進行させる因子の発見

細胞周期の研究に大きな発展をもたらしたのは，細胞周期を進行させる因子の発見である．1970 年代に増井らがカエルやヒトデの卵成熟を誘導する因子として MPF（maturation promoting factor）を発見した（図

Biography

▶増井禎夫（ますいよしお）
1931 年，京都生まれの細胞生物学者．京都大学理学部で学んだ後，甲南大学を経てカナダへ渡った．1997 年までトロント大学で教授を務め，現在は名誉教授．

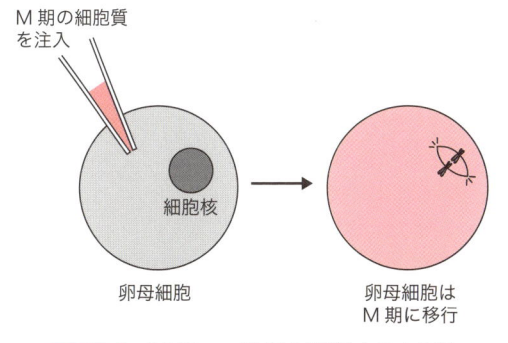

図 17.3 M 期への進行を誘導する MPF

(a) 出芽酵母 cdc 変異株　cdc 変異株の形態　(b) 分裂酵母 cdc 変異株

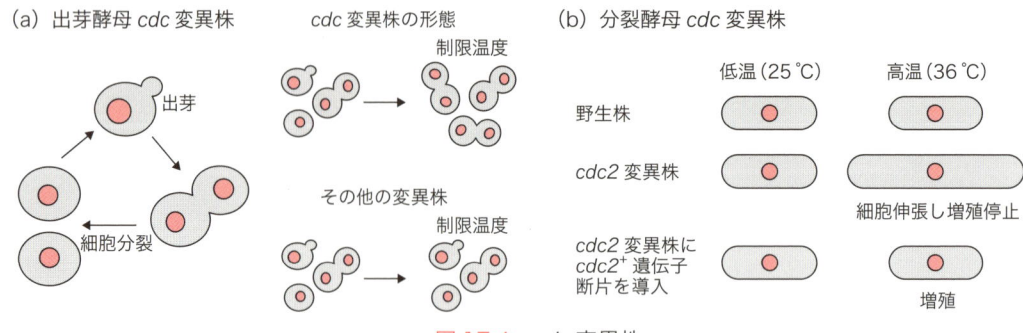

図17.4　cdc 変異株

Biography

▶ L. H. ハートウェル
1939年，アメリカのカリフォルニア州ロサンゼルス生まれの遺伝学・分子生物学者．カリフォルニア工科大学を卒業後，マサチューセッツ工科大学で学位を取得．細胞周期の主要な制御因子（CDK）の発見により，T. ハント，P. ナースとともに，2001年にノーベル生理学・医学賞受賞．現在はフレッド・ハッチンソンがん研究センター所長としてがんを研究している．チェックポイントの概念（17-6節）を提唱したことでも知られる．

▶ P. ナース
1949年，イギリスのノリッジ生まれの遺伝学・細胞生物学者．幼少の頃は天文学に興味があったが，学校の先生の影響で生物学を志すようになった．バーミンガム大学を卒業後はオックスフォード大学などを経て，2010年からイギリスの王立協会長を務める．2001年にノーベル生理学・医学賞受賞．

▶ T. ハント
1943年，イギリスのリバプール近郊のネストン生まれの生化学者．Clare 大学で学んだ後は，ニューヨーク留学などを経てマサチューセッツ州ウッズホール海洋生物学研究所へ移り，ウニの発生を研究してサイクリンを発見した．現在もその所属．2001年にノーベル生理学・医学賞受賞．

17.3）．その後，同じ因子が卵母細胞に限らず M 期への進行を誘導することが明らかとなり，M 期促進因子（M-phase promoting factor）と再命名された．

細胞周期の理解をさらに進めたのは，酵母を用いた遺伝学研究の成果である．1970年代に L. ハートウェルらは出芽酵母を用いて，細胞周期に異常をもつ温度感受性変異株（cdc, cell division cycle 変異株）を多数分離し，糸口を開いた（図17.4）．さらに P. ナースらが分裂酵母を用いて多くの cdc 変異株を分離し，cdc2 遺伝子を発見した（図17.4）．cdc2 がコードする Cdc2 キナーゼは，細胞周期を動かす駆動部の意味で「細胞周期のエンジン」と呼ばれる．Cdc2 は細胞周期制御の最重要因子であり，全真核生物で共通した機能をもつ．

Cdc2 に結合して活性を制御するサイクリン（Cyclin A, B）を発見したのが T. ハントらである．サイクリンという名前は細胞周期の特定時期に現れては消えることから命名された．サイクリン B は G1 期には量が少なく，S 期から G2 期に次第に増加し，M 期で最大になり，M 期終了時には急激に減少する（図17.5）．1980年代後半には，34 kDa の Cdc2 と 46 kDa のサイクリン B の複合体がタンパク質リン酸化酵素（キナーゼ）であり，MPF の実体であることが示され，細胞周期の理解は一気に進んだ（図

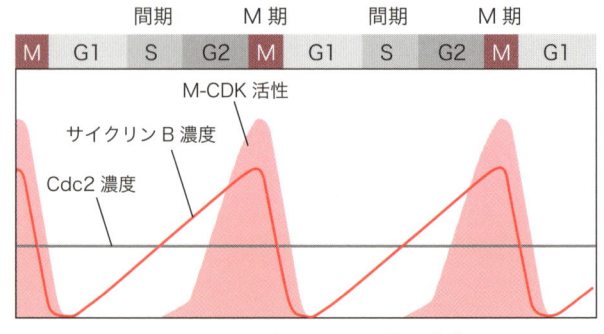

図17.5　サイクリン B の量の変化

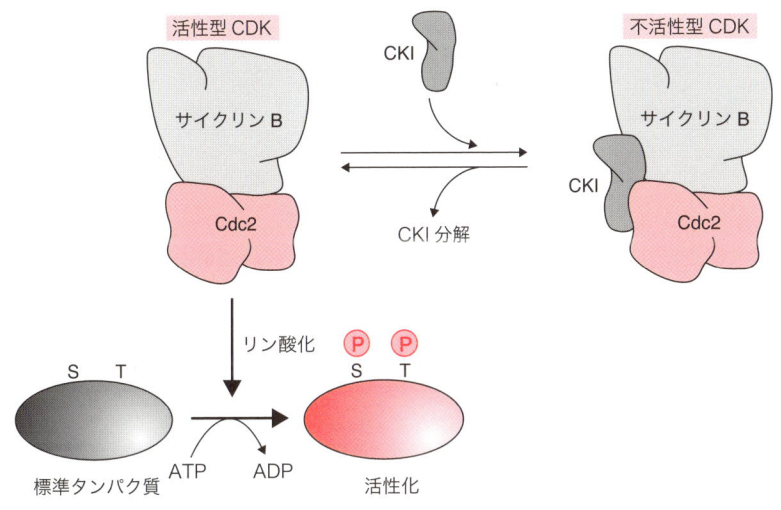

図 17.6　MPF の実体

17.6）．さらに，細胞周期のそれぞれの時期で異なる種類のサイクリンと触媒サブユニットの複合体が働くことが明らかとなり，この複合体をサイクリン依存タンパク質キナーゼ（cyclin-dependent protein kinase, CDK）と呼ぶ．

17-4　CDK の活性制御

　細胞周期は推進エンジンの役割を果たす CDK 活性の増大と減少によって進行する．CDK は標的タンパク質の SP（セリン-プロリン），TP（トレオニン-プロリン）の S あるいは T に ATP 末端のリン酸基を特異的に付加する．リン酸化と脱リン酸化によってタンパク質の性質を素速く変えられるため，細胞周期の制御に適している．キナーゼ活性を発揮するためには触媒サブユニット（Cdc2）と制御サブユニット（サイクリン）が結合する必要があり，分裂酵母では Cdc2，出芽酵母では Cdc28 が種々のサイクリンと結合する．一方，動物細胞では Cdc2 以外に多数の触媒サブユニットがあり，細胞周期の進行にかかわるのは，Cdc2（Cdk1），Cdk2，Cdk4，Cdk6 の四つである（図 17.7）．ただ，細胞の生存に必須なのは Cdc2 のみであるため，Cdc2 は他の代わりをできると考えられる．

　CDK 活性はいくつもの仕組みによって巧妙に制御されている．M 期 CDK を例にとって説明する．Cdc2（Cdk1）タンパク質は細胞周期を通じて存在するのに対し，サイクリン B は G2 期から M 期にかけて転写が上昇する．さらに M 期から G1 期に移行するときには，サイクリン B は特異的なタンパク質分解系（APC/C ユビキチンリガーゼ，17-5 節で説明）によって分解され，CDK 活性が低下する．よってサイクリン濃度が CDK

one point
温度感受性変異株
細胞の生存に必須の遺伝子は完全に不活化すると致死となるため変異株を得られない．そこで，低温（25℃など）ではほぼ正常に生育するが，高温（36℃など）では致死となる性質の変異を分離することにより，機能解析を行う．変異により，高温ではタンパク質間相互作用が失われている場合やタンパク質が不安定となっている場合が多い．

one point
cdc
L. ハートウェルと P. ナースらによって，細胞周期（cell division cycle）に異常を示す温度感受性 cdc 変異株として網羅的に分離された．cdc の後に続く数字は，分離時の変異株の番号として付加されたもの．出芽酵母と分裂酵母で独自に分離されたため，同じ遺伝子が異なる番号であったり，同じ番号の遺伝子が全く別の機能をもつこともある点がやっかいである．

CDK キナーゼ触媒サブユニット		
生物種	タンパク質名	機能する時期
出芽酵母	Cdc28	全細胞周期
分裂酵母	Cdc2	全細胞周期
ショウジョウバエ	Cdk1/Cdc2	M 期
	Cdk2	S 期
	Cdk4	G1 期
ツメガエル	Cdk1/Cdc2	M 期
	Cdk2	S 期
ヒト	Cdk1/Cdc2	M 期
	Cdk2	S 期
	Cdk4	G1 期
	Cdk6	G1 期

図 17.7 さまざまな生物の CDK 触媒サブユニット

活性の制御に重要である．さらに，Cdc2 タンパク質のリン酸化・脱リン酸化が CDK 活性制御に重要な役割を果たす．Cdc2 は，15 番目のチロシン (Y15) と 14 番目のトレオニン (T14) がそれぞれ Wee1 と Myt1 キナーゼによりリン酸化され，不活性化される（図 17.8）．次いで Cak1（CDK activating kinase）によって 161 番目のトレオニン (T161) がリン酸化される．T161 のリン酸化は CDK 活性に促進的であるが，同時に T14，Y15 がリン酸化されているため不活性のままである．G2 → M 期移行時には，Cdc25 フォスファターゼ活性が上昇し，T14，Y15 を脱リン酸化して CDK はようやく活性化される．いったん CDK が活性化されると，ポジティブフィードバック機構が働く．CDK が Cdc25 をリン酸化してさらに活性化するとともに Wee1 と Myt1 を不活化し，CDK 活性は急激に上昇する．

もう一つの重要な制御機構として，エンジンに相当する CDK に対してブレーキの役目を果たす CDK-inhibtor（CKI）がある．CKI は比較的低分子のタンパク質で，分子量により p21，p27，p57 などと呼ばれる（図 17.6）．CDK の活性化は，CKI の分解により誘導される．

G1 期や S 期 CDK も基本的には M-CDK と同様に制御されるが，どの制御機構に比重がおかれているかは，生物種によって異なる．

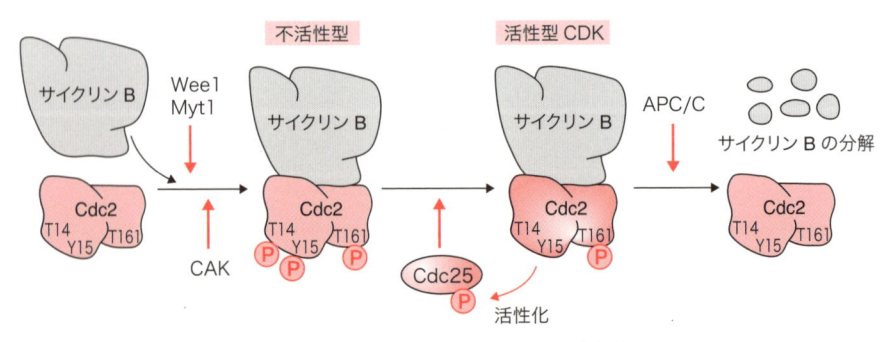

図 17.8 Cdc2 タンパク質の活性制御

17-5　細胞周期の制御

17-5-1　転写調節による細胞周期制御

　細胞周期制御，特に G1 期から S 期への移行には，遺伝子の転写が重要な役割を果たす．動物細胞で G1/S 期に発現する多数の因子を制御するのが，E2F ファミリータンパク質である．E2F は，もともとヒトアデノウイルスの E2 遺伝子プロモーターに結合する宿主因子として同定された．DP (dimerization partner) タンパク質とヘテロ二量体を形成し，さまざまな遺伝子の上流域にある 8 塩基配列に結合する転写制御因子である．

　E2F-DP1 は，S 期サイクリンを初め，複製の開始や DNA 合成に必要な多数の因子の発現を制御する．E2F-DP1 複合体の活性は，網膜芽細胞腫の原因遺伝子である RB（レチノブラストーマ）がコードする Rb タンパク質によって制御されている（図 17.9）．E2F-DP1 への Rb タンパク質の結合によって G1/S 遺伝子発現が抑制されている．Rb タンパク質が CDK によってリン酸化されると E2F-DP1 から解離し，転写が活性化される．RB 遺伝子はがん抑制遺伝子として知られており，この段階の制御はがん化と深く関係する（第 18 章を参照）．

17-5-2　タンパク質分解による細胞周期制御

　細胞周期の制御では，タンパク質の特異的分解機構が重要な役割を果たしている．M-CDK 活性が上昇して M 期に進行した後，M 期を終了するためには CDK 活性を低下させる必要がある．分裂中期 (metaphase) から分裂終期 (anaphase) への移行時に，CDK 活性の低下は，サイクリン B の分解によって引き起こされる．分裂中期ですべての染色分体が紡錘糸と結合して分裂赤道面に並ぶと，サイクリン B にユビキチン (ubiquitin) という小さなタンパク質が複数個付加され（ポリユビキチン化），それを目印としてタンパク質分解装置プロテアソームがサイクリンを分解する（図 17.10）．ユビキチンは真核生物に広く保存された 72 アミノ酸のタンパク質で，標的タンパク質のリシン残基に共有結合される．付加されたユビキチン自身のリシンにユビキチンが付加されてポリユビキチン化が進み，鎖

one point
Rb タンパク質
RB 遺伝子は，子どもの目で発生する悪性腫瘍である網膜芽細胞腫（レチノブラストーマ）の原因遺伝子として同定された．RB が転写・翻訳されて生じる Rb タンパク質は細胞の過度な増殖を抑える働きをもつ．片方の RB 遺伝子が先天的に不活化されている場合，幼少期の目の細胞では紫外線による変異を生じやすいため，もう片方の RB 遺伝子が不活化されるとがんを発症する．

one point
ポリユビキチン化
ユビキチンは翻訳後にタンパク質に付加される 72 アミノ酸からなる小さなタンパク質である．特定のタンパク質を迅速に分解するときにポリユビキチン化が用いられる．いつ，どのタンパク質を分解するかを決めることが重要であり，特定の配列のアミノ酸をもつ標的タンパク質に特異的にユビキチンを付加するユビキチンリガーゼが何種類も存在する．ユビキチンリガーゼとしては，分裂周期を誘導する APC/C の他に，SCF (Skp1-Cullin-F-box) 複合体がよく知られており，SCF は再複製防止機構 (10-9 節) のための Cdt1 の分解や CKI (CDK インヒビター，17-4 節) の分解など，重要な役割を担う．

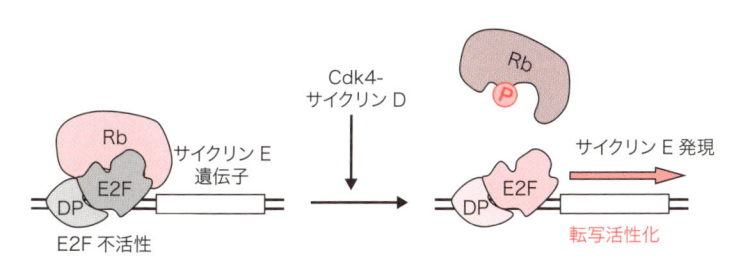

図 17.9　E2F の活性化

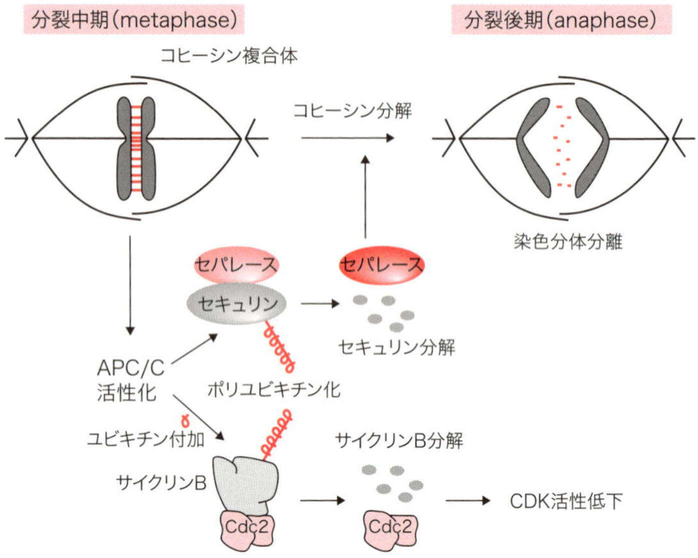

図 17.10 サイクリンの分解

one point
26S プロテアソーム
proteasome はタンパク質分解酵素を内包する巨大なタンパク質複合体であり、その大きさを示す沈降係数から 26S プロテアソームと呼ばれる。筒状複合体とその両側の蓋状のタンパク質複合体から構成され、標的タンパク質を筒の中に入れて分解する。

のように伸長する。

　ユビキチン化は 3 段階で行われる。まず E1 というタンパク質がユビキチン分子を結合し、E2 という酵素に受け渡し、E3 リガーゼによって標的タンパク質にユビキチンが付加される。E3 には非常に多くの種類があり、標的タンパク質に特異的に結合する。分裂中期から後期への移行に働く E3 ユビキチンリガーゼは APC/C（anaphase-promoting complex/cyclosome）複合体で、Cdc20 という F-box タンパク質を補助因子として必要とする。Cdc20 は F-box を介して標的タンパク質に結合すると考えられている。CDK 活性の上昇によってサイクリン B がリン酸化され、リン酸化されたサイクリン B は Cdc20-APC/C によってポリユビキチン化される。

　APC/C がポリユビキチン化によって分解へと誘導するもう一つの重要な標的タンパク質がセキュリン（securin）である。セキュリンはセパレースというプロテアーゼと結合してその活性を抑制している。セキュリンが Cdc20-APC/C によるユビキチン化を受け分解されると、セパレースが活性化し、姉妹染色分体を接着していたコヒーシン複合体（16-5 節参照）の Scc1 タンパク質を分解し、接着が消失する（図 17.10）。これによって姉妹染色分体は紡錘糸に引っ張られて両極方向に分配される。すなわち、APC/C ユビキチン化－タンパク質分解系は、CDK 活性低下と染色体接着解除をほぼ同時に達成し、M 期を終了へと導く役割を担う。

17-6 細胞周期のチェックポイント

17-6-1 チェックポイントの概念

細胞は，ゲノム情報に変化をもたらしかねない異常が発生したとき，その異常を検出し，修復システムを起動し，異常が解消されるまで細胞周期を停止させる仕組みをもっている．この仕組みをチェックポイント（checkpoint，関所）という．チェックポイントの概念を提唱したのは L. ハートウェルである（1989 年）．

細胞周期の進行を停止させるチェックポイントは三つ知られている．一つは G2 期から M 期への移行を制御する G2/M チェックポイント，二つ目は G1 期から S 期への移行を止める G1 チェックポイント，三つ目は M 期での染色体の分離を制御するスピンドルチェックポイントである（図 17.11）．

本節では，それぞれのチェックポイントの仕組みと意義を解説する．チェックポイントは細胞や個体の生存を助けるための仕組みであり，チェックポイントの破綻は遺伝情報の喪失や変化を引き起こし，細胞の死やがん化の要因になるため，生命にとって非常に重要である．

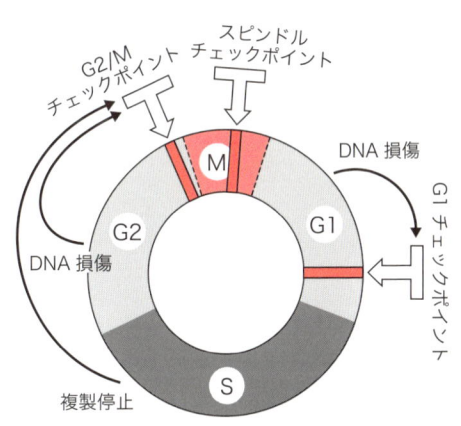

図 17.11　チェックポイント

17-6-2 チェックポイントの発見

ハートウェルは出芽酵母から単離した X 線照射に高感受性を示す変異株を単離し解析している途中で，ある株が変わった性質を示すことに気づいた．X 線は主に DNA 二重鎖切断（DSB）を誘発する（11-7 節）．野生株は X 線を照射するとしばらく細胞分裂を停止してから細胞分裂による増殖を再開する．損傷組換え修復に必要な因子の変異株は，細胞分裂を停止するが修復ができないためそのまま死んでいく．

ところがハートウェルが注目した $rad9$ 変異株は，X 線照射後も細胞分裂を続け死んでいった（図 17.12）．修復システム自体が健全であるかど

図 17.12　$rad9$ 変異

one point
Rad9
出芽酵母の Rad9 は Rad53 キナーゼと結合するタンパク質で，Rad9 が ATM/ATR によりリン酸化されると Rad53 キナーゼが活性化する．Rad9 という名前は，出芽酵母以外では別のタンパク質を指しており，むしろ一般的には，Rad9-Rad1-Hus1 (9-1-1) クランプ複合体の構成成分を意味する (図 17.14)．

かを調べるため，細胞分裂を阻害する薬剤を X 線照射後に加えて細胞分裂を遅らせると，rad9 株の生存は回復した．すなわち rad9 株では，修復する時間を与えられないために致死になると考えられる．これらの結果から，Rad9 は，X 線によって生じる DNA 損傷をモニターし修復完了まで細胞分裂を停止させるチェックポイント機構に必要なタンパク質であると結論した．

17-6-3 G2/M チェックポイント

G2/M チェックポイントは，遺伝情報を不安定化する問題が生じたときに，問題が解消されるまで G2 期から M 期への移行を停止する仕組みである．発生した問題の種類により類似する二つの経路のいずれかが働いて細胞周期を停止する．複製フォークが途中で停止した場合は複製チェックポイントが作動し，S 期や G2 期で DNA 損傷が生じた場合には損傷チェックポイントが作動する (図 17.13)．これらの共通点と相違点に着目して説明する．

(a) 共通の仕組み

G2/M チェックポイントでは，以下の仕組みが共通している．異常な DNA 構造をモニター機構が認識すると，センサーキナーゼと呼ばれるタンパク質リン酸化酵素が活性化する．センサーキナーゼは次にエフェクターキナーゼをリン酸化して活性化し，異常の修復を誘導するとともに，G2 期から M 期への移行を停止させる (図 17.13)．脊椎動物などの後生動物では，p53 というタンパク質が細胞周期停止と細胞死 (アポトーシス) の運命決定に働いている (17-6-4 項，18-5 節)．

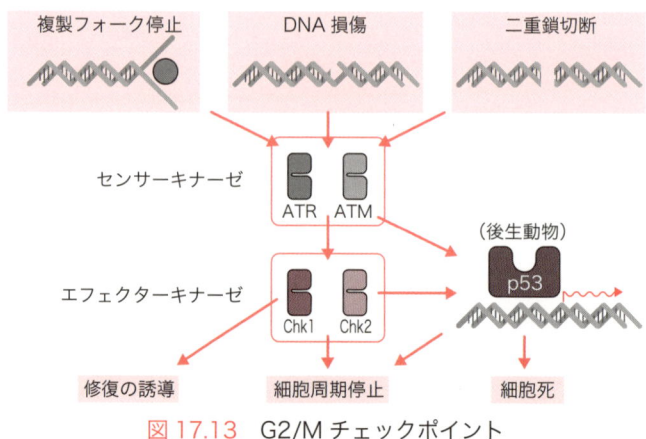

図 17.13 G2/M チェックポイント

(b) 複製チェックポイント

DNA複製途中の複製フォークが停止した場合，複製チェックポイントが活性化され細胞周期を停止する（図17.14）. S期の異常を感知してM期に入らないようにする仕組みであり，S/Mチェックポイントとも呼ばれる. 代表的な例は，DNA合成の基質となるデオキシリボヌクレオシド三リン酸が不足した場合である. ヒドロキシ尿素（HU）という薬剤を加えるとデオキシリボヌクレオチド三リン酸の生成が阻害され，DNA合成基質濃度が低下するためDNAポリメラーゼが停止する. このときDNAヘリカーゼは数百bpほどDNA二重鎖を開裂し続けてから停止する. ヘリカーゼ停止の仕組みはよくわかっていない.

このとき，正常な複製フォークより長い1本鎖DNAが存在することが「異常」として検出される. 異常の検出に最も重要な役割を果たすのが1本鎖DNA結合タンパク質RPAである. 正常な複製フォークより多量のRPAが結合すると，RPAにセンサーキナーゼATR（ATM and Rad3-related）タンパク質複合体（Rad3とATRIPのヘテロ二量体）が結合してRPAをリン酸化し，自らも自己リン酸化により活性化する. さらに，露出したDNA末端にRad17-RFC複合体（クランプローダー）が結合し，9-1-1（Rad9-Rad1-Hus1）複合体（クランプ）を結合させる. 9-1-1はATRと相互作用してリン酸化され，リン酸化されたタンパク質に結合する性質をもつCut5/TopBP1が結合し，ATRがさらに活性化される. 9-1-1はクランプとして，エフェクターキナーゼであるCds1/Chk1を停止複製フォークに結合させる役割をもつ.

ATRは停止したフォークに結合する多数のタンパク質をリン酸化して，フォークを安定に維持する役割をもつと考えられている. さらにATRはCds1キナーゼをリン酸化して活性化し（哺乳類ではChk1，出芽酵母ではRad53が活性化），Cds1は細胞内を拡散して，細胞周期停止，まだ開始していない複製開始点抑制，転写誘導や抑制など，細胞の生存に必要な反応を引き起こす. Cds1は，Cdc25脱リン酸化酵素をリン酸化して不活化し，さらにCDKを抑制するWee1キナーゼとMyt1キナーゼをリン酸化して活性化し，CDK活性の上昇を阻害する. これにより，G2/M期で細胞周期が停止する. 複製フォークの異常が解消され複製が完了すると，チェックポイントは解消し，細胞分裂へと進行する.

(c) 損傷チェックポイント

DNAが二重鎖切断（DSB）された場合，損傷チェックポイント機構が活

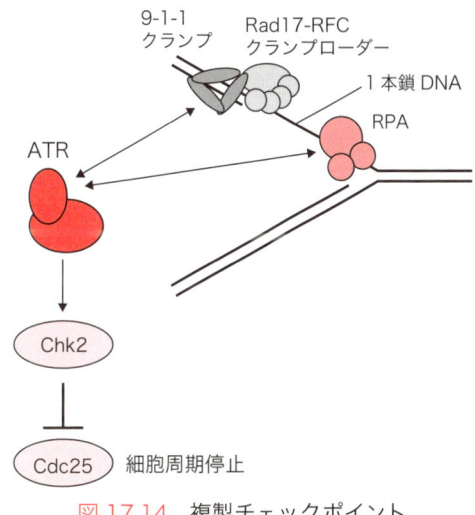

図17.14 複製チェックポイント

one point
ヒドロキシ尿素
hydroxy urea はリボヌクレオチド還元酵素（ribonucleotide reductase, RNR）の阻害剤. 細胞内のデオキシリボヌクレオチドのプールは小さいのに対し，リボヌクレオチドは大量に存在する. RNRはリボヌクレオチドをデオキシリボヌクレオチドに還元し，DNA合成の基質を供給する過程に働く.

one point
ATM
ataxia-telangiectasia mutated. 多発性消化器がんの原因遺伝子の産物. 350 kDa の大きなタンパク質で, セリン/トレオニンをリン酸化するキナーゼである. ATR とともにフォスファチジルイノシトール 3-キナーゼ (PI3 キナーゼ) に属する.

性化して細胞周期を G2/M に停止させる. この反応には ATM が重要な役割を果たす. 複製チェックポイントと異なる点は, DNA の二重鎖末端が発生することである.

DNA 末端には MRX (Mre11-Rad50-Xrs2) 複合体 (哺乳類では Xrs2 を Nbs1 と呼ぶため MRN 複合体) が結合し, MRX は ATM を傷害部位に結合させる. MRX は 1 本鎖 DNA に結合する RPA とともに, ATM の活性化に必要である. 活性化された ATM は Chk2 キナーゼをリン酸化して活性化し, 複製チェックポイントの場合と同様に CDK 活性化を抑制して細胞周期を G2/M 期で停止させる. また二重鎖切断の修復に必要な経路を活性化することにより, 細胞の生存に寄与する. 動物細胞では, ATM ならびに Chk2 は p53 タンパク質をリン酸化し, 細胞周期停止やアポトーシスを誘導する経路を活性化する.

17-6-4 G1 チェックポイント

G1 期に生じた DNA 損傷に対応して S 期に移行する段階を制御するのが G1 チェックポイントである. 特に動物細胞では, DNA 損傷の程度によって, 細胞周期を停止して修復するか, あるいは細胞を自殺させるアポトーシスに導くかの選択が行われる点で, この仕組みは重要である. G1 チェックポイントには p53 (分子量が 53 kDa であるためこの名前がついた) タンパク質が重要な役割を果たす.

動物細胞では, p53 は Mdm2 タンパク質と結合してユビキチン化され分解されるため細胞内では低濃度に保たれている (図 17.15). DNA 損傷が起きると, 活性化された ATM と Chk2 により p53 のそれぞれ Ser15 と Ser20 がリン酸化され, Mdm2 と解離するようになり細胞内の p53 濃度が上昇する. p53 は, CDK 阻害活性をもつ p21 の発現を誘導するため, 増加した p21 によって G1-CDK である Cdk4/6-CyclinD や S-CDK であ

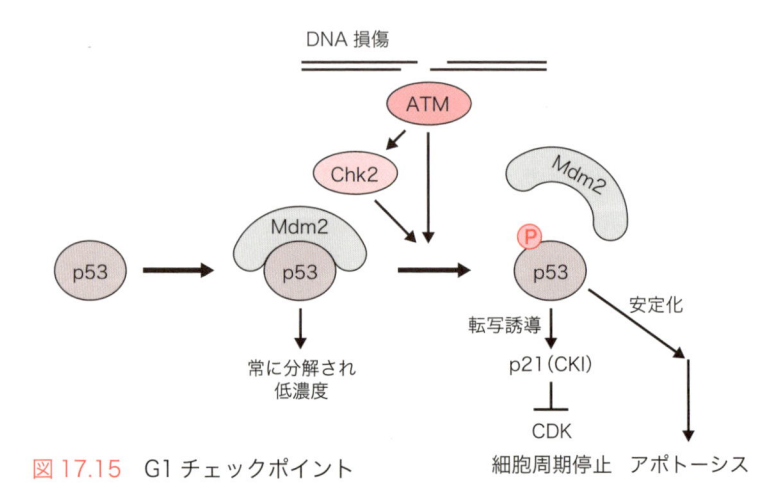

図 17.15 G1 チェックポイント

るCDK2-CyclinEが阻害され，S期に移行できない．ところが，DNAが大きく損傷した場合には，ATMとChk2がp53の多くの部位をリン酸化することにより，p53はアポトーシスを誘導する遺伝子（群）を活性化し，細胞死が誘発される．p53が直接ミトコンドリアでアポトーシス誘発に関与する可能性も指摘されている．

このようにp53は，DNA損傷が起きたときに細胞の運命を左右するきわめて重要な役割を果たす．p53が正常に働かないと損傷をもったまま細胞周期が進行し，細胞死が起こらないため，遺伝情報が大きく変化した細胞が生じる危険があり，がん化の要因となる．したがって，チェックポイント機構とp53はがん化を防ぐうえで重要である（第18章参照）．

17-6-5　スピンドルチェックポイント

遺伝情報を安定に維持するためには，複製した染色体を娘細胞に均等に分配する必要がある．M期の分裂中期（Metaphase）に，両極にある中心体から伸長した紡錘糸（紡錘体微小管）が姉妹染色体のキネトコアに結合し，分裂終期（Anaphase）に一対の姉妹染色分体を両極へと分配する（図16.8参照）．スピンドルチェックポイントは，姉妹染色分体がそれぞれ別の側から伸びてきたの紡錘糸と結合しているかどうかをモニターし，異常がある場合には分裂終期への移行を阻害し，均等な分配を保証する仕組みである．

分裂中期から終期への移行には，姉妹染色分体を接着しているコヒーシンを切断して姉妹染色分体を解離することが必要であることは前に述べた（図16.11参照）．スピンドルチェックポイントは，姉妹染色分体の両方のキネトコアに両極からの紡錘糸が正しく結合するまでは，コヒーシンを分解させない仕組みである．コヒーシンを切断する酵素セパレース（separase）は，通常はセキュリン（securin）というタンパク質と結合した状態で不活性に保たれている（図17.16）．分裂中期で紡錘糸が結合していないキネトコアにはCENP-EタンパクとMud1が結合し，Mud1はMud2タンパク質を活性化してMud2-Cdc20複合体を形成させる．Cdc20はAPC/C（anaphase promoting complex/cyclosome）の活性化に必要なタンパク質であるため（17-5-2項参照），この状態ではCdc20がAPCに結合できずAPC/Cは不活性に保たれる（図17.16）．

一つのキネトコアに両極からの紡錘糸が結合するような異常な結合が起きると，いったん紡錘糸を解離させて正しく結合するまでやり直しをさせる仕組みがあり，シュゴシン（shugoshin）タンパク質やオーロラキナーゼ（aurora kinase）がこの仕組みに働くことが知られている．すべてのキネトコアに紡錘糸が正しく結合するとMud2が不活化してCdc20が解離し，Cdc20はAPCと結合してCdc20-APC/Cが活性化される．Cdc20-APC/Cがセキュリンをポリユビキチン化して分解を誘導すると，セパレース

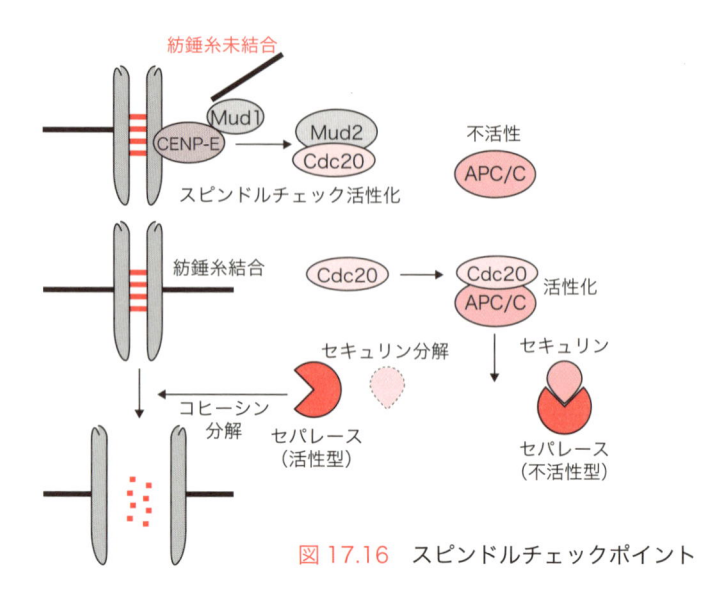

図17.16 スピンドルチェックポイント

が活性化してコヒーシンを分解し，姉妹染色分体が両極に分配される（図17.16）．活性化したCdc20-APC/CはサイクリンBにもポリユビキチンを付加し，分解を誘導し，細胞はM期を終了してG1期に移行する．

17-7　チェックポイント制御の破綻

　複製チェックポイントが働かないと，複製を終えないままM期に入ってしまい，不完全なゲノムDNAが娘細胞に分配されてしまう．あるいはスピンドルチェックポイントの異常は不均等な染色体分配を引き起こす．多くの場合，完全なゲノムを保持しない細胞は死んでしまうが，必須遺伝子が失われていない場合などでは生き残る場合がある．

　それらの中に，遺伝子発現調節が失われ細胞周期調節が異常になったものがあると，無秩序に増殖を続けるようになる．この状態そのものは「がん」ではないが，増殖を繰り返すうちに，さらに異常が蓄積してがん化を引き起こすと考えられている．

この章で学んだこと──
- 細胞周期の概念
- サイクリン依存キナーゼ（CDK）
- タンパク質分解による制御
- 複製チェックポイント
- 損傷チェックポイント
- スピンドルチェックポイント

18章 がんとアポトーシス

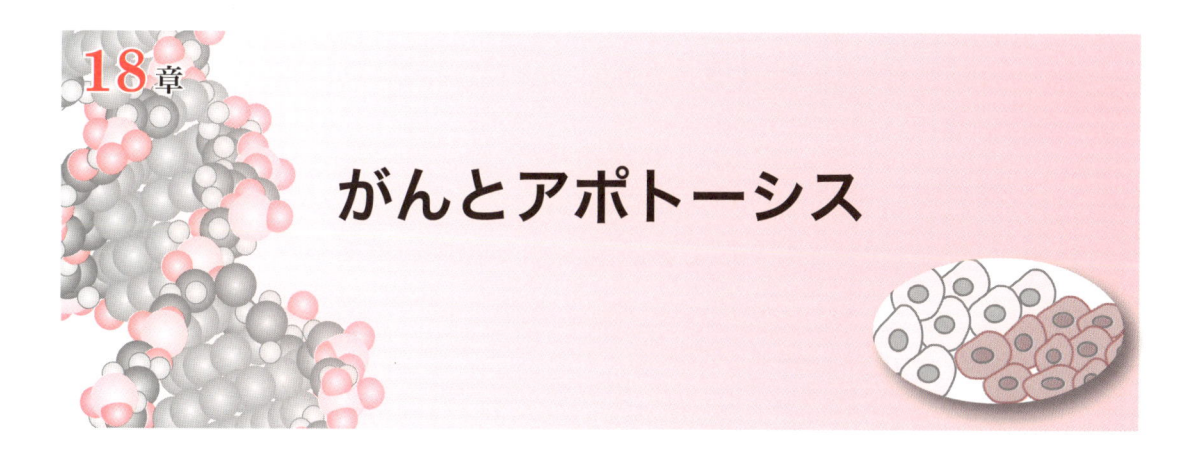

> **この章で学ぶこと**
> 「がん細胞」はどのような細胞なのか？ また，どのようにして生じるのか？ 本章では細胞周期や染色体の研究から見えてきた「がん化の仕組み」を学んでいく．また，細胞が増殖方向へ暴走した状態が「がん化」であるとすると，暴走する可能性が生じた細胞を安全に死なせる仕組みが「アポトーシス」である．これらの運命選択の機構を学ぶ．

18-1 がんとはどのような病気か？

われわれの体は多数の組織からできており，組織ごとに細胞数が一定に維持されている．幹細胞（stem cell）の分裂により生じた細胞は細胞周期を停止して分化し，一定の寿命を経て死んでいく．このようにして，一定の大きさの組織が維持されている（図18.1）．すなわち正常な個体では，つねに新しい細胞が生まれ，古くなった細胞が死んでいくことにより全体のバランスが保たれている．

われわれの体を構成するほとんどの細胞には「寿命」がある．細胞分裂を

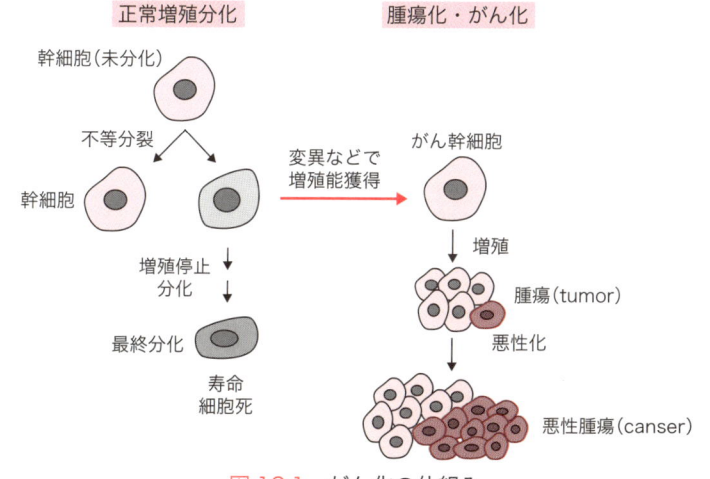

図18.1 がん化の仕組み

重ねるにつれて，DNAの変異や異常が蓄積することは避けられないため，個々の細胞が寿命をもつことは個体にとって有益である．ところが本来寿命をもっている細胞が，増殖を停止せずに未分化細胞のように増え続けると「腫瘍」となる（図18.1）．さらに異常が蓄積して組織内の他の細胞の機能を損なうようになると「がん」となる．悪性度が増し，組織から遊離して別の場所に移動して増殖すると，個体全体の機能が損なわれる．

18-2　オンコジーン

かつて，化学物質ががんを引き起こすのではないかと考えられた時期があったが，現在では，遺伝情報の変化ががんを引き起こすことが明らかになっている．遺伝子機能が活性化されることによってがんの原因となる遺伝子を「オンコジーン（oncogene，がん遺伝子）」と呼ぶ．

細胞にがんを引き起こす遺伝子として最初に発見されたのが，ニワトリにがんを引き起こすラウス肉腫ウイルス（Rous sarcoma virus）の src （サーク）である．驚いたことに，ウイルスのもつ src （v-src という）とほとんど同じ遺伝子（c-src）が宿主に存在することが明らかになった（図18.2）．src 遺伝子のタンパク質産物 Src はタンパク質のチロシン残基をリン酸化する酵素（キナーゼ）であり，細胞増殖シグナルを伝達する役割をもつ．正常細胞の c-Src は自らのキナーゼ活性を抑制する仕組みをもつのに対し，v-Src はこの仕組みを失って常に活性化した状態にあり，細胞をがん化させる．

c-src のように正常な状態の遺伝子をプロト-オンコジーン（proto-oncogene，がん原遺伝子）と呼ぶ．このように，正常では細胞増殖に必要な因子が制御不能な活性をもつように変異するとがん遺伝子となる．Src の他に，細胞の増殖シグナル伝達経路（図18.3）にある Ras，Raf，Myc や，増殖に必要なタンパク質リン酸化酵素（キナーゼ）が異常に高発現する場合もがん遺伝子となる．増殖シグナル伝達経路では，細胞外からの増殖シグナル物質と結合する受容体は細胞膜にあり，そのシグナルが Ras，Raf を経て Myc の誘導につながり，CDK を活性化して細胞周期を G1 期から新しい細胞周期の開始へ誘導する．

プロト-オンコジーンがオンコジーンに変化するにはさまざまな仕組み

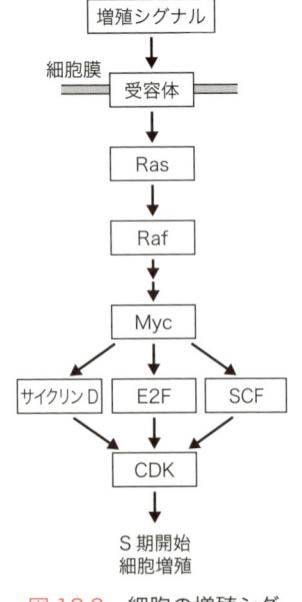

図18.3　細胞の増殖シグナル伝達経路

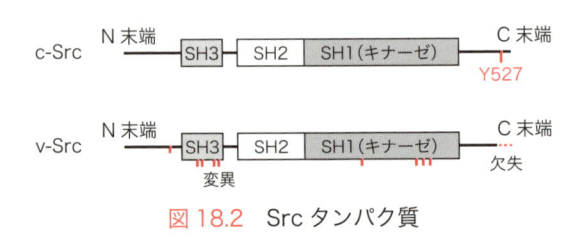

図18.2　Src タンパク質

があり，遺伝子の変異によって正常な抑制能を失う場合や，他の遺伝子やプロモーターとの融合により発現量が増加する場合など，増殖を推進する機能が昂進したときに，がん化の要因となる．

18-3 がん抑制遺伝子

がん抑制遺伝子（tumor suppressor gene）は，オンコジーンとは逆に，ある遺伝子の機能が欠損することによりがんを引き起こす遺伝子である．正常な細胞では，細胞増殖を抑制するブレーキの役割を果たす遺伝子がある．ここでは，がん抑制因子としてよく知られているRbとp53を紹介する．

RB遺伝子はレチノブラストーマ（retinoblastoma）という小児性視神経がんの原因遺伝子として発見された（17-5節参照）．RB遺伝子から作られるRbタンパク質は，G1期からS期への移行に必要なタンパク質の発現を誘導するE2F転写因子に結合してその機能を阻害する．このため，Rbが活性化状態の細胞はG1期で停止する．増殖を開始するときは，CDKによりRbがリン酸化されてE2Fと解離し，自由になったE2Fが複製に必要なタンパク質などの転写を誘発する（図17.9参照）．このように，Rbは正常な細胞の増殖や停止にとって重要である．ところが，2セットある相同染色体の片方のRB遺伝子が先天的に変異している場合，もう片方のRB遺伝子に変異が起きると増殖抑制の仕組みが働かなくなり，細胞増殖を抑制できなくなる（図18.4）．

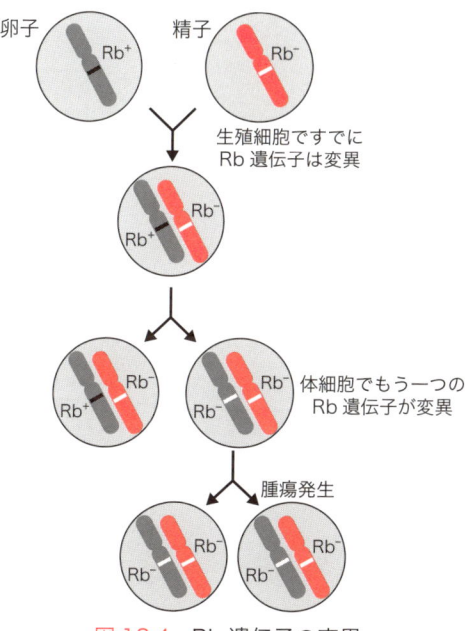

図 18.4　Rb 遺伝子の変異

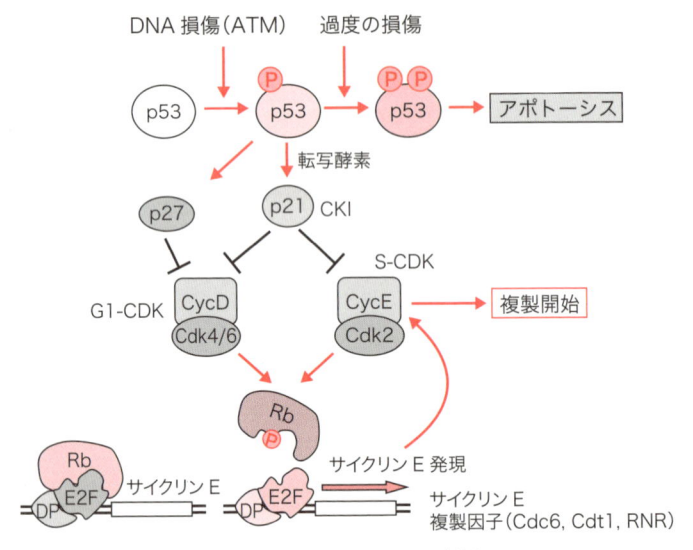

図18.5 p53とRbの働き

　もう一つの代表的ながん抑制遺伝子は p53 である．このタンパク質は1979年に発見されてから長い間機能がわからなかったため，タンパク質の分子量を示す p53 という名前が定着した．p53 は，正常な細胞では Mdm2 と結合していてユビキチン化されて分解されるためごくわずかしか存在しない（図17.15参照）．ところが，DNA が損傷して損傷チェックポイントが活性化されると ATM や Chk1（紫外線による損傷時には ATR と Chk1）が p53 をリン酸化し，Mdm2 が遊離して p53 は安定化される．細胞内に蓄積した p53 は，p21 などの CDK インヒビター（CKI）遺伝子の転写を誘導し，細胞は傷害が解消するまで G1 期で停止する（図18.5）．

　さらに興味深いことに，p53 はもう一つ重要な働きをもつ．DNA 損傷が過度に起きると ATM の活性がさらに上昇し，p53 はさらに多くの部位でリン酸化される．過度にリン酸化された p53 は，アポトーシス（apoptosis, 細胞死）を導く経路の複数の因子を転写誘導する（図18.5）．DNA の損傷が重篤な場合には修復の過程で異常が起きやすいため，遺伝情報に異常が蓄積するのを避けるための仕組みであると考えられる．

　このように，p53 は細胞の運命を決定する重要な因子である．p53 遺伝子が変異あるいは欠失すると，DNA 損傷が起きても細胞増殖を停止できず，また細胞死という最終解決策もとれなくなるため，ゲノムが非常に変化しやすくなる．

18-4　発がんに至る多段階の異常

　前述のように，オンコジーンの活性化やがん抑制遺伝子の不活性化がが

ん化を引き起こす大きな要因ではあるが，実際にはさらに多くの仕組みが発がんにかかわっている．特定のがんを引き起こす原因遺伝子が明らかになっているものもあるが，一つの遺伝子が異常になるとすぐにがん細胞になる訳ではない．一つの異常が引き金となって，世代を経るうちに次々と複数の遺伝子の異常を誘発し，最終的に発がんに至ると考えられている．

18-4-1 修復機能の低下による変異発生

DNAに生じるさまざまな損傷を解消するために，種々の修復機構が働いている（第11章参照）．しかし，大量の損傷が発生して修復しきれない場合や，修復機構に働く因子の欠損により変異が発生する．DNA複製時に起きるミスマッチ（誤対合）修復因子の異常は大腸がんの15％で見られる．また紫外線損傷やアルキル化修飾などを取り除くヌクレオチド除去修復（NER）因子が欠損すると，損傷を除去できないため損傷乗り越え修復により高頻度で変異が発生する．ヒトXP (xeroderma pigmentosum, 色素性乾皮症) の患者は紫外線損傷を除去できないため，日光を浴びると高頻度で皮膚がんを発症する．このように，修復遺伝子の欠損はあらゆるがん化に深くかかわっている．

18-4-2 染色体再編

染色体再編は一塩基の変異よりも大きな影響を及ぼす．実際，多くのがん細胞で染色体の大規模な再編が高頻度で観察される．染色体再編を引き起こす要因の一つがDNA二重鎖切断（DSB）である．DSBは電離放射線（X線）などの強力なエネルギーによりDNAが切断される場合，未複製のDNAが分配される場合，さらには細胞内で発生する活性酸素によってDNAが切断される場合など，さまざまな要因で生じる．DSBは相同組換えによって遺伝情報を変化させずに修復される（第12章参照）．しかし，G1期のDSBは姉妹染色体がないので相同組換えを行えず，もっぱら非相同末端結合（NHEJ）によって修復されるため，染色体再編を誘発する．

さらに通常の細胞のテロメア短小化が染色体再編に繋がる場合もある．体細胞ではテロメラーゼが発現していないため，徐々に短くなったテロメアがある長さに達すると，細胞は増殖を停止し最終的にアポトーシスにより消滅する．しかし，短小化テロメアがDSBとして認識されるとNHEJによって末端どうしが融合してしまう．染色体の再編により，がん抑制遺伝子が壊されたり，オンコジーンが活性化されたりしてがん化が誘発される．これらの遺伝子が直接変化しない場合でも，染色体のエピジェネティックな変化が発現量を変化させる場合もある．

染色体分配の異常もがん化の引き金になる．セントロメア欠損やスピンドルチェックポイントの欠損は，不等分配や染色体喪失を多発し，稀に生

き延びる細胞では染色体再編が高頻度で観察される．

細胞周期制御，特にチェックポイントはがん化の抑制に大きな役割を果たす．チェックポイント因子に欠損があると，未複製 DNA や二重鎖切断が残ったまま分裂期に入り，遺伝情報の喪失や再編が引き起こされる．このため，チェックポイントのセンサーキナーゼである ATM や ATR の変異は非常に多くのがんの要因となる．

18-4-3　がん化の本質：多段階の異常による無限細胞増殖

がん化のきっかけとなる異常は多様であるが，発がんに至る過程でいくつかの共通した異常が次々と引き起こされる (図 18.6)．たとえば，がん細胞の 9 割でテロメラーゼが発現するように変化している．たとえ細胞に異状が蓄積しても，テロメアが短小化すればそのうちに増殖できなくなるためがん化に至らない．細胞の不死化は，がん細胞の大きな特徴であり，染色体再編などを繰り返す過程のどこかでテロメラーゼが活性化されると考えられる．テロメラーゼが活性化していないがん細胞も知られているが，この場合にはテロメアでの高頻度の相同組換えによりテロメアが伸長するようになっている．テロメラーゼ発現による細胞の不死化，p53 不活化によるアポトーシス経路の喪失，さらに Rb 不活化や Myc などのオンコジーン活性化による細胞増殖の継続性などが伴ってがん化に至る．

ヒトの平均寿命の伸長に伴って，がん化は避けがたい病気となりつつある．しかし，がん化要因となる遺伝子の異常を遺伝子解析により見つけることは現実に可能になりつつある．また，テロメラーゼの抑制やアポトーシスの誘導が実現できればがん細胞が発生しても制御できるため，がんは恐ろしい病気でなくなる可能性がある．

18-5　アポトーシス

多細胞生物では，個体の生存のために個々の細胞の運命が制御されているように見える．細胞分裂によって生まれた細胞の大半は計画的に死を迎

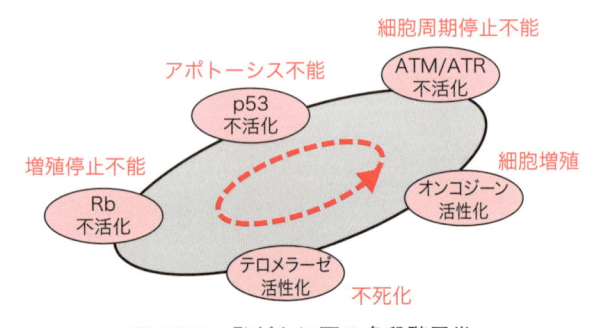

図 18.6　発がんに至る多段階異常

える．細胞のそのような死をプログラム細胞死（programmed cell death）あるいはアポトーシス（apoptosis）と呼ぶ．発生段階でのアポトーシスとしてよく知られるのは，オタマジャクシがカエルになるときの尻尾の消失である．またヒト発生段階では，手や足の指と指の間の細胞がアポトーシスで死ぬことによって指が形成される．これらの例では，正常な発生の一段階として特定の細胞だけが死を迎えるようにプログラムされている．

一方，われわれの腸では毎日数十億の細胞がアポトーシスによって死んでいき，新たに生じる細胞との間で定常状態を保っている．さらに，ウイルスに感染した細胞や紫外線などで過度に傷ついた細胞もアポトーシスによって取り除かれる．

アポトーシスの特徴は，細胞膜が保たれたまま核内のDNAが切断され，さらに細胞内の構造体が分解されることである．その後，貪食細胞（マクロファージ）という不要物を食べてしまう細胞に取り込まれて消化される（図18.7）．それに対して，細胞が突然に傷つけられた場合には，細胞の内容物が放出されて死に至り，周りに炎症を引き起こしたりする．このように意図しない死に方を「ネクローシス」という．

アポトーシスはさまざまな要因によって引き起こされるが，共通する三つの仕組みが関与する（図18.8）．一つはアポトーシスの抑制と誘発に働く因子群である．Bcl-2はアポトーシスを抑制し（抗アポトーシス因子），BakとBaxは誘発する（アポトーシス促進因子）．Bcl-2はBak, Baxと複合体を作ることによって抑制的に働く．これらの因子のバランスによって細胞の生死が決定される．第二の仕組みはミトコンドリアが担う．Bak, Baxはミトコンドリア外膜に結合してミトコンドリアからシトクロムcを放出させ，細胞質に出たシトクロムcがタンパク質分解反応の引き金を引く．第三の重要な仕組みは，カスパーゼ（caspase）と呼ばれるタンパク質分解酵素の連鎖的活性化反応である．カスパーゼは不活性型として細胞質に常に存在し，シトクロムcと結合したタンパク質が最初のカスパーゼ（開始カスパーゼ）を活性化すると，活性型カスパーゼは不活性型カスパーゼを切断することによって次々と活性型に変えていく．細胞内にはさまざまなカスパーゼがあり，次々と連鎖反応のように活性化される．カスパーゼ

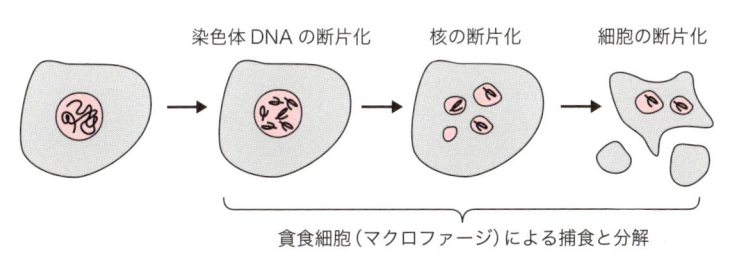

図18.7　アポトーシス

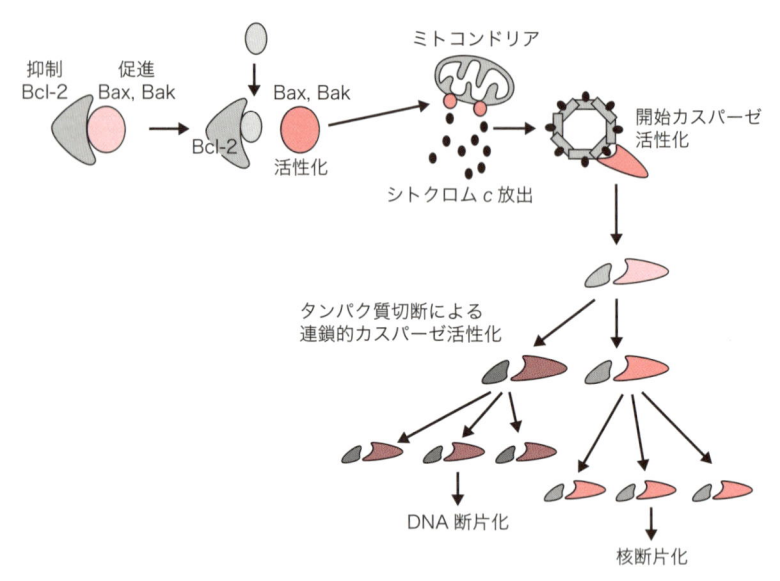

図 18.8　アポトーシスの仕組み

には，DNA 分解酵素阻害タンパク質を分解してDNA 分解を引き起こすものや，核膜を支えているラミンを分解して核の分断化を導くもの，あるいは細胞骨格タンパク質を分解するものなどがあり，これらが次々と活性化される．

　アポトーシスはいったん開始すると止めることができない反応である．アポトーシス開始のシグナルは，細胞外からのホルモンが細胞の受容体に結合したシグナルから発せられることもあるし，DNA に生じた損傷がp53 を介して引き金を引く場合もある．アポトーシスは個々の細胞を安全に死なせる仕組みであり，個体を維持するためにきわめて重要な役割を果たしている．

この章で学んだこと──
- オンコジーンとプロトオンコジーン
- がん抑制遺伝子
- レチノブラストーマと p53
- アポトーシス

19章 遺伝子操作の背景

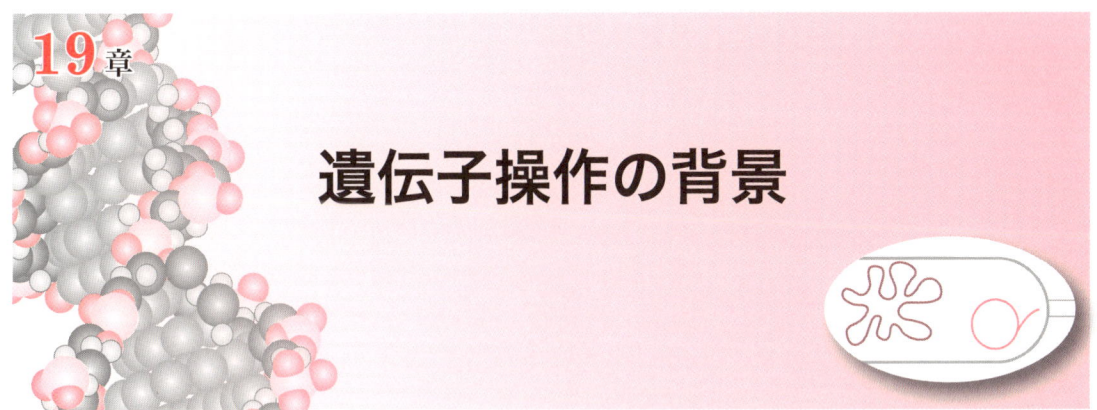

> **この章で学ぶこと**
>
> 遺伝子を生物から取り出して人工的に改変したり，改変した遺伝子を他の生物に導入してタンパク質を作らせたりすることを遺伝子操作と呼んでいる．遺伝子操作は一連の技術から成り立っており，現在では遺伝子工学と一般的に呼ばれている．遺伝子操作の主目的は，生物のゲノム DNA にある数千から数万の遺伝子のうちから一つを取り出すことである．このためには，DNA を切り取るための制限酵素が必要である．さらに，切り出した DNA を増幅して，さまざまな操作を可能にする量を確保する必要がある．よって，切り出した DNA には複製に必要な複製開始 DNA 配列を付加する．このような配列としては，ウイルスやプラスミドなどの自己複製するための複製開始点が用いられる．これらの DNA 複製の運搬体となるウイルスやプラスミドをベクターと呼ぶ．切り出した遺伝子 DNA とベクターを結合するには，リガーゼが用いられる．本章では，制限酵素とリガーゼの生物学的な役割と，その遺伝子操作への応用の歴史，およびベクターとは何かについて述べる．

19-1 遺伝子操作の概略

　遺伝子操作とは，ある生物から取り出した遺伝子を別の生物に導入する技術の総称であり，組換え DNA 技術や遺伝子工学とも呼ばれている．遺伝子操作によって，不明であった遺伝子の機能を詳細に調べたり，変異を導入したり，有用タンパク質を量産したり，人工細胞や人工生物を作ったり，以前にはできなかったさまざまなことが可能になった．遺伝操作は，生物学はもちろん，医学，農学まで変えてしまった．

　遺伝子操作の根幹となる技術は，ある生物のもつ数千から数万の遺伝子の中から一つだけを試験管内に取り出すことである．この場合，取り出したい遺伝子の DNA は一分子ではなく，操作のうえで量的に少なくとも 10^{11} 分子ほど必要となる．単一の DNA 分子を多量に取り出すには，二つの方法が実用に供されている．一つ目は，その遺伝子の DNA の塩基配列があらかじめ明らかになっている場合に，この DNA 分子をすべて有機化学的方法で合成することである．二つ目は，DNA ポリメラーゼの働きにより，目的とする DNA を複製することである．現在，遺伝子 DNA を有

one point
DNA の有機合成
ヌクレオチドを化学反応で結合させていくには，初めのヌクレオチドの 3′ 末端をシリカゲルの担体に固定し，その 5′ 末端に次のヌクレオチドを繋げていく．現在，代表的な方法にはホスホロアミダイト法がある．ヌクレオチドが 3′ と 5′ 末端で結合するように，2 番目のヌクレオチドの 5′ 末端をジメトキシトリチル基で保護するといった有機化学的工夫がなされている．この方法で 90 塩基対程度のオリゴヌクレオチドを合成できる．それ以上の長さにする場合は，90 塩基のブロックをリガーゼを用いて連結する．

機合成することは費用の面から数十塩基程度の場合に限られていて，千塩基以上からなる平均的な遺伝子DNAの合成には用いられていない．すなわち，平均的な長さの遺伝子DNAを多量に得る手法として，DNAの複製が主として用いられている．

遺伝子操作の根幹の技術の中でも，最も重要なのは，目的遺伝子を一つだけ取り出す技術と，取り出した目的遺伝子を複製するために，目的遺伝子に人工的に複製開始点を結合する技術である．人工的に複製開始点と結合された遺伝子は，組換え（体）DNAと呼ばれる．この遺伝子を細菌などの短時間で増殖が可能な細胞へ導入すると，遺伝子の複製と細胞の分裂増殖とによって組換えDNA数は飛躍的に増加し，多量の遺伝子DNAを入手できる．この操作は，大きく三つのステップに分けられる．

① ある生物の染色体DNAを切断し，一つ一つの遺伝子に対応するDNAに切り分ける．これには，制限酵素と呼ばれるDNA分解酵素が用いられる．
② 複製開始点として，染色体とは独立に複製される自己増殖性DNAであるプラスミド（13-4節参照）やウイルスのDNAを目的遺伝子に結合する．この自己増殖能力のあるDNAをベクターと呼んでいる．ベクターと切断した遺伝子DNAの再結合には，DNA断片の結合酵素であるリガーゼが必要となる（図19.1）．
③ できあがった組換えDNAを細胞に導入する（第20章参照）．

本章では，この三つのステップのうち最初の二つのステップにかかわる酵素や関連する方法について，その生物学的な背景を中心に述べる．なお，

one point
複製開始点（ori）
正確にはoriCと表記する．大腸菌では245塩基対からなる配列で，そこには複製開始にかかわるDnaAタンパク質が結合しその後にDNAポリメラーゼⅢが結合する．真核生物の複製開始配列はARS（autonomous replication sequence）と記載される．

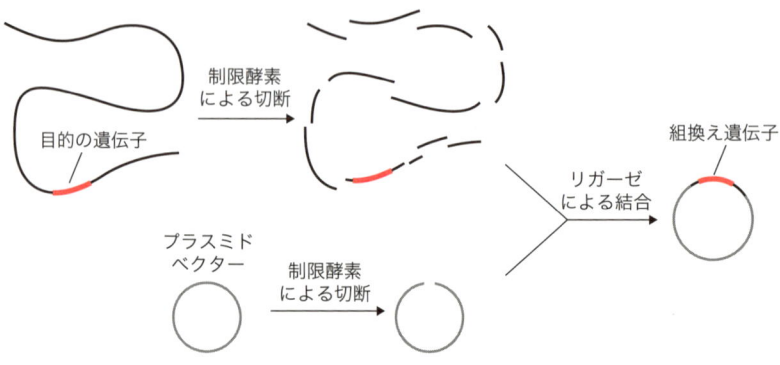

図19.1 組換えDNAの作製

リガーゼの反応によって得た産物（右端）は挿入されるDNAがベクターと繋がったうえで環状となったものである．直鎖状DNAは細胞に導入されたときエキソヌクレアーゼの作用により分解され消失するので，たとえば挿入遺伝子の片側のみでベクターと繋がった直鎖状DNAは問題とならない．しかし，ベクターが挿入遺伝子と繋がることなく単独で環状化したものや，目的の遺伝子以外のDNAが挿入されたものは，目的のものを選び出す際のバックグラウンドとなる．クローニングの効率を高めるためにはこのようなバックグラウンドを下げる工夫が必要である．

図19.1に示すような方法をとる場合，目的の遺伝子をあらかじめ選別することなく，長大なDNAを切断して得られるさまざまなDNA断片をまずベクターに結合することになる．このため，その後に目的遺伝子をもつ細胞をいろいろな方法で選別する必要がある（第20章参照）．この選別を経て初めて目的の組換え遺伝子をもつ細胞が入手でき，さらにその細胞を培養して増殖させることで大量の遺伝子を得ることができる．

19-2　制限酵素

制限酵素は，遺伝子操作の重要な道具として，DNAを染色体から切り出すのに用いられている．しかし，そもそも制限酵素の生物学的な役割はどのようなものなのだろうか．この点を理解することで，この酵素の特性を知ることができる．

19-2-1　制限酵素の発見

制限酵素は，大腸菌に感染するウイルスであるファージの研究において発見された．大腸菌にはK-12株，B株，O株など性質が少しずつ異なる株が多数存在する．ファージに感染した大腸菌K-12株は，ファージの増殖により死滅する．増殖して大腸菌外に出てきたファージを再びK-12株に感染させれば，ファージは正常に増殖し大腸菌は再び死滅する．しかし，このときに増殖したファージを別の大腸菌株であるB株に感染させると，ファージはほとんど増殖しなくなり菌は死滅しなくなる．このように，感染したファージが増殖不能となる現象を宿主制限と呼ぶ．同じファージでも，大腸菌の株の違いによって増殖に違いがあることが明らかになった（図19.2）．

また，一見ファージが増殖しないと思われたB株の場合でも，詳細に調べるとごく少数の感染菌ではファージが増殖することがわかった．このごく少量得られたファージを再度同じ大腸菌B株に加えると，今度はファージの正常な増殖が起こり，菌は死滅することが見出された．このことは，このごく少量のファージはそれ以前のファージと異なり，大腸菌B株内で増殖できるような性質を獲得したことを示している．

こうした現象を詳しく解析したスイスの研究者W. アーバーは，次のような結論に達した．まずファージがB株で増殖できない場合，その原因は細胞内に進入したファージDNAが破壊されることである．ここから，B株にはDNAを破壊するDNA分解酵素が存在するであろうと想定された．また，大腸菌の株の違いによってDNA分解酵素が働く場合と働かない場合が生じる理由として，ファージDNAに何か特異的な印がつけられることが考えられた．このような仮説に基づいて解析したところ，この印

Biography

▶ W. アーバー

1929年，スイスのグレニヘン生まれ．ジュネーブ大学で学位取得後，いったん渡米するが，再びスイスに戻って研究活動を行う．H. スミス，D. ネイサンズとともに，1978年ノーベル生理学・医学賞を受賞．現在はバーゼル大学の所属．

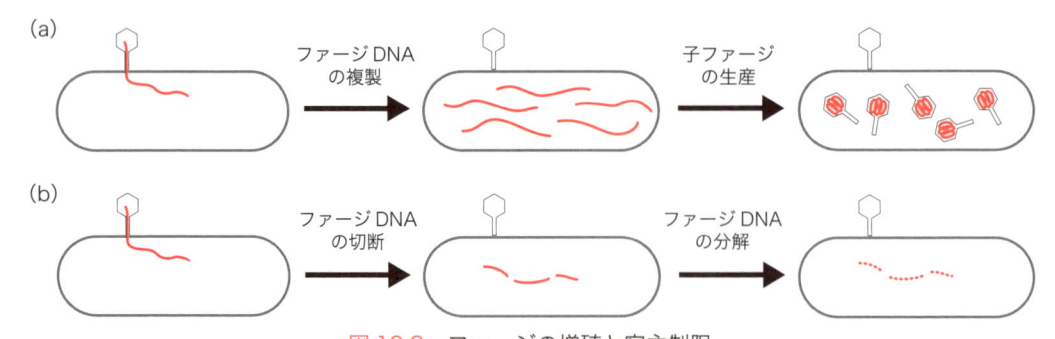

図19.2 ファージの増殖と宿主制限
(a)は正常なファージ増殖，(b)はファージの宿主制限を表す．

はDNAのメチル化であることがわかった．またDNA分解酵素には，メチル化されたものは分解できないが，メチル化されていないものは分解できる，という性質が予想された．

19-2-2 対になって働くメチル化酵素と制限酵素

最終的には，このような特性をもつDNA分解酵素として制限酵素と呼ばれる一群の酵素が発見された．また，DNAをメチル化する酵素も見つかった．制限酵素はそれぞれ特別な配列のみを認識して切断する酵素であり，この認識部位がメチル化されているとDNAを切断できない．同一の認識部位をメチル化する酵素と切断する酵素は，大腸菌の仲間では，修飾-制限系として対になって存在する．どの大腸菌にも同じ修飾-制限酵素系があるのではなく，大腸菌の株によって異なる．

以上のことから，メチル化酵素と制限酵素の役割は次のように考えられる．大腸菌は，自分のDNAには複製直後にメチル化して印をつける．これによって，自分の制限酵素でDNAを切断しないようにする．しかし，ファージのような外来のDNAはメチル化を受けていないので，細胞に進入すると制限酵素によって壊される．とても低い確率（1000分の1程度）だが，この機構で壊されることを免れたファージのDNAは，感染した大腸菌がもつメチル化酵素によりメチル化される．その結果，このファージを同じ大腸菌株に感染させると，ファージDNAはメチル化されているので分解されず，ファージは正常に増殖して大腸菌を破壊する．すなわち，制限酵素とメチル化酵素の組合せは，大腸菌が外来のDNAから自分を守るためのものといえる．現在は，大腸菌だけでなく多くの細菌種から，異なる認識部位で切断する制限酵素が単離されている（図19.3）．そのため制限酵素をうまく選べば，目的の遺伝子内部を切断せずに，遺伝子を無傷のまま切り出すことができる．

細 菌	制限酵素名	認識配列	切断後の DNA 末端構造
Arthrobacter uteus	*Alu*I	AGCT TCGA	5'━━AG CT━━3' 3'━━TC GA━━5'
Bacillus amyloliquefciens	*Bam*HI	GGATCC CCTAGG	5'━━G GATCC━━3' 3'━━CCTAG G━━5'
Escherichia coli	*Eco*RI	GAATTC CTTAAG	5'━━G AATTC━━3' 3'━━CTTAA G━━5'
Escherichia coli	*Eco*RV	GATATC CTATAG	5'━━GAT ATC━━3' 3'━━CTA TAG━━5'
Haemophilus influenzae	*Hin*dIII	AAGCTT TTCGAA	5'━━A AGCTT━━3' 3'━━TTCGA A━━5'
Haemophilus parainfluenzae	*Hpa*I	GTTAAC CAATTG	5'━━GTT AAC━━3' 3'━━CAA TTG━━5'
Haemophilus parainfluenzae	*Hpa*II	CCGG GGCC	5'━━C CGG━━3' 3'━━GGC C━━5'
Providencia stuartii	*Pst*I	CTGCAG GACGTC	5'━━CTGCA G━━3' 3'━━G ACGTC━━5'
Streptomyces albus	*Sal*I	GTCGAC CAGCTG	5'━━G TCGAC━━3' 3'━━CAGCT G━━5'
Thermus aquaticus	*Taq*I	TCGA ACGT	5'━━T CGA━━3' 3'━━ACG T━━5'

図 19.3　異なる認識部位で切断する制限酵素

いくつかの代表的な II 型制限酵素を記した．認識配列に付した * は，修飾-制限系として対になっているメチル化酵素によって修飾される塩基を示す．切断後に，*Alu*I, *Eco*RV, *Hpa*I では平滑末端が，*Bam*HI, *Eco*RI, *Hin*dIII, *Hpa*II, *Sal*I, *Taq*I では 3' 末端突出接着末端が，*Pst*I では 5' 突出接着末端が生じる．

19-2-3　制限酵素の特性

　ファージの感染に関する興味深い現象から発見された制限酵素は，その後，遺伝子操作の中心に位置するようになった．新しい制限酵素を見つける世界的な競争の結果，現在では 2 千数百種類の酵素がいろいろな細菌から見つかっている．これらの酵素は大きく二つに分けられる．一つ目は，DNA の特別な配列を認識した後に DNA 上を移動し，その後にランダムに切断するタイプである．二つ目は特定の塩基配列を認識して結合し，その配列内の特定部位を切断するタイプである．それぞれ I 型と II 型と呼ばれている．すなわち I 型は切断される部位（塩基配列）が定まらないのに対して，II 型は特別な配列のみを切断する．

　さらに，II 型の認識配列には面白い特徴があることがわかった．①多くの場合，認識配列は 2 回対称構造（回文構造，パリンドローム構造ともいう）をもつことと，②切断後の DNA 2 本鎖の末端は，1 本鎖が生じるような構造（接着末端）とそうではないもの（平滑末端）があることである（図 19.3）．さらに，生じる 1 本鎖は 3' 末端が突出している場合と，反対に 5' 末端が突出している場合があることも明らかにされた．こうした特性は，制限酵素の原子レベルでの立体構造や，酵素のアミノ酸残基と DNA の関係からも説明がつく．2 本鎖を 2 回対称軸の構造で切断するのは，酵素が同じサブユニットを二つ対称的にもつことに由来している．

19-2-4 制限酵素の応用

II型制限酵素がもつ特異的な配列を認識してDNAを切断するという特性は，塩基配列が不明なDNA断片の部分的な塩基配列を知るうえで有用である．すなわち，塩基配列が未知なDNA断片をII型の制限酵素で切断すると，切断されたDNAの長さから切断点の位置を相対的に決めることができる．このようにして，いくつかの酵素による切断結果をまとめると，切断点地図が作製できる．結果として，塩基配列が決定されていないDNAでも部分的に塩基配列とその位置が特定でき，DNAの解析に役立つ．

このことは，塩基配列の決定法がまだ開発されていなかった頃にはとても重要な意味があった．たとえば，発がん性ウイルスSV40の全DNAの制限酵素による切断点地図がD. ネイサンズによって明らかにされ，がんウイルス研究に大いに貢献した．ネイサンズは制限酵素の応用方法を最初に示したことによりノーベル賞を受賞している．

制限酵素は，メチル化されているDNAは切断せず，非メチル化DNAのみを切断する．この性質を利用して，制限酵素はDNAのメチル化部位の解析にも用いられている．DNAのメチル化により遺伝子の発現が異なる場合があることも知られており，このような解析は重要となっている．

制限酵素が認識する塩基の数は，それぞれ異なる（図19.3）．認識する塩基対数が多ければその配列の現れる頻度は低くなり，短ければ多くなる．たとえば4塩基対認識の場合は，その配列が現れる確率は4^4個の塩基対に1回である．

遺伝子操作の現場では，制限酵素はDNAから特定な部分を切り出す際になくてはならないものであり，多くの異なる制限酵素があれば応用範囲は広がる．たとえば，制限酵素を用いてクローニングしたい遺伝子をゲノムDNAから無傷で取り出すためには，その遺伝子の塩基配列内部で切断しないことが必要である．また，クローニングしやすくするため，あるいはその後の実験に用いるときのため，その遺伝子の外側にできるだけ余分な配列を残さないようにしたい場合もある．異なる塩基配列を認識する制限酵素の種類が多いほど，実験者のこうした要請を満たせる可能性が高くなる．この観点からも，制限酵素の探索はきわめて重要な研究課題の一つである．また，特定な塩基配列を認識する仕組みを制限酵素に頼らずに別の方法で行う試みもある．

19-2-5 DNAリガーゼ の発見

遺伝子操作では制限酵素によりDNAを断片化した後，この断片を複製開始点と人工的に結合する必要がある．この目的には，DNAの複製過程を研究していたレーマンらが発見したDNAリガーゼが役立った．DNA複製機構ではOkazakiフラグメント（ラギング鎖）が生成された後にフラ

Biography

▶ D. ネイサンズ
1928～1999，アメリカのデラウェア州生まれの遺伝学，分子生物学者．ワシントン大学で医学を学び，学位を取ったが，臨床医ではなく研究の道を選んだ．W. アーバー，H. O. スミスとともに，1978年にノーベル生理学・医学賞受賞．

グメントどうしが結合されることが見出され，この際にDNAリガーゼ（DNA連結酵素）が必要である．DNAリガーゼは，DNAの3′末端のOHと5′末端のリン酸を結合し，リン酸エステル結合を作る．

レーマンらが発見した大腸菌のDNAリガーゼは，反応にATPとNADが必要である．一方，ほぼ同じ時期に発見されたT4ファージが作り出すDNAリガーゼはATPしか必要としないため，実験条件がより簡単である．また酵素活性が高いことや長期保存でも安定であるため，遺伝子操作ではこの酵素がよく利用される．

19-2-6　リガーゼの応用と工夫

遺伝子操作は技術であり，至る所に細かな工夫を見ることができる．ここではリガーゼを用いたDNAどうしの結合にもこのような工夫があることを述べる．

リガーゼは本来，DNA複製時に合成されたラギング鎖を繋げる．いい換えれば，2本鎖DNAの片方の鎖に生じている切れ目（ニック）を繋げる（図19.4a）役を果たしている．この場合，リガーゼが結合する二つの1本鎖は同じ分子内にあり，繋ぐべき鎖はともに相補鎖（DNA複製時の鋳型鎖）と対合しているのでリガーゼは効率よく反応できる（図19.4a）．

しかし，遺伝子操作でリガーゼを用いる場合は，クローニングしたい遺伝子を含むDNA断片とベクターDNAとを繋ぐ（後述）．すなわち，切れ目を繋ぐのとは違い，異なる2本鎖DNA分子を繋ぐ反応となる．結合する2本のDNAの末端が平滑末端である場合は，反応溶液の中でリガーゼが作用できるような構造，すなわち二つのDNA断片の端と端が近接した状態を作る必要がある．DNA分子のランダムな熱運動により，たまたま端どうしが近接するときにしかこのような状態は実現しないので，反応効率は著しく低くなる（図19.4b）．しかし結合する二つのDNA末端が，制限酵素によって生じた1本鎖が突出した末端である場合（接着末端）では，2本鎖の結合に先立って1本鎖どうしの対合が起きやすく，結果として2

Biography

▶ I. R. レーマン

1924年，リトアニアのタウラゲ生まれ．3歳のときにアメリカのボルチモアに移住した．高校卒業後には第二次世界大戦に派遣された．ジョンズホプキンス大学入学次には化学者を志していたが，次第に生物学に興味をもった．A. コーンバーグに招かれ，1959年にスタンフォード大学で研究室を立ちあげた．リガーゼだけでなく，ヌクレアーゼやポリメラーゼの研究でも名を残した．1995年にASBMBメルク賞を受賞．

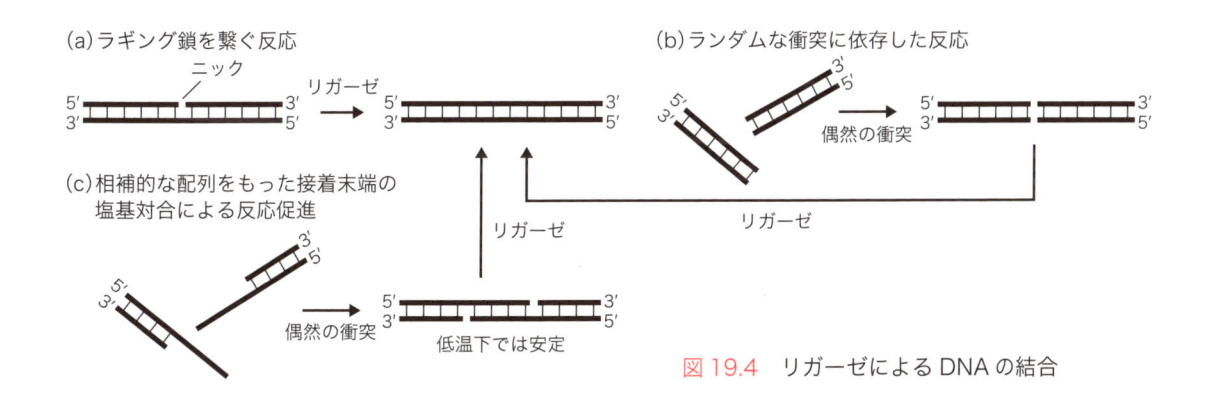

(a) ラギング鎖を繋ぐ反応

(b) ランダムな衝突に依存した反応

(c) 相補的な配列をもった接着末端の塩基対合による反応促進

図19.4　リガーゼによるDNAの結合

本鎖結合の反応効率を上げることができる．したがって，組換え遺伝子を作成する場合は，一般に同じ接着末端を形成する制限酵素によって切断されたベクター断片と DNA 断片とを結合させる．

ベクターと DNA 断片が同じ制限酵素の切断により生じた接着末端をもつ場合，飛び出した 1 本鎖の配列が相補的となるので，この相補性により末端どうしが対合できる (図 19.4 c)．結果としてリガーゼは複製反応時のニックを繋ぐのと同じように働ける．制限酵素の切断で生み出される接着末端の 1 本鎖 DNA 部分は 4 塩基あるいはそれ以下である．このような短い 1 本鎖の対合でできた 2 本鎖はそれほど安定ではない．こうした末端どうしを安定して繋ぎ止めるには 10 ℃以下の低温でなければならないことが明らかになっている．一方，リガーゼは 37 ℃という温度で最も高い活性を示し，温度が低くなるほど活性は低下する．すなわち，少数の塩基の対合を安定化するためにはより低温が好ましく，リガーゼの活性はより高温のほうが望ましいという矛盾が生じる．遺伝子操作で，この反応を 15〜16 ℃で行うことが多いのは，このような相反する条件の妥協点を求めた結果である．

19-3　ベクターの種類とその性質

先に述べたように，遺伝子操作では DNA を増やす必要があり，遺伝子 DNA 断片に複製開始点を結合させて組換え DNA を作成する．この複製開始点は，ファージやプラスミド由来のものが用いられている．これらの複製開始に必要な部分をもった DNA を，遺伝子増幅のためのベクターと呼んでいる．したがって，自己複製能 (自己増殖能) をもつものならベクターとなりうる．

また，複製開始機構に必要な因子は生物種によって異なるので，組換え遺伝子を増幅する際の宿主となる細胞によってベクターを変える必要がある．たとえば，ある遺伝子を大腸菌の中で増やすときと，酵母の中で増やすときとでは，ベクターは異なる．

19-3-1　プラスミドベクター

表 19.1 に大腸菌に用いられる代表的なプラスミドベクターを示した．もし一つのプラスミドの中に，酵母中で必要な複製開始配列と大腸菌中で必要な複製開始配列が両方あれば，このプラスミドに組み込んだ遺伝子はどちらの細胞でも増幅できる．このようなベクターをシャトルベクターと呼ぶ．大腸菌と系統的に遠い細菌を研究するときにも，両者で複製開始機構が異なるためシャトルベクターが必要である．

大腸菌のもつ稔性決定因子 F はプラスミドの代表である．F 因子をも

---

one point

プラスミド

細菌の染色体とは独立に存在する，自己複製能をもつ環状 DNA である．細菌の増殖には必須ではない．プラスミドには，細菌に薬剤耐性を与える遺伝子や人工化合物を代謝する酵素の遺伝子などが認められる．抗生物質ペニシリンを分解するペニシリナーゼの遺伝子はプラスミドから見つかった．細胞に有毒なトルエンを分解しエネルギー源とする酵素の遺伝子もプラスミドから見出されている．また，細菌の稔性にかかわる遺伝子をもつプラスミドとして F 因子が知られている．

表 19.1 大腸菌に用いられる代表的なプラスミドベクター

プラスミド名	複製開始配列の由来	コピー数
pBR322, pUC18, pUC19, pBluescript	コリシン E1	pBR322 は 20〜50, 他は 200〜500
pHSG415, pCL1920	pSC101	〜5
pACYC177, pACYC184	p15A	〜10
pBAC108L, pMBO131	F因子	1〜2
pGP704	R6K	15〜20

複製開始配列の由来が異なるプラスミドは共存が可能（和合性, compatible）である．また，複製が高温感受性となったプラスミドやコピー数を増加させた改変ベクターも開発されている．

つ大腸菌は雄性であり，F因子内には雌性の大腸菌との接合にかかわる遺伝子がある（図19.5）．抗生物質などが効かなくなる耐性菌からは，薬剤耐性を付与する遺伝子をもつプラスミドが発見されている．

プラスミドには，宿主細胞内での最大の複製数（コピー数）が大きいものと小さいものがある．プラスミドのコピー数制御を失わせるとコピー数が増えるので，増幅したい組換え遺伝子数も増えることになり好都合である．しかし遺伝子によっては，遺伝子の産物であるタンパク質が多量に産生されると宿主細胞に傷害を与える場合があり，このときはコピー数の低いベクターが必要となる．また，一つの細菌細胞に2種類のプラスミドを導入したとき，2種類の共存状態が不安定であり，どちらか一方しか定着でき

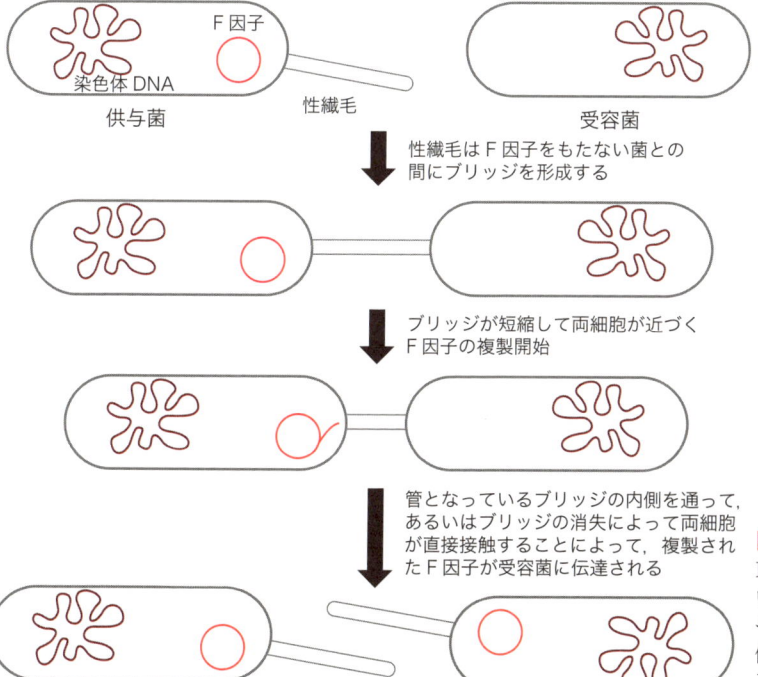

図 19.5 大腸菌の F 因子
F 因子は 100 kb の長さをもつ大きいプラスミドであり，自律的複製や性繊毛合成や F 因子を受容菌に伝達するものなど，数多くの遺伝子をもっている．

ないような場合がある．これは不和合性と呼ばれており，類似した複製開始配列と複製開始機構をもつベクター間で見られる現象である．したがって，2種類以上のプラスミドを安定に共存させたい場合には，異なる複製開始機構をもつベクターを選ぶ必要がある．

19-3-2　ウイルスベクター

　DNAウイルスは宿主に依存した自己増殖能をもつので，ベクターとしての資格をもつ．最もよく用いられるウイルスベクターは大腸菌に感染するラムダファージである．ラムダファージは溶原化状態（大腸菌染色体内にDNAが挿入され，ファージの自律的な複製が抑制された状態）をとることや，大腸菌細胞が紫外線や薬剤などで危機に瀕すると子ファージの複製が誘導されることなど，複雑な制御の仕組みをもつことが知られている（5-5節参照）．

　ラムダファージの全遺伝子のうちで発現の制御にかかわる部分を削除し，その部分に外来の遺伝子を挿入した組換え体を作成することができる．このような組換え体ファージは大腸菌に感染し，溶原化することなく，すべて子ファージを作り大腸菌を溶菌するので，溶菌液から増殖した組換え体ファージが回収できる．

19-3-3　レトロウイルスベクター

　ヒトなどの哺乳類には，RNAを遺伝子としてもつレトロウイルスがベクターとして用いられている．ウイルスがもつ病原性を失わせた変異体を作成してベクターとしている．レトロウイルスをベクターとして利用する場合には，いったんRNAをDNAにコピーしたものを準備しておき，クローニングしたい遺伝子との結合などの操作はすべてこのDNAを用いて実施する．そして，操作が完了したDNAをRNAポリメラーゼで転写させて組換え体RNAを作成する．この場合の転写にはT3ファージやT7ファージが作るRNAポリメラーゼがよく利用される．

この章で学んだこと──
- 遺伝子操作／遺伝子工学
- 制限酵素
- DNAの増幅
- 組換えDNA
- ベクター

20章 遺伝子のクローニングと遺伝子工学

> **この章で学ぶこと**
>
> 生物のもつ数千から数万の遺伝子の中から一つを取り出すことを遺伝子のクローニングと呼ぶ．クローニングで得られた遺伝子を人工的に改変したり，それを別の生物の細胞に導入してタンパク質を作らせるなどの技術を遺伝子操作と呼ぶが，現在ではこの技術はより一般的な表現で遺伝子工学と呼ばれている．遺伝子工学では一つの遺伝子を取り出すためにいくつかの方法が用いられている．本章ではこれらの方法を具体的な手順を含めて学ぶ．また取り出された遺伝子 DNA の塩基配列の決定や遺伝子の発現に必要な DNA の領域を知ることも遺伝子工学では必要不可欠であり，その方法についても学ぶ．

　現在ヒトを含め多くの生物のゲノムの塩基配列が決定されている．このお陰で，遺伝子を試験管内に取り出すこと（遺伝子のクローニング，クローン化）は，比較的容易になった．しかし，一方でゲノムの塩基配列が未決定な生物もたくさん残っている．本章では，ある生物から特定の遺伝子を試験管内に取り出す一般的な方法を，歴史的な事実を織り交ぜて述べる．

　なお遺伝子を取り出す方法を第 19 章では遺伝子操作と呼んでいる．遺伝子操作という表記は科学的には正しいが，現在では遺伝子操作の普及にともない遺伝子工学という表現に置き換えられており，本章では遺伝子工学と表記する．

20-1　遺伝子のクローニングの方法

　遺伝子工学を用いて目的の遺伝子を試験管内に取り出すには，次の五つの方法のいずれかが用いられている．

① 注目するタンパク質のアミノ酸配列がすでに明らかになっている場合，その配列情報に基づいてヌクレオチドを有機化学的に連結することで遺伝子 DNA を合成し，ベクターに挿入する．
② 目的遺伝子の mRNA を精製し，これを鋳型に cDNA を作成し，ベクター

に挿入する（第19章参照）．
③目的遺伝子を含むある生物のゲノム DNA を分断し，ベクターに挿入する．こうしてできたゲノム DNA の一部分を断片としてもつものを多数集めたプールを，ゲノムライブラリーと呼ぶ．このライブラリーから目的遺伝子をもつものを選び出す．
④目的の遺伝子を発現している細胞から全 mRNA を調製し，これを鋳型に cDNA のプールを作る．さらにこれをベクターに挿入し，cDNA ライブラリーを作成する．このライブラリーから目的遺伝子を選び出す．
⑤ゲノムの全塩基配列が決定されている場合，染色体 DNA を鋳型として目的遺伝子の DNA を PCR で増幅合成し，ベクターに挿入する（第19章参照）．

①〜⑤のうち，②については第19章で詳しく述べているので，本章では①，③，④，⑤について説明する．

20-1-1　有機合成による方法

　クローン化を目指す遺伝子のコードするアミノ酸配列が既知の場合，その遺伝子の塩基配列を推定できる．この塩基配列に基づいてヌクレオチドを連結し有機的に DNA を合成する方法はいくつか知られており，すでに合成装置も市販されている．なお，人工的に遺伝子を合成する際に注意すべき点がある．それは，生物ごとにアミノ酸を指定する遺伝暗号の使い方が違うということである．ロイシンを指定するコドンには UUA, UUG, CUU, CUC, CUA, CUG の6種類があるが，生物ごとにこのうちのどれを使うかは異なっている．このため，合成した遺伝子を異なる生物の細胞で発現させるときは，どのコドンを使うか考慮しなければならない．

　代表的な合成法はフォスフォロアミダイト法である．概略を以下に記す．最初のヌクレオチドは合成したい配列の 3′ 末端に対応し，その 3′ ヒドロキシ基にコハク酸を反応させ，これをリンカーとしてシリカゲルを担体とするカラムに固定する．次に，固定したヌクレオチドの 5′ 末端に反応させる次のヌクレオチドは，5′ 末端をジメトキシトリチル化して反応性をブロックし，塩基はベンゾイル化する．さらに 3′ ヒドロキシ基を亜リン酸エステルとしこれをイソプロピルアミド化し，フォスフォロアミダイトとする．固定したヌクレオチドの 5′ 末端とこのフォスフォロアミダイトとを反応させ，フォスフォジエステル結合を作る．次にジメトキシトリチル基を脱離させ，新たな 5′ ヒドロキシ基を生じさせることで，次の反応サイクルに進む．合成終了後に，リン酸基に結合しているメチル基と塩基に結合している保護基を脱離させて完成である．

　この有機化学的方法では，ヌクレオチドどうしを結合させる反応の収率

---

one point
PCR

polymerase chain reaction の略．DNA の一部を DNA ポリメラーゼを用いて増幅合成する方法．増幅する範囲の DNA の両鎖の 5′ 末端にプライマーとして 20 塩基程度のオリゴデオキシヌクレオチドを合成し複製に用いる．DNA を熱変性してアニーリングした後，dNTP を基質として複製する．この過程を繰り返して，DNA を増やす．この繰り返しの反応はコンピューター制御の恒温槽で行われ，ポリメラーゼは熱耐性のものが用いられる．

は100％ではないので，結合する塩基数が増えるほど合成される量は減っていく．このため，90塩基程度が実質的な長さの限界である．塩基を90塩基以上に伸長させる場合は，50〜90塩基のブロックを化学合成し，ブロックどうしをリガーゼで結合する．

20-1-2 遺伝子ライブラリーを用いる方法

本章の冒頭に記したように，遺伝子を取り出すには大まかに五つの方法がある．①，②以外の方法で中心となるのは，遺伝子のライブラリーを作成する方法である．これには，大きくゲノムライブラリーとcDNAライブラリーの二つがある．

(a) ゲノムライブラリー

タンパク質のアミノ酸配列をコードしない部分をも含む全ゲノムDNAのうちどこか一部分のDNAをベクターと結合させたような集団をゲノムライブラリーと呼ぶ．いい換えれば，ゲノムライブラリーを探せば，ある生物のゲノムのDNAの一部が見つかるはずである．したがって，ゲノムライブラリーはある生物の全ゲノム塩基配列を決定する際には必ず必要となる．ライブラリーは，組換え体遺伝子DNAの集団として保存することもあるが，多くは大腸菌のような細胞に導入し，細胞集団として保存されている．

ゲノムのすべての部分を含むライブラリーなら，ベクター一つに含まれるDNAの長さは，長ければ長いほど解析に向いているように思われる．しかし，DNAが長いと二つの問題が生じる．一つは，ベクターが細胞に導入されにくくなることである．もう一つは，細胞内に導入されたDNAどうしの組換えやDNA内での欠損が起こりやすくなることである．このため，ベクターに連結するゲノムの一部分のDNAは，たとえば大腸菌にベクターを組み込む場合は20,000塩基程度を単位とする場合が多い．

すべての部分を網羅するには，独立なベクターに結合した組換え体DNAをいくつ揃えなければならないだろうか．これは，遺伝子を取り出す対象生物のゲノムの長さによる．大腸菌なら，ゲノムの全長が約500万塩基対なので250の独立なクローンを最低限用意しなければライブラリーとはなり得ない．また，クローン間でそれぞれがもつゲノムDNAの配列の一部が重複していなければ，ゲノム配列決定などの目的に使えない（図20.1）．このため，ゲノム配列の完全な解読のためには250の10倍程度(2500)の独立なクローンが必要になる．

ゲノムライブラリー作成には本質的に難しい問題がある．それは，ゲノムDNAは多くの同じような配列の繰り返しをもつ場合が多いことである．こうした場合，ゲノムライブラリーから得たDNAの塩基配列を決定して

---

one point
長さの限界
1ヌクレオチド付加の反応収率が99％であるとしても，90塩基長のオリゴDNAが合成されると収率は$0.99^{90} = 0.39$となり反応終了時には不純物が61％を占めることになる．

one point
クローン
同じ遺伝学的背景をもつ生物をクローンと呼ぶ．遺伝子工学でのクローンは，ベクターにある遺伝子を結合させた組換え遺伝子をもつ細胞集団のことを指している．

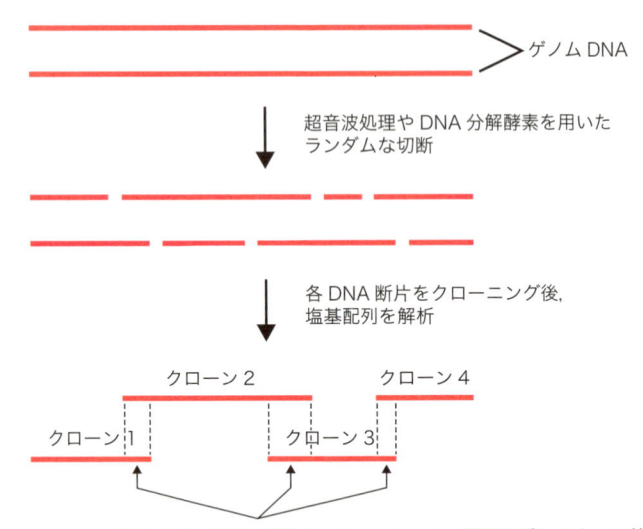

```
                                                          ゲノム DNA

                            ↓  超音波処理や DNA 分解酵素を用いた
                               ランダムな切断


                            ↓  各 DNA 断片をクローニング後,
                               塩基配列を解析

                    クローン 2           クローン 4
            クローン 1     クローン 3
```

異なるクローン間で同じ塩基配列が検出できたとき,その配列を重ねるように前後の配列を結合する.この作業を繰り返すことによりゲノムの塩基配列が決定される.

図 20.1 ゲノムライブラリーを用いたゲノム DNA 塩基配列決定の概要

も,ゲノム全体での DNA の配列はわかりにくい.ヒトのゲノムの全塩基配列決定においても,この点が大きな課題であった.

(b) cDNA ライブラリー

　機能をもつ遺伝子とは,多くの場合はタンパク質をコードしているものを指しているといってよい.タンパク質合成には mRNA の発現が不可欠なので,ある生物のすべての mRNA を集めてこれを鋳型として,逆転写酵素を用いて DNA を合成すれば,理論的にはすべての遺伝子の DNA のセット(ライブラリー)が作成できる.真核生物の mRNA の多くは 3' 末端にアデニンが連続するポリ A 構造をもっているので,これと相補的に結合するオリゴチミンヌクレオチドを DNA 合成のプライマーとして作成に用いる.こうして mRNA を鋳型に作られる DNA を cDNA(相補的 DNA)と呼び,cDNA がベクターと結合したものを cDNA ライブラリーと呼んでいる.

　cDNA ライブラリーの作成にも,さまざまな技術的工夫がなされている.特に存在量の少ない mRNA を組織や細胞から取り出す際には,迅速に行う必要がある.また,RNA 分解酵素の活性を抑制しておく必要もある.さらに,ライブラリーに目的の遺伝子が含まれているかどうかあらかじめわかるわけではない.このため,取り出そうとする遺伝子の発現する生物内の組織や器官などの場所に加えて,発現する時期についての情報が得られれば目的の遺伝子を効率よく取り出せる.

　次のような工夫も行われている.目的の遺伝子を発現している生物個体

---

one point

オリゴチミンヌクレオチド

デオキシチミジンを重合させたオリゴマーのこと.プライマートしては 20 ヌクレオチドほど連結させて用いる.

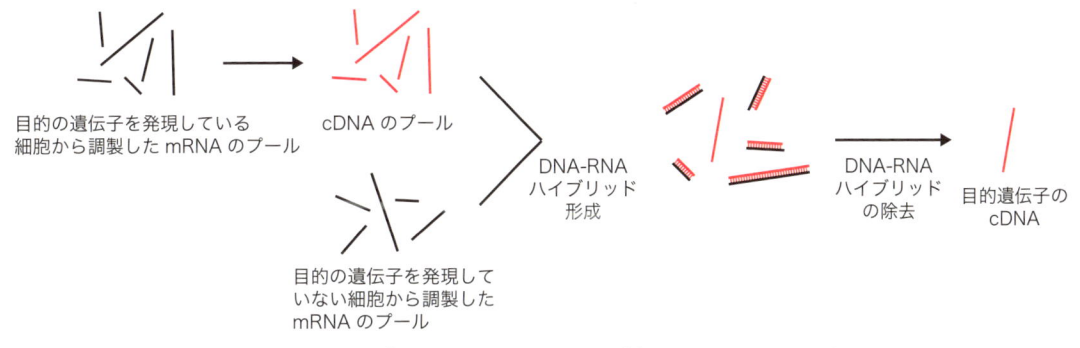

図 20.2 サブトラクション法による遺伝子のクローニング

や細胞の時期の mRNA から作成した cDNA のプールをまず準備し，発現していない時期から取り出した mRNA のプールと混ぜて対合させることにより DNA-RNA の 2 本鎖を再生させる．このとき，2 本鎖が再生しにくい cDNA が目的の遺伝子であり，この条件で選別できるはずである（図 20.2）．2 本鎖を除き，残った 1 本鎖 cDNA を複製し，ベクターに組み込んで目的遺伝子を含むライブリーを作る．このような工夫のされたライブリーをサブトラクションライブリーと呼んでいる．

遺伝子ライブラリーから目的の遺伝子を取り出すとき，ライブラリーがどの程度重複のない独立の組換え体遺伝子群を含んでいるかは，重要なポイントとなる．さらに，よいライブラリーを作るには，組換え体遺伝子 DNA の細胞への導入効率を高めることが必要である．

20-1-3　組換え体 DNA を化学的，物理的に細胞内へ導入

組換え遺伝子 DNA を作成したら，次はこれを細胞に導入し増幅合成しなければならない．細胞に DNA を導入するには二つの方法がある．一つは化学的，物理的に細胞膜を変化させて DNA を取り込みやすくする方法である．細胞膜は DNA を通しにくいので，このような処理が必要になる．もう一つは，ウイルス DNA を用いてウイルス感染のように，細胞表面の受容体を介して導入する方法である（図 20.3）．前者と後者では，DNA の細胞内への導入効率が異なり，後者のほうがはるかに効率的である．しかし，適当なウイルスが見出されていなかったり，ウイルスにベクター DNA を組み込むことが面倒であれば，簡便な前者が一般的に用いられる．ベクターを用いた DNA 導入については第 19 章で詳しく述べたので，本節では化学的，物理的な方法を解説する．

化学的，物理的に細胞膜を変化させる代表的方法は，大腸菌の Ca^{2+} による低温処理である．また酵母では，塩化リチウム処理が代表的である．これらはいずれも膜脂質に金属イオンが作用し，DNA に対する膜の透過性が増大することを利用する方法である．したがって，膜脂質組成が異な

λファージDNA

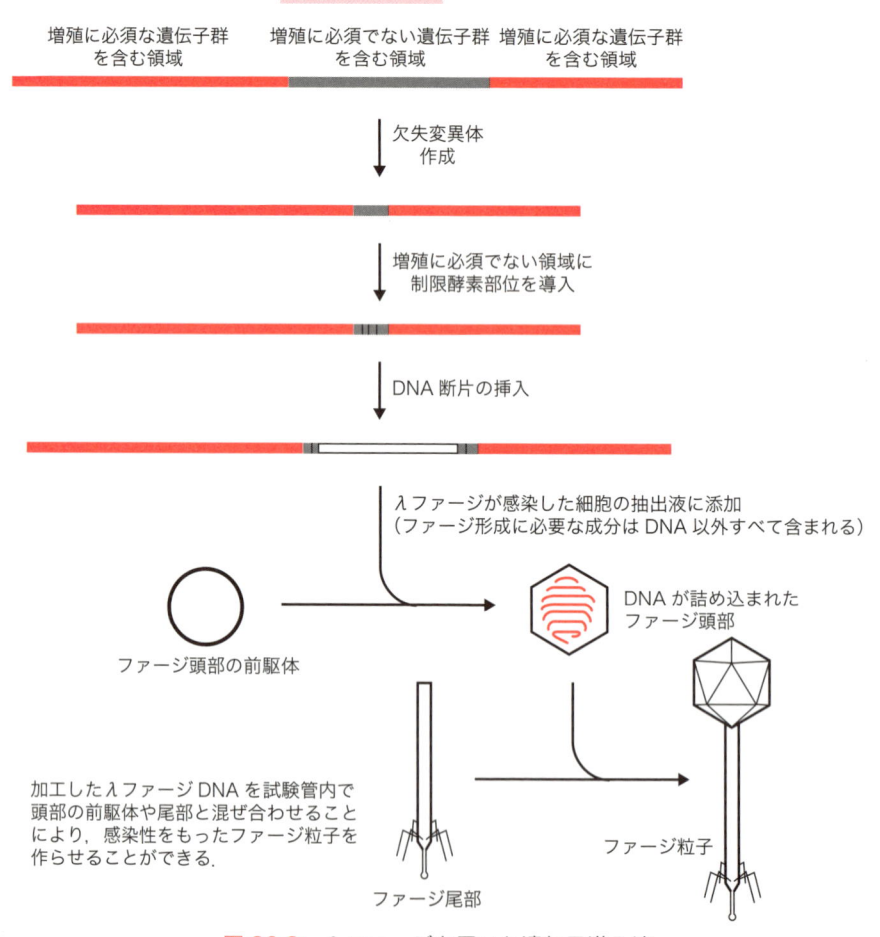

増殖に必須な遺伝子群を含む領域 / 増殖に必須でない遺伝子群を含む領域 / 増殖に必須な遺伝子群を含む領域

↓ 欠失変異体作成

↓ 増殖に必須でない領域に制限酵素部位を導入

↓ DNA断片の挿入

λファージが感染した細胞の抽出液に添加
（ファージ形成に必要な成分はDNA以外すべて含まれる）

ファージ頭部の前駆体 → DNAが詰め込まれたファージ頭部

ファージ尾部 → ファージ粒子

加工したλファージDNAを試験管内で頭部の前駆体や尾部と混ぜ合わせることにより，感染性をもったファージ粒子を作らせることができる．

図20.3　λファージを用いた遺伝子導入法

れば最適条件も変わる．導入する細胞種ごとに，生育温度や処理する金属イオンなどについて最適な条件が得られている．

　原核細胞，真核細胞を問わず，より直接的にDNAを細胞内に導入する方法は，電気せっ孔法である．厚さ数mmのキュベットに細胞を入れ，1000V程度の瞬間電圧を細胞に加えることで，DNAを細胞内に導入できる．また大型の細胞に対しては，より直接的な方法として，鋭利なガラス針を用いて顕微鏡下で細胞内にDNAを直接注入することもできる．

20-1-4　遺伝子のクローニング

　ライブラリーの中から，ある組換え体遺伝子DNAを選別する作業をクローニングと呼び，主に二つの方法がある．一つは，目的遺伝子の機能を目安に取り出す方法であり，発現クローニングと呼んでいる．もう一つは，ハイブリダイゼーションを用いる方法である．クローニングという言葉は，

ここで述べているように，取り出したい遺伝子をベクターに繋いだ組換え遺伝子をもつ細胞（クローン）を選別することが本来の意味であるが，現在では転じて遺伝子を取り出すこと全体を指す．本節の表題も，この意味で用いられている．

(a) 発現クローニング

発現クローニングは，遺伝子がコードするタンパク質の機能を利用して遺伝子を取り出す方法である．これには，ライブラリー自身に工夫が必要である．挿入したDNAからタンパク質を発現するには，転写開始部位が必要である．またスプライシングを考慮すれば，ゲノムDNAの一部をもつライブラリー（ゲノムライブラリー）より，cDNAライブラリーのほうが現実的である．

ここでは，大腸菌などの細菌の遺伝子を発現クローニングで分離する方法を述べる．この方法では，目的の遺伝子の機能が失われた突然変異菌をまず分離する必要がある．たとえばアミノ酸を生合成する遺伝子を取り出したい場合には，まずアミノ酸要求性変異株を分離する．この変異細胞ではアミノ酸合成酵素の遺伝子に異常があり，機能していない．これにcDNAライブラリーのような多くの組換え遺伝子DNAが混合したものを変異株細胞に導入する．ライブラリーの中にアミノ酸要求生を示すことになったアミノ酸合成酵素の正常な組換え遺伝子DNAが含まれていれば，この正常遺伝子をもつ組換え体が導入された大腸菌はアミノ酸非存在化で増殖するようになる．この大腸菌を分離すれば，その細胞内には目的とするアミノ酸の生合成の酵素の組換え体遺伝子DNAがあるはずである．

このように，取り出そうとする遺伝子の機能を失った細胞を分離できれば，その遺伝子の機能回復を指標として目的遺伝子を分離できるはずであり，この方法は遺伝子を2倍体でもたないすべての生物に適用できる．ただしヒトなどの2倍体生物でも，がんを引き起こす遺伝子のように優性な表現型を示す場合には，同様にライブラリーを導入して遺伝子を単離できる．代表例として，発がん性のRasがん遺伝子は，ヒトの膀胱がん組織のcDNAライブラリーを正常なマウスの細胞に導入して形質転換した細胞から得られた（図20.4）．

(b) ハイブリダイゼーションによるクローニング

もう一つは，ハイブリダイゼーションを用いる方法である．取り出そうとする遺伝子の塩基配列が部分的にでも明らかな場合，あるいはコードするタンパク質のアミノ酸配列をもとに塩基配列が部分的に推定できる場合に，この部分配列をもとにオリゴヌクレオチドを有機合成し，ライブラリーの中からこれと対合可能なDNAをもつ細胞を探し当てる．この場合，合

■ one point

アミノ酸要求性変異株

大腸菌を初めとする原核生物の多くは，代謝によって，解糖系やクエン酸回路の構成分子などからアミノ酸を合成できる．この合成にかかわる酵素の遺伝子の機能が欠損した場合，細胞は最少の栄養培地では増殖できない．このような遺伝子異常のある細菌細胞のことをアミノ酸要求性変異株という．合成できないアミノ酸を培地に加えれば，このような変異細胞は増殖できる．

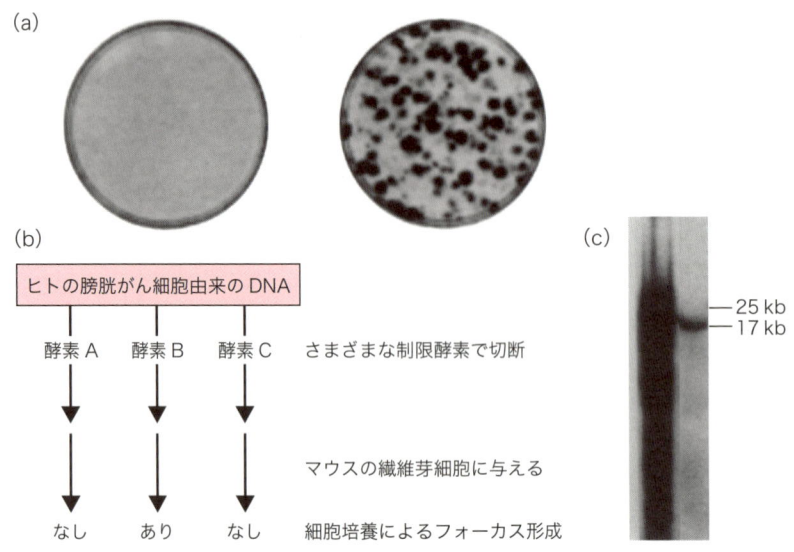

図20.4 ヒト膀胱がん細胞のゲノムDNAから発がん遺伝子Rasを取り出す方法
(a) マウスの繊維芽細胞は重なり合うことなくシャーレの底に広がって増殖するが，細胞どうしが接触するほど密度が高くなると増殖を停止する(左)．ヒトの膀胱がん細胞から抽出したDNAをマウスの繊維芽細胞に与えるとがん化した細胞が出現する．がん化した細胞は他の細胞と接触しても増殖を止めることなく積み重なって増殖し続けるためフォーカスと呼ばれる細胞塊を形成する(右)．(b) ヒトの膀胱がん細胞のDNAをさまざまな制限酵素で切断した後にマウス繊維芽細胞に与えたとき，酵素AやCはがん化の原因となる遺伝子を切断するが，酵素Bではその遺伝子が無傷のままであった．(c) ヒト膀胱がん細胞(左レーン)あるいは(b)で酵素Bによる切断後のDNAをマウス繊維芽細胞に導入したときに形成されたフォーカス(右レーン)からDNAを抽出し，酵素Bで切断した後に電気泳動した．マウスには存在しない，ヒト特有の高頻度反復配列(第12章参照)をプローブにしてサザンハイブリダイゼーションを行った結果を示す〔Shih and Weinberg, *Cell*, **29**, 161 (1982) より改変して転載〕．17 kbのバンドはヒト由来のがん化原因遺伝子を含むと考えられるので，酵素Bで切断したフォーカス由来DNAのうち17 kb前後の長さをもつDNAを選別し，λファージDNAをベクターとしてライブラリーを作成した．ライブラリーの中からフォーカス形成能を示すクローンを探索し，クローン化されている遺伝子を調べた結果，遺伝子として*ras*が発見された．

　成オリゴヌクレオチドと目的遺伝子DNAは1本鎖に変性後，適当な条件下で相補的に再結合する．この対合をハイブリダイゼーションと呼び(図3.5参照)，もともとはDNA-RNAの混成二重鎖を形成させる方法であったが，現在ではDNA-DNAの二重鎖形成も指す．

　大腸菌を宿主とするプラスミドに遺伝子を組み込んだライブラリーから目的遺伝子をクローニングする場合について，具体的な手順の概略を示す(図20.5)．プラスミドをもつ大腸菌細胞が互いに隔離されるようにプレートに撒き広げ一晩培養すると，分裂を繰り返すことによって1個の細胞が10^8個にもなる．よって，元の1個の細胞があった場所に直径1〜2 mmほどの菌の塊が形成される．これをコロニー(集落)と呼ぶ．

　プレート一面に多数形成されたコロニーをナイロン紙(フィルター)に写し取り，アルカリ液にこのフィルターを浸して細胞膜を溶解し，細胞内か

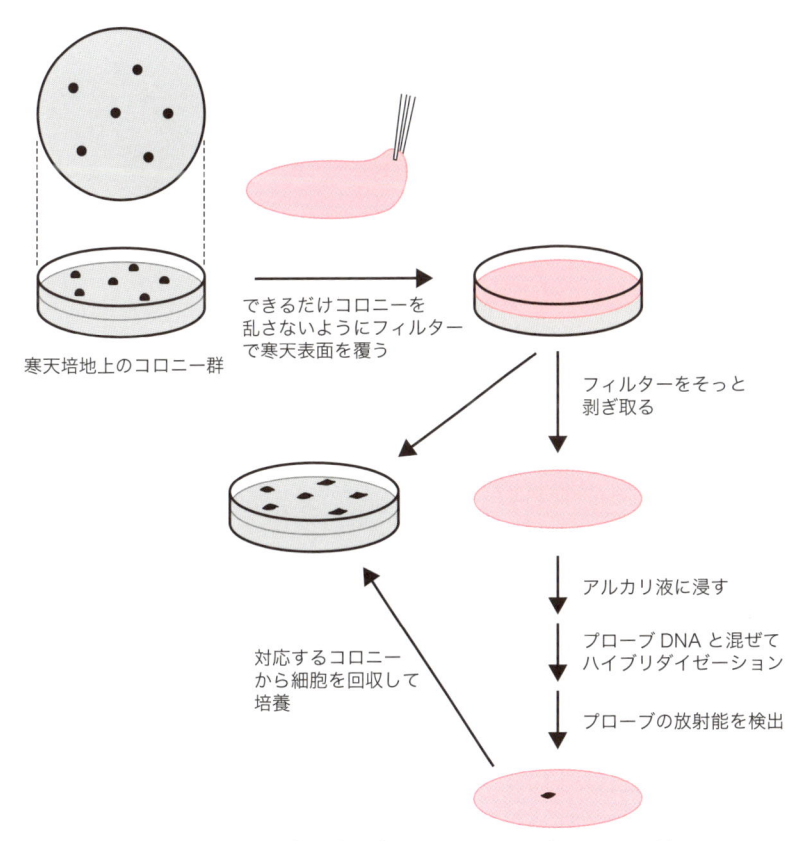

図20.5 ハイブリダイゼーションによるクローニング

らDNAを露出させる．このとき2本鎖は1本鎖に変性される．さらにフィルターを加熱処理や紫外線照射することで，変性したDNAをフィルターに固定できる．アルカリ液を除き中和した後，放射性プローブDNAを混ぜて2本鎖を再生させる（ハイブリダイゼーション）．ハイブリダイゼーション後に溶液を取り除き，さらに緩衝液でフィルターを洗浄してプローブを除去し，フィルターをX線フィルムと接触させる．放射能が検出される部分にはプローブがあるので，目的遺伝子をもつクローンがあると予測できる．もとのプレートのコロニーの位置と，放射能で感光した位置とをつきあわせ，該当するコロニー中の大腸菌からプラスミドを回収して，プラスミドに内在する遺伝子を解析する．

遺伝子のベクターにはプラスミドの他に，大腸菌に感染するファージもよく用いられる．ファージの場合は，大腸菌を全面に広げたプレート上でファージライブラリーを感染させ培養すると，大腸菌の増殖で濁ったプレート中にファージの増殖による溶菌によって透明な領域が現れる．これをプラークと呼ぶ．プラークはファージクローン集団を含む．プレート上のさまざまな部位に形成されたプラークをフィルターに写し取って，プラ

one point
プローブ
一般的に酵素の活性や核酸，タンパク質の所在を探し当てるための道具となるものを指す．DNAやRNAはこれと相補的なオリゴヌクレオチドと結合するので，このようなオリゴヌクレオチドを有機化学的に合成し，放射標識や色素標識して目的とするDNAやRNAと対合させてその存在を突き止めることができる．

スミドと同じような手順で目的の遺伝子をもつクローンを取り出せる．

プローブには，これまでは放射能標識がよく用いられてきたが，現在では別の標識方法も開発されている．たとえばジゴキシゲニンという物質を結合したヌクレオチドを基質としプローブDNAを合成する（ジゴキシゲニン標識プローブの作成）．このジゴキシゲニン標識プローブとライブラリーのDNAとをハイブリダイズさせる．次に，ジゴキシゲニンに対する抗体を用意する．ハイブリダイゼーション後に，放射能プローブの代わりに抗体を反応させる．抗体には，人為的に酵素を結合させておく．酵素が反応して発色するような工夫をしておけば，目的クローンの所在が可視化できる．

20-1-5　PCR法と遺伝子のクローニング

これまで述べてきた遺伝子のクローン化の方法は，ヒトを含む多数の生物のゲノムの全塩基配列が決定された今日でも，依然として遺伝子を単離するうえで有効である．しかし，塩基配列情報が得られているヒトや酵母などではもはやこの方法は用いられていない．代わりに，PCR法が使われている．

この方法の概略を図20.6に示す．取り出そうとする遺伝子をもつゲノムDNAを細胞から抽出し，鋳型とする．目的の遺伝子を含むDNA領域の5′末端と3′末端付近の20ヌクレオチド程度の長さのオリゴヌクレオチドを有機合成し，DNA複製のプライマーとする．このプライマーDNA

one point
プライマー
DNAポリメラーゼによるDNAの複製に必要な20塩基対ほどのオリゴヌクレオチド．

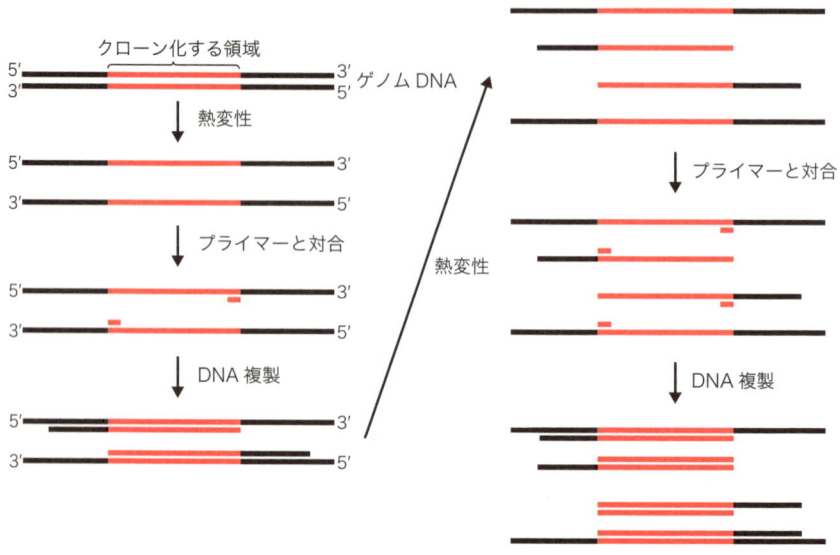

図20.6　PCR法
1回の［熱変性–プライマー対合–DNA複製］によりクローン化したい領域は2倍に増える（左）．この反応サイクルをもう1回繰り返すと4倍になる（右）．この後，反応サイクルの繰り返しによりクローン化したい領域のみを含むDNA断片が指数関数的に増えていく．

を 90 ℃以上で熱処理し変性したゲノム DNA と混合し 2 本鎖を再生（アニーリング）する．このとき，変性したゲノム DNA はそれ自身で再生できないよう低い濃度に抑えることと，変性したゲノム DNA とプライマーによる 2 本鎖形成が効率よく起きるようにプライマー濃度を十分に高くすることが必要である．すなわち，微量の鋳型 DNA に対して大過剰量のオリゴ DNA をプライマーとして，DNA ポリメラーゼを加えて複製する．複製後，再び熱変性し，再度冷却して過剰量のプライマー存在下で DNA を再び再生，複製する．この過程を繰り返すことで，目的遺伝子に相当する DNA を大量に産生できる（図 20.6）．これをベクターにつなげればクローン化できる．

この方法では，熱変性と冷却再生を繰り返すが，熱耐性のポリメラーゼを加えておけば，繰り返し反応ごとにポリメラーゼを再添加せずに済む．また，DNA 鎖が長くなると複製収率が低下するので，20,000 塩基対程度が限界である．それより長い DNA を作成する場合は，遺伝子の部分部分を PCR 法で作成し，リガーゼで連結する．

20-2　塩基配列決定法

クローン化された DNA は，塩基配列を決定できる．塩基配列決定の方法は，1970 年代後半に二つのグループが別々の方法を開発し，ともにノーベル賞に輝いた．それぞれ化学法と酵素法と呼ばれている．

20-2-1　化学法

化学法は，アデニン，グアニン，シトシン，チミンの各塩基部分で特異的に DNA を切断する化学的反応条件が見出されたことにより開発された．配列を決定しようとする DNA の 5′ 末端をポリヌクレオチドキナーゼを用いて ^{32}P で放射標識する．この DNA をアルカリ条件下で 1 本鎖にほどき，この 1 本鎖を四つの塩基それぞれで切断する反応にかける．その後，各塩基特異的反応産物をポリアクリルアミドを担体とする電気泳動にかける．

化学反応条件を適当に変えることで，切断点の頻度を変えることができる．反応時間を短くすれば，切断される部分は少なくなる．反対に反応時間を長くすれば，切断点は増えて短い DNA 断片が増える．電気泳動で分離された DNA 断片は，末端に放射能をもつもののみが観測できる．泳動後のゲルを乾燥し，このゲルと X 線フィルムを重ね合わせてフィルムを露光することによってオートラジオグラムをとれば DNA をバンド状に観察でき，そのゲル上での位置を可視化できる．断片の短いほうから長いほうへ，四つの塩基の出現の順番をたどれば，塩基配列が決定できる．

化学法は，現在ほとんど用いられていない．その理由は，塩基特異的化

学反応の特異性があまり高くないために配列決定に誤りが出やすいことと，次に述べる酵素法がより簡便なためである．

20-2-2 酵素法

酵素法では，決定しようとするDNAを鋳型としDNAポリメラーゼを用いてDNAを複製する．このときにDNA合成の基質として，4種類のヌクレオチドに加え，デオキシリボースの代わりに2′と3′をともに水素にしたリボースをもつヌクレオチド（ジデオキシヌクレオチド）を反応液に少量添加する（図20.7 a）．このジデオキシヌクレオチドが複製中のDNAに取り込まれると，次のヌクレオチドは結合できなくなる．その結果，このヌクレオチドが複製産物に取り込まれたところで複製は停止する（図20.7 b）．

酵素法の手順としては，四つの塩基の配列上での位置を知るために，四

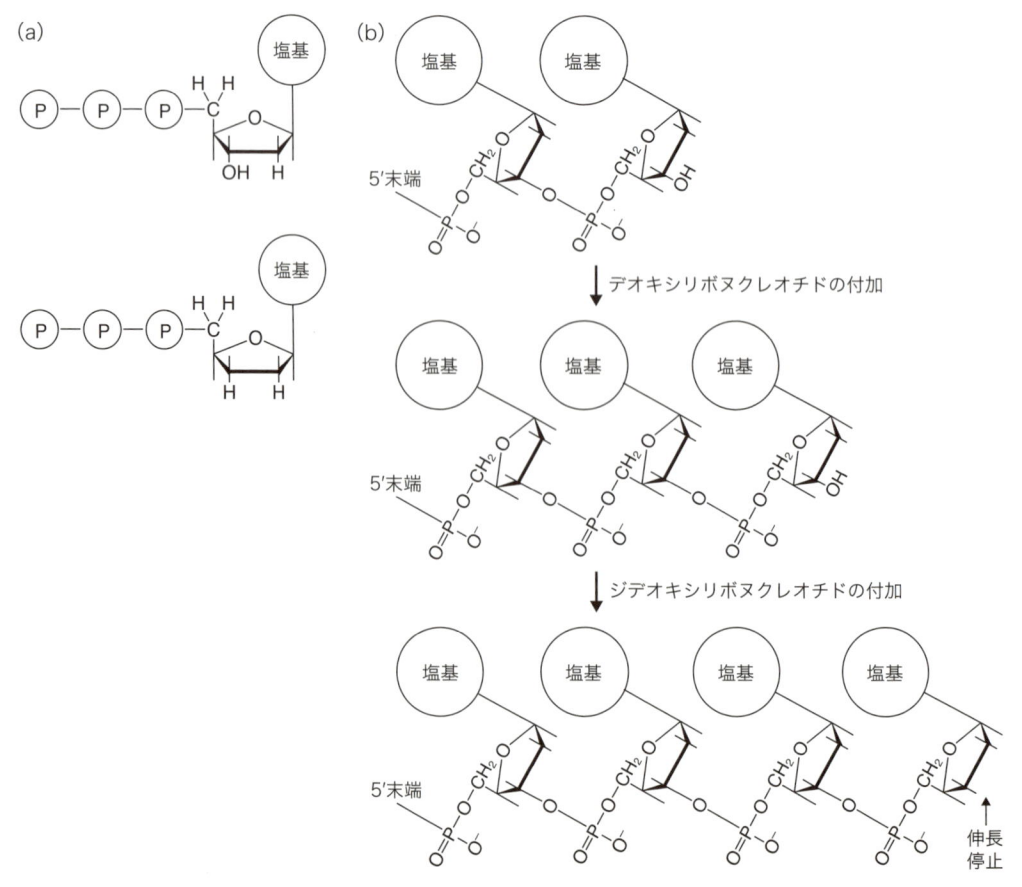

図20.7 ジデオキシリボヌクレオチドと複製の停止
(a) デオキシリボヌクレオチド（上）とジデオキシリボヌクレオチド（下）の構造．下側では3′のOHがHに置き換わっているためこの部位にフォスフォジエステル結合が作れないことに注意．(b) 合成中DNAの3′末端にジデオキシリボヌクレオチドが取り込まれると，以降の鎖伸張はできなくなる．

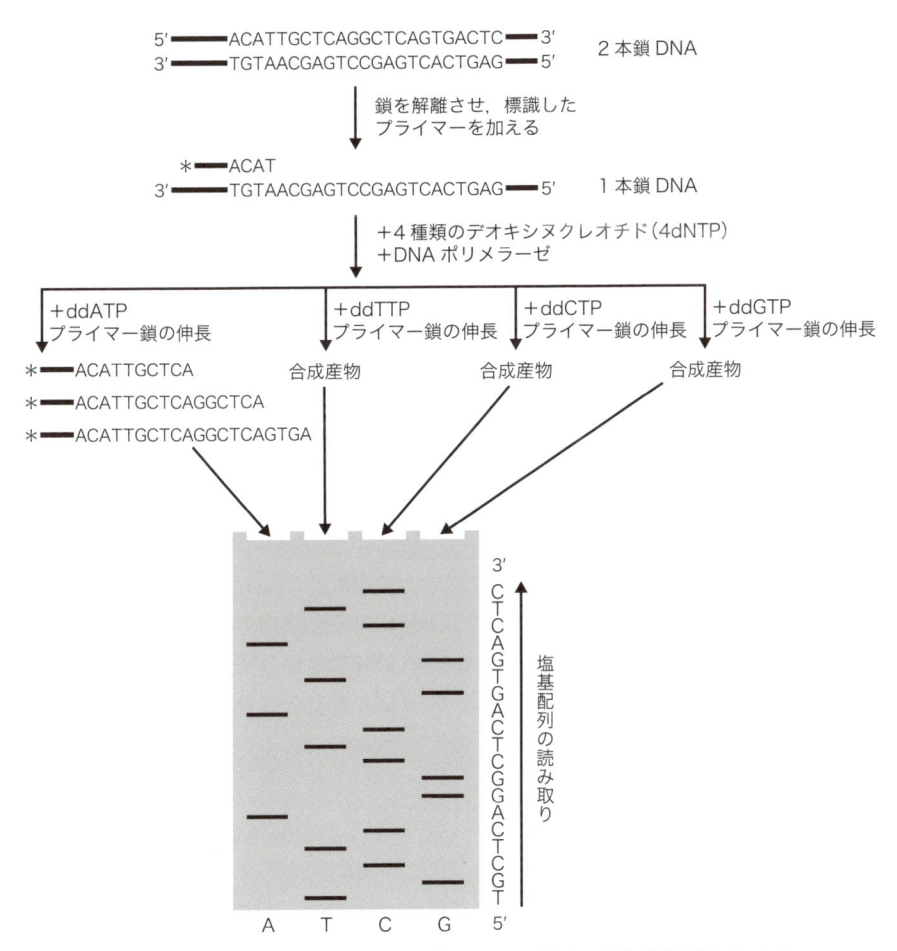

図 20.8 蛍光色素で標識されたプライマーを用いた塩基配列の決定法

つの塩基ごとに別々にそれぞれのジデオキシヌクレオチド入り条件下で反応させる．複製されたDNAは，複製の際に複製基質としてα位のリンが^{32}Pで置き換えられたヌクレオチドを，あるいは標識したプライマーを用いることによって放射標識する．ジデオキシヌクレオチドによって複製が停止した結果得られるさまざまな長さのDNA断片を，電気泳動上で長さに従って分離し，化学法で用いたのと同様の手順でX線フィルムを放射線で感光させてDNA断片を検出する（図20.8）．反応液中のジデオキシヌクレオチドの濃度によって，複製伸長反応の停止の頻度は決まる．含有量が多ければ停止頻度は高く，短いDNA断片が多くなる．

現在，酵素法は多くの改良を受けて専用機器が開発されており，塩基配列の読み取りも自動化されている．特に放射能標識の代わりに蛍光色素をヌクレオチドに結合させたものを複製反応に用い，複製されたDNAを蛍光で検出できるようになったことが大きな進歩の一つである．その仕組みは次の通りである．複製反応に用いるプライマーの末端に蛍光色素を導入

する．蛍光色素はA，T，C，Gの反応別に違うものを選ぶ．この蛍光標識したプライマーを複製反応に用い，いずれか1種類のジデオキシヌクレオチドと4種類のデオキシヌクレオチドを含む複製反応をそれぞれについて独立に行う．複製反応後に四つの反応液を一つにまとめて電気泳動にかけ，四つの異なる波長のレーザー光を同時に同じ位置で照射する．検出器で泳動中のDNAが発する蛍光を検出し，いずれの波長の蛍光をもつDNAが通過したか観測することで，塩基配列を決定できる．蛍光色素分子の大きさの違いなどによる複製DNAの電気泳動上の位置の違いは，コンピュータープログラムにより補正される．なお，図20.8には同じ蛍光色素でプライマーを標識し，A，T，C，Gの反応後，別々のレーンに反応物を入れ，泳動した実験を示している．

　また現在では，電気泳動の代わりに高速液体クロマトグラフィーが用いられている．分離担体の開発が進んだことによって，複製されたDNA断片の分離は高速かつ高精度になり，その結果，一度に決定できるDNAの鎖長も1000塩基以上に進歩している．塩基配列の決定法は現在でも進歩し続けており，その発展がヒトゲノムやさまざまな生物のゲノムDNAの塩基配列決定に大きく寄与している．ゲノム塩基配列に基づいて，ヒトの個人の遺伝病の有無から性格の違いまで議論される日がすでに来つつある．

20-3　遺伝子発現の機能領域の決定

　クローン化されたプラスミドやファージDNAには，取り出そうとする遺伝子DNAの発現に必要な領域が過不足なく存在するわけではない．目的とする遺伝子とは関係ないものが偶然隣にあったりし，多くの場合は目的遺伝子とは無関係な複数の遺伝子群が存在する．このため，取り出した遺伝子群の中から目的の遺伝子をさらに特定したり，発現に必要な転写開始部位や，制御因子の結合部位を明らかにする必要ある．

20-3-1　遺伝子部分の同定

　取り出されたベクターに複数の遺伝子がある場合には，ベクター上のDNAを部分的に欠失させる．クローン化している遺伝子がコードするタンパク質の機能を指標に，どの部分の欠失が機能を示さなくなるかを調べることによって，目的とする遺伝子DNAが機能を発揮するために必要な

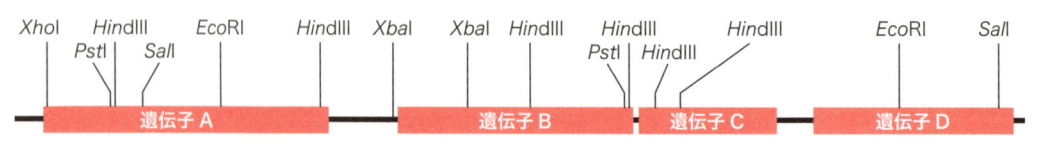

図20.9　クローン化したDNAの遺伝子地図と制限酵素地図

部分を同定できる．このためには，制限酵素による切断点の地図をあらかじめ詳細に作成しておく必要がある．一例を図 20.9 に示した．

20-3-2 制御因子部分の同定
遺伝子の転写に必要な RNA ポリメラーゼの結合部位や転写調節因子の結合部位を調べるには，三つの代表的な方法がある．

(a) 酵素遺伝子を導入して転写開始点を同定
転写開始領域と推定される部分の DNA を別の機能がわかっている酵素遺伝子，たとえば β ガラクトシダーゼ遺伝子に連結し，細胞に導入する．この細胞の抽出液を用いて β ガラクトシダーゼの活性を測定すれば，推定部分が転写開始点としての機能をもつかどうかを調べることができる（図 20.10）．すなわち，転写開始点が β ガラクトシダーゼ遺伝子に連結していれば，β ガラクトシダーゼの活性が抽出液中に認められるはずである．

(b) プライマー伸長法で mRNA の末端を同定
mRNA の 5′ 末端は，プライマー伸長法で決定できる．転写された領域のうち，mRNA の末端に近いと想定される部分の DNA 配列に相補的なオリゴ DNA をプライマーとして合成する．mRNA を鋳型として，このプライマーから逆転写酵素を用いて mRNA の末端まで DNA を複製伸長する．この伸長された DNA の長さを調べることで正確な mRNA の末端が決定できる．

(c) フットプリント法でタンパク質結合部位を同定
RNA ポリメラーゼや転写調節因子のように転写開始部分やその近くの DNA に結合するタンパク質の結合部位の決定には，フットプリント法が用いられる．RNA ポリメラーゼまたは転写調節因子を DNA と反応させ，その後に DNase I を加えて DNA 鎖を切断する．RNA ポリメラーゼや転

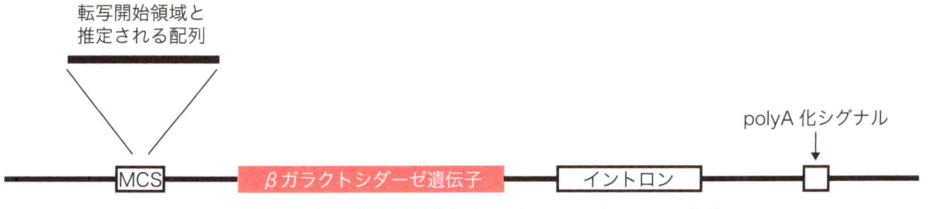

図 20.10 転写開始領域をもつ DNA のクローン化法
転写開始領域と指定される配列を含む DNA 断片を MCS（多種の制限酵素部位を含む）に挿入した後，細胞に導入する．転写により β ガラクトシダーゼ遺伝子から polyA 化シグナル（第 4 章参照）の部位までが読み取られ，イントロン除去と共役して核から細胞質に移行する．細胞質で合成される β ガラクトシダーゼの活性を測定することにより，挿入した配列が転写を促進する効果を調べることができる．

写調節因子が結合している部分は，DNaseIにより切断されないので，これらのタンパク質を結合させていない場合と比較すれば，両者の違いから因子の結合部分を明らかにできる．

この章で学んだこと——
- 遺伝子のクローニング
- ゲノムライブラリー
- cDNA ライブラリー
- 組換え体 DNA の導入
- 発現クローニングとハイブリダイゼーションクローニング
- DNA の塩基配列の決定（化学法と酵素法）

21章 遺伝子工学の応用

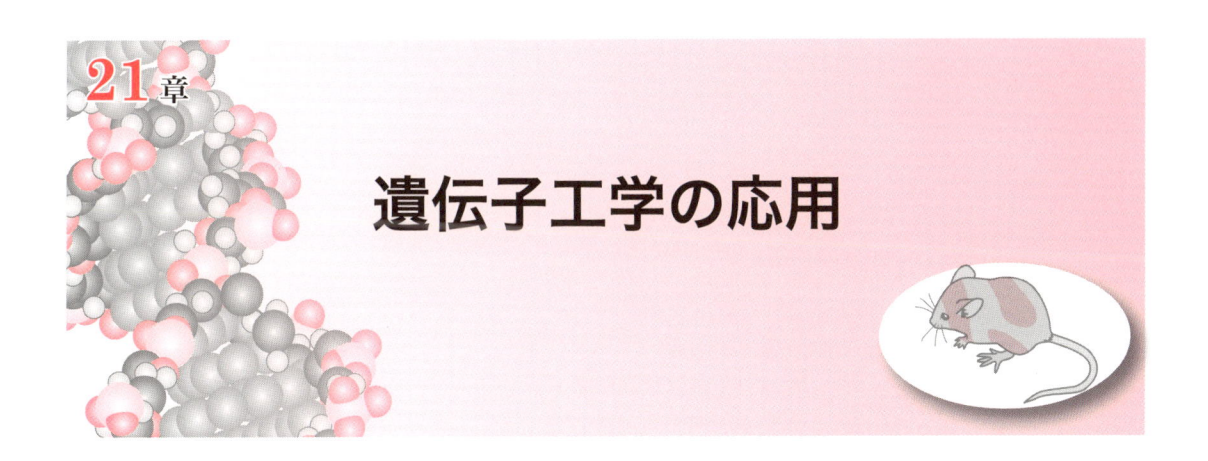

> **この章で学ぶこと**
>
> 遺伝子工学の最先端では，この分野をさらに発展させるさまざまな手法が日々開発され，分子レベルでの医学の発展や遺伝子改変による農作物の作成などにも影響を与えている．本章では，こうした遺伝子工学の先端分野で起きている事例について，その技術を含めて紹介する．
>
> まず遺伝子欠損（ノックアウト）と，遺伝子の人工導入（トランスジェニック）の二つの手法について紹介する．次いで遺伝子の異常が引き起こす疾患をいくつか示し，最後にゲノム多型について解説する．

現在，いろいろな生物のゲノムDNAの全塩基配列が次々に決定されており，細菌には数千の，またヒトには数万の遺伝子が存在することが明らかになっている．これらの遺伝子数は，発現制御やスプライシングにかかわる配列情報などをもとにコンピューターで解析・推定されたものである．その結果，コードするタンパク質の機能が明らかになった遺伝子や，既知のものと一次構造が類似するタンパク質をコードする遺伝子が，ヒトのゲノムの総遺伝子数の半数近くになりつつある．

一方，既知の遺伝子とは全く異なるアミノ酸配列をもち機能の不明なタンパク質の遺伝子もゲノムの遺伝子全体の半数近くにのぼる．こうした機能未知なタンパク質の本来の機能を明らにするという研究は，現在の生物学の中で重要なものの一つとなっている．また，コードするタンパク質の機能が生化学的にはすでに明らかになっている遺伝子でも，特にヒトのような多細胞生物の場合，その機能が生物個体の中で試験管内と同じように発揮されているかどうか疑問が残されており，研究が進んでいる．

遺伝子のもつ本来の機能を明らかにするために，問題となる遺伝子を欠損させ，その結果，細胞や多細胞生物個体の挙動がどう変化するかを観察するという方法がとられる．マウスはこのような遺伝子解析法が最も適用された実験動物であり，遺伝子欠損マウス（ノックアウトマウス）が盛んに構築され研究されている．

一方，遺伝子を新たに個体に導入しその機能を調べる方法も開発されて

おり，このような方法をトランスジェニック生物の構築と呼ぶ．この方法は遺伝子欠損個体の作成より比較的簡単で，マウス以外の多くの生物でもこの方法による研究が進められている．

21-1　遺伝子欠損による細胞機能の解析

　遺伝子機能を欠損させることは，大腸菌や酵母などの微生物では盛んに行われている．この手法は，細胞の外から遺伝子DNAを導入すると，ゲノム内の同じ塩基配列が組み換わる（相同組換え）という細胞のもつ機能を利用している．この方法では，まず機能を欠損させようとする遺伝子のタンパク質の読み枠に相当するDNAを，クローニングの手法を用いて取り出す．次に，そのDNAの一部を人為的に欠損させ，ベクターに繋いだ組換えDNAを作成し細胞に再導入する（図21.1）．その結果，本来の遺伝子が，塩基配列の一部を欠損し機能を欠損した遺伝子に置き換わった細胞を生み出すことができる．

　このようにして，一部が欠損した不完全遺伝子が正常遺伝子の代わりに挿入され，その結果，機能を失った不完全タンパク質が産生される細胞を作り出せる．組換えによる遺伝子の変異導入の際には，変異遺伝子の導入が起きたことを確認するために，薬剤に対する耐性を付与する遺伝子を目的遺伝子の中に人為的に挿入し遺伝子機能を欠損させておく．この方法で遺伝子を組み換えた細胞では，相同組換えに伴って薬剤耐性遺伝子もゲノムに導入される．この結果，この細胞は薬剤に対する耐性をもつことになり，遺伝子機能の破壊（遺伝欠損）が確認できる．マウスやヒトの場合も，培養細胞などでは基本的には同じような方法で正常な遺伝子機能を破壊することができる．

　しかし，組換え部位が特定できる相同組換えとは異なる不特定部位での組換えも起こり得る．この不特定部位で組換えが起った場合に注意することは，遺伝子組換えが起こったことを薬剤耐性を指標に確認しても，目的の遺伝子機能を破壊したことにはならないことである．この場合は細胞の全DNAを抽出し，元の遺伝子が破壊されたかどうか，PCR法やサザン

> **one point**
> **相同組換え**
> 塩基配列のよく似たDNAは，細胞の中で組換えにかかわるタンパク質の働きにより，相互に置き換わる．

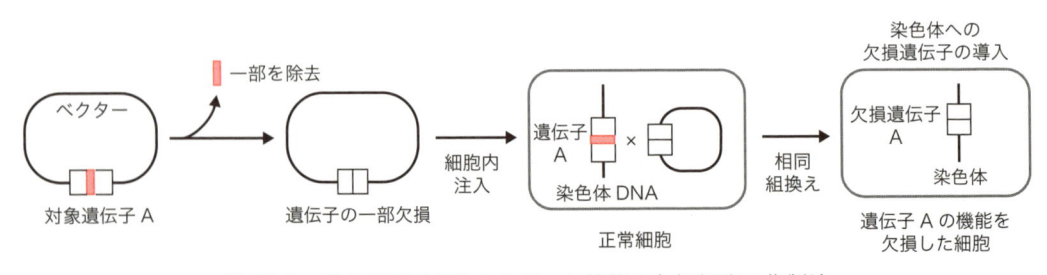

図21.1　遺伝子相同組換えを用いた機能の欠損細胞の作製法

法で確認しなければならない．

　大腸菌のように遺伝子が半数体である場合，一つの遺伝子を破壊するだけで遺伝子機能を失わせるという目的は達成できる．しかし，ヒトやマウスのように倍数体の場合は，二つの対立遺伝子座を同時に破壊しなければ遺伝子の本来の機能を解析することは難しい．相同組換えの起こる頻度はきわめて低く，二つの対立遺伝子座の両方で組換えが起こることはさらに稀である．

　薬剤耐性を付与する遺伝子をもつ組換え体DNAを用いた場合を考えてみよう．二つの対立遺伝子座の両方に薬剤耐性遺伝子をもつ組換えDNAが組み込まれれば，その細胞は薬剤に対する耐性を獲得する．この場合，一つの遺伝子座のみに組換え体が導入されたものより，二つの遺伝子座の両方に導入された細胞のほうが，より高濃度の薬剤に対しても生育できる．この性質を使えば理論的には二つの遺伝子座に薬剤耐性遺伝子が導入され，遺伝子が二つとも破壊された細胞(遺伝子ホモノックアウト細胞)を選別できるが，これはほとんど行われていない．マウスを使ってホモノックアウト細胞を得る方法を次に述べる．

one point
サザン法
複数のDNAの断片を電気泳動で分離し，ニトロセルロースやナイロン膜に転写し固定する方法で，E. サザンにより開発された．膜上の1本鎖DNAに放射標識したDNAをハイブリダイズし，放射能を検出することで配列の似たDNA断片の存在を調べることができる．

遺伝子座
ゲノムの中の遺伝子の占める相対的位置を指す言葉から，現在ではDNAの塩基配列上での位置も示す言葉となっている．ローカスともいう．

21-2　遺伝子機能を失った生物個体の創出

21-2-1　ノックアウトマウスの作成方法

　ある遺伝子機能を欠損した(ノックアウト)生物個体の作成では，マウスを用いた研究が進んでいる．ここでは，多分化能をもつマウス胚性細胞が用いられている．この胚性細胞に不完全な遺伝子構造をもつ組換えDNAを導入し，一つの遺伝子座に不完全遺伝子が導入された胚性細胞をまず選別する．二つの遺伝子座がともに壊されたホモノックアウトを得たい場合は，前述したように細胞を取り出せる確率が低いため，次に述べるような手順がとられている．

　胚性細胞における遺伝子破壊の基本的な方法は，前節で述べた手法と同じである．次に，妊娠したマウスから胚盤胞期の受精卵を取り出し，これに特定の遺伝子座を破壊した胚性細胞を顕微鏡を用いて注入する．さらにこの卵子を偽似妊娠マウスの子宮に戻す（図21.2）．こうして生まれてくるマウスでは，破壊用遺伝子が入った胚性細胞からできる体の部分と本来の卵細胞由来の細胞からできる体の部分が入り混じっており，キメラマウスと呼ばれる．キメラマウスの生殖細胞に欠陥のある遺伝子が入れば，この欠陥遺伝子は子孫のマウスに遺伝するはずである．したがって，キメラマウスを正常マウスと交配させ，生まれてくる子マウスの細胞のDNAを解析して当初の遺伝子破壊が確認できれば，生殖細胞の段階から遺伝子に異常をもつ子マウスが取り出されたことになる．この子マウスでは，遺

one point
胚性細胞
哺乳類の受精卵は細胞分裂を繰り返し胚盤胞を作る．この胚盤胞の内部に内部細胞塊があり，この細胞塊から得た細胞を取り出して培養し分化能をもつ細胞となったもの．

```
        染色体
     ┌─────────┐
     │ 一部欠損遺伝子 │
     └─────────┘
標的遺伝子の一部を
欠損した遺伝子を
組み込んだ胚性細胞
（茶色のマウス由来）
```

マウス（黒マウス）
↓ 受精卵採取
注入 → ○ 初期胚
↓
○ 胚性細胞を注入された胚
↓ マウスの子宮へ戻す

キメラマウス（茶と黒のブチの子マウス）
↓
ブチのキメラマウス × 野生型黒マウスの交配
↓
茶色のヘテロノックアウトマウス選択
↓
ヘテロノックアウトマウスどうしの交配
↓
茶色のホモノックアウトマウス作出

図 21.2 ノックアウトマウスの作成

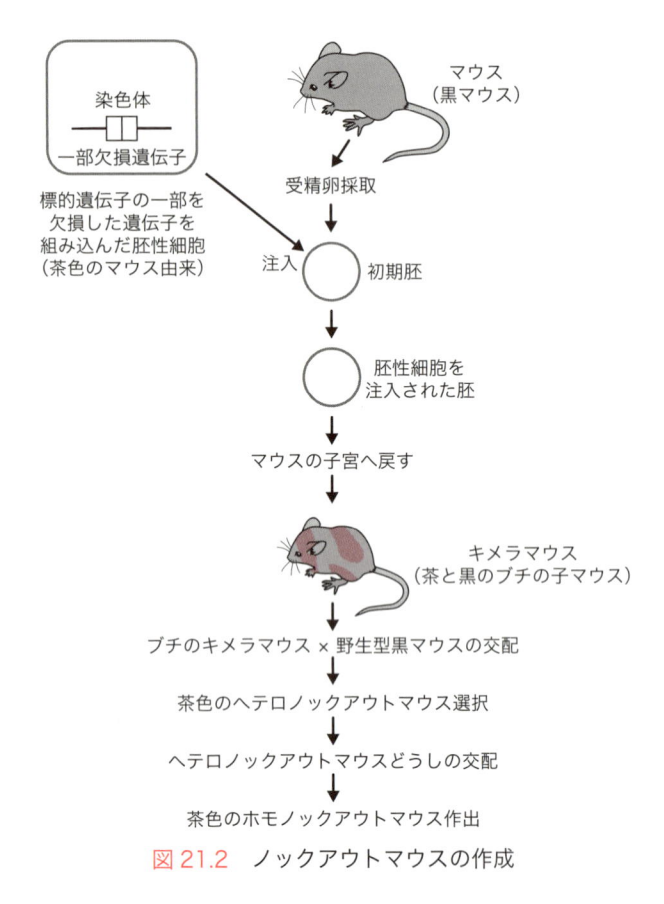

伝子座の片方が異常であり，その異常は体全体の細胞に及んでいるはずである．このようなマウスをヘテロノックアウトマウスと呼んでいる（図 21.2）．

　なお，こうした交配実験にはマウスの体色が指標として使われている．茶色のマウス由来の胚性細胞を黒色のマウス受精卵（廃盤胞）へ導入すると，生まれてくる子マウスはキメラマウスであり，黒と茶色の斑になる．キメラマウスと野生型マウスの掛け合わせで生まれるヘテロノックアウトマウスは，野生型マウスの毛色の影響を受けるが，胚性細胞のもつ茶色が見られるはずである．次に，ヘテロノックアウトマウスのオスとメスを掛け合わせれば，メンデルの法則により，4 分の 1 の確率で二つの遺伝子座の両方に異常をもつホモノックアウトマウスが生まれてくる．このホモノックアウトマウスでは，解析目的の遺伝子の機能が全く失われていることになる．また，体色は胚性細胞に由来する茶色になるはずである．以上のようにして，ホモノックアウト個体を作り出すことができる．

21-2-2　遺伝子をノックアウトした結果

　遺伝子ノックアウトの結果，細胞や多細胞生物の個体にはどのようなこ

とが起きるのだろうか．遺伝子ノックアウトマウスを作成した研究例はすでに多数ある．それによれば，おおよそ次のような結果になることが示されている．

① 対象とした遺伝子の機能が細胞機能に必須なものであれば，発生の初期で細胞は死んでしまい子マウスは生まれない．
② 発生には影響せず，その遺伝子の機能として予測されていた機能が，成体で特異的に変化する．
③ 遺伝子が欠如したにもかかわらず，見かけ上は何も起こらない．

　①や②の場合は，遺伝子ノックアウトによりマウス個体内での遺伝子の役割をある程度は確認できる．①は複製，翻訳にかかわる因子の遺伝子や，細胞内環境維持に必須な膜輸送タンパク質遺伝子をノックアウトした場合などに見られる．②はがん抑制遺伝子（21-4-2項参照）などが例として挙げられる．この場合，遺伝子のノックアウトでがん化の確率が高まる．DNAの異常を修復する酵素の遺伝子をノックアウトしたマウスでは，予想されるようにがん化が高頻度で起こる．しかし，がん抑制遺伝子のあるものでは，遺伝子をノックアウトすると正常に発生しないこともあり，解析が難しい場合もある．③の場合は，理由としていろいろな可能性が考えられる．調べた遺伝子は，細胞機能に必須な機能をもつと予想していたのだが，実は重要ではないのかもしれない．もしくは別の遺伝子の産物が，ノックアウトで失われた遺伝子の機能を補った可能性も考えられる．これに関連して，ヒト細胞などでは構造的に似た遺伝子が複数あり，機能を補っている場合も多いことが示されている．

21-2-2　ノックアウトマウス作成における工夫

　ノックアウトマウスの作成とその解析は，現在広く行われており，多細胞生物個体における特定の遺伝子の働きを知る有効な手段である．しかし，この方法にも限界がある．それは，遺伝子破壊は多細胞生物個体の全ての細胞で起きるため，マウスの行動に異常があっても，どの組織や細胞で不具合が生じた結果なのか判定できないことである．

　ある器官や組織でのみ，特定の遺伝子を機能しなくするにはどうすればよいだろうか．このためにCre-*lox*P法と名付けられた巧妙な方法が考案されている（図21.3）．Creとは特別な配列を認識してその部分を切断するDNA分解酵素である．この特別な認識配列は*lox*P配列と呼ばれている．遺伝子機能を破壊しようとする遺伝子DNAの両端に*lox*P配列を配置し，これを導入したトランスジェニックマウス（次節参照）を作出する．さらにこのマウスに，注目する組織や器官でのみ発現するプロモーターを付けたCre酵素の遺伝子を導入する．このようなマウスでは，注目する組織では

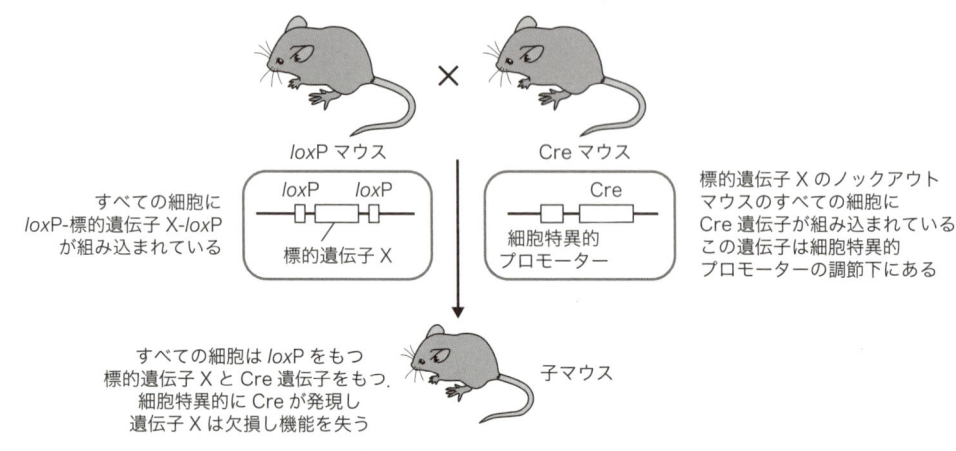

図 21.3 Cre-loxP 法

loxP 配列をもつ遺伝子は Cre 酵素により切り出され機能が失われる．このとき，Cre 酵素の発現プロモーターに薬物依存的に発現を誘導することができるプロモーターをつけておけば，マウスにこの薬物を注入することにより，遺伝子を酵素により破壊できる．

21-3　遺伝子の人工導入による高等生物個体の研究

　子宮から動物の受精卵を取り出し，発生過程の開始前の状態で人為的に遺伝子 DNA を注入し，再度子宮に返す．この結果生まれてくる個体では，注入した遺伝子が発現する細胞があると予想される．このような試みの最初のものは，マウスに成長ホルモンの遺伝子を導入した実験であった．その結果，通常より大きなマウスが生まれることが明らかになり，遺伝子発現を人為的に操作した生き物を作れることが示された．

　こうした人工的な遺伝子発現系をもつ生物をトランスジェニック生物という．現在ではさらなる工夫が積み重ねられ，複雑な多細胞生物における特定の遺伝子の機能的役割を知るうえで，細胞レベルだけの研究ではわからない多くのことがこの方法により明らかにされている．

21-3-1　遺伝子トラップ法

　トランスジェニック生物作成のために導入する遺伝子のプロモーターとしてどのようなものを選ぶかは重要である．ある組織に特異的に発現することが知られている遺伝子のプロモーターを選んだ場合，その発現は特定の組織に限定されることが多い．トランスジェニック生物を作成する方法を応用して，組織に特異的に発現している遺伝子を探索する方法も開発されており，これを遺伝子トラップ法と呼ぶ．

　この方法の概略は次の通りである（図 21.4）．蛍光を発するクラゲの

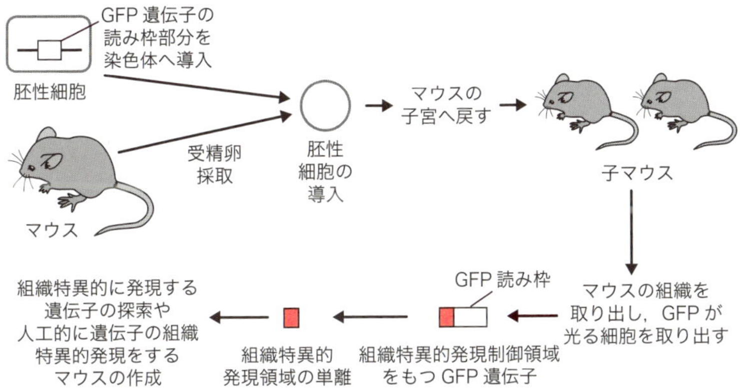

図 21.4　遺伝子トラップ法

GFPタンパク質の遺伝子のうち，タンパク質をコードする部分のみのDNAを受精卵に導入して個体を作成する．このタンパク質が発現する部分（組織）は光って見える．この光っている部分（組織）の細胞では，GFP遺伝子がゲノムDNAに組み込まれ，その細胞内でGFPが特異的に発現するために必要な塩基配列がGFPのコード配列に結合していることになる．次に，この組織特異的な発現に必要な領域DNAを取り出し，これを探索子として用いてこれに接続する組織特異的に発現する遺伝子部分を新たに取り出すことができる．

　トランスジェニック生物は，マウスだけでなく多くの生物ですでに作成されており，実用化されている．特に植物では研究が進み，病害を引き起こす植物ウイルスに耐性をもつパパイヤ，アミノ酸の含有量を高めるためにリジン合成酵素遺伝子を導入したトウモロコシなどが，この方法で作成されている．

one point

GFP

発光クラゲのもつ緑色蛍光タンパク質．238のアミノ酸残基からなる単純なタンパクで，65番目のセリンと67番目のグリシンのペプチド結合部位が脱水縮合してできる構造が発色団となるので，このタンパク質の遺伝子を細胞に導入すればその細胞は緑の蛍光を発する．

21-4　遺伝子の異常と病気

21-4-1　遺伝病

　17世紀にはイギリスの王家に遺伝する疾患が，ジョージ3世（1738〜1820年）に見つかっている．この王はしばしば錯乱して凶暴な行動を示し，そのときに尿が赤くなることが報告された．この二つの症状に何らかの相関性があることを医師らは見出していた．また王家にこの症状が遺伝することも認められた．その後の研究から，ジョージ3世の病はポルフィリン合成酵素の遺伝子の機能不全（変異）により，蓄積された中間代謝物が尿中に赤い色素として出て，併せて神経障害も引き起こしたのではないかと考えられるようになった．1908年にはイギリスの医師ギャロッドが遺伝子の異常が病に繋がることを明らかにし，遺伝病の概念が確立した．現在

表21.1　スフィンゴ糖脂質蓄積症

病気名	機能欠損酵素	特徴
ゴーシェ病	β-ガラクトシダーゼ	肝脾腫
ファブリー病	α-ガラクトシダーゼ	皮膚障害 四肢疼痛
クラッベ病	ガラクトセロブロシダーゼ	精神薄弱, 精神運動遅滞 胎児性
テイザックス病	ヘキソサミニダーゼA	精神薄弱, 盲目 胎児性

では遺伝子の異常による先天的な病が数多く知られている．

(a) 酵素の遺伝病

酵素は脂質代謝や糖代謝を初め，ほぼすべての基本物質の合成や分解にかかわるといっても過言ではない．よって，酵素の遺伝子中のアミノ酸残基の一つが置換されただけでも(変異)，遺伝的な病気の原因になる場合がある．その例を一つ紹介する．

脂質の仲間のスフィンゴ脂質は神経細胞に多く存在する．ゴーシェ病では，スフィンゴ脂質の仲間の一つであるスフィンゴ糖脂質（グルコシルセラミド）を分解する酵素グルコシルセレブロシダーゼ(β-グルコシダーゼの仲間)の遺伝子が欠損している．その結果，この疾患ではグルコセラミドが脾臓にたまり重篤な貧血を起こしたり，場合によっては中枢神経障害を起こし，子供のうちに死に至る場合もある．また，スフィンゴ脂質の仲間の脂質分子の分解経路にある酵素群は，どれもその遺伝子の欠損によって貧血や神経機能の低下を招く遺伝病の原因となる(表21.1)．

(b) 膜輸送タンパク質の遺伝病

現在西欧の白人系に高い頻度で発症する遺伝病として嚢胞性線維症が知られている．この病気は子どもに発症し，肺の気管内に粘液がたまり，呼吸が困難になる．この原因として細胞膜の塩素イオンを輸送するタンパク質の遺伝子に異常があることが明らかにされている．このタンパク質は，細胞内にたまる塩素イオンを細胞外に排出する．その機能がなくなると，細胞内のイオン総量が増加するため浸透圧が高まり，細胞内への水の流入が促進される．結果として細胞外である気管内の水の量が減り，粘度が増すと考えられている．

遺伝病の原因となる遺伝子の同定は現在飛躍的に進んでおり，多くの謎が解かれつつある．

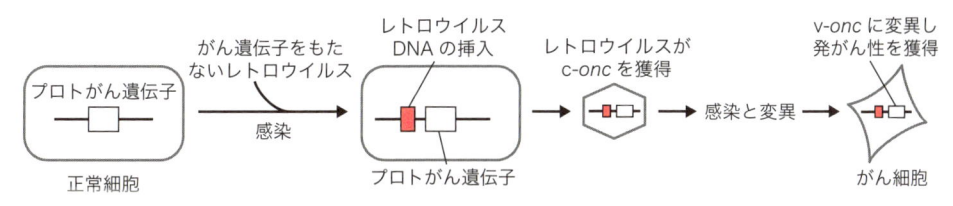

図21.5 ウイルス性発がん

21-4-2 がんと遺伝子

遺伝子の病気として現在最も深刻なのはがんである．統計的には，3人に1人はがんで死亡している．がんを引き起こす遺伝子が存在することは，発がん性のウイルスの研究から明らかになった．第18章で述べられたsrcが，RNAを遺伝物質とするレトロウイルスから取り出されたのである．この遺伝子はウイルスには必要なく，ウイルスが宿主細胞に寄生している間にウイルスゲノムに取り込まれたものだと考えられている（図21.5）．培養細胞にこの遺伝子だけを発現させると細胞はがん化する．

その後，発がん性レトロウイルスのいくつかに，それぞれ異なる発がん性遺伝子が存在することが明らかになった（表21.2）．これらの遺伝子はv型がん遺伝子（vはウイルスの頭文字）と呼ばれている．その後，これらのv型がん遺伝子によく似た塩基配列をもつ遺伝子が，動物やヒトのゲノムの中にあることが明らかにされた．これらの遺伝子は，細胞性原がん遺伝子（c型がん遺伝子）と呼ばれ，それ自身は発がん性をもたない．

v型がん遺伝子とc型がん遺伝子の塩基配列は似ているが異なる．Rasがん遺伝子では，c型とv型のアミノ酸配列の違いはわずかに一つであり，この一つのアミノ酸残基の違いががん化能の有無を決めている．v型Rasがん遺伝子を細胞に導入すると細胞はがん化するので，遺伝学的に優性な遺伝子である．こうした一連の発見から，ヒトではc型がん遺伝子が食べ物や環境因子によって変異し発がんするのではないかと考えられるようになった．

しかし，がん細胞と正常な細胞を融合させると，融合細胞はもはやが

表21.2 発がん性レトロウイルスとそのv-onc遺伝子の例

発がん性レトロウイルス	ウイルス性がん遺伝子(v-onc)名	動物種	遺伝子産物の働き
ラウス肉腫ウイルス	src	ニワトリ	非受容体型チロシンキナーゼ
骨髄球腫瘍ウイルス	myc	ニワトリ	転写因子
エイベルソンマウス白血病ウイルス	abl	マウス	非受容体型チロシンキナーゼ
FBJマウス肉腫ウイルス	fos	マウス	転写因子
マクドナウネコ肉腫ウイルス	fms	ネコ	CSF-1受容体型チロシンキナーゼ
トリ肉腫ウイルス17	jun	ニワトリ	転写因子

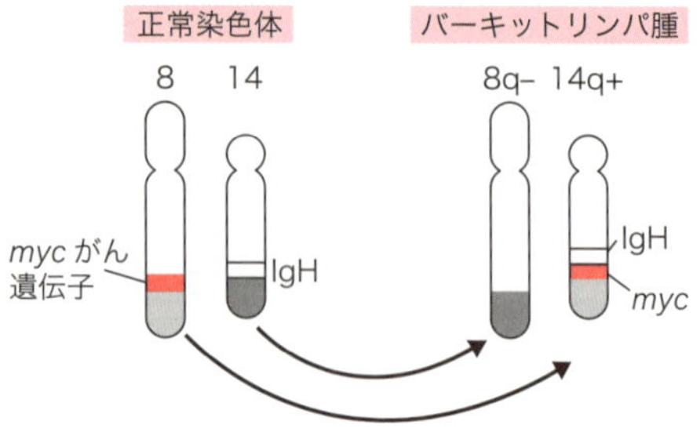

図 21.6　遺伝子転座による発がん
バーキットリンパ腫の場合．

ん状態ではなくなる場合も知られていた．この場合，がんを引き起こす遺伝子は，遺伝学的には劣性であると考えられた．すなわち，正常な細胞ではがん化が抑制されていたのではないかと考えられ，劣性がん遺伝子の存在が予言された．これは当初考えられた c 型がん遺伝子の変異で発がんするという発がん機構では，発がんが必ずしも説明できないことを意味した．むしろ発がんを抑制するような遺伝子があれば説明ができる場合がある．一方，ヒトの生後まもなく遺伝的に目の網膜にがんが発生する RB（retinoblastoma）という疾患が発見されていた．この病気の患者では，染色体の 13 番目の一部（13q14.1-2）が欠損していることが明らかになり，その失われた部分に RB 遺伝子と呼ばれるがん抑制性機能をもつ遺伝子が発見された．この遺伝子の欠損がホモ型になるとがんになること（劣性であること）は，通常はこの遺伝子はがん化を抑えていたことを示している．現在では，RB 遺伝子が欠損してがん化した細胞に正常な RB 遺伝子を導入し発現させると，がん化状態から正常状態に復帰することが見出されている．がん化を抑制する RB 遺伝子のような働きをする遺伝子を一般的にがん抑制遺伝子と呼んでおり，他にも見つかっている．その代表は，p53 と呼ばれるタンパク質の遺伝子である（第 18 章参照）．

　ヒトのがん細胞を調べると，染色体の形が正常のものと大きく異なり，二つの染色体の一部が入れ替わって遺伝子の転座が起きているものが見つかっている．これを詳細に調べると，転座によって本来は発現が少なかった遺伝子の転写制御の部分に他の遺伝子の転写制御部位が入り込み，発現のレベルが上昇し，その結果がん化に至るものも見つかっている（図 21.6）．

■ **one point**
ヒトゲノムの解読宣言
2003 年にアメリカのクレーグ・ベンターのグループおよび国際協力チームによって独立にヒトの約 30 億塩基対の配列が決定された．

21-5　ゲノム多型と疾患・DNA 鑑定

　2003 年にヒトゲノムの塩基配列解読宣言が出され，3 万 2 千個の遺伝子の存在が示されたが，遺伝する病気を発見しても，それがどの遺伝子の異常によるものかを見出すのは依然として容易ではない．しかし遺伝子工

学や計算機科学の発展などで，遺伝病の遺伝子同定は少しずつ進んでいる．

21-5-1　ポジショナルクローニング

　ヒトの遺伝病のうち，筋ジストロフィーや嚢胞性線維症(21-4-1項参照)の原因遺伝子については，1980年代の初めには染色体上での位置が推定された．このとき用いられたのがポジショナルクローニングと呼ばれる，多くの労力を必要とする方法である．その概要は以下の通りである．

　まず病気の遺伝家系の同定が必要である．次に，患者の染色体の染色性やその形態を観察し，これらを指標として染色体の部分的特徴の遺伝と疾患の発症との相関を見出すことが必要となる．遺伝性の網膜芽腫瘍の場合，17番染色体が部分的に欠損することと発病との相関性が見出され，その欠損した部分からRB遺伝子(18-3項参照)が発見された．

　こうした染色体レベルの変化がない場合は，これに代わるマーカーがあればよい．現在，ヒトゲノムの塩基配列が決定されているが，繰り返し現れる一定の長さをもった塩基配列の存在が多数あることが明らかになっている．この繰り返し配列の繰り返しの回数は，ヒトの各個人ごとに異なる場合があり，これが個人の遺伝的マーカーの代表となっている．また，個人ごとに塩基配列が一塩基を単位に異なる場所があり，そういう場所がゲノム全体では数百万カ所にのぼることが明らかになっている．違いが現れるのはゲノムDNA上の決まった位置である．これも個人のDNAのマーカーであり，SNP (single nucleotide polymorphisms, 一塩基多型)と呼ばれている．このように，同じヒトの染色体でも個人によって配列は違い，これを遺伝子の多型性という．たとえば制限酵素で切断したときに，切断点の配列が個人間で違えば，切断後のDNAの長さに違いが出てくる．多型性のマーカーの同定は，当初はこのように制限酵素を用いて行われた．現在は各個人のゲノムの全塩基配列が容易に決定できるようになりつつあり，マーカーの数はますます増えると考えられる．

　こうしたたくさんのマーカーのうち，遺伝的疾患の症状の遺伝とマーカーとなる塩基配列の遺伝とに相関性があるものがわかれば，そのマーカーの周辺に疾患の原因となる遺伝子があることが予測できる．よって，そのマーカーに近い部分の遺伝子を網羅的に解析すれば，疾患の原因遺伝子を見つけることができる．こうした遺伝子の取り出し方をポジショナルクローニングと呼ぶ．

21-5-2　遺伝子診断とPCR法

　遺伝子の異常による疾病は，前節で記したように，一つの塩基の置換でも発症しうる．現在，その発症の原因となる置換の位置も多数の遺伝病で明らかになってきている．v型がん遺伝子であるRasがん遺伝子では，

12, 13番目または64番目のアミノ酸残基が他のアミノ酸残基に変化すれば，細胞ががん化する（ネズミの場合）．ヒトのがん細胞でもRas遺伝子の1アミノ酸残基の置換が見出されている．病気の原因遺伝子の異常には，一塩基置換だけでなく，DNAの部分的欠損，繰り返し構造の挿入，もともと繰り返し構造であったDNAの部分での繰り返しの回数の増加などが知られている．

　疾患の原因となるこうした遺伝子の異常が同定されていれば，PCR法（図20.6参照）を用いて容易に診断できる．診断したい部分のDNAをPCR法で多量に調製し，これを用いて塩基配列を決定して異常を塩基配列のレベルで確認できる．

21-5-3　DNA鑑定

　PCR法は遺伝子の異常の診断だけではなく，DNAの鑑定でも大切な道具になっている．すなわち，DNAの塩基配列が個人を特定するための手段にもなりうるのである．本節で示したようにヒトのDNAの塩基配列には多型性があり，この多型性の組合せにより，特定の個人のDNAを他者から識別できる．これをDNA型鑑定と呼ぶ．現在，DNA型の鑑定の信頼性は，100％ではないがきわめて高いといわれている．

　DNA鑑定は，犯罪捜査でもよく用いられている．毛根細胞や体液など犯人の残した細胞を採取し，これらから微量のDNAを抽出してPCRにかける．このとき，型鑑定のための参照遺伝子(マーカー遺伝子)として挿入配列の挿入DNAの回数の違いで多型性を示すLDLR型遺伝子，GYPA型遺伝子などが使われる．DNA型鑑定は犯罪だけではなく，親子関係の確認，民族の起源などの解析にも用いられている．

この章で学んだこと──
- ヒトゲノムの全塩基配列決定
- 遺伝子ノックアウトマウスの作成法
- トランスジェニック個体の作成法
- 遺伝子の異常と疾患
- SNPとDNA鑑定

22章 バイオインフォマティクス

この章で学ぶこと

解析技術の進歩により，DNA 塩基配列データベースは膨大となり，現在もさらに急速に拡大し続けている．この情報の海から生物学的意義をもった情報を選別するためには，バイオインフォマティクスが不可欠である．また，マイクロアレイ法などの網羅的な解析技術の登場はバイオインフォマティクスの活用範囲をさらに広げている．本章ではバイオインフォマティクスへの導入として，配列データベースの利用法，DNA の情報ライブラリー作成とアノテーション，配列アラインメントの仕方，ゲノムを用いた系統樹作成，ゲノムの比較解析，タンパク質の構造予測と機能ドメイン検索の仕方について解説する．

22-1 バイオインフォマティクスとは

22-1-1 バイオインフォマティクスの誕生と発展

PCR 法の発明やクローニング技術の発展などとあいまって，近年，DNA 塩基配列解析技術は著しく進歩している．たとえば 20 年前には 100 kbp 程度のファージゲノム配列を解読するのに数年を要したが，同じ期間と手間をかければ，今や数百倍の長さのゲノムが解読できる時代となった．さらに，1回の解析で 10^9 個の塩基を解読することも可能な時代が真近に迫っている．その結果，ゲノムや全遺伝子の塩基配列が解明された生き物がたいへんな勢いで増加している．

それに伴い，生き物がもつ多様な遺伝子の塩基配列から予測可能なタンパク質アミノ酸配列を相互に比較・抽出・統合することはもとより，膨大なデータベースから生物学的意義をもった情報を選別することは，もはや人間の手作業の範囲を超えてしまった．バイオインフォマティクス (bioinformatics,「生命情報学」「生物情報学」などとも称される）とは，人間の作業能力を超えてしまった膨大な量の情報を，応用数学，情報学，統計学，計算機科学などの技術を駆使して解析し，生物学の諸問題を解明しようとする学問である．バイオインフォマティクスには，データベース，それを活用するためのアルゴリズム，コンピューター技術，統計処理，あ

るいはデータ分析から生じる問題を解決するための理論，などを作り出すとともにさらに進歩させることが必要である．

1990年代の初期のバイオインフォマティクスでは，塩基配列やアミノ酸配列データから意味のある生物情報を読み取ることが主目的であった．今ではバイオインフォマティクスが取り扱う分野は急速に広がっており，配列情報から遺伝子のコード領域やイントロンのスプライシング部位の予測，タンパク質核移行シグナルの予測，各遺伝子がコードするタンパク質の構造や機能の予測，（データベース化された実験結果を元に）タンパク質間の相互作用の予測，遺伝子・生物の系統進化の推測などが可能となっている．さらにDNAチップを用いたマイクロアレイ法などの網羅的な解析技術も登場し，それに伴い遺伝子発現プロファイリング，クラスタリング，アノテーション（注釈），など大量のデータを視覚的に表現する手法も発達してきた．このように生命を遺伝子やタンパク質のネットワークとして捉え，その総体をシステムとして理解しようとするのがシステム生物学（systems biology）である．このシステム生物学もバイオインフォマティクスにより支えられている．

本章では，高度に専門的な内容には触れず，バイオインフォマティクスの基本的事項を解説する．

22-1-2　配列データベース

インターネットで利用可能な配列データベースとして，利用目的に応じて世界中でさまざまなものが公開されている．以下のものはそれらのうちで代表的かつ標準的なものであり，一般ユーザーの利用頻度が高い．

- GenBank（アメリカ国立医学図書館およびアメリカバイオテクノロジー情報センター）
  http://www.ncbi.nlm.nih.gov/genbank/
- ENA（欧州分子生物学研究所）
  http://www.ebi.ac.uk/ena/
- DDBJ（日本DNAデータバンク）
  http://www.ddbj.nig.ac.jp/

研究者が新しく解読した配列はこれらのデータベースに登録される．これらのデータベースは互いに新しい配列を交換しあって毎日更新されるので，どれか一つにアクセスすれば十分である．データベース内の情報の閲覧には，用途に応じた方法をとる必要がある．生き物や遺伝子の名前が明らかな場合には，これらをキーワードとして入力すれば該当する候補が表示される．候補の一つを選ぶと，配列に伴うさまざまな情報の解説とともに配列が表示される．また，手持ちの配列とよく似たものをデータベース

---

one point

マイクロアレイ法

DNAマイクロアレイはDNAチップとも呼ばれる．プローブとしてさまざまな遺伝子に特有な配列をもつ短い単鎖DNAを基板上に規則正しい間隔で結合させておき，細胞から抽出したmRNAまたはそれを元に合成したcDNAを標識した後に，マイクロアレイ上のプローブとハイブリダイズさせる．基盤上のどのプローブにどの程度の標識が検出できるのかを調べることにより，多数の遺伝子の発現量が同時に解析できる．

から検索することもできる．上記データベースのウェブサイトに備わったプログラム Blast を呼び出して，手持ちの配列を入力すると，データベースの中から類似性の高い既知配列を表示してくれる．類似性の高さはデータベース中に偶然一致するものが見つかる確率（E value）の低さとして表示される．表示された既知配列に関する注釈を参照することによって，手もちの配列がかかわる生物機能を推察することが可能となる場合も多い．

■ one point
E value
類似性のスコアを示す bit 値に対して，E value は現在のデータベースの中から偶然にこの bit 値以上のスコアを与える配列をいくつ得ることができるかを示す期待値である．E value が小さいほど偶然に生じた類似性ではないことを示す．

22-2 DNA の情報ライブラリー作成とアノテーション

22-2-1 ショットガン法

本節以降では，データベースに登録するための情報ライブラリーの作成法やバイオインフォマティクス活用の実例について解説する．

ゲノム DNA の全塩基配列を解明するのに，しばしば採用されるのがショットガン法である．この方法では，ゲノム DNA をランダムに切断した後に，ゲノム全体をカバーできると考えられる個数の DNA 断片をクローニングし，それぞれの断片について塩基配列を決定する．ある断片の配列は，他の断片のいずれかとある領域で共通した塩基配列をもつことになるので，その重なりを利用して前後の配列を結合する（図 22.1）．こうして，広い範囲について配列を組み立てることができる．ゲノム DNA をランダムに切断する代わりに，制限酵素を用いて断片化してクローニングする方法もよくとられる．この場合は，異なる制限酵素を使用して得られた断片の間に配列の重なりが生じる．

22-2-2 cDNA ライブラリーの活用

ショットガン法を利用したゲノム配列決定は原核生物にはきわめて有効であるが，真核生物ゲノムの解明に適応するには難しい．一つは，ヒトなどの DNA は繰り返し配列がきわめて多いためである．たとえば，6.5 kbp もの長さをもつトランスポゾンの一種である LINE-1 はヒトゲノム上に 10 万コピー存在しており，ゲノムの 15% を占める．また，長さ 300 bp の Alu 配列は 100 万コピーもあり，ゲノムの 11% を占める．このように繰り返し配列が多い生物では，上述のような配列の重なりを利用して全塩基配列を組み立てる方法をとるのは難しい．さらに，ヒトのゲノム DNA 内でタンパク質をコードする（遺伝子としての情報を担う）部分は 2% 以下にすぎないと推測されている．

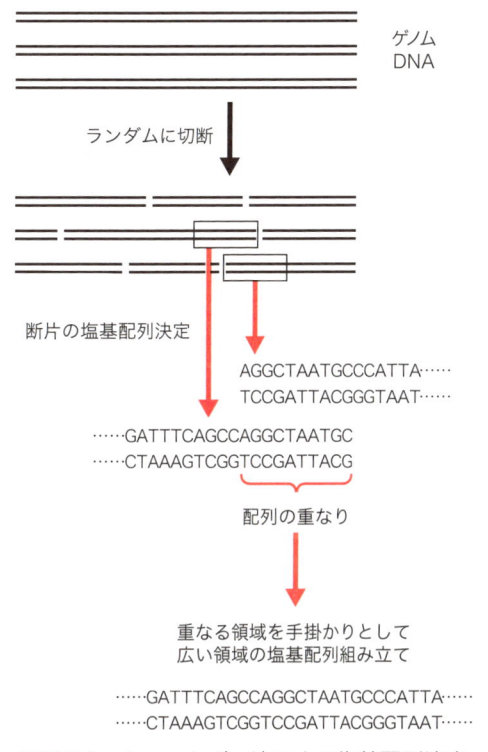

図 22.1 ショットガン法による塩基配列決定

このような事情から，ゲノムの全塩基配列の解明よりも，遺伝子情報の手っ取り早い解明を優先することも考えられる．その手段としては，cDNA ライブラリーの作成が有効である（第 20 章参照）．（全て解読されるに超したことはないが，時間と費用がかさむのを避けるため）ライブラリー中の cDNA（mRNA）配列をすべて読み取ることなく，mRNA の 5′ 側と 3′ 側のみの配列を読み取った配列情報を登録する EST（expressed cDNA sequence tag）データベースも活用されている．これにより，発現している mRNA 種が同定できる．

22-2-3 アノテーション

塩基配列の解読後に遺伝子や他の特徴をアノテーションすることは，情報の整理の面だけでなく，ゲノム全体の解明を目的としたゲノミクスにおいても重要な意味をもつ．解読した塩基配列の中から，タンパク質をコードしている領域（ORF）の割り出し，保存性の高い rRNA や tRNA 遺伝子の同定，遺伝子発現の調節にかかわる領域の同定などを行うことにより生物学的情報を与えていくのがアノテーションである．

かつて遺伝子の同定は，まず遺伝的組換えの頻度に基づいて異なる遺伝子の相対的な並び方を決める作業を行い，次にこのような作業を他の多くの遺伝子についても行うことによって遺伝子地図を作成するという，時間と労力を要する作業であった．現在では，ゲノムの塩基配列が明らかになれば，後はコンピューターで処理できる．たとえば ORF を割り出すには，データベースに登録されている既知の遺伝子あるいはタンパク質との配列相同性を探るのが最も簡単な方法である．また，ストップコドンを含まないコドンが連続してたとえば 50 以上現れる領域を ORF と予想する場合もある．

相同な配列の関係の記述には，ホモログ，オーソログ，パラログ，アナログ，ゼノログといった進化学用語が用いられている．ホモログは共通の祖先に由来する遺伝子を指す言葉である．他の四つはより厳密な進化系統上の意味を含むので，使用には注意が必要である．オーソログは共通の祖先をもち，同一の機能をもつ相同な遺伝子群を指す．重複した遺伝子の 2 コピーとその子孫はパラログと呼ばれる．共通の祖先をもたないのに，収斂進化により同じ機能を獲得したために配列中に似た領域が現れる場合は（この場合は相同領域が遺伝子全体ではなく局所的に見られると考えられる）アナログと呼ばれる．原核生物の世界では，ファージによる形質導入などによって，類縁のない種間で遺伝物質が伝達される（水平伝播）ことがよく見られる．このような場合には獲得された遺伝子はゼノログと呼ばれる．

---

one point
水平伝播
ファージ DNA やプラスミド DNA が，溶原化などによって宿主 DNA へ組み込まれること．一般的に遺伝子が生殖によらず，他の生物に広がることを指す．

22-3 配列アラインメント

22-3-1 配列アラインメントとは

　配列アラインメント（整列）は，複数の DNA ないしタンパク質間で同じ（ような）並び方をしているところ（類似または相同配列部分）を探し出して，それらの配列を並べて比較する方法である．配列のアラインメントによって配列間の類似性や相違点を浮き彫りにできるので，相同な遺伝子，共通な配列，あるいは特徴的な配列を見出すために不可欠な方法である．たとえば ORF 領域外によく似た配列が存在すれば，それは遺伝子発現調節や染色体構造の形成にかかわる部分かもしれない．また，類似のアミノ酸配列はよく似た機能や構造をもつことが期待される．

　アラインメント処理にはさまざまなアルゴリズムが開発されているが，二つの配列をアラインするなら BLAST 2 SEQUENCES (https://blast.ncbi.nlm.nih.gov/Blast.cgi?PAGE_TYPE=BlastSearch&BLAST_SPEC=blast2seq&LINK_LOC=align2seq) が，三つ以上の配列をアラインするなら clustalW (http://clustalw.ddbj.nig.ac.jp/index.php?lang=ja) あるいは Clustal Omega (https://www.ebi.ac.uk/Tools/ms) がよく利用される．

■ **one point**
アルゴリズム
ある特定の目的を，コンピューターを使って達成するための処理手順．

22-3-2 アミノ酸配列のアラインメント

　塩基には 4 種類しかないので，相同領域が比較的簡単に検出できる．また，全配列のアラインメントも簡単に行える．表示された結果もわかりやすいものであろう．

　一方，アミノ酸配列の比較では，アミノ酸の種類が 20 と多いうえに，アミノ酸の置換がよく見られるので，相同領域を検出するにはより複雑な手順が必要となる．また結果を理解するのに，個々のアミノ酸の特性やアミノ酸置換の傾向についてある程度の知識が必要である．

　一般に，置換してもタンパク質の構造や機能に変化がないような場合には，それは化学的によく似たアミノ酸への置換である場合が多い．ところが希に，似ていないアミノ酸への置換でもタンパク質の構造や機能に影響しないこともありうる．これまでに類似する数多くのタンパク質について調べられた結果から，置換しやすい型，置換しにくい型が割り出されており，それらの傾向を考慮したうえで配列の一致／不一致あるいは相同／非相同を判断する方法がとられている．またその判断にあたっては，アミノ酸置換の傾向を数値化することによって配列の類似性を評価する方法がとられている．

　数値化には，BLOSUM（BLOcks of amino acid SUbstitution Matrix）という行列式がよく使われる（図 22.2）．比較しているアミノ酸配列について，対応するアミノ酸が同一かあるいは何に置換しているのかによっ

	Ala	Arg	Asn	Asp	Cys	Gln	Glu	Gly	His	Ile	Leu	Lys	Met	Phe	Pro	Ser	Thr	Trp	Tyr	Val
Ala	4																			
Arg	-1	5																		
Asn	-2	0	6																	
Asp	-2	-2	1	6																
Cys	0	-3	-3	-3	9															
Gln	-1	1	0	0	-3	5														
Glu	-1	0	0	2	-4	2	5													
Gly	0	-2	0	-1	-3	-2	-2	6												
His	-2	0	1	-1	-3	0	0	-2	8											
Ile	-1	-3	-3	-3	-1	-3	-3	-4	-3	4										
Leu	-1	-2	-3	-4	-1	-2	-3	-4	-3	2	4									
Lys	-1	2	0	-1	-3	1	1	-2	-1	-3	-2	5								
Met	-1	-1	-2	-3	-1	0	-2	-3	-2	1	2	-1	5							
Phe	-2	-3	-3	-3	-2	-3	-3	-3	-1	0	0	-3	0	6						
Pro	-1	-2	-2	-1	-3	-1	-1	-2	-2	-3	-3	-1	-2	-4	7					
Ser	1	-1	1	0	-1	0	0	0	-1	-2	-2	0	-1	-2	-1	4				
Thr	0	-1	0	-1	-1	-1	-1	-2	-2	-1	-1	-1	-1	-2	-1	1	5			
Trp	-3	-3	-4	-4	-2	-2	-3	-2	-2	-3	-2	-3	-1	1	-4	-3	-2	11		
Tyr	-2	-2	-2	-3	-2	-1	-2	-3	2	-1	-1	-2	-1	3	-3	-2	-2	2	7	
Val	0	-3	-3	-3	-1	-2	-2	-3	-3	3	1	-2	1	-1	-2	-2	0	-3	-1	4

図 22.2　BLOSUM 行列式

て点数を与えていき，合計点が最も高くなるような並び方が最終的なアラインメントとなる．BLOSUM の行列式では，たとえば Ala が他のアミノ酸に置換していない場合は 4 点，Asp あるいは Thr に置換していればそれぞれ −2 点または 0 点を与える．このようにして，対応するアミノ酸を順次比較していきながら点数を足し合わせた結果，スコアが高いほど相同性が高いということになる．置換 BLOSUM の行列式には複数の種類があり，数の添字によって区別される．たとえば大きな数字を伴った BLOSUM80 は高い類似性をもつ配列を比較するときに，小さな数字を伴った BLOSUM45 は多様化が進んで類似性が低くなっている配列を比較するときに使われる．これらの数字は，比較される配列間に同一アミノ酸が何％以上存在するのかを示している．

　アラインメントしようとする配列間の片方にだけ存在する配列がある場合は，他方の対応する部分はギャップとなる．もつ側が挿入変異を起こした場合もあれば，もたない側が欠失変異を起こした場合もありうるが，いずれにせよ配列の相同性を評価するうえでは点数はマイナス（ギャップペナルティ）となる．二つの配列をアラインメントするときに，片側の配列にギャップを入れればその前後の配列間の類似性が高くなり，合計点がより大きな値に達するなら，ギャップつきでアラインメントさせることが選択される．配列の類似性を評価する場合に，ギャップの取扱い（何点のマイナスにするか）は結果に大きな影響を与えるので，ユーザーが点数を変えて試すことが必要な場合もある．

22-4　ゲノムを用いた系統樹作成

22-4-1　配列アラインメントによる系統樹の推定

　進化的には，欠失変異や挿入変異は，置換に比べてより長い時間を費やしたうえで生じる稀な変化として取り扱われる．すなわち，進化的に両者が分岐してから長い時間が経過したとみなされる．いい換えれば，アミノ酸の置換しかない関係にある生物種間は，ギャップを生じる関係にある生物種間より近縁であると解釈される．

　進化的に保存された塩基やアミノ酸の配列をアラインメントすることによって，ホモログについて変化の頻度や相違を系統的に解釈することが可能となる．すなわち，①変異の速度が一定である，②アミノ酸や塩基の置換あるいはギャップが生じた部位についてはこの変化が進化の過程で一度だけ起きた，と仮定することによって分子進化の系統樹を作成できる．

　分子進化系統樹の推定にはいくつかの方法が利用されているが，それぞれに一長一短があり，決定的といえる方法はまだない．現在代表的なのは次の四つである．

- UPGMA　Unweighted Pair Group Method with Arithmetic Mean．配列の階層的クラスタを作成するための最も単純な方法．
- 最尤法　一番尤もらしい系統樹を選択するための方法．
- 近隣結合法　NJ（neighbor-joining method）法．系統樹計算の各段階ですべての枝の長さの合計が最小となるような基準を用いる方法．
- 最大節約法　すべての系統樹について最小限の変化の数を「長さ」として与え，この長さを最も小さくするものを選ぶ方法

　これらの方法では，コンピューターによる計算の効率をいかに上げるかという点での工夫に違いがある．たとえば近隣結合法では，配列間の分子進化的距離を計算し，まず最も近い分子進化的距離をもつ（すなわち配列の違いが最も少ない）遺伝子もしくはタンパク質をクラスタ化（結合）する．そのクラスタと次に近い遺伝子やタンパク質でさらにクラスタ化するという作業を繰り返して，最終的に対象とする全ての配列が取り込まれた階層的なクラスタ群を作成して分子進化系統樹を推定する．

　また，系統樹は「有根」と「無根」に分けられる（図22.3）．有根系統樹は進化の向きを表し，特定の枝分岐点はそこから末端方向に存在するもの全ての共通祖先に相当し，共通の根にあたるのは全体の祖先である．無根系統樹は有根系統樹から共通の根を除いたもので，分類群相互の関連のみを示すものであり，時間の経過を伴う進化的関係は示さない．

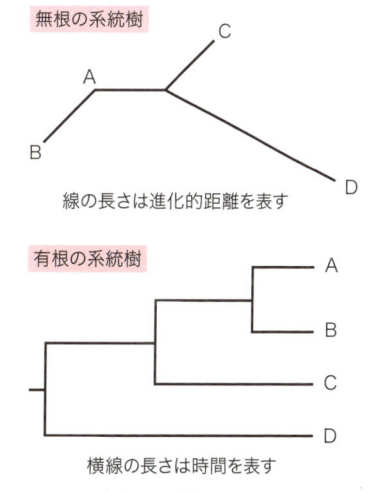

図22.3　無根の系統樹と有根の系統樹

22-4-2 rRNA の塩基配列に基づく系統分類

有史以来，生物は形態に基づいて分類されるのが基本であった．しかし，形態の差異は時間の情報を含まないので，形態を基盤とした分類は生物の歴史性を十分に反映しないと考えられる．また，単純な体制からなる原核生物は形態に基づく情報に乏しい．

一方，ゲノムには過去に起こった変化および変化の方向性を推察できる情報が記録されている．そのため進化的変遷の理解や系統分類法に対してより確かな情報を与えてくれる．ある特定の遺伝子の塩基配列に基づいた系統分類を試みる場合，その遺伝子が基本的な働きを担うものであればあるほど，変異は生じにくいと考えられる．一方，その遺伝子が生き物にとって付加的な働きを担うものであるなら変異は生じやすいと考えられる．そこで，生物群を大きく系統分類するような場合には基本的遺伝子を，ある分類群の中をさらに細かく分類していく場合には付加的遺伝子を用いるのが適切である．

塩基配列の比較に基づいた系統分類が最もインパクトある結果として現れたのは C. ウーズによる rRNA の塩基配列に基づいた系統分類であろう．また，この例はバイオインフォマティクスの最初の大きな成果であるともいえる．ウーズは rRNA による系統分類を行った結果，界より上位の階層として生物を真核生物，真正細菌，古細菌の3ドメインに分類したのである（図22.4）．それ以前は，18世紀はリンネによる二界説（動物界と植物界）が，19世紀はヘッケルによる三界説（動物界，植物界，原生生物界）が，そして20世紀後半はホイタッカーやマーグリスによる五界説（モネラ界，原生生物界，植物界，菌界，動物界）がそれぞれの時代における主流であった．系統分類は，動物界と植物界に属さない生物の発見や，その多様性への理解が増すことによって進歩してきた．さらに原核生物への理解が深まるにつれ，動物と植物の分類に基礎をおいた分類法では，界を増やす（実際，五界説の後には八界にまで増えた）ことによってしか整合性を得ることができなくなっていた．

> **Biography**
> ▶ C. ウーズ
> 1928～2012，アメリカのニューヨーク州のシラキュース生まれの微生物学，生物物理学者．学部生時代は物理と数学を学び，生物には興味がなかったというが，卒業後は生物物理学の道を選択した．彼の提唱した3ドメイン説は，受け入れられるまでにかなりの時間を要した．それだけ大きな発見だったということだろう．

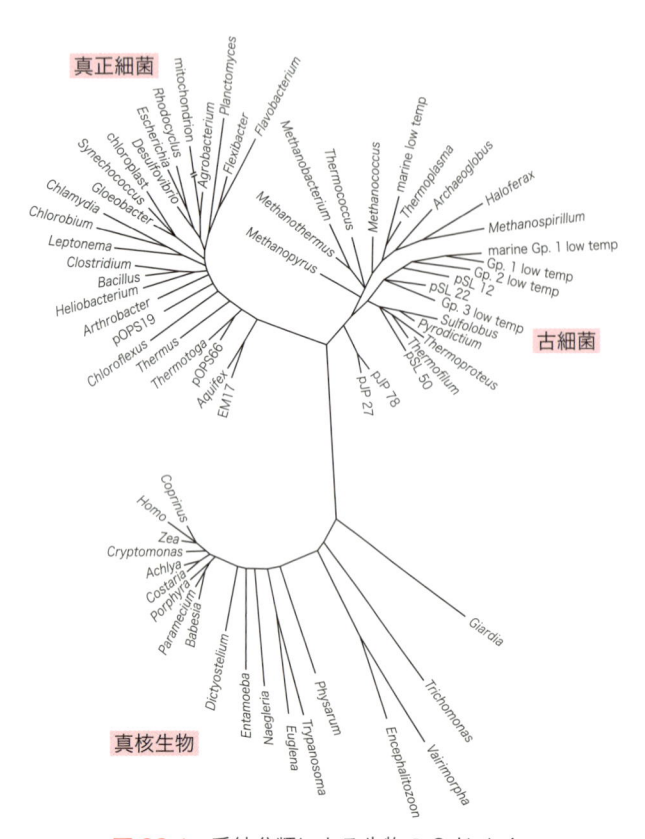

図 22.4 系統分類による生物の3ドメイン

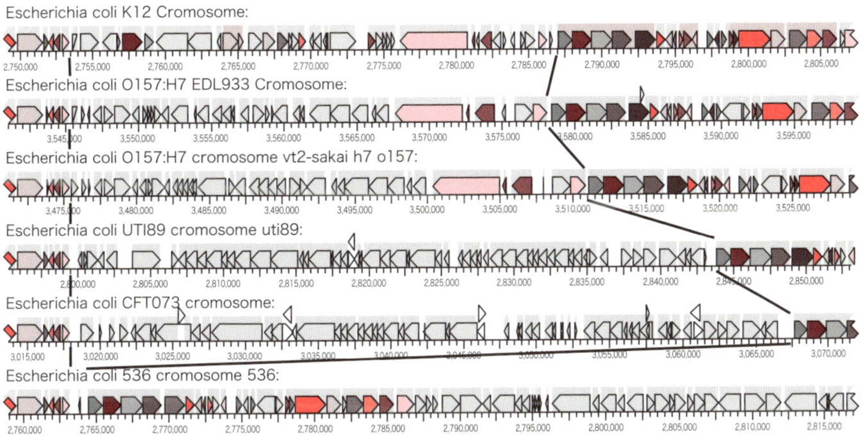

図22.5 大腸菌ゲノムの比較解析

ゲノム配列が解読された6種類の大腸菌についてCP4-57領域を比較したもの．各遺伝子について配列が類似したものどうしは同じ色で標識されており，さらに▭または◁のように転写方向（この場合はいずれも転写は右から左向き）と配列塩基長が表されている．ゲノム間を上下に繋ぐ黒い太線の外側はすべての種に保存されているが，内側はそれぞれの種に固有の遺伝子群が並んでいる．

22-5 ゲノムの比較解析

異なる生物のゲノム全体について，オーソログや特徴的な構造の対応づけを行うのがゲノム比較解析である．これにより，分岐してあまり時間が経過していない近縁種のゲノム間に生じた進化的跡づけが可能となる．

塩基の変異という最下層レベルから，光学顕微鏡レベルで観察可能な染色体の重複，欠失，挿入まで，ゲノムにはさまざまなレベルで変化をもたらす作用が働く．ゲノム全体の配列をアラインメントさせることにより，微小な変化を初め，遺伝子の転移や水平伝播を見つけ出すこともできる．原核生物のゲノムが非常に多様なのは，遺伝子の水平伝播によるところが大きい（図22.5）．

22-6 タンパク質の構造予測と機能ドメイン検索

遺伝子の塩基配列から，アミノ酸の配列（一次構造）を読み取ることができる．さらに，基本的には一次構造がタンパク質の立体構造を決定することが知られている．

タンパク質の機能を理解するうえで，立体構造を明らかにすることは決定的に重要である．タンパク質の立体構造には二次構造，三次構造がある．タンパク質分子内の局所的構造である二次構造にはα-ヘリックスとβ-シートの2種類があり，これらについては一次構造から十分に予測できる．しかし，タンパク質分子全体の立体構造である三次構造については，一次

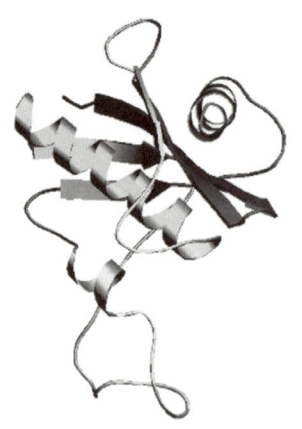

図22.6 ホモロジーモデリング法による立体構造の予測
Thermotoga neapolitana がもつ機能未知タンパク質（GenBank Accession no. ACM23348）のアミノ酸配列103-236はRNase Hに相同性をもつ．この配列がつくる立体構造をSWISS-MODELに予測させた．平板矢印はβ-シート，らせんはα-ヘリックスを表す．

構造の情報のみから予測することはできない．したがって，機能も予測できない．そこでバイオインフォマティクスでは，ホモロジーを利用したドメイン予測を行っている．

共通の機能をもつ一群のタンパク質について，その機能に必要でかつ保存されたアミノ酸配列が同定されている場合，それを機能ドメインと呼ぶ．この機能ドメインが他の機能未知のタンパク質にも存在するなら，同じ機能をもつと推定できる．すでに数多くの機能ドメインが登録されており，機能ドメイン検索が可能なエンジンとしてSMART（http://smart.embl-heidelberg.de/）やPfam（http://pfam.xfam.org）がある．

構造ドメインとは，二次構造がアミノ酸ループによって結合した三次構造の基本的単位であり，それぞれのドメインは疎水的な核をもっている．ポリペプチドの詰まり具合はドメイン内部では外部より密であり，核は固形状，表面は液状となっている．実際，核領域を構成するアミノ酸はタンパク質ファミリーではよく保存されている．既知の構造ドメインを構成するアミノ酸配列と類似した配列が未知のタンパク質にある場合，ホモロジーモデリング法によって立体構造が予測できる（図22.6）．計算によって構造を組み立てていく際のアルゴリズムの違いにより，予測プログラムにもさまざまなものがある．その中で，たとえばウェブ上で利用可能なSWISS-MODEL（http://swissmodel.expasy.org/）は便利である．

one point
ドメイン
ドメインは大きく機能ドメインと構造ドメインに分類される．注釈なくドメインという言葉を用いるときには，構造ドメインを指すことが多い．

one point
ホモロジーモデリング法
コンピューターによるタンパク質立体構造予測の一手法．立体構造が未知のタンパク質について，そのタンパク質と相同ですでに立体構造が決定されているタンパク質を探索し，その立体構造を鋳型として対象となるタンパク質の構造を構築する．

この章で学んだこと
- バイオインフォマティクス
- 配列データベース
- 配列アラインメント
- 系統樹とゲノムの比較
- タンパク質の構造予測と機能ドメイン

索 引

■ 数 字 ■

16S rRNA	67
18S rRNA	92
Ⅰ型制限酵素	227
23S rRNA	67
26S プロテアソーム	208
28S rRNA	92
Ⅱ型制限酵素	227
30S サブユニット	67
3′ 非翻訳領域	112
40S サブユニット	72
50S サブユニット	67
5S rRNA	67
5′ 非翻訳領域	114
60S サブユニット	71
6S RNA	109
9-1-1 複合体	211

■ A〜D ■

AAA+ATPase ファミリー	125, 129
ACS (ARS コンセンサス配列)	128
ADP	174
AIDS	149
Alu 配列	263
Alu ファミリー配列	151
APC/C (anaphase-promoting complex/cyclosome)	208, 213
APC/C ユビキチンリガーゼ	205
ApoB	98
AP- ヌクレアーゼ	137
ARS	128
——コンセンサス配列 (ACS)	128
ATM	212, 218
ATP	174
——合成	177
——合成酵素	178
ATR (ATM and Rad3-related)	211
ATRIP	211
attB	145
attP	145
A サイト	66
Bak	221
Bax	221
Bcl-2	221
BER	137
Blast	263
BLOSUM	265
CAF-1	191
Cak1	206
cAMP	53
cdc	205
cdc2	204
Cdc2	205
Cdc20	208, 213
Cdc25	211
——フォスファターゼ	206
Cdc45	123
Cdc6	129
cdc 変異株	205
CDK	129, 130, 202, 205
Cdk1	205
CDK インヒビター (CKI)	206, 218
cDNA	263
——ライブラリー	234
Cds1/Chk1	211
Cdt1	129
CENP-A	197
CENP-E タンパク質	213
Chk1	218
Chk2 キナーゼ	212
CI	60
CII	60
CKI (CDK-inhibtor)	206, 218
CLRC	195
clustalW	265
CMG 複合体	123, 130
CPSF	48
Cre-loxP 法	253
Cre タンパク質	145
Cro	59, 60
Crp	53
CstF	48
c 型がん遺伝子	257
C 領域 (定常領域)	146
Dam メチラーゼ	126
dat1	126
DB (downstream box)	72
Dbf4 依存キナーゼ (DDK)	130
DDBJ	262
DDK	130
Dicer	112, 194
Dmc1	144, 145
DNA	7
——-PK	139
——Pol η	140
——鑑定	260
——トポイソメラーゼⅠ	46
——二重鎖切断 (DSB)	142, 209, 211, 219
——フォトリアーゼ	137
——複製	25, 33
——分解	222
——ヘリカーゼ	121
——ポリメラーゼ	118
——ポリメラーゼⅠ	118
——ポリメラーゼⅢ	118, 122, 132
——ポリメラーゼ α	123
——ポリメラーゼ ε	123
——ポリメラーゼ δ	123
——リガーゼ	123
DnaA	125
DnaA-box	125
DnaB ヘリカーゼ	122, 125
DnaC	126
dnaE	119
DnaG	122
——プライマーゼ	126
DP (dimerization partner)	207
Ds (dissociation)	147
DSB (double strand break)	138, 142, 209, 211, 219
DsrA RNA	110
DSX	98
DUE (DNA unwinding element)	125

■ E〜H ■

E2F 転写因子	217
E2F ファミリータンパク質	207
E2 遺伝子	207
EF-1	73
EF-2	73
EF-G	74
EF-Ts	75
EF-Tu	73
EGF	170
ENA	262
env	149
EST	264
E value	263
E サイト	66
F-box タンパク質	208
FEN1	124
F 因子	230
F 型ポンプ	167
G0 期	202
G1 チェックポイント	209, 212

G2/M チェックポイント	209
gag	149
GenBank	262
GFP	255
GINS（Go-Ichi-Ni-San）	123, 130
GreA	46
GreB	46
gRNA	100
G タンパク質結合型	169
G リッチ鎖	199
H2A-H2B 二量体	191
H3-H4 四量体	191
HAT（histone acetyltransferase）	191
Hda1	126
HDAC（histone deacetylase）	191
Hfq	80
HIV（human immunodeficiency virus）	149
HP1（heterochromatin protein-1）	193
HR（homologous recombination）	141
HU	211

■ I〜M ■

IF1	70
IF2	70
IF3	70
IRE（iron response element）	83
IRES（internal ribosome entry site）	72
IstR-1 RNA	111
J 領域	146
Ku タンパク質	139
K^+ チャネル	166
L9	79
LexA	57
LINE（long interspersed nuclear element）	151
LINE-1	263
LTR（long terminal repeat）	150
Mcm2-7（minichromosome maintenance）	123
——複合体	129
Mdm2	212
MerR	52
miRNA	112
MLH	135
MPF（maturation promoting factor）	203
mRNA の寿命	34
mRNA 分解	101
MRN 複合体	212
MRX	212
MSH	135
Mud1	213
Mud2	213
MutH	134
MutL	134
MutS	134
Myc	216
Myt1	206
M 期	201
——促進因子	204

■ N〜P ■

NADH	162, 174
NAP-1	191
Na^+ チャネル	166
NER	136, 219
NES	158
NHEJ	138, 219
NLS	158
NtrC	52
NusA	47
NusB	47
NusG	46
Okazaki フラグメント	119, 121
ORC（origin recognition complex）	129
ORF	81
oriC	125
OxyS RNA	111
p21	206, 212, 218
p53	212, 217
PAB	104
PAP	48
PCNA（Proliferating-Cell Nuclear Antigen）	123
PCR	261
PDGF	170
PEV（Position Effect Variegation）	192
Pfam	270
PIP-box（PCNA-interacting box）	124
PNPase	91
point of no return	202
pol	149
ppGpp	51
pre-RC	129
pRNA	109
P 型ポンプ	167
P サイト	66

■ R〜T ■

rII 遺伝子	21
Rad17	211
Rad21	197
Rad51	144, 145
Rad53	211
——キナーゼ	210
Rad9	210
Raf	216
Ras	216
Rb	217
——タンパク質	207
RB（レチノブラストーマ）	207
——遺伝子	258
Reb1p	48
RecA	58
——タンパク質	143
RelA	87
RelE	106
RF-1	75
RF-2	75
RF-3	75
RFC（Replication Factor C）	124
RISC（RNE induced silencing complex）	112, 195
RITS 複合体	195
RNA	16, 28
——・DNA 雑種分子	29
——遺伝子	16
——干渉（RNAi）	152, 194
——シャペロン	80
——プライマーゼ	122
——ポリメラーゼ	35
——ポリメラーゼ I	43
——ポリメラーゼ II	43
——ポリメラーゼ III	43
RNAi	113
Rnase	89
RNase III	90
RNase E	90
RNase P	91
RNase T	91
RNP	66
RNR（ribonucleotide reductase）	211
RPA（Replication Protein A）	123, 211
RppH	105
RRF（ribosome recycling factor）	75
rRNA	50
rrn オペロン	89
RuvA, B, C タンパク質	143
R 点	202
S2	80
S6	80
Scc1	197, 208
SCF（Skp1-Cullin-F-box）	207
SD 配列	70
SeqA	126
SINE（short interspersed nuclear element）	151
siRNA（small interfering RNA）	112, 195
Sld2	130
Sld3	130
SMART	270
SMC	202
SmpB	108
S/M チェックポイント	211

索引 273

SNARE 仮説	186
snoRNA	89
SNP	259
snRNA	89
SOS box	58
SOS 応答	57
SPB (spindle pole body)	158
Spo11	144
SpoT	87
src	216
sRNA (small RNA)	109
SRP	183
SSB (single strand DNA binding protein)	122
Start	202
SWISS-MODEL	270
SXL	98
S 期	202
T2 ファージ	8
T4 ファージ	18
TAF	40
TBP	40
TLS ポリメラーゼ	139
tmRNA	107
TRA	98
TRF	41
tRNA	61
Ty 因子	150
T-ループ	200

■ U～Y ■

U1-U6 snRNP	96
UPGMA	267
UvrABC エンドヌクレアーゼ	136
V-J 領域の組換え	146
v 型がん遺伝子	257
V 型ポンプ	167
V 領域(可変領域)	146
Wee1	206
XP (xeroderma pigmentosum)	219
XPV (xeroderma pigmentosum variant)	140
X 線	219
Y-ファミリー DNA ポリメラーゼ	140

■ あ ■

赤白まだら眼	192
アカパンカビ	15
アコニターゼ	83
アセチルコリン	169
──受容体	166, 170
アテニュエーション	85
アデニル酸シクラーゼ	56
アデニン	13
アドレナリン	170
アナフェーズ	202
アナログ	264
アニーリング	243
アノテーション	264
アプタマー	113
アポトーシス	210, 212, 213, 218, 220, 221
──促進因子	221
アミノアシル tRNA 合成酵素	65
アミノ酸飢餓	87
アミノ酸配列	21
アラーモン	87
アルキル化修飾	219
アルゴリズム	261
α アマニチン	39
アルファサテライト DNA	197
α ヘリックス	165, 269
アルフォイド DNA	195
アンチコドン	62
──アーム	62
アンチザイム	78
アンチセンス RNA	101, 110
アンチターミネーター	59
アンバー変異体	18, 76
イオン勾配	168
イオン輸送チャネル型	169
鋳型	117
──要求性	118
育種	1
一遺伝子一酵素説	16
一次狭窄	195
遺伝暗号	32
遺伝型	15
遺伝子	1
──解析	220
──組換え	250
──欠損マウス	249
──診断	259
──多型性	259
──トラップ法	254
──発現制御	198
──発現調節	49
──連鎖地図	7
遺伝システム	28
遺伝的組換え	6
遺伝病	255
イニシエーター	124
インテグレース	145
イントロン	94, 159
インポーチン	158
ウラシル	137
栄養条件	50
エキソサイトーシス	185
エキソヌクレアーゼ	48, 132, 134
エキソリボヌクレアーゼ	90
エキソン	94
エディティング	89
エピジェネティック	152, 193
エフェクターキナーゼ	210
塩基	7, 11
塩基除去修復(BER)	134, 137
塩基対	41
塩基対合	13
塩基配列決定法	243
エンドウマメ	9
エンドサイトーシス	185, 187
エンドソーム	187
エンドヌクレアーゼ	134
エンドリボヌクレアーゼ	90
エンハンサー	53
オーソログ	264
オートファジー	180
オプシン	171
オペレーター	55
オペロン	156
オルガネラ	155, 158, 161
オーロラキナーゼ	213
オンコジーン	216, 220
温度感受性変異株	204, 205

■ か ■

開鎖複合体	42
ガイド RNA	100
回文構造	227
化学シグナル伝達	169
化学法	243
核遺伝子 mRNA 前駆体スプライシング	94
核内局在シグナル(NLS)	158
核への移行シグナル配列	184
核膜	157
──孔	158
──崩壊	158
核様体	155
カスパーゼ	221
活性酵素	219
滑面小胞体	180
可変領域	146
カラムクロマトグラフ	35
がん	215
──遺伝子	216, 257
──化	213
──原遺伝子	216
──抑制遺伝子	217, 258
感覚器	169
間期	201
幹細胞	200, 215
環状二重鎖 DNA	156
疑似結節	79
キネシン	186
キネトコア	195

機能的 RNA	89	好気性細菌	158	細胞壁	156
機能ドメイン検索	269	抗原	145	細胞膜	154
基本的遺伝子	268	光合成細菌	159	最尤法	267
基本転写因子	41, 55	交叉	6, 141	サイレンシング	192
キメラマウス	251	交叉型	143	サブトラクション法	237
逆転写	148	──組換え	142	サブトラクションライブラリー	237
──酵素	33, 78, 149, 199, 236	校正機能	132	サブユニット	18
逆輸送	168	構成性エキソサイトーシス	185	サプレッサー	18
キャップ構造	44	抗生物質	157	サプレッサー tRNA	76
ギャロッド	255	酵素	15	酸化還元ポテンシャル	167
休止期	202	構造ドメイン	270	酸化ストレス	111
共生	158	酵素法	243	紫外線	135
──説	175	抗体産生	145	──損傷	219
協同的結合	82	呼吸鎖	176	自家受粉	2
共輸送	168	コケイン症候群	136	色素性乾皮症(XP)	136, 219
供与菌	157	古細菌	155, 268	シグナル伝達系	169
局在化	182	ゴーシェ病	256	シグナル配列	181
緊縮応答	87	枯草菌	40, 106	──認識粒子	183
近隣結合法	267	誤対合	133, 134, 219	シグナル誘導物質	52
グアニン	13	コドン	32	σ^{32}	80
クエン酸回路	174	──出現頻度	64	σ^{38}	80
鎖交換反応	143	──使用頻度	63	σ^{54}	52
組換え修復	58	コーネリアデランゲシンドローム	198	σ^{70}	53
組換え体	6	コピア	150	σ 因子	37
組換え体ファージ	232	コヒーシン	197, 197, 213	シクロブタンリング	136
組換え頻度	6	──複合体	208	自己スプライシング	94
組換え率	20	コピー数	231	脂質二重層	155
クランプ	211	ゴルジ体	180, 185	シスゴルジ体	180
──ローダー	123, 211	コレステロール	163	システム生物学	262
グリコシラーゼ	137	コロニー	240	シストロン	21
グリシル tRNA 合成酵素	114	コンセンサス配列	95	ジデオキシリボヌクレオチド	244
グリセロールリン脂質	163	コンデンシン	202	シトクロム c	221
グルコサミン-6-リン酸	116			シトシン	13
グループⅠイントロン	94	■ さ ■		シナプス	166, 169
グループⅡイントロン	94	サイクリン	204	姉妹染色体	195
クローニング	261	サイクリン B	208	シャトルベクター	230
クロマチン構造	152	サイクリン依存キナーゼ(CDK)		シャペロン	180
クロモドメイン	193		129, 202, 205	シャンティング	79
クローン	235	再生	30	修飾塩基	92
形質転換	8	最大節約法	267	修飾-制限系	226
系統樹	155, 267	再複製防止機構	129	修飾ヌクレオシド	92
ゲート	166	細胞核	155	縮重	63
ゲノミクス	264	細胞更新	25	宿主制限	226
ゲノムサイズ	160	細胞死	210, 213	シュゴシン	213
ゲノムの比較解析	269	細胞質分裂	201	受精卵	23
ゲノムライブラリー	234	細胞周期	128, 201	受動輸送	165
原核生物	155	細胞周期停止	210	寿命	215
原始細胞	153	細胞寿命	200	腫瘍	216
原始地球環境	153	細胞小器官	173	受容菌	157
減数第一分裂	144	細胞説	201	受容ステム	61
減数分裂	3	細胞増殖シグナル	216	順化	102
減数分裂期組換え	141	細胞内小器官	161	ショウジョウバエ	9
コア酵素	37	細胞分化	24	小胞体	155, 180
抗アポトーシス因子	221	細胞分裂周期	201	小胞輸送	185
後期エンドソーム	187	細胞分裂速度	50	初期エンドソーム	187

除去修復	58
ショットガン法	263
ショ糖密度勾配遠心法	120
自律複製配列(ARS)	128
真核生物	155
神経軸索	170
真正細菌	155, 268
浸透圧	52
親和性	82
水素イオン駆動力	162
水素結合	13
水平伝播	157, 264
ステムループ	45, 106
ストップコドン	32
ストリンジェント応答	51, 87
スピンドルチェックポイント	209, 213, 219
スフィンゴ脂質	163
スプライシング	38, 89, 154, 239
スプライソソーム	95
スライディングクランプ	121, 123
制限酵素	226
静止期	39
生殖質	1
正の調節	49
セキュリン	208, 213
接合	157
切断点地図	228
接着構造	227
ゼノログ	264
セパレース	197, 208, 213
セレノシステイン	79
センサーキナーゼ	210
線状二重鎖DNA	160
染色体	189
——凝縮	202
——再編	219
——説	3
——接着	197, 208
——喪失	219
選択的スプライシング	97
セントラルドグマ	33, 149
セントロメア	159, 195, 219
増殖期	39
増殖シグナル伝達経路	216
相同組換え(HR)	141
相同組換え修復	133, 138
相同鎖検索	143
相同鎖対合	142
相同性	19
相補鎖	117
相補性テスト	16
組織	215
損傷組換え修復	209
損傷チェックポイント	211
損傷乗り越えDNA合成(TLS)	139
損傷乗り越えDNAポリメラーゼ	139
損傷乗り越え修復	133, 219

■ た ■

代謝異常	14
ダイセントリック	199
大腸がん	219
大腸菌	10
ダイニン	186
対立遺伝子	2
——座	251
ダウンレギュレーション	188
タグ配列	108
脱ピロリン酸酵素	105
ダブルホリデイ構造	143
タンパク質	7, 202
——工学	182
——の更新	27
——の寿命	26
——分解	207
——分解酵素	27
——リン酸化酵素(キナーゼ)	204
チアミンピロリン酸	116
チェックポイント	209
窒素同化作用遺伝子	52
チミン	13
チューブリン	202
調節性エキソサイトーシス	185
ツエルベルガー症候群	181
定常領域	146
デオキシヌクレオチド三リン酸	118
デオキシリボース	12
データベース	261
テトラヒメナ	199
テロフェーズ	202
テロメア	159, 195, 199
——短小化	219
テロメラーゼ	199, 220
転移	147
転座	258
電子伝達鎖	178
転写	34
——因子	49
——伸長	45
——ターミネーター	35
——調節	49
——プロモーター	35
——メディエーター	53
電離放射線(X線)	219
同義置換	131
動原体(キネトコア)	195
トキシン-アンチトキシン系	88
独立の法則	5
突然変異	131
突然変異体	4
トランスゴルジ体	180
トランスジェニック生物	254
トランスフェリン	188
トランスポジション	147
トランスポゼース	147
トランスポゾン	147
トランスポーター	168
トリプトファンオペロン	85
トリプトファンリプレッサー	86
トリプレット	32
トロンボーンモデル	122
貪食細胞	221

■ な ■

投げ縄構造	94
ナンセンスコドン	32
二重鎖切断(DSB)	138, 142, 211
二重鎖の開裂	41
二重らせん	9, 14
ニック	135
二倍体	17
乳糖オペロン	53
乳糖透過酵素	57
乳糖リプレッサー	55
ヌクレオソーム	38, 53, 189
ヌクレオチド	7, 11, 117
——除去修復(NER)	133, 136, 219
ネオセントロメア	198
ネクローシス	221
能動輸送	165
囊胞性線維症	256
ノックアウトマウス	249
ノンコーディングRNA	34

■ は ■

肺炎双球菌	8
バイオインフォマティクス	261
配偶子	3
胚性細胞	251
胚盤胞期	251
ハイブリダイゼーション	238, 239
——法	29
配列アラインメント	265
配列データベース	262
バクテリオファージ	157
発現クローニング	239
発現プラットフォーム	113
パラログ	264
パリンドローム構造	227
伴性遺伝	4
反復配列	160
半保存的複製モデル	117
半メチル化	126, 135
光修復	133, 136

光受容体	169	プラーク	241	──ポリメラーゼ	48
非交叉型	143	プラスミド	156	──-レトロトランスポゾン	151
──組換え	142	ブランチポイント	95	ポリアミン合成酵素	78
微小管	202	ブランチマイグレーション	142, 143	ポリゾーム	85
ヒストン	55, 189	ブリージング	106	ホリデイ構造	141
──H2A	190	プリン	11	ホリデイジャンクション	142
──H2B	190	フレームシフト	77, 131	ポリユビキチン化	130, 207
──H3	190	不連続複製モデル	120	ホロ酵素	37
──H3K9	193	プロウイルス	149	ポンプ	167
──H4	190	プログラム細胞死	221	翻訳	34
──アセチル基転移酵素(HAT)	191	プロセシング	89	──開始因子	70
──コード	194	プロテアーゼ	60	──開始コドン	70
──シャペロン	190	プロテアソーム	207	──開始複合体	70, 71
──脱アセチル化酵素(HDAC)	191	プロト-オンコジーン	216	──終結	75
──脱メチル化酵素	191	プロトン駆動力	177	──と転写の共役	84
──テール	191	プローブ	241		
──フォールド	190	プロファージ	59	■ ま ■	
──メチラーゼ	191	プロフェーズ	202		
非相同末端結合(NHEJ)	138, 219	プロモータークリアランス	43	マイクロアレイ法	261
ヒトアデノウイルス	207	不和合性	231	マイナーサテライト	197
非同義置換	131	分子シャペロン	27	マクロファージ	221
ヒトゲノム	258	分子進化	267	マトリックス	175
ヒト後天性免疫不全症候群(AIDS)	149	分離比	5	ミスマッチ	133, 219
ヒートショック	27	分裂期	201	──修復	133, 134
ヒートショック応答	28	分裂後期	202	ミトコンドリア	155, 158, 173, 221
ヒドロキシ尿素(HU)	211	分裂終期	202, 213	──共生説	158
ピノサイトーシス	187	分裂前期	202	──のリボソーム	175
表現型	15	分裂中期	202, 213	ミラーの実験	153
病原性大腸菌 O157	157	ヘアピン構造	45	無限細胞増殖	220
ピリミジン	11	平滑末端	227	無細胞抽出液	31
──ダイマー	136	閉鎖複合体	41	無性生殖	10
ファゴサイトーシス	187	ベクター	224, 233	メタフェーズ	202
ファミリー	165	β-ガラクトシダーゼ	56	メチル化	226
部位特異的組換え	145	β クランプ	123, 126	──グアニン	137
斑入り	147	β-シート	269	──酵素	226
フェリチン	83	ヘテロクロマチン	152, 192	網膜芽細胞腫(レチノブラストーマ)	207
フォーカス	240	ヘテロノックアウトマウス	252	モータータンパク質	179
フォスフォロアミダイト法	234	ペプチジル基転移反応	67	モノユビキチン化	140
付加的遺伝子	268	ペプチド鎖伸長	73		
複製開始点	125	ペプチド伸長因子	73	■ や ■	
複製起点	125	ペリセントロメア	197	薬剤耐性遺伝子	148
複製装置	122	ペルオキシソーム	181	融合細胞	257
複製単位	124	変性	30	融合説	2
複製チェックポイント	211	方向性	13	有糸分裂	201
複製中間体	119	放射性同位体	120	有性生殖	9
複製フォーク	119	ポジショナルクローニング	259	優性劣性	3
複製ライセンス因子	130	ポジティブフィードバック機構	206	遊離因子	75
不死化	220	ポージング	45, 51	ユークロマチン	192
フットプリント法	247	保存的複製モデル	117	輸送小胞	186
不等分配	219	ホッピング	77	ユビキチン	207
負の調節	49	ホモノックアウト細胞	251	──リガーゼ	208
プライマー	118	ホモログ	264	揺らぎ対合	62
──RNA	120	ポリA	103	溶菌過程	58
──要求性	118	──化シグナル	48	溶原化	58, 145, 232
プライマーゼ	122	──テール	151	──ファージ	157

溶原サイクル	145	立体構造	26	レアコドン	64
葉緑体	158	リーディング鎖	120	レチナール	171
葉緑体共生説	159	リファンピシン	37	レチノブラストーマ	207, 217
読み超し	77	リボザイム	67, 89, 154	レトロ(懐古)ウイルス	78, 149
読み枠	77	リボース	28	——ベクター	232
		リボスイッチ	101	レトロトランスポゾン	148

■ ら ■

		リボソーム	31	レプリケーター	124, 128
ラウス肉腫ウイルス	216	——RNA	38	レプリコン	124
ラギング鎖	121	リポソーム	164	——説	124
ラミン	202	リボヌクレオシド三リン酸	35	レプリソーム	122
λInt タンパク質	145	リボヌクレオタンパク質(RNP)	66	レポーター遺伝子	68
ラムダファージ	51, 145	リボヌクレオチド還元酵素(RNR)	211	連鎖	5
ラリアット構造	94	リモデリング	103	連鎖的活性化	221
リガンド	51	両親媒性	154	ρ因子	47
リソソーム	179	リン酸化	52	——非依存性ターミネーター	86
リゾルベース	143	リン脂質	154		
リーダーペプチド	86	リンパB細胞	146		

著者略歴

米﨑　哲朗（よねさき　てつろう）
1950 年　広島県生まれ
1978 年　大阪大学大学院理学研究科博士課程修了
その後，学術振興会奨励研究員，京都大学理学部助手，カリフォルニア大学
客員教授，大阪大学教養部助教授，大阪大学大学院理学研究科助教授，教授を経て
現　在　大阪大学名誉教授
理学博士
専門分野　細菌とファージの分子生物学

升方　久夫（ますかた　ひさお）
1952 年　富山県生まれ
1980 年　大阪大学大学院理学研究科博士課程修了
その後，アメリカ国立衛生研究所（NIH）研究員，名古屋大学理学部助教授
などを経て
現　在　大阪大学大学院理学研究科生物科学専攻教授
理学博士
専門分野　分子遺伝学
主な研究テーマは　DNA 複製，染色体機能

金澤　浩（かなざわ　ひろし）
1947 年　千葉県生まれ
1976 年　東京大学大学院薬学系研究科博士課程修了
その後，コネチカット大学博士研究員，岡山大学薬学部助手，国立がんセンター
研究所室長，岡山大学工学部教授，大阪大学大学院理学研究科教授を経て
現　在　大阪大学名誉教授，大阪大学大学院理学研究科特任教授
薬学博士
専門分野　生化学，生体エネルギー学，生体膜学

ベーシック分子生物学

2014 年 11 月 2 日　第 1 版　第 1 刷　発行
2020 年 1 月 31 日　　　　　第 5 刷　発行

検印廃止

JCOPY〈出版者著作権管理機構委託出版物〉
本書の無断複写は著作権法上での例外を除き禁じられています．複写される場合は，そのつど事前に，出版者著作権管理機構（電話 03-5244-5088，FAX 03-5244-5089，e-mail: info@jcopy.or.jp）の許諾を得てください．

本書のコピー，スキャン，デジタル化などの無断複製は著作権法上での例外を除き禁じられています．本書を代行業者などの第三者に依頼してスキャンやデジタル化することは，たとえ個人や家庭内の利用でも著作権法違反です．

乱丁・落丁本は送料当社負担にてお取りかえいたします．

著　者　米﨑哲朗
　　　　升方久夫
　　　　金澤　浩
発行者　曽根良介
発行所　(株)化学同人

〒600-8074　京都市下京区仏光寺通柳馬場西入ル
編集部　TEL 075-352-3711　FAX 075-352-0371
営業部　TEL 075-352-3373　FAX 075-351-8301
　　　　振替　01010-7-5702
E-mail　webmaster@kagakudojin.co.jp
URL　https://www.kagakudojin.co.jp
印刷・製本　モリモト印刷㈱

Printed in Japan　©T. Yonesaki et al 2014　無断転載・複製を禁ず　ISBN978-4-7598-1582-5